中小城市总体规划(第 2 版)

刘贵利　编著

东南大学出版社
SOUTHEAST UNIVERSITY PRESS
南京・2018

内容提要

基于中小城市日益发展为我国发展的中坚和核心，本书重点集中在：上一版部分内容的修正，对当前核心问题的解析，融入城市规划新理念、新方法、新视角，并针对性提出中心城市规划编制内容和技术的革新，针对性增加了相关案例分析。

本书可供城市策划人员、城市战略研究人员、城市规划人员、城市建设管理人员及高等院校相关专业师生学习、参考。

图书在版编目(CIP)数据

中小城市总体规划 / 刘贵利编著. — 2版. — 南京：东南大学出版社，2018.3

ISBN 978-7-5641-7610-5

Ⅰ.①中… Ⅱ.①刘… Ⅲ.①中小城市-城市规划 Ⅳ.①TU984

中国版本图书馆 CIP 数据核字(2017)第 327609 号

书　　名：中小城市总体规划(第 2 版)

编 著 者：刘贵利

责任编辑：徐步政　　　　编辑邮箱：1821877582@qq.com

出版发行：东南大学出版社　　　　社址：南京市四牌楼 2 号(210096)

网　　址：http://www.seupress.com

出 版 人：江建中

印　　刷：南京玉河印刷厂　　　　排版：南京布克文化发展有限公司

开　　本：787 mm×1092 mm　1/16　　印张：19.5　　字数：484 千

版 印 次：2018 年 3 月第 2 版　　2018 年 3 月第 1 次印刷

书　　号：ISBN 978-7-5641-7610-5　　定价：69.00 元

经　　销：全国各地新华书店　　发行热线：025-83790519　83791830

前言

作为我国最普遍的城市形式，中小城市是我国城市体系的中坚，在目前中国城市总体规划编制体系中，中小城市的编制受历史过程、发展背景、资源环境基础、行政管理以及审批单位地域差异性的影响而表现出规划成果标准的差异性①，这些对不同地区中小城市的总体规划提出了不同的要求。笔者将2010年前从事的城市总体规划工作中负责和参加的地处我国东、中、西三个地带的一些中小城市总体规划的编制体会加以整理，立足侧重于编制方法、设计要求和规划难点的相异性，成书于《中小城市总体规划》上一版。第2版在上一版的基础上增加新理念、新内容和新视角，以期与读者及同行们共勉。

东部的中小城市受快速经济增长的驱使，固定资产投资速度近几年不断增加，城市化进程加快，城市建设用地出现爆炸性扩张，城中村现象严重，耕地面积迅速减少，城市与农村用地的矛盾也越来越突出；中部中小城市的经济发展速度较快，但城市财政吃紧，城市扩张速度有限，征地补偿安置费用难以一步到位，从而呈现出发展的迫切性与条件的局限性之间的矛盾；西部地区的中小城市经济落后，发展机遇比不上中东部地区，但受中央和地方分税制度的影响，地方政府也瞄准了土地收益，但土地由生地转化为熟地后，又由于地处偏远、市场有限、各项设施不齐全等较差的城市投资环境而难以招徕投资资金，造成另类的城市和农村矛盾——城市扩张粗放。三种地带的中小城市发展背景不同，发展模式不同，矛盾焦点也不同，从而造成城市规划的侧重点不同。

《国家新型城镇化规划(2014—2020年)》于2014年3月17日正式公布，推进以人为核心的城镇化，要求有序推进农业转移人口市民化，2020年常住人口城镇化率要达到60%左右，户籍人口城镇化率达到45%左右，并提出保障随迁子女平等享有受教育权利、扩大社会保障覆盖面、拓宽住房保障渠道、推进符合条件农业转移人口落户城镇等一系列举措。

中央经济工作会议2014年12月9日至11日在北京举行。会议首次对经济新常态进行界定，明确指出，认识新常态，适应新常态，引领新常态，是当前和今后一个时期我国经济发展的大逻辑。会议提出2015年将重点实施"一带一路"、京津冀协同发展、长江经济带三大战略，这将使全国城市发展格局发生重大改变。随着我国"一带一路"合作发展的理念和倡议，将建立起中国与有关国家既有的双多边机制，借助既有的，形成行之有效的区域合作平台，激发更大市场活力，共享发展新成果，多个国家和地区将受益。"一带一路"中涉及三条线：一条北线：北京—俄罗斯—德国—北欧；一条中线：北京—西安—乌鲁木齐—阿富汗—哈萨克斯坦—匈牙利—巴黎；一条南线：泉州—福州—广州—海口—北海—河内—吉隆坡—雅加达—科伦坡—加尔各答—内罗毕—雅典—威尼斯。沿线的中小城市将围绕区域中心奠定未来发展格局。

中共中央政治局2015年4月30日召开会议，审议通过《京津冀协同发展规划纲要》，其核心是有序疏解北京的非首都功能。这一规划涉及交通、生态和产业升级转移等重点领域，这将形成中国经济新的增长极，为三地实现协同发展增添新的动力。长江经济带的规划也将影响涉及上海、重庆、江苏、湖北、浙江、四川、湖南、江西、安徽、贵州等 11 个省市。此外，随着 12 个国家级新区的陆续批复、自贸区工作的不断推进、《京津冀协同发展规划纲要》的发布，中小城市的发展将受到极大的影响，在总体规划编制中应充分考虑这些发展变化。

本书根据不同地区中小城市总体规划中的各个环节，从不同角度进行阐述，尤其注重在方法论上的辩证解析，完全的工作经验和一些体会的总结未免有些偏颇，但为从事规划设计和管理工作的人员提供一个交流体验的平台，期望起到抛砖引玉的作用。

此外，不同地区的中小城市或同一地区不同的中小城市中都具有不同的历史成因，在各自历史发展过程中，不同程度地保留、保持了自身独特的面貌。尽管改革开放以来这些城市群体不断发展进化着，但受到发展条件、发展机遇和执政者的执政能力等因素的影响，各个中小城市分别呈现出从量变到质变的各个阶段，本书仅从部分实例进行的相关阐述不具有普遍性。而且，中小城市总体规划问题也是一个尚需深入研究和实践的大课题，因此，笔者希望以此书与各界老师和同仁们进行更深入的讨论和探索。

注释

① 根据《中华人民共和国城乡规划法》(中华人民共和国主席令第七十四号)，国务院城市规划行政主管部门和省、自治区、直辖市人民政府应当分别组织编制全国和省、自治区、直辖市的城镇体系规划，用以指导城市规划的编制。城市人民政府负责组织编制城市规划。县级人民政府所在地镇的城市规划，由县级人民政府负责组织编制。

目录

1 中小城市概况

世界工业化历史表明，工业化和城市化是同步推进、相辅相成的。20 世纪初，大约只有 5%的世界人口居于城市。今天，这个数字已达 50%以上。预计在未来的 20 年间，该比率可达 70%，世界城市人口将由现在的 29 亿升至 50 亿。中国正全力向现代化、城市化转变。未来十年内城市人口在数量上达到 9 亿—10 亿。国家统计局发布的 2014 年经济数据中指出，2014 年年末，中国大陆总人口(包括 31 个省、自治区、直辖市和中国人民解放军现役军人，不包括香港、澳门特别行政区和台湾省以及海外华侨人数)136 782 万人，比上年末增加 710 万人。城镇人口占总人口比重为 54.77%。其中流动人口为 2.53 亿人，城镇就业人员 39 310 万人。而中小城市城市化率普遍偏低，大多不足 40%，提升潜力较大，随着大城市房价、物价的不断提升，生活成本居高不下，中小城市今后将成为跨越发展的主要载体。

历史证明，城市化是人类对这个地球最强大、最直观的影响力量，随着新技术发明、创新速度的逐步加快，必然导致工业化过程，进而推动城市化过程的加快，城市的发展日益受到关注。

我国在中华人民共和国成立以后相当长的时期内都致力于提高国家的工业化水平，虽然城市化水平也有了一定程度的提高，然而我国工业化与城市化发展的道路与世界上其他许多国家并不一样，工业化与城市化发展水平相互脱节，城市化水平远远落后于工业化水平。2000 年第五次人口普查公报显示，我国工业化率已经超过 50%，而城市化水平却只达到36.09%，两者相差近 15 个百分点，与同等经济发展水平的国家相比，落后近 10 个百分点。城市化的滞后严重制约了国家经济与社会的进一步发展。根据赛尔奎因和钱纳里就业结构模式理论，我国第一产业劳动力比重不断下降，第二产业和第三产业劳动力比重不断提高，当工业化发展到一定阶段，第二产业劳动力比重的变化不再显著，大量农业劳动力开始向第三产业转移，并导致第一产业劳动力比重的持续下降与第三产业劳动力比重的持续上升。因此，产城融合发展将取代传统的单一工业区结构，其载体也将从大城市向中小城市转移。

1.1 我国中小城市现状与特征

1.1.1 我国中小城市概况

根据我国2003年统计年鉴资料，我国城市按超大城市、特大城市、大城市、中等城市和小城市五类统计，共计660座，其中中小城市551座，在城市中占83.5%，可见中小城市不仅是我国城市居民聚居形态的主体，还是全国城市体系的主要单元。

按照中小城市绿皮书2015年发布数据统计，截至2014年年底，中国有建制市653个，其中直辖市4个，地级城市288个，县级建制市361个。4个直辖市常住人口均超过千万，属于巨型城市。288个地级城市中，163个城市属于中小城市，占比57.0%。361个县级建制市中，除了极个别发达城市的市区人口接近或略超过百万之外，多数建制市市区人口在数万至数十万之间。基本可归属为中小城市。广义上看(包括含乡镇的市辖区)，中小城市直接影响和辐射的区域，行政区面积达934万km^2，占国土面积的97.3%；总人口达11.68亿，占全国总人口的85.4%。2014年，中小城市及其影响和辐射的区域，经济总量达53.91万亿元，占全国经济总量的84.7%；地方财政收入达51 859.3亿元，占全国公共财政收入的36.95%。

1）发展背景的变化

《国家新型城镇化规划(2014—2020年)》(以下简称《规划》)，是指导全国城镇化健康发展的宏观性、战略性、基础性规划。《规划》提出七项基本原则：一是以人为本，公平共享。从中小城市的角度看，是充分体现农民和市民的平等，以及城镇化成果的共享。二是四化同步，统筹城乡。针对中小城市而言，就是推动中小城市信息化、工业化、农业产业化和城镇化深度融合，同步发展。三是优化布局，集约高效。指导中小城市节约集约发展，提高效率。四是生态文明，绿色低碳。把生态文明理念全面融入城镇化进程。五是文化传承，彰显特色。展现各个城镇的个性和独特性，保护挖掘独特的自然历史文化禀赋，形成符合实际、各具特色的城镇化发展模式。六是市场主导，政府引导。对于中小城市而言，政府应摆正位置，起到引导和服务作用。七是统筹规划，分类指导。中小城市应依据上位规划，落实规划指导，有序推进城镇化。

按照发展目标，对中小城市的指引解析如下：① 缩短户籍人口城镇化率与常住人口城镇化率的差距；② 依托“两横三纵”城镇群结构，增强中小城市的服务功能；③ 调整产业结构，带动城镇化；④ 有重点地发展中小城市；⑤ 消除抑制城镇化的体制障碍。

其中，针对有重点地发展中小城市，《规划》指出：“按照控制数量、提高质量、节约用地、体现特色的要求，推动中小城市发展与疏解大城市中心城区功能相结合、与特色产业发展相结合、与服务‘三农’相结合。大城市周边的重点镇，要加强与城市发展的统筹规划与功能配套，逐步发展成为卫星城。具有特色资源、区位优势的中小城市，要通过规划引导、市场运作，培育成为文化旅游、商贸物流、资源加工、交通枢纽等专业特色镇。远离中心城市的小城镇和林场、农场等，要完善基础设施和公共服务，发展成为服务农村、带动周边的综合性小城镇。对吸纳人口多、经济实力强的镇，可赋予同人口和经济规模相适应的管理权。”

《中华人民共和国国民经济和社会发展第十三个五年规划纲要(2016—2020 年)》,简称“十三五”规划,是 2016—2020 年中国经济社会发展的宏伟蓝图,提出贯彻“创新、协调、绿色、开放、共享”的五大发展理念。有关城镇化战略的内容包含以下三方面:

(1) 优化城镇化布局和形态

加快构建以陆桥通道、沿长江通道为横轴,以沿海、京哈、京广、包昆通道为纵轴,大中小城市和小城镇合理分布、协调发展的“两横三纵”城市化战略格局。

① 加快城市群建设发展。优化东部地区城市群,建设京津冀、长三角、珠三角世界级城市群,提升山东半岛、海峡西岸城市群开放竞争水平。培育中西部地区城市群,发展壮大东北地区、中原地区、长江中游、成渝地区、关中平原城市群,规划引导北部湾、山西中部、呼包鄂榆、黔中、滇中、兰州—西宁、宁夏沿黄、天山北坡城市群发展,形成更多支撑区域发展的增长极。促进以拉萨为中心、以喀什为中心的城市圈发展。中小城市在不同的经济区域将面对不同的发展要求和发展指引(图 1-1)。

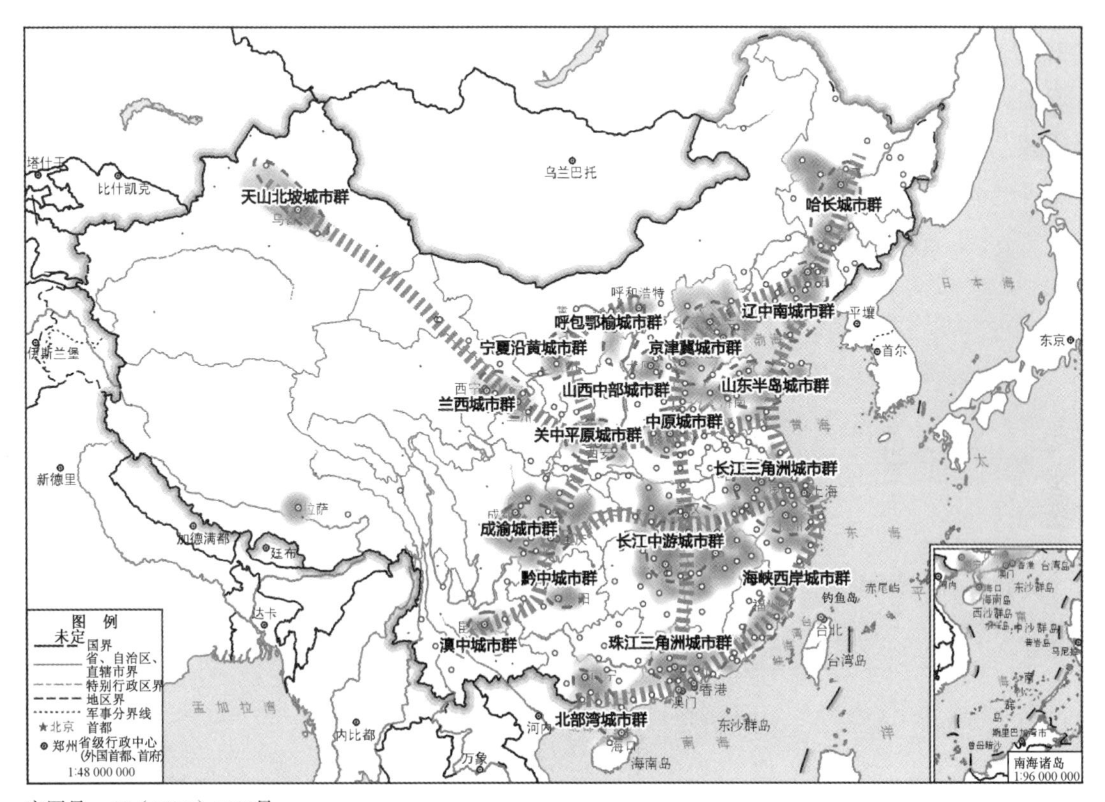

审图号:GS(2016)1607号

图 1-1 城市群空间分布示意图

② 增强中心城市辐射带动功能。发展一批中心城市,强化区域服务功能。超大城市和特大城市要加快提高国际化水平,适当疏解中心城区非核心功能,强化与周边城镇高效通勤和一体发展,促进形成都市圈。大中城市要加快产业转型升级,延伸面向腹地的产业和服务链,形成带动区域发展的增长节点。科学划定中心城区开发边界,推动城市发展由外延扩张式向内涵提升式转变。中小城市既要有大战略,也有注重自身发展特色。

③ 加快发展中小城市和特色镇。以提升质量、增加数量为方向，加快发展中小城市。引导产业项目在中小城市和县城布局，完善市政基础设施和公共服务设施，推动优质教育、医疗等公共服务资源向中小城市配置。加快拓展特大镇功能，赋予镇区人口10万以上的特大镇部分县级管理权限，完善设市设区标准，符合条件的县和特大镇可有序改市。因地制宜发展特色鲜明、产城融合、充满魅力的小城镇，提升边境口岸城镇功能。

（2）完善现代综合交通运输体系

坚持网络化布局、智能化管理、一体化服务、绿色化发展，建设国内国际通道联通、区域城乡覆盖广泛、枢纽节点功能完善、运输服务一体高效的综合交通运输体系。中小城市发展不仅面临区域新机遇，还会充分受益于国家大交通设施的利好。

① 构建内通外联的运输通道网络。构建横贯东西、纵贯南北、内畅外通的综合运输大通道，加强进出疆、出入藏通道建设，构建西北、西南、东北对外交通走廊和海上丝绸之路走廊。打造高品质的快速网络，加快推进高速铁路成网（图1-2），完善国家高速公路网络，适度建设地方高速公路，增强枢纽机场和干支线机场功能。完善广覆盖的基础网络，加快中西部铁路建设，推进普通国省道提质改造和瓶颈路段建设，提升沿海和内河水运设施专业化水平，加强农村公路、通用机场建设，推进油气管道区域互联。提升邮政网络服务水平，加强快递基础设施建设。

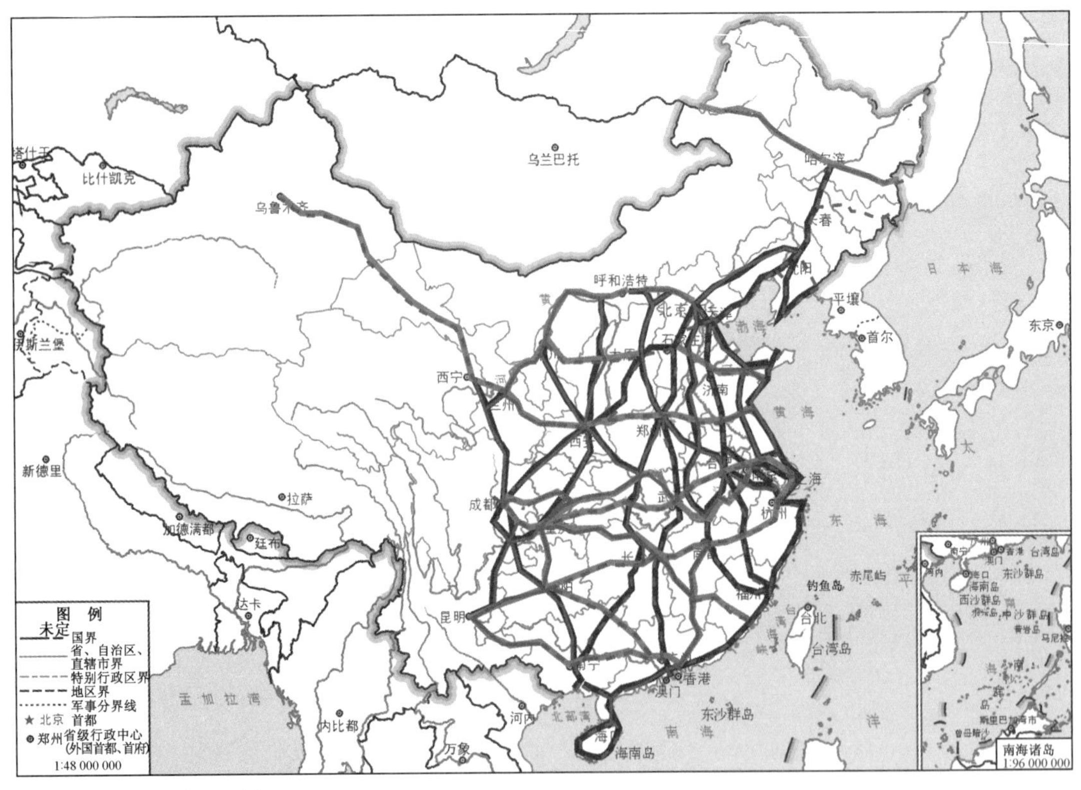

审图号：GS（2016）1607号

图1-2　中长期高速铁路网规划示意图（2030年）

② 建设现代高效的城际城市交通。在城镇化地区大力发展城际铁路、市域（郊）铁路，

鼓励利用既有铁路开行城际列车，形成多层次轨道交通骨干网络，高效衔接大中小城市和城镇。实行公共交通优先，加快发展城市轨道交通、快速公交等大容量公共交通，鼓励绿色出行。促进网络预约等定制交通发展。强化中心城区与对外干线公路快速联系，畅通城市内外交通。加强城市停车设施建设。加强邮政、快递网络终端建设。

③ 打造一体衔接的综合交通枢纽。优化枢纽空间布局，建设北京、上海、广州等国际性综合交通枢纽，提升全国性、区域性和地区性综合交通枢纽水平，加强中西部重要枢纽建设，推进沿边重要口岸枢纽建设，提升枢纽内外辐射能力。完善枢纽综合服务功能，优化中转设施和集疏运网络，强化客运零距离换乘和货运无缝化衔接，提升物流整体效率。

（3）加快建设主体功能区，增加规划依据

强化主体功能区作为国土空间开发保护基础制度的作用，加快完善主体功能区政策体系，推动各地区依据主体功能定位发展（图 1-3）。

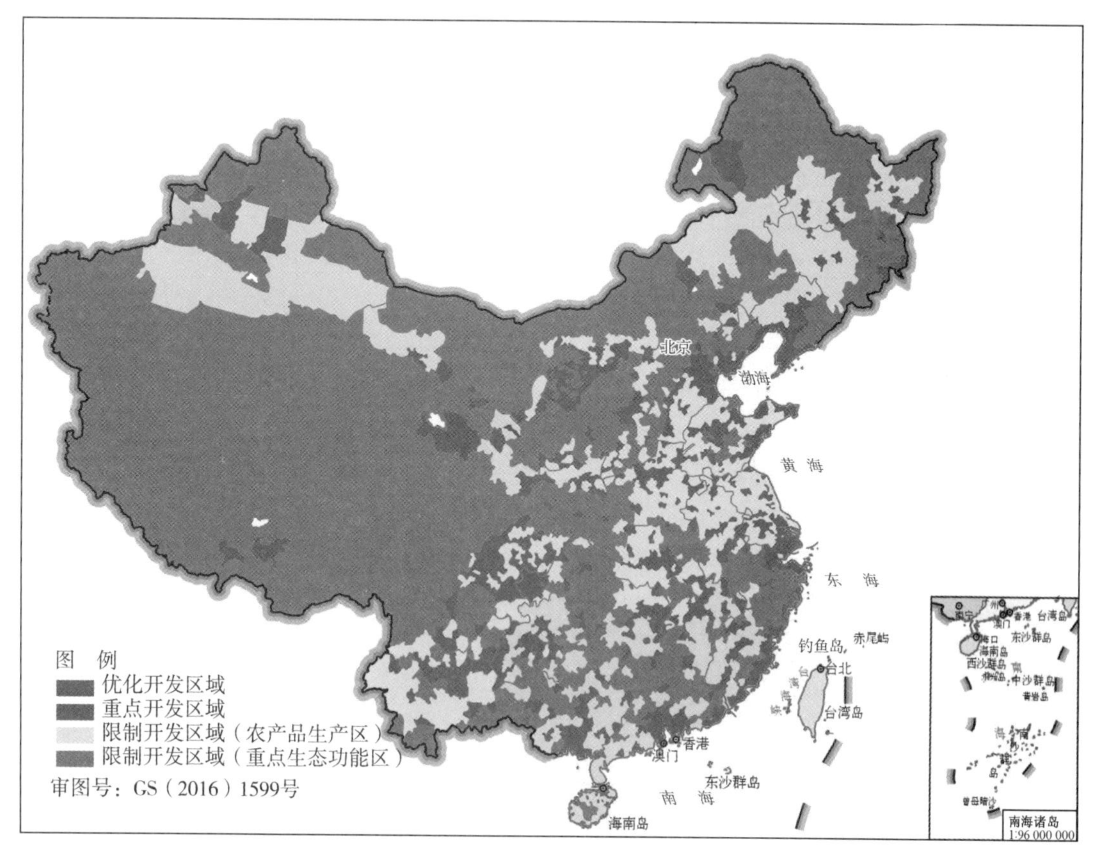

图 1-3 全国主体功能区示意图

① 推动主体功能区布局基本形成。有度有序利用自然，调整优化空间结构，推动形成以"两横三纵"为主体的城市化战略格局、以"七区二十三带"为主体的农业战略格局、以"两屏三带"为主体的生态安全战略格局，以及可持续的海洋空间开发格局。合理控制国土空间开发强度，增加生态空间。推动优化开发区域产业结构向高端高效发展，优化空间开发结构，逐年减少建设用地增量，提高土地利用效率。推动重点开发区域集聚产业和人口，培育若干带动区域协同发展的增长极。划定农业空间和生态空间保护红线，拓展重点生态功能

区覆盖范围，加大禁止开发区保护力度。

② 健全主体功能区配套政策体系。根据不同主体功能区定位要求，健全差别化的财政、产业、投资、人口流动、土地、资源开发、环境保护等政策，实行分类考核的绩效评价办法。重点生态功能区实行产业准入负面清单。加大对农产品主产区和重点生态功能区的转移支付力度，建立健全区域流域横向生态补偿机制。设立统一规范的国家生态文明试验区。建立国家公园体制，整合设立一批国家公园。

③ 建立空间治理体系。以市县级行政区为单元，建立由空间规划、用途管制、差异化绩效考核等构成的空间治理体系。建立国家空间规划体系，以主体功能区规划为基础统筹各类空间性规划，推进"多规合一"。完善国土空间开发许可制度。建立资源环境承载能力监测预警机制，对接近或达到警戒线的地区实行限制性措施。实施土地、矿产等国土资源调查评价和监测工程。提升测绘地理信息服务保障能力，开展地理国情常态化监测，推进全球地理信息资源开发。

2）我国中小城市分布

如果按城市市辖区人口统计，20 万—50 万人口的城市有 171 个，20 万以下的城市有 39 个。目前，在全国范围内已初步形成以大城市为中心，中小城市为骨干，小城镇为基础的多层次的城镇体系。

从表 1-1 可以看出中小城市具有明显的地域性分布特征。按各地区所含中等城市数量统计，大于等于 10 个的地区为河北、山西、吉林、黑龙江、福建、广东和新疆；5—10 个的地区为内蒙古、浙江、福建、江西、河南、湖北、湖南、广西、四川、贵州、云南和甘肃；其余为小于 5 个的地区。按中小城市百分比统计，全国中小城市比例为 31.8%。按各地区中小城市百分比统计，可分为四类地区：① 大于 65%的地区，包括西藏（100%）、新疆（90.9%）、甘肃（78.6%）、内蒙古（75%）、宁夏（66.7%）和青海（66.7%），多为贫困地区，发展条件有限，发展速度缓慢，主要集中在西北部；② 33%—65%的地区，包括吉林（60.7%）、山西（59.1%）、云南（56.3%）、海南（50%）、贵州（46.2%）、福建（43.5%）、黑龙江（41.9%）、广西（38.1%）、河北（33.3%）、江西（33.3%），多为发展中地区，资源条件较好，具备一定的经济基础，主要集中在中部；③ 10%—33%的地区，包括湖南（31%）、陕西（30.8%）、河南（23.7%）、广东（23.4%）、四川（15.6%）、浙江（15.2%）、湖北（13.9%）、安徽（13.6%）；④ 小于<10%的地区，包括辽宁（9.7%）、江苏（7.5%）、山东（2.1%）。后两类大多为较发达地区，少数为人口密集地区，主要集中在中部。这种显著的地域分布差异决定了各地区经济发展速度和产业转型速度，从而也预示了不同地区中小城市的未来发展趋势：东部>中部>西部，即经济实力越强的地区中小城市发展越快。

表 1-1　城市规模划分及其区域分布(2002 年年底)　　单位：个

地区	合计	按城市市辖区人口分组					
		400 万以上	200 万—400 万	100 万—200 万	50 万—100 万	20 万—50 万	20 万以下
北京	1	1	—	—	—	—	—
天津	1	1	—	—	—	—	—
河北	33	—	2	2	18	11	—

续表 1-1

地区	合计	按城市市辖区人口分组					
		400 万以上	200 万—400 万	100 万—200 万	50 万—100 万	20 万—50 万	20 万以下
山西	22	—	1	1	7	13	—
内蒙古	20	—	—	3	2	8	7
辽宁	31	1	1	4	22	3	—
吉林	28	—	1	3	7	15	2
黑龙江	31	—	1	2	15	10	3
上海	1	1	—	—	—	—	—
江苏	40	1	4	15	17	3	—
浙江	33	—	2	9	17	5	—
安徽	22	—	—	6	13	3	—
福建	23	—	1	5	7	10	—
江西	21	—	—	3	11	5	2
山东	48	—	4	16	27	1	—
河南	38	—	1	8	20	8	1
湖北	36	1	1	11	18	5	—
湖南	29	—	—	7	13	8	1
广东	47	1	3	17	15	11	—
广西	21	—	—	5	8	5	3
海南	8	—	—	—	4	3	1
重庆	5	1	—	3	1	—	—
四川	32	1	—	11	15	5	—
贵州	13	—	—	2	5	6	—
云南	16	—	1	1	5	6	3
西藏	2	—	—	—	—	—	2
陕西	13	1	—	—	8	4	—
甘肃	14	—	—	2	1	7	4
青海	3	—	—	1	—	—	2
宁夏	6	—	—	—	2	4	—
新疆	22	—	—	1	1	12	8
全国	660	10	23	138	279	171	39

注：县级城市市区人口是全市人口，地级及地级以上城市为市辖区人口。

随着城镇代的持续推进，2015 年中小城市的分布发生很大变化，已经从传统的带状发展转化成集群化发展。按照中小城市分布的密集程度统计，主要聚集在以下 8 个地区：长三角地区、广州—深圳地区、京津冀东南部平原地区、长江中游地区、山东半岛地区、中原城镇群地区、辽中南城镇群地区、成渝地区。伴随高速铁路及快速交通的发展，我国中小城市的分布将会出现局部均衡、多点突破的分布特征。

按照《第一财经周刊》2013 年调查，参照规模重新划分了等级，如下：

第一级(18 个)：直辖市、特别行政区、地区生产总值大于 1 600 亿元且市区人口大于 200 万的城市：北京、天津、沈阳、大连、哈尔滨、济南、青岛、南京、上海、杭州、武汉、广州、深圳、香港、澳门、重庆、成都、西安；

第二级(25 个)：其他副省级城市、经济特区城市、省会、苏锡二市：石家庄、长春、呼和浩特、太原、郑州、合肥、无锡、苏州、宁波、福州、厦门、南昌、长沙、汕头、珠海、海口、三亚、南宁、贵阳、昆明、拉萨、兰州、西宁、银川、乌鲁木齐；

第三级(24 个)：部分沿海开放城市、经济发达且收入高的城市：唐山、秦皇岛、淄博、烟台、威海、徐州、连云港、南通、镇江、常州、嘉兴、金华、绍兴、台州、温州、泉州、东莞、惠州、佛山、中山、江门、湛江、北海、桂林；

第四级(18 个)：其他人口大于 100 万的城市、重点经济城市：邯郸、鞍山、抚顺、吉林市、齐齐哈尔、大庆、包头、大同、洛阳、潍坊、芜湖、扬州、湖州、舟山、漳州、株洲、潮州、柳州；

第五级(23 个)：其他著名经济城市、重要交通枢纽城市——人口大于 50 万、重点旅游城市：承德、保定、丹东、开封、安阳、泰安、日照、蚌埠、黄山、泰州、莆田、南平、九江、宜昌、襄樊、岳阳、肇庆、乐山、绵阳、丽江、延安、咸阳、宝鸡。

以上城市共有 108 个，其他城市均为第六级。

中小城市主要集中在第五和第六级，分布在中东部地区为主。数量达到近 70%，体现近十年我国快速城镇化发展形势。

3）我国中小城市划分

城市的类型可以按照不同的标准划分。以规模大小划分城市，我们习惯上将城市分为四种：小城市、中等城市、大城市和特大城市。从世界范围看，关于什么是小城市，什么是大城市等都只是一些相对的概念，世界上并没有统一的规定和划分标准。在我国，国务院规定：10 万人至 20 万人为小城市；20 万人至 50 万人为中等城市；50 万人至 100 万人为大城市；100 万人以上为特大城市。

在全国城镇体系规划中将全部城镇划分为五个等级：① 全国性并兼具有国际意义的中心城市，如北京、上海等；② 跨省区的中心城市，如广州、重庆、武汉、西安等；③ 省域中心城市，一般为省、自治区首府城市，也包括个别省内的其他重要城市，如山东的青岛市、福建的厦门市；④ 地区的中心城市，一般为地级市，是省(自治区)域内的地方经济中心；⑤ 县域中心城市，主要是县级市和县城。广大的中小城市群体基本集中在第四和第五等级中。

一些学者从产业层面将我国的中小城市划分为资源型、综合型和辅助型三类。主要分布规律是：西部以资源型为主，内蒙古自治区西部大多数中小城市属于资源型城市，应在保护环境、合理开发利用资源的基础上，形成基础产业体系，培养资源竞争力；中部以综合型为主，湖南的大多数中小城市都属于综合型城市，应全面发展及改善投资环境，培养综合竞争力；东部以辅助型为主，长江三角洲地区的大多数中小城市都属于辅助型城市，应在接受大城市辐射基础上，形成自身发展特色，培养核心竞争力。

国务院印发《关于调整城市规模划分标准的通知》(以下简称《通知》)，对原有城市规模划分标准进行了调整，明确了新的城市规模划分标准。

《通知》指出，改革开放以来，伴随着工业化进程加速，我国城镇化取得了巨大成就，城市数量和规模都有了明显增长，原有的城市规模划分标准已难以适应城镇化发展等新形势要求。当前，我国城镇化正处于深入发展的关键时期，调整城市规模划分标准，有利于更好地实施人口和城市分类管理，满足经济社会发展需要。

《通知》明确，新的城市规模划分标准以城区常住人口为统计口径，将城市划分为五类七档：城区常住人口 50 万以下的城市为小城市，其中 20 万以上 50 万以下的城市为Ⅰ型小城市，20 万以下的城市为Ⅱ型小城市；城区常住人口 50 万以上 100 万以下的城市为中等城市；城区常住人口 100 万以上 500 万以下的城市为大城市，其中 300 万以上 500 万以下的城市为Ⅰ型大城市，100 万以上 300 万以下的城市为Ⅱ型大城市；城区常住人口 500 万以上 1 000 万以下的城市为特大城市；城区常住人口 1 000 万以上的城市为超大城市。

4）我国中小城市面临的问题

（1）“小马拉大车”现象普遍存在

大多数中小城市城市规划区范围较小，经济薄弱，受周边大城市的影响，难以辐射拉动全市范围的经济发展，常常是“顾了头，顾不了尾”，常常注重中心城区的发展，而难以兼顾全市范围的发展。

（2）注重短期效益的发展模式

为了追求短期经济效益，中小城市往往沿路建设，道路发展，严重干扰了过境交通，且极不利于中小城市完整形态的形成和合理布局，从长远角度讲对城市发展是有制约作用的。

（3）建设管理不一致，规划落实存偏差

中小城市虽然大都在编制城市总体规划中，但编制目标各不相同，有政绩指导式规划、规划师构图式规划、开发商引导式规划等多种利益主导式的规划成果。这种流于形式的规划往往会导致不是“图上画画，墙上挂挂”，就是“领导一换，规划重来”的后果，“人治”主导科学方法。

（4）中小城市人均建设用地偏高

规划的不严肃性造成的直接后果是“圈地运动”和“滥占土地”现象，人均建设用地大都超过 120 m^2，土地资源浪费严重，民怨民愤日积月累，城市存在着社会隐患。

（5）“千城一面”，特色无存现象突出

“制造业基地”“生态城市”“区域性中心城市”“交通枢纽城市”等成为许多中小城市争相制定的发展目标，使许多有着丰富内涵的城市个性丧失殆尽。城市形象是以该城市物质或非物质的外貌为载体的各种信息的综合反映。中小城市发展的各个时期定位不连续，目标阶段变化大，在城市功能、布局、规划上难以体现独特的、个性化的城市形象、气质、品位，导致“千城一面”的局面。

（6）就业门槛低，城乡差别小

与大城市相比，中小城市的建设成本低，农民比较容易进入，中小城市在城市与乡村之间承担着“二传手”的作用，是解决三农问题的前沿，也是城乡矛盾的焦点。城乡协调发展势在必行。

1.1.2 我国中小城市特征

我国是个国土面积广阔，自然地理环境差异很大的国家。由于各地区经济发展的不平衡性以及地域资源环境和基础传统等不同，造成我国的城市，包括中小城市呈现出比较明显的地域差异性特征。将我国以东、中、西三大区域来划分，会发现东、中、西部地区城市数量、城市规模和分布等情况的迥异特点。我国中小城市具有地域差异性和发展阶段两方面特征。

1）地域差异性特征

受地理条件、气候条件、经济社会发展水平、人口分布和交通条件等影响，我国城镇体系的地域差异仍比较明显，沿海与内地，东部、中部与西部地带之间差别较大，各省区内部，城镇与城镇人口的分布也不平衡。图1-4反映了全国城市中非农业人口的聚集特征，无论中部、西部还是东部，中小城市都是整个区域城市体系的主体元素。但三大地带也存在一定的差异性，就中小城市数量而言，西部>中部>东部。东部地带集中分布着较多大城市和特大、超大城市，中部地带中、小城市明显增加，20万—50万小城市居多，而西部地带则表现为以小城市占优势的地域城市分布特征。

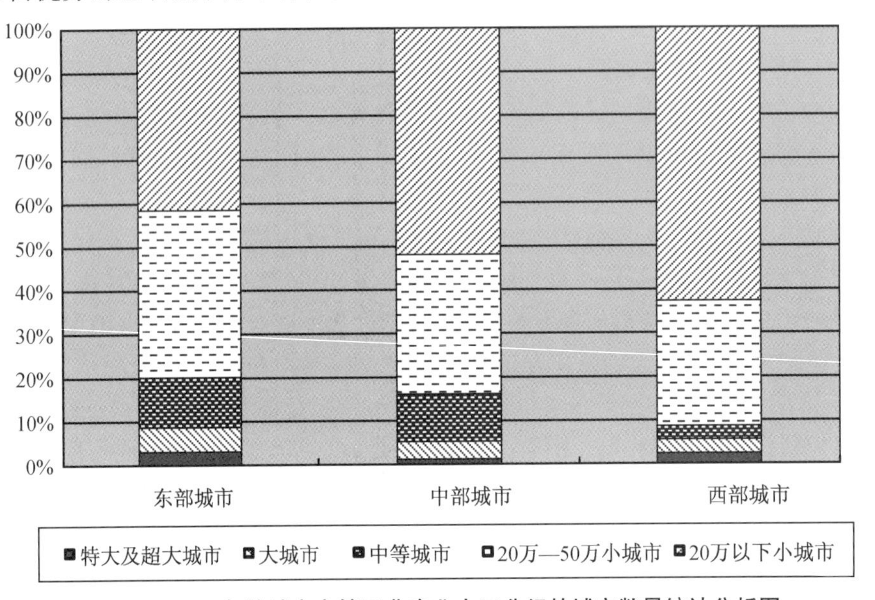

图1-4　2014年按城市市辖区非农业人口分组的城市数量统计分析图

（1）发展前景的地域差异性

由于中国的东部地区是全国经济比较发达的地区，城市化水平高，工业化进展迅速，因此，东部地区中小城市发育比较完善，发展较快，分布密度高，是全国中小城市重要的"孵化"区域。当前，东部多个城市群业已形成，六大城市密集地区——长江三角洲、珠江三角洲、环渤海地区、闽东南地区、山东半岛和辽中南地区工业化和城市化水平都非常高。其中，长江三角洲、珠江三角洲和环渤海地区是我国经济最为发达的三大区域，代表着城市发展的前沿。在区域一体化发展趋势的引导带动下，中小城市的发展面临更大的契机。

中国中部地区从经济发展状况来看，亚于中国东部地区的发展。然而中部地区具备便利的交通和比较良好的工业基础，因此，中小城市的发育也具有一定有利条件，分布密度较高，受东南发达地区的影响，中部地区中小城市的交通条件普遍得到改善，城市发展提速。

中国西部是全国经济比较落后的区域，虽然西部大开发战略的实施给中国西部带来了发展的契机，然而西部大部分地区现状经济基础还相当脆弱，城市发展困难重重。此外，西部生活环境恶劣，人口集聚难度大，大城市发展的依托不足，因此，西部大城市首位度较中东部地区都要高，中小城市在这样的条件下缺乏"发动机"。依托资源的开发，产业形式受到局限，发展风险主要表现在对环境保护与生态承载力的破坏与影响下。

中国城镇化发展近60年经历了起步、波动、快速和加速发展四个阶段，1949—1957年城镇化发展起步，城镇化水平平均增长率0.6%；1958—1978年随着“上山下乡”政策的波动而波动，城镇化水平平均增长率仅为0.12%，基本违背了城镇化发展的国际规律；1979—1996年随着改革开放系列政策的推行，城镇化水平稳步提升，平均增长率达到0.7%；1997年至今，城镇化水平加速发展，城镇化水平平均增长率接近1.5%。中国城镇化发展阶段地区差异性显著，基本表现在：中西部地区城镇化发展进入超速阶段，东北和东部城镇化发展趋于平稳(图1-5)。

城市化水平从东高西低，向东部北部高西南部低演化，内蒙古地区城市化水平增长较快，与东北城市化的发展趋近，中西部城市化水平普遍提高；城市化水平增长速度地域差异显著，中西部除湖北和贵州外，均增长最快。东南沿海及青海、甘肃等地发展较快；城镇化率增速变化出现以下趋势：中西部>东部>东北(图1-6至图1-8)。

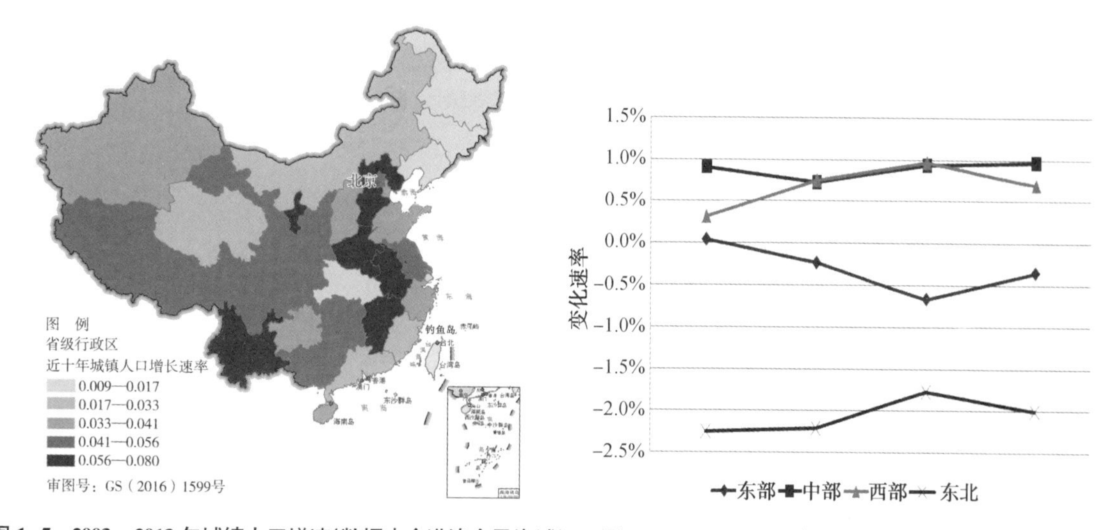

图1-5　2003—2013年城镇人口增速(数据未含港澳台及海域)　　**图1-6　2009—2013年各区域城镇化率增速变化**

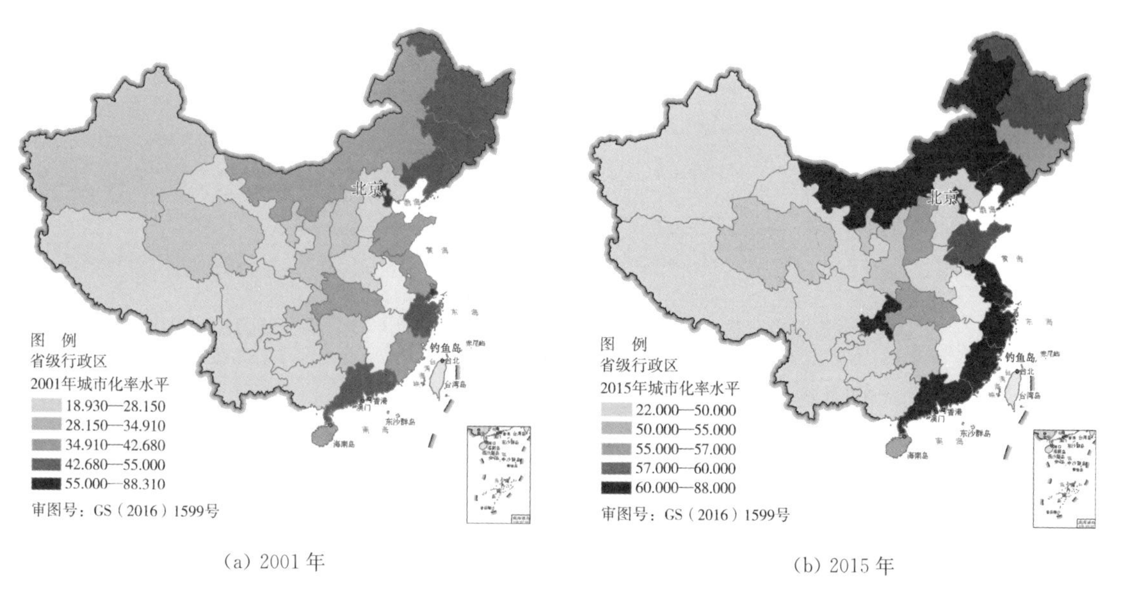

(a) 2001年　　(b) 2015年

图1-7　2001年、2015年各区域(数据未含港澳台及海域)城市化水平空间变化

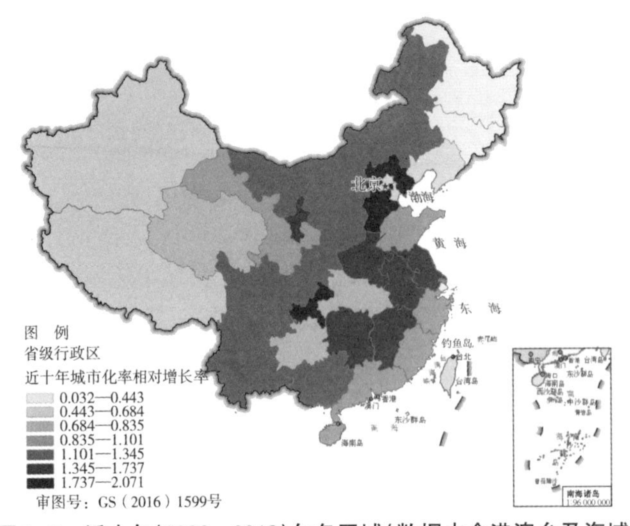

图 1-8　近十年(2003—2013)年各区域(数据未含港澳台及海域)
城镇化率相对增长率空间分布

(2) 城市规模的地域差异性

东、中、西部地区城市规模也显示出明显的地域差异性。改革开放以来,东部地区凭借国家发展战略和投资重点方面的优势以及自身经济基础、地理位置等优势获得了经济的起飞,城市化水平显著提高,城市规模也不断扩大。中西部地区,尤其是西部地区受到自身经济基础薄弱和所处内陆地理位置的限制,经济发展缓慢,城市发展严重不足,特大城市、大城市数量很少,即使中小城市在质与量上也难以与东部地区的中小城市规模相比。

从城镇化水平增长趋势来看,也存在地域差异性,中等城市地区:东部中部趋快,西部和东北部缓升;20 万—50 万小城市地区:东部发展较快,东北发展平稳,中西部平稳提升;20 万以下小城市地区:东部和东北部高位盘整,中西部缓升(图 1-9 至图 1-11)。

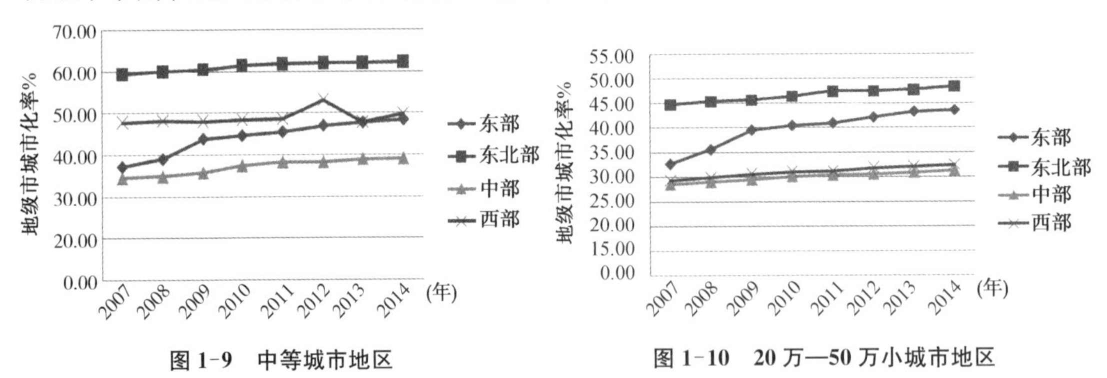

图 1-9　中等城市地区　　**图 1-10　20 万—50 万小城市地区**

(3) 发展模式的地域差异性

由于制度因素的影响,我国东西部地区中小城市发展的模式是不一样的,各自经历了独特的发展轨迹。中华人民共和国成立以后,中国出现了两种不同的小城镇发展模式:自上而下的发展模式和自下而上的发展模式。自上而下的方式指发动的主体是政府,并由政府依靠行政力量,通过计划手段进行严格控制的发展;自下而上的方式则是指发动主体是民间力量或社区组织、受市场因素支配、演化结果被政府认可的发展。中国的西部地区城市大多以第一种方式发展起来，而在中国的东部地区，第二种方式未被广泛地采用。由于这两种不同的发展模式，造成了东西部地区中小城市具备显著的地域差异性。

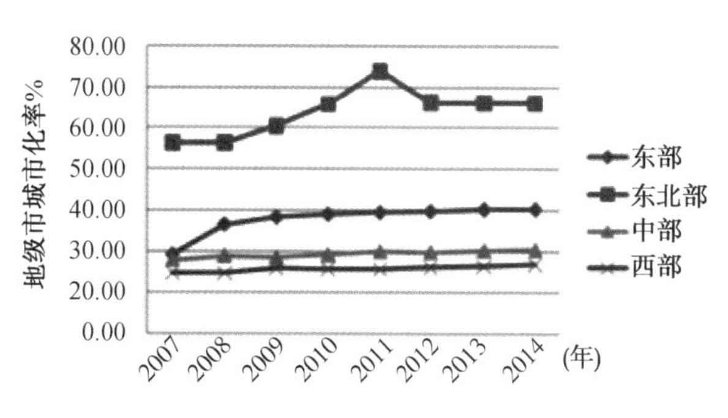

图 1-11　20 万小城市地区

东部地区中小城市的发展伴随产业结构内部受市场规律支配的优化，产业重心由第一产业向第二、第三产业转移，城市具有较强的自我发展能力和较快的生长速度。中西部地区大城市发展相对有利，而中小城市发育不足且发展速度缓慢，经济结构内部也存在较明显的不合理性。比如，在产业结构上，西部地区城市第一产业在地区生产总值中的份额要高于同期东部地区，但农业现代化程度低于东部地区；此外，在企业所有制结构上，西部地区城市的国有企业比重高，非国有制企业比重低，这与东部地区的城市私营企业、中小企业兴旺繁荣的局面大相径庭。

从“六五”到“十二五”的七个“五年计划”中分析城市管理政策可见：30 多年发展过程中，相对而言，大城市的发展政策变化较大，小城市的发展一直受到鼓励，中等城市发展的国家政策支持不足(表 1-2)。

表 1-2　七个“五年计划”中政策的调整

等级	“六五”	“七五”	“八五”	“九五”	“十五”	“十一五”	“十二五”
大城市	鼓励发展	控制发展	严格控制	宏观调控	合理发展	协调发展	依托发展城市群
中等城市	—	合理发展	合理发展	宏观调控	完善发展	协调发展	协调发展
小城市	—	积极发展	合理发展	宏观调控	积极发展	协调发展	协调发展

(4) 发展速度的地域差异性

中小城市发展的速度与地区经济总体发展快慢是呈现正相关的。20 多年来，我国城市发展速度总体较快，东西部地区都有不同程度的增长，然而地域差异性也是明显的：东部快，西部慢。改革开放以后，东部沿海地区区位优势得到充分发挥，经济发展进入良性循环，与中西部地区之间的差距越来越大。而中西部尤其是西北部很多地区，生态环境脆弱，经济发展受限制，城市化水平难以获得快速提高，中小城市发展还步履维艰。

当前，在中国的东部沿海地区，一些跨行政区的、多“增长极”的城市带(圈)已经出现，如珠三角、长三角地区，它们必将促使这些地区的城市化进程进一步加快，中小城市发展更为迅速。随着京津冀协同发展的政策红利，京津冀地区将有较大发展前景；而中西部地区虽然也出现了一些增长极，如长株潭城市群，黄河上游、中游城市带等，有利于中小城市的发展，但它们的影响力有限，对城市发展速度提高所发挥的作用不能与东部地区的“优质”增长极同日而语。

推动城镇化战略，关键在于中西部的经济发展水平的提升，城市化水平的增长潜力在中西部，中西部地区经济发展水平对城市化水平贡献大。例如：上海经济发展水平每增长 1 单位，城市化水平增长 0.1 单位，安徽和江西城市发展水平每增长 1 单位，城市化水平增长 7 单位(图 1-12)。其他地区经济发展水平的提升将有效促进城市化水平的提升。

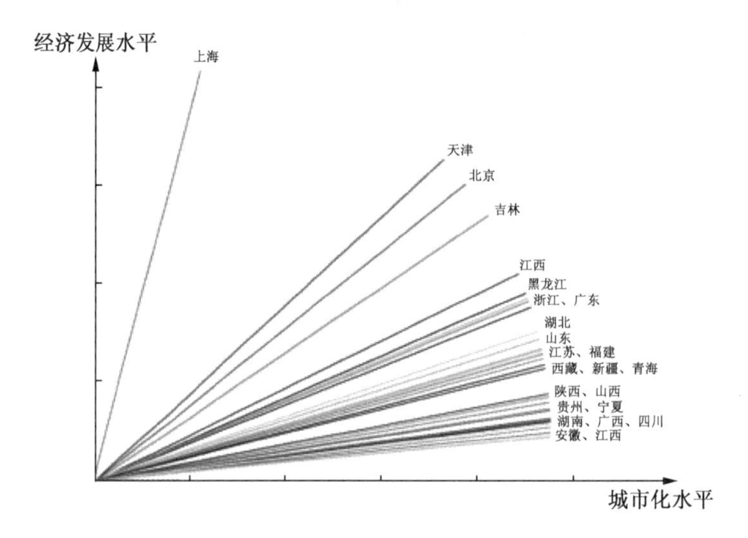

图 1-12　2004—2014 年区域经济发展水平与城市化水平线型关系图

基于中国中西部城市化发展的紧迫性，必须大力发展中小城市，提升社会经济功能，增强吸纳人口和扩大就业的能力，形成一批各具风格和特色鲜明的中小城市群。

(5) 发展条件的地域差异性

从上述对我国中小城市发展各项情况的介绍中，我们已经认识到，东、中、西部地区城市发展之所以存在巨大差异是与它们发展条件的不同息息相关的。

中国东部地区除却地理位置优越、交通便利、对外贸易频繁等有利条件外，在经济制度、产业结构、基础设施、科学技术、开放意识和政策环境等方面都走在了中西部地区的前面。

西部地区由于自身条件较差造成的中小城市发育不稳定，城市化“率高质低”又反过来进一步恶化了城市发展的局面，城市产业聚集程度低，规模效益差，公共设施利用效益低，工业和其他各种非农产业效率低，发展受限，并因此限制了服务业的发展。这样劳动力从农业向非农产业的转移更加难以为继，最终城市尤其是中小城市缺乏基础，难以发展起来。

按照区域经济梯度转移理论，东部地区是我国区域经济的高梯度区域，依次向下为中部地区，然后是西部地区。东、中、西部中小城市的发展条件因此存在着相关的地域差异性，城市规划过程中应该把握不同的重点，力争解决当前最重要的问题，创造最适合城市发展的条件。

2) 发展阶段演化特征

各级城市在普遍获得发展的同时，中小城市的发展速度快于大城市，从 1980 年到 2015 年，大城市从 45 个增加到 204 个，增长 4.5 倍；中等城市从 70 个增加到 404 个，增长 5.77 倍；小城市从 108 个增加到 2 230 个，增长 20.6 倍。截至 2015 年，中小城市人口从 1980 年的 3 615 万人增长到 11.74 亿，占全国总人口的 85%。

尽管中小城市的基础设施、环境设施还参差不齐，总体水平也不高，但在中国城镇化发展全局中占有十分重要的战略地位，是拉动国民经济发展的“增长点”，产业体系化的实验地。按全国城镇体系纲要，对各个地区的发展制定了不同时期的发展目标（表 1-3）。

表 1-3　不同时期三大地带的城市发展目标

地带	2005 年目标	2010—2015 年目标	2020 年目标
东部	城市整体发展水平继续迅速提高，现有的城市密集区进一步完善，各级中心城市地位有了较大的提高，区域交通向快速化、网络化方向发展，区域通讯信息基础设施加速发展，城镇体系空间结构继续得到完善和优化	长江三角洲、珠江三角洲及环渤海地区城市密集区全面实现现代化。沿海各级中心城市发展迅速，从辽宁到广东，形成全方位开放式的城镇体系格局，区域现代化水平明显提高，城乡协调发展，城镇体系结构完善，区域交通发达，城市整体发展水平位于全国先进水平	城镇体系发育成熟完善，并对中西部地带发挥示范功能效应，将形成若干个国际性城市，一些重要港口城市起到“外引内联”作用，形成对内对外两个辐射扇面，利用沿海地带的经济、社会、技术优势，有力地促进中部、西部地带城市的发展
中部	区域城市整体发展水平达到加强，一些地方性中心城市经济辐射力和吸引力明显增强，能源、资源依托型城市以及传统工业城市焕发新的活力，区域交通条件得到较大改善	区域城市整体发展水平明显提高，城市数量明显增加，区域中心城市接受东部城市产业结构调整转移的速度加快，对西部地带辐射和互补功能进一步强化。区域交通基础设施建设的承东启西作用进一步发挥。城镇体系整体发展水平达到全国平均水平	区域城市整体发展与东部沿海地带基本接轨，功能互补、产业链日益紧密，地方基础性工业中心城市和沿铁路干线、长江沿岸城市得到重点发展，三线地区工矿城市布局得到调整，与东部地带、西部地带联系的区域基础设施条件均得到全面提高
西部	区域中心城市得到重点发展，一批新型的资源依托型城市和口岸城市得到倾斜发展，区域基础设施建设将有较大提高，区域生态环境和长江、黄河上游水源保护地和天然林保护状况将有明显改善	区域核心城市的现代化水平迅速提高，二级中心城市也得到相应发展，小城镇建设由少量示范走向协调发展，城镇体系结构走向合理，若干大城市地区和平原地区城乡协调发展区域趋于明显，城镇整体发展水平与东部地带的差距明显缩小	在资源条件、交通条件和现状城市基础较好的地区基本形成较发达的城市功能体系和合理的城市空间结构。在少数民族地区和边境口岸地带，重点发展少量对外开放交流的口岸城市，促使西部地带各项经济社会事业繁荣昌盛

从人口规模历年统计分析来看，东部超大城市发展快并持续增长，中部超大城市发展慢，其他城市体系缓慢增长，西部小城市发展最快并不断提速，东北特大城市发展较快（图 1-13）。近 10 年非农业人口的增长主要集中在中等城市中，东部超大城市非农业人口增加较快，小城市日益增高；中部特大城市非农业人口增加较快，但动力日益不足；西部大城市、中等城市和小城市非农业人口增加趋势相同；东北超大城市非农业人口增加趋缓，动力日益不足，新非农人口集聚不明显；中西部工业总产值占比提高，工业化带动城市化显著，而东部和东北部趋势相反。

城市人口增长量：中等城市＞大城市＞小城市。

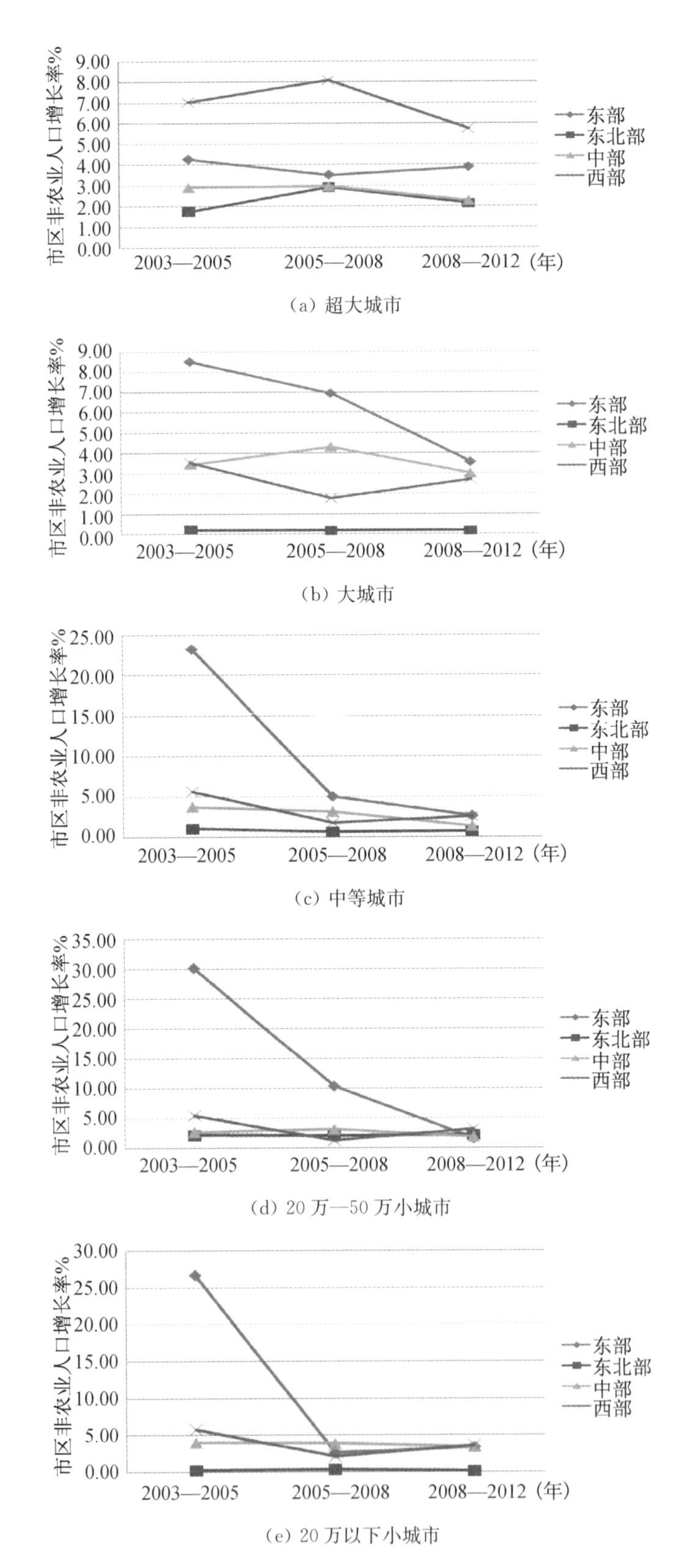

图 1-13　不同规模城市人口增长量分析图

此外，中小城市也具有一些普遍性的特征。

(1) 交通指向性分布为主

我国城市分布现状具有沿海、沿江和沿线(铁路和公路)的特征。据统计，我国约有70%的城市区位由交通指向决定，尤其是近代以来形成和发展的城市大多与铁路、港口的建设相关联，其中京沪—沪杭甬铁路、京广铁路、京沈—哈大铁路、胶济—兰烟铁路、陇海—兰新铁路、浙赣—湘黔铁路、滨州—绥滨铁路、襄渝—成渝铁路、焦枝铁路等沿线，长江、西江、大运河沿岸，以及环渤海和东南沿海地带，是城市串珠状分布的主要地区。

(2) 资源指向分布明显

全国有半数以上的城市以开采煤炭为支柱产业，西北、西南地区有些城市是由于矿产资源的开发而形成，甚至从小城市逐渐过渡到大城市，如白银市、库尔勒市、六盘水市、攀枝花市等。桂林、黄山、张家界、武夷山、井冈山等城市则都是依赖风景旅游资源开发而逐渐发展起来的。

(3) 城市密集区正在形成

迄今为止，我国东部地带自北向南已经形成或正在形成的城市密集区大致有以下几个：辽中南、京津冀、长江三角洲、珠江三角洲、山东半岛、闽东南；在中西地带，以武汉为核心的江汉平原，以成都、重庆为核心的四川盆地，以西安为核心的关中平原，以郑州为核心的中原地区，以长沙、株洲、湘潭为核心的湘中地区，以哈尔滨为核心的松嫩平原地区等，也均在不同程度上形成较密集的城市群。

(4) 地域差异性造成的发展形势

东部沿海中小城市面临着地区经济高速发展的形势，对土地的需求日益增加，在各种供需矛盾日益激化的情况下，应该从每个区域和每个城市自身着手，分析其内部用地时空变化机理，认识规律，从而给予今后的城市发展以必要的借鉴与启示。从2005年到2009年房地产开发投资完成额来看，2005—2007年：东北和新疆、青海增加量大；2007—2009年：长三角、辽中南和中部地区增加量大，结合人口发展规律判断，东北和中部地区去库存压力较大(图1-14、图1-15)。2010—2013年，北上广等一线城市及中东部省会地区开发量加大。

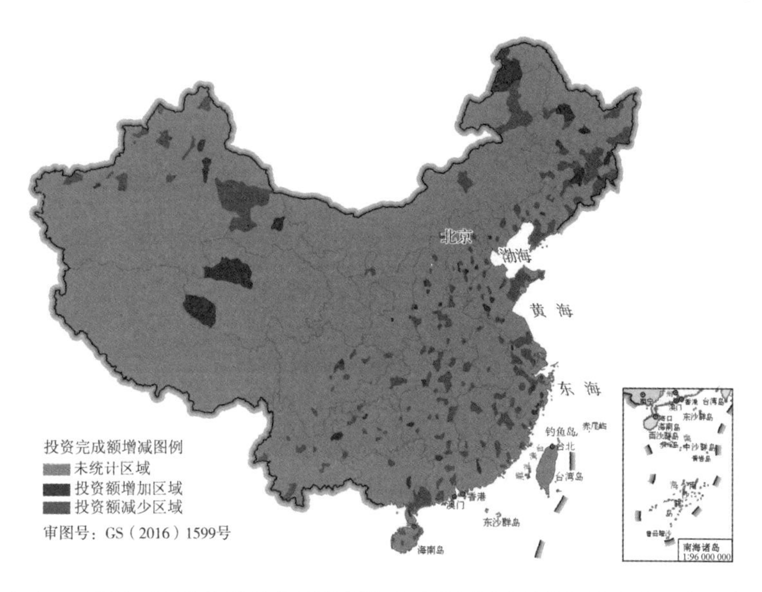

图1-14　2005—2007年房地产开发投资完成额对比图(数据未含港澳台及海域)

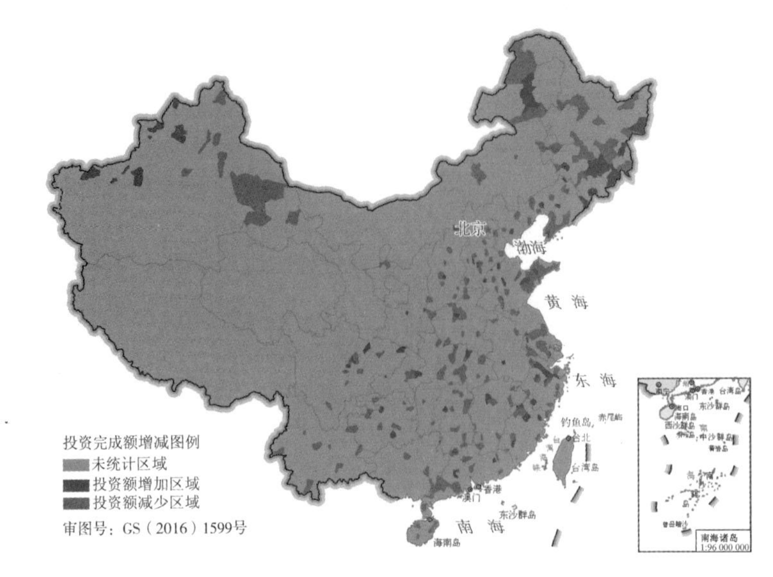

图 1-15　2007—2009 年房地产开发投资完成额对比图(数据未含港澳台及海域)

中部地带城镇化处于从初期向中期加速发展阶段，部分省区中、小城市相当密集，空间分布比较集中，缺乏经济中心城市，城市空间分布过于分散，或城市首位度偏高，缺乏承上启下的次经济中心城市，今后应该以工业化和现代化为目标，采取有效措施及时做好资源性城市的转型和复兴，采取集中型与扩散型相结合的方式推进城镇化。适度发展大城市，加强大城市与外围中小城市的联系，扶持小城市和小城镇的发展，逐步完善大、中、小城市相结合的城镇体系。

西部地带经济发展水平和城市成长发育程度较低，城镇化发展处于初级阶段。今后应当推动农牧业产业化发展，适度发展工业，走以大、中、小城市为重点的集中型城镇化道路，把推进城镇化的重点放在改造现有的中心城市和培育发展新的经济中心上。要采取集中开发、集中投资的方法，依托中心城市，选择若干基础好、交通条件便利的城市，逐步建设成具有一定辐射力的中等城市，并在一些条件具备的地方发展少数大城市，有重点地发展内陆边境口岸城市。

因此，中小城市因资源而衍生，因交通而发展，因区域合作而强大。这不仅是大城市已经经历的历程，还是中小城市必将走的路程。

1.2　我国中小城市发展趋势

自 1949 年中华人民共和国成立以来，我国实行土地公有制，直到 1986 年才在法律上将土地所有权与使用权相分离，我国城市在没有土地市场的情况下发展了 40 年，由于城市基础设施建设跟不上，到 1980 年城市的发展大多是以 1949 年以前留下的建成区为基础的。城市交通工具以自行车为主，局限了城市的扩展。

1.2.1　发展历程

我国城市的发展过程与世界许多其他国家不同，工业化进程并没有一开始就启动城市化的进程，中小城市也体现出这样的发展轨迹。

我国中小城市的发展历程可以分为两个阶段：

第一阶段是受到限制的发展阶段。中华人民共和国成立初期，政府对城市发展是持控制态度的，特别是三年困难时期和“文化大革命”时期，“知青上山下乡”促使城市人口不断向农村地区大规模的转移，军工企业不断向边远山区进驻等。上述这些情况严重限制了城市的发展，尤其是中小城市的形成和扩张等。

第二阶段是大力发展的阶段。这个阶段是从1978年全国城市工作会议首次明确提出“控制大城市规模，多搞小城市”之后开始的，成为新时期我国城市化建设的基本指导思想。1980年12月，全国城市规划会议正式确定了“控制大城市规模，合理发展中等城市，积极发展小城市”的城市发展方针(俗称三句话方针)；1989年12月26日，第七届全国人民代表大会常务委员会第十一次会议通过《中华人民共和国城市规划法》，将上述提法进一步规范表述为“国家实行严格控制大城市规模，合理发展中等城市和小城市的方针”，第一次以法律的形式对我国城市发展规模和发展方向加以规定。在上述政策引导下，中小城市及小城镇发展势头迅猛，有力地拉动了全国城市化发展水平。城市化水平由1978年的17.92%提高至1990年的26.41%，12年间提高了8.49个百分点；城镇人口净增13 298万人，人口规模扩张达77%。这个时期内影响中小城市发展的一项重要背景是国家调整产业发展重点后，轻工业成为20世纪80年代国民经济新的增长点，致使一大批以轻纺工业为主导产业的中小城市脱颖而出，急骤扩张，成为带动国内城市化水平迅速提高的主导力量。

在这种发展的政策背景影响下，从区域与城市关系的角度分析，目前我国中小城市普遍存在以下五个方面问题：

(1)“城市规模小，区域性中心城市的聚集辐射功能不足”并非普遍现象

美国学者认为，一个中心城市只要达到了25万人的规模就有能力抵御来自外部与内部的冲击，为其存在与发展创造条件。这只是同一地域内的相对概念，我国幅员辽阔，人口分布不均匀，西部人口稀少，城市人口规模普遍偏小，城市数量也少，但是地方区域中心性较强；而东南部人口密集地区，城市人口规模偏大，数量多，地方区域中心性不强。因此，城市规模与城市功能的关系应辨证而论。

(2) 城市发展定位不明确，城市与区域间缺乏合理的分工与协调

受不同行政区划城镇体系的影响，大多数中小城市受交通环境和地方政策的影响，产业集聚速度不一致，发展方向摇摆，生产要素在各城市间流动无序。城市间缺乏合理的职能分工，直接影响城市整体效益的提高，导致产业结构少而全，造成极大的资源物质浪费，影响了地区优势的发挥。

(3) 城市公共设施建设滞后，城市居住环境恶化

中小城市在全国经济快速发展的潮流中，积极进取，一切以经济发展为龙头，不惜以牺牲环境为代价，多处出现不和谐的发展步伐。西北部草原地区也建起了一座座高载能工业园区，中部山区过度开发旅游地，东部地区填海造陆，扩张土地。在这种“大手笔”的开发中，没有重视文化设施的建设，没有重视城市市政设施的建设，致使城市生活居住质量逐渐恶化。

(4) 城市基本功能不完善，产业竞争力不强

多数中小城市产业竞争力不强，既没有形成支柱产业，也没有形成良好的区域产业分

工，不利于城市经济的全面发展、资源的综合利用和经济效益的提高，属于工业化、城市化进程中不同时期的过渡阶段。

(5) 现状增长迅速

城市化水平的提高，大中小城市的发展虽然取得了可喜成绩，但是，发展的情况并未严格按照发展方针来进行。20 多年来，我国大城市和特大城市的人口可比增长速度相当快，超过了中小城市和小城镇的发展水平。2000 年与 1978 年相比，200 万以上人口的城市数量增加了 2.17 倍，100 万—200 万人口的城市数量增长了 2.08 倍，50 万—100 万人口的城市数量增长了 1.7 倍，20 万—50 万人口的城市数增长了 2.32 倍，20 万以下人口的城市数量增长了 1.98 倍，大城市的发展没有被控制住(表 1-4)。2000 年至今，城镇化速度加大，城市数量大幅度增加，中小城市剧增。

表 1-4 1978—2010 年我国城市数量增长情况表 单位：个

年 份	1978 年	1985 年	1990 年	1998 年	2000 年	2008 年	2010 年
城市总数	193	324	461	668	663	655	658
200 万人以上城市	6	8	9	13	13	41	87
100 万—200 万人城市	7	13	22	24	27	81	53
50 万—100 万人城市	27	31	28	49	53	110	138
20 万—50 万人城市	不详	94	不详	205	218	不详	380
20 万人以下城市	不详	178	不详	377	352	不详	19 410

注：资料来源：中国城市统计年鉴(1980 年、1991 年)，中国统计年鉴(1986 年、1999 年、2001 年、2008 年、2010 年)。2010 年数据依据"六普"。

中小城市在我国城市体系中的作用是非常重要的，它们是联系中心城市与广阔小城镇群的桥梁和纽带。如何抓住中小城市的特点，认清它们对社会经济发展的作用，制定科学合理的中小城市发展规划，保障中小城市快速健康的发展，具有重要的意义。

1.2.2 发展前景和发展趋势分析

《国家新型城镇化规划(2014—2020 年)》(以下简称《规划》)，是指导全国城镇化健康发展的宏观性、战略性、基础性规划。按照发展目标，对小城镇的指引解析如下：① 缩短户籍人口城镇化率与常住人口城镇化率的差距；② 依托"两横三纵"城镇群结构，增强小城镇服务功能；③ 调整产业结构，带动城镇化；④ 有重点地发展小城镇；⑤ 消除抑制城镇化的体制障碍。小城镇应依据上位规划，落实规划指导，有序推进城镇化。

其中，针对有重点地发展小城镇，《规划》指出："按照控制数量、提高质量节约用地、体现特色的要求，推动小城镇发展与疏解大城市中心城区功能相结合、与特色产业发展相结合、与服务'三农'相结合。大城市周边的重点镇，要加强与城市发展的统筹规划与功能配套，逐步发展成为卫星城。具有特色资源、区位优势的小城镇，要通过规划引导、市场运作，培育成为文化旅游、商贸物流、资源加工、交通枢纽等专业特色镇。远离中心城市的小城镇和林场、农场等，要完善基础设施和公共服务，发展成为服务农村、带动周边的综合性小城镇。对吸纳人口多、经济实力强的镇,可赋予同人口和经济规模相适应的管理权。”

我国城镇发展总方针:积极稳妥推进城镇化,有重点地发展小城镇,积极发展中小城市,完善区域性中心城市功能,发挥大城市的辐射带动作用;加强城镇基础设施建设和生态建设,加强城镇规划设计建设管理。

时隔37年,2015年12月20日,中国再次召开中央城市工作会议,在“建设”与“管理”两端着力,转变城市发展方式,完善城市治理体系,提高城市治理能力,解决城市病等突出问题。会议提出要顺应城市工作新形势、改革发展新要求、人民群众新期待,坚持以人民为中心的发展思想,坚持人民城市为人民。要坚持集约发展,框定总量、限定容量、盘活存量、做优增量、提高质量,立足国情,尊重自然、顺应自然、保护自然,改善城市生态环境,在统筹上下功夫,在重点上求突破,着力提高城市发展持续性、宜居性。会议提出要优化提升东部城市群,在中西部地区培育发展一批城市群、区域性中心城市。会议提出要深化城镇住房制度改革,继续完善住房保障体系,加快城镇棚户区和危房改造,加快老旧小区改造。要大力开展生态修复,让城市再现绿水青山,要控制城市开发强度,推动形成绿色低碳的生产生活方式和城市建设运营模式,要坚持集约发展,科学划定城市开发边界,要按照绿色循环低碳的理念进行规划建设城市交通、能源、供排水、供热、污水、垃圾处理等基础设施。会议提出化解城市病要提升规划水平,增强城市规划的科学性和权威性,促进“多规合一”,全面开展城市设计,完善新时期建筑方针,科学谋划城市“成长坐标”。

这些新形势、新政策、新要求将对中小城市的发展产生极大影响。城市规划的良性引导尤为重要。

1) 发展前景

中小城市的政府在区域经济快速增长的压力下,往往将注意力集中在投资项目的引进和开发上,靠资金投入挤占市场拉动经济增长。这种迫切性造成城市政府过多地与开发商妥协,造成中小城市土地的过度开发、粗放利用、用地结构不合理和布局分散等诸多问题。此外,片面追求项目快上,不重门类,造成中小城市产业结构松散,主次不分,支柱产业体系不完善,企业之间缺乏相依存的产业链,难以形成特色产业和优势产业,市场经营风险较大,工业化发展的无序直接影响着第一产业和第二产业的发展,这种格局将引发不同的城市发展前景,出现新的问题和新的矛盾和焦点。

(1) 用地转换中的矛盾

中小城市发展建设中涉及用地转换矛盾最突出的主要是两类转换。

① 农用地转换为建设用地出现的新问题。中小城市扩展,需要占用城郊菜地或耕地,并给予农民和集体一定数目的补偿金,按现有计算公式最高补偿费用一般只能维持失地农民3—5年的简单生计。农民必须被动另谋出路才能维持生活,这是一种被动的生活方式的转变,农民甚至不具备在城市就业的最低技能,只能从事一些几乎没有保障的体力工作和临时工作,寄人篱下的处境使他们很难保持以往的正常心态,在就业屡次失败和收入太低难以维持生计的情况下,就会出现偷窃、抢劫、赌博、乞讨等不良的绝望行为,很多中小城市的郊区都是治安混乱、社会问题滋生的地区。

② 旧城更新中老居住区转化为新居住区出现的问题。另一类用地转换是城市用地转换,主要指旧城居住用地的更新,拆除原有低层或多层破旧住宅,更新新的用地类型,如公共建筑、居住、道路及公共设施等,并按照不同城市的规定给予拆迁地居民一些拆迁费用。按

中华民族的传统习惯，乡土观念浓厚，久居一地必然产生亲切和谐的地缘关系和邻里关系，而城市拆迁工作破坏了这种根深蒂固的传统，这是城市拆迁居民的怨言之一。一般而言，随着城市环境的不断完善，老城区地价不断攀升，尤其是房地产开发商看好老城区改造，可以从房屋的造价上和地价的差额上赚取很大利润，而原址居住人群得到补偿费用后不能够支付原址房屋的高价，也难以承担新增加的物业管理费用，不得已搬迁到房地产价格较低的郊区，改变了多年的生活环境和生活方式，这是城市拆迁居民的怨言之二，从而造成中小城市城市化的独特性，即高收入阶层住在各项设施比较齐全的城市中心区，低收入阶层被逐渐置换到各项设施不完善的城市郊区的特征。近几年，全国各地屡次发生因拆迁安置不妥当造成的民愤过大而采取的极端行为事件，为此而发生的上访事件更是屡见不鲜。

（2）公共设施供需失衡

以经济发展为主旨，通过工业化发展推动城镇化进程成为各个城市的主要发展目标。但是，作为中小城市，城市规模小，各项服务设施配置有限，容量和承载力缺乏弹性，很难应对日益增长的城市人口，而政府又过多关注经济建设，忽视或因为不能及时取得收益回报而缺少在公共设施上的再投入，城市原有公共服务设施无法支撑更多的城市人口。所以，中小城市中交通问题和社会问题更加突出，无论是基础设施的供应，还是医疗、教育、文化、环境等生活服务设施的供给都出现滞后现象。许多中小城市的政府为改善投资环境，在城市百业待兴、资金有限的情况下，只能做做表面文章，搞搞形象工程或做些打补丁的开发。对于中小城市而言，城市集聚经济远远低于大城市，而马路经济更加盛行，往往成为城市的新经济增长点，高速公路对沿线中小城市的建设发展提供了无限的机遇。依托高速公路发展工业已经成为中小城市发展的一种基本模式。

2）发展趋势

据研究，城市化与经济发展有着双向促进的关系。在国民生产总值人均占有量较少时（一般在 250 美元以下），应该优先发展大城市；在国民生产总值人均占有量很高的时候（超过 3 500 美元），则应优先发展小城镇和大城市群；在国民生产总值人均占有量在 250—3 500 美元之间时，则应该优先发展中小城市。2003 年，我国人均 GDP 超过 1 000 美元，这是正处于优先发展中小城市的大好时机，应该好好把握。因此，中小城市在我国未来的发展应成为我国城市化战略的重点，其前景也非常看好。我国中小城市发展趋势可以归纳为以下几个方面：

（1）城市群布局特征地域差异化显著

通过对 2001—2009 年四个年段的人口增幅分析（图 1-16），可以看出，城市群发展分化特征突出，基本形成三种特征：聚集连绵发展、多核心延展和网状加密。其中，聚集连绵发展地区主要体现出单核心城市区域特征，以京津冀、中原城市群、川渝为主，多核心培育应是这类地区的发展策略，中小城市应积极谋求区域协作；多核心延展地区主要体现出核心城市差距较小的特征，主要体现在呼包鄂、长株潭区域，培育特大城市应是这类地区的主要发展策略，中小城市应走特色化路径；网状加密地区主要体现出多核心城市区域发展特征，主要体现在珠三角、长三角区域，这类地区应重点发展大中小城市协调发展的城市群经济，中小城市应提高城市服务水平，缩小与大城市的差距。

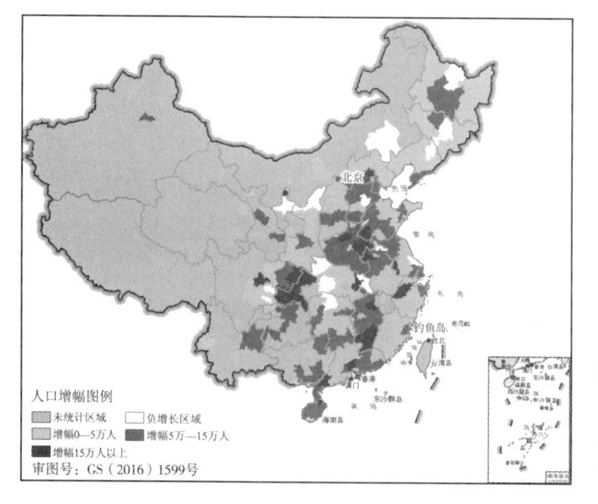

(a) 2001—2003 年人口增幅对比图

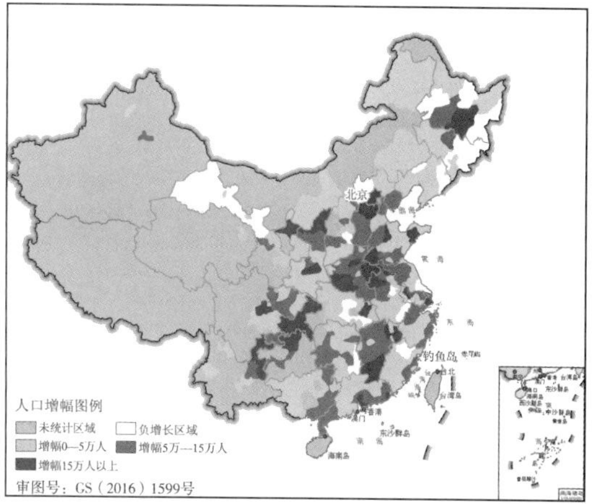

(b) 2003—2005 年人口增幅对比图

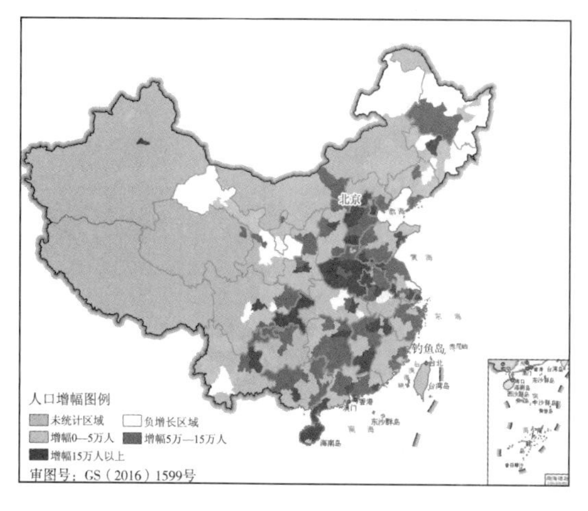

(c) 2005—2007 年人口增幅对比图

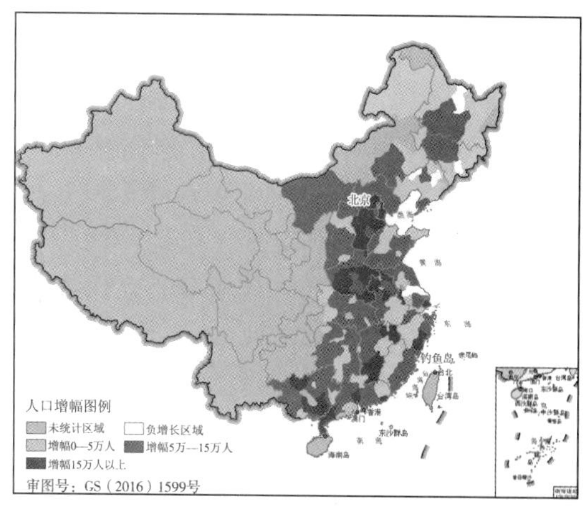

(d) 2007—2009 年人口增幅对比图

图 1-16　2001—2009 年人口增幅阶段对比图(数据未含港澳台及海域)

此外,城市群沿轴状生长趋势日益明显,主要表现在京广轴、长江轴和东部沿海轴上城市群发展较快(图 1-17)。

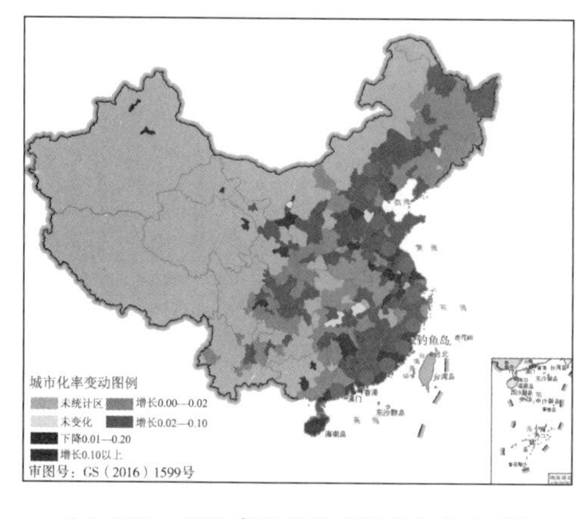

(a) 2001—2005 年地级城市城市化率变动图

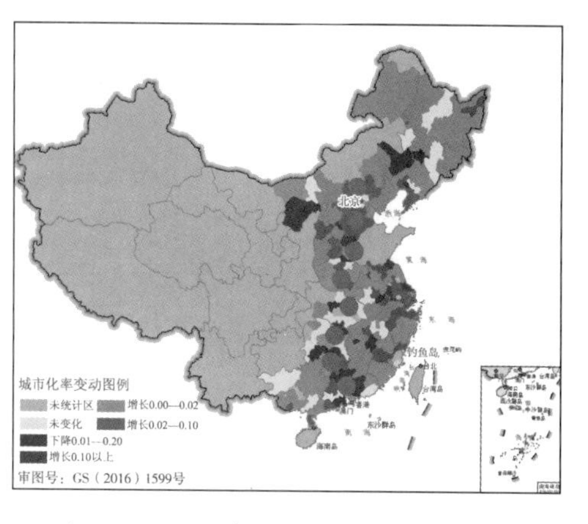

(b) 2005—2009 年地级城市城市化率变动图

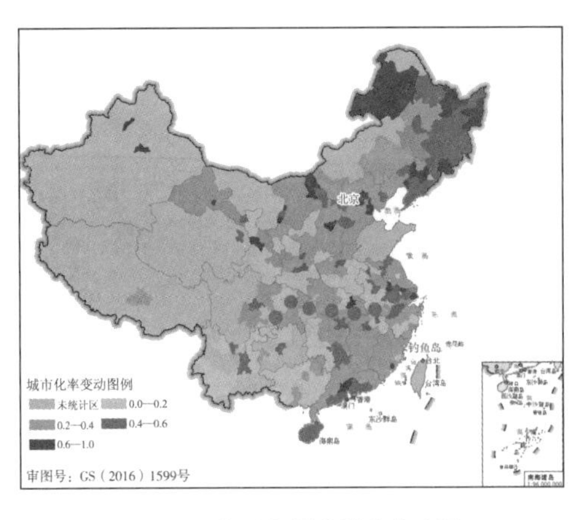

(c) 2008 年地级城市城市化率图

图 1-17　2001—2009 年地级城市城市化率变动图(数据未含港澳台及海域)

(2) 中小城市数量将显著增加

中国中小城市飞速发展的模式是与我们的国情相适应的。我国作为一个城市化水平还比较低的国家，提高城市化水平有巨大的艰巨性。如果要将中国的城市化水平提高到与中国的工业化和经济发展相应的水平，则要转移农村人口约 2.5 亿人。这意味着如果走大城市的道路，在现有城市基础上，至少要新建 1 000 万人的城市 20 个，或 100 万人的城市 200 个。很显然，以中国现在的经济实力，这几乎是不可能完成的任务。因此，大力发展中小城市是比较合理的选择，这也将给中小城市创造出良好的发展契机，最终使中小城市数量得到显著的增加。

通过对不同地区经济发展水平和城市化水平相关性分析，得出如下结论：东部：经济发展水平提升不小于城市化水平提升，将在较长一段时间内出现人口流入的趋缓，东部中小城市的低生活成本门槛将有利于人口流入，城市化水平预计将出现缓升；中部：经济发展水平提升小于城市化水平提升，未来预计出现人口外流，中部中小城市发展受限，城市化水平增长缓慢；西部：经济发展水平提升不大于城市化水平提升，西部地域广博，各项城市设施分布不均衡，人口相对稳定，大城市将在较长时间内引领城市化，西部中小城市的发展应依托产业经济带动人口流入；东北：经济发展水平提升小于城市化水平提升，城市人口将不断出现流出，东北中小城市发展预计更加萧条(图 1-18 至图 1-21)。

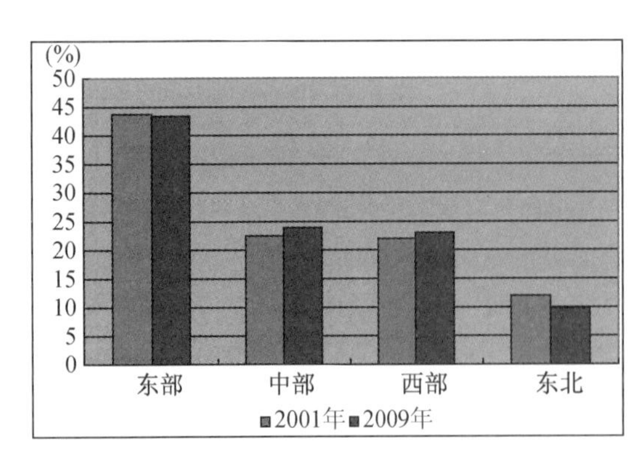

图 1-18　2001 年、2009 年各区域城镇人口占比变化图

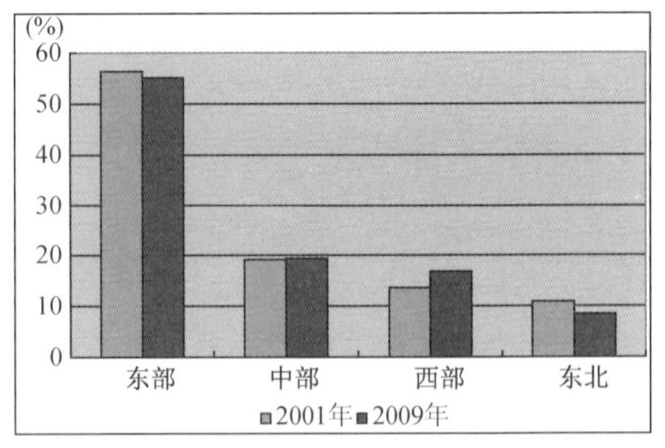

图 1-19　2001 年、2009 年各区域工业总产值占比变化图

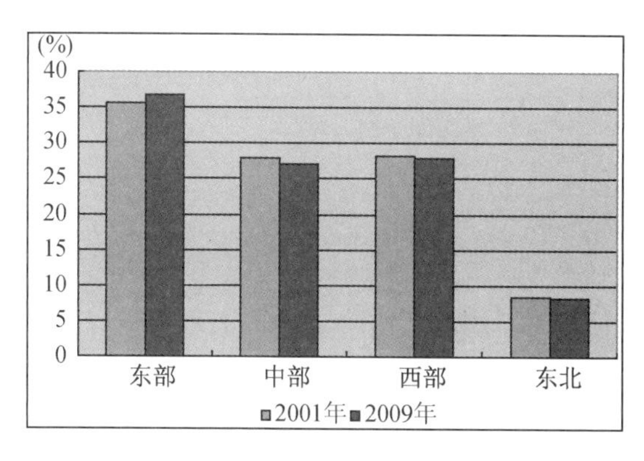

图 1-20　2001 年、2009 年各区域总人口占比变化图

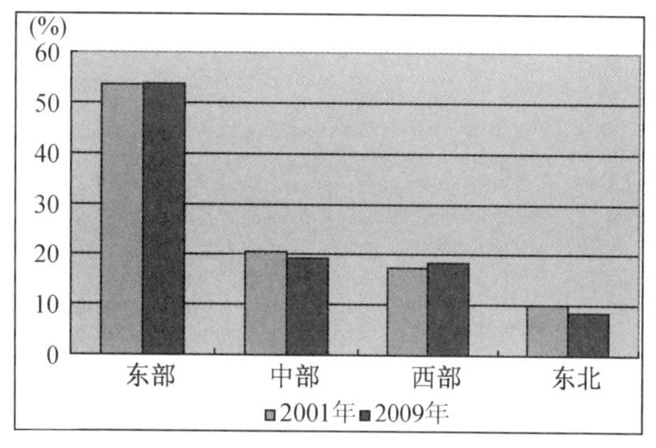

图 1-21　2001 年、2009 年各区域地区生产总值占比变化图

(3) 中小城市各项功能将进一步增强

当前,中国经济要实现可持续的发展就必须认识到广大中小城市的作用,以发展中小城市为支撑点,才能真正提高城市化水平,促进经济增长。

① 中小城市的中间传导功能

众多的中小城市是联系大城市和小城镇的纽带。它们不仅能够享受大城市的扩散效益所带来的种种好处,而且也会对周围的小城镇和农村地区产生很强的集聚和辐射作用。从中小城市的发展条件和趋势分析来看,未来它们所具有的这种中间传导功能还将不断增强。由于经济发展的迅速,产业结构调整和资金、技术等各项发展要素的转移发生更加频繁,中小城市扮演的角色其重要性就不断提升。中小城市将把城市文明带入越来越多的小城镇和农村地区,同时避免大城市病出现的危险。

② 中小城市的分工功能

在传统中国城市发展理念中对城市分工没有系统的认识。这造成中国的中小城市在职能上比较复杂,“麻雀虽小,五脏俱全”,既是地方的政治中心、经济中心,又是文化中心、工厂聚集地等。那么在未来,这样的局面有望得到改善,中小城市的分工功能将得到体现。城市群的发展赋予中小城市以新的角色。江浙一带和广州等地区中小城市发展的实践和我国城市发展理论界全新的认识,使得我国中小城市将以更为理性的方式前行。中小城市不必求区域头牌、全能冠军,而是各就各位、合理搭配,与大城市、小城镇在经济、社会、空间布局等各个方面体现分工合作的精神,充分体现区域统筹发展的观念。

③ 中小城市的社会效益具有示范功能

中小城市具有比较显著的社会效益,因此具有一定的示范功能。首先,中小城市无论在硬件还是软件环境上都比小城镇更适合中小企业的发展。积极发展中小城市后我们将看到,乡镇企业就会向城市集聚,因而提高经营素质。同时,由于中小城市的生活成本总体上明显低于大城市,仅略高于小城镇,就业门槛低,因而适合农民迁移与稳定;中小城市工业资本有机构成,所吸纳的劳动力与小城镇几乎处于同一水平,有利于增加就业。因此,未来我国中小城市的发展趋势之一也将是进一步突显它们在提供就业和实现城市化发展良性循环等方面的示范性社会效益。

④ 中小城市的服务功能

我国中小城市未来的另一项发展趋势即是不断提高的服务功能。当前，我国中小城市普遍存在基础设施落后，服务水平低的情况。城市最根本的任务之一就是要为生活、居住在城市里的人们提供良好的服务。当前，大多数中小城市已经开始改善各项城市设施，加强行业管理，完善服务功能的工作。中小城市应力图使城市的人们深切体会到城市的文明。此外，中小城市规模小，文化差异分化的程度不高，易于形成独特的城市习惯和城市形象，并提升城市的知名度，甚至带来一定的商机。因此，中小城市的服务功能也必然出现分化，除了综合服务功能外，还具有生活服务功能、生产服务功能、消费服务功能、游览服务功能等多种类型。

(4) 中小城市发展模式应结合区域城镇化特征因地制宜

由于我国中小城市存在着明显的地域差异性，并且这种差异为学者和广大群众所认知，因此，未来我国中小城市的发展将更为理性，遵循因地制宜的科学原则而开展。

东北沿海发达地区的中小城市的发展可能更偏重于自身的完善。它们更多地会放眼国际，力求与全球营销网络接轨，还将利用全球化、信息化等先进理念来不断增强自身实力，发挥优势，与区域内大城市之间形成“落位、找位”的发展模式，实现持续快速发展。中西部落后地区的中小城市发展则可能更偏重于打破滞后局面。它们一方面需要积极接受区域中心城市的辐射带动，另一方面还将把目光投向周边广大农村，通过农业产业化和农村城市化来推动自身工业化的步伐，它们应该为农民走出传统农村、进入工商产业、进入城市提供各种便利条件，即与区域内大城市之间形成一种“错位”发展。

通过对 2001 年到 2009 年一、二、三次产业的对比分析，以及与城市化水平的对比分析，得出如下结论：2001—2009 年十年间二产对城市化水平的拉动大于三产；2001 年：城市化水平与二产有较强的正相关性，两个指标相互促进，城市化水平高的地区，第二产业发展较好；2009 年城市化水平与二产、三产的正相关性增强，第三产业快速发展，在对城市化水平的贡献增加，主要体现在北上广；中西部经济发展提升的关键是工业化(图 1-22)。

从 1996 年到 2012 年我国房价走势图(图 1-23)看，2009 年至今房价不断上扬，增速加快，2009 年以后房地产行业的大发展掩盖了第二产业的发展贡献。高房价主要集中在一线、二线城市，中小城市的发展受限于用地指标的有限供给并向房地产倾斜，以及特色产业的培育。

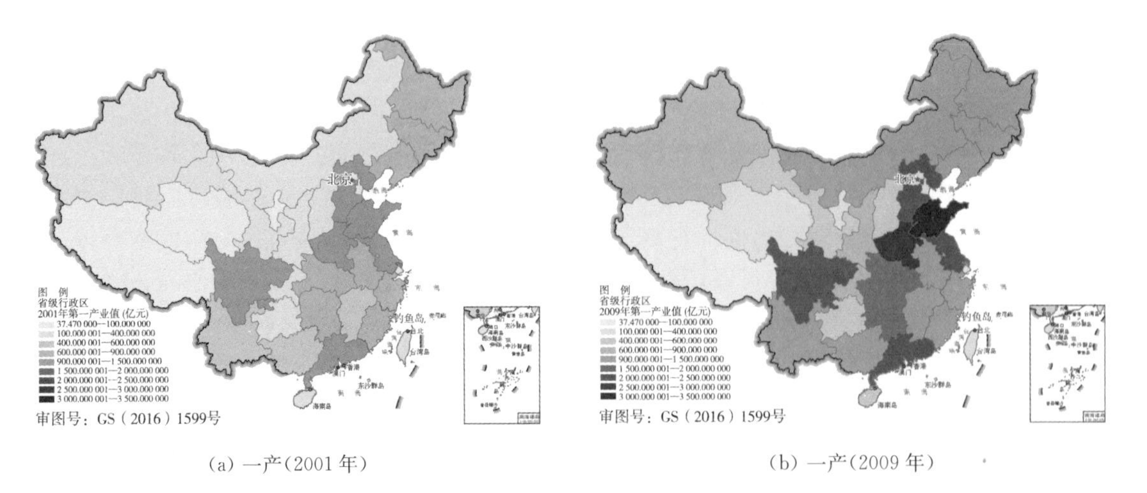

(a) 一产(2001 年)　　(b) 一产(2009 年)

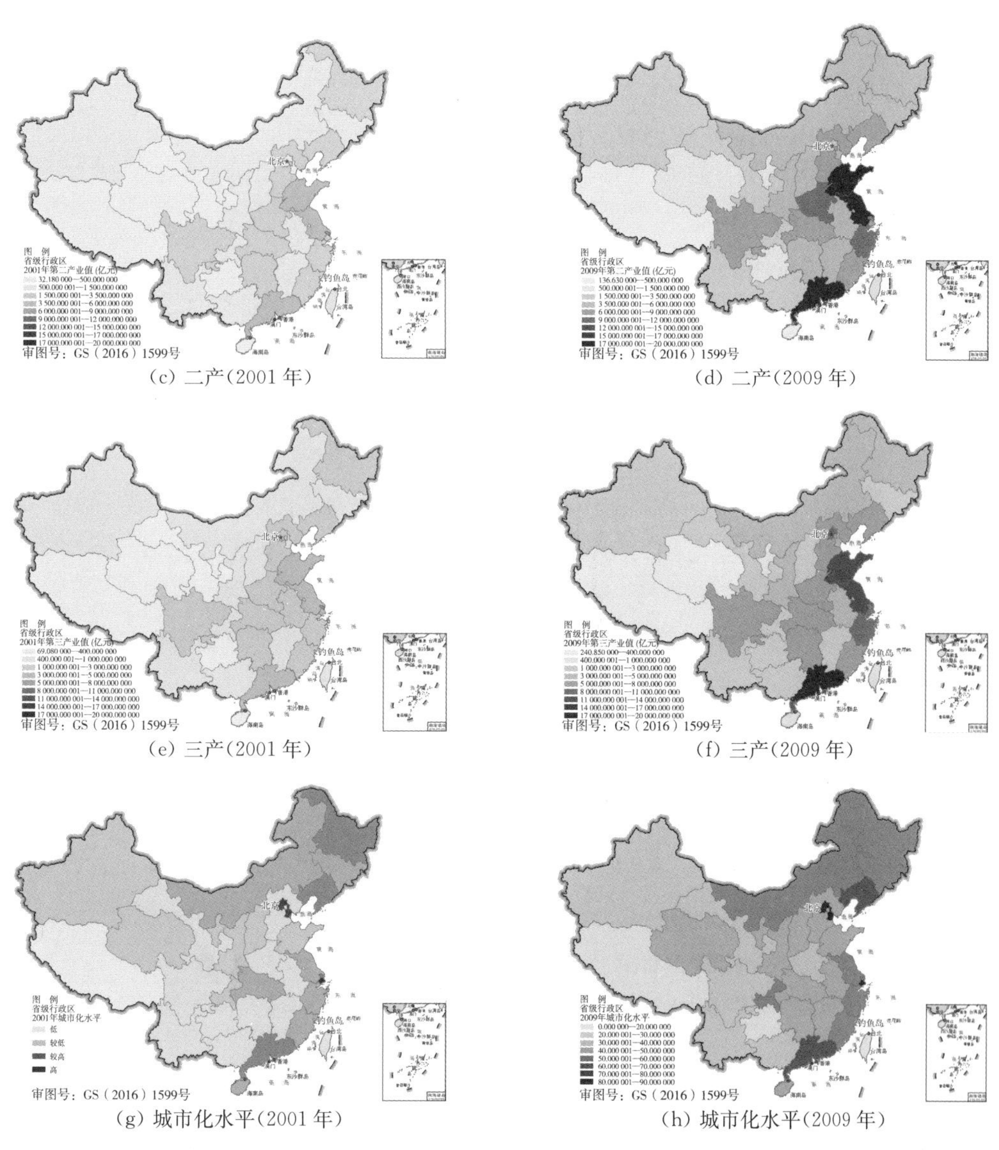

(c) 二产(2001 年)

(d) 二产(2009 年)

(e) 三产(2001 年)

(f) 三产(2009 年)

(g) 城市化水平(2001 年)

(h) 城市化水平(2009 年)

图 1-22　2001 年、2009 年各区域三次产业产值和城市化水平比较图(数据未含港澳台及海域)

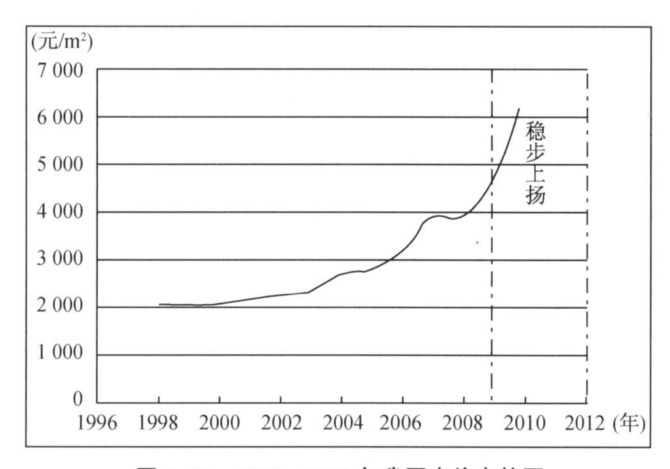

图 1-23　1996—2012 年我国房价走势图

城市化的发展动力源于多个关键要素的集成,非单一要素的响应。北京、上海的工业,无论是规模增加还是结构调整,对于城市化已经失去动力。江苏和浙江已经全面进入后工业化时代,工业结构的调整对于推动城市化仍然发挥最大作用。内蒙古、陕西、新疆以及辽宁和东北等老工业基地,已经凸显了工业发展对地区经济增长和城市化发展的作用,浙江、广东、江苏等传统的工业高度发展地区,以及包括吉林、四川在内的经济结构调整步伐较低的区域,工业投资的增加对于城市化的推动力下降(图 1-24)。

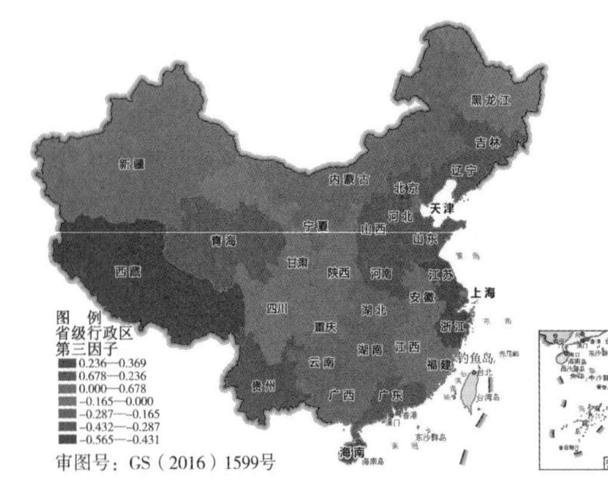

图 1-24　工业发展质量分析图
(数据未含港澳台及海域)

选取表征人均和结构的 30 个指标(表 1-5),大体划分为三类:① 经济发展水平,主要以人均水平和经济要素的结构为主;② 城乡协调程度,主要以农村与城镇经济要素的比对指标;③ 生活消费水平,以人均生活消费指标为主,表征生活质量。采取因子分析(Factor Analysis)法,找出主要和次要动力因子。① 从30 个指标中求取载荷系数,凸显各指标的重要性。② 从选取的 Factor1、Factor2 和 Factor *n* 中进行动力概括。③ 计算出各主因子与综合因子在每个级单元和地级单元的动力总成。

采用聚类分析的方法,以级单元基础数据为分析对象,总体划分为六大类,聚类分析结果如下:已形成了独具特色的六大城市化

表 1-5　聚类分析指标列表　单位:个

指标
农村人均耕地占有量(亩/人)
农业劳动效率(万元/人)
人均 GDP(元/人)
经济密度(万元/km^2)
产业结构高级化指数
工业化水平(%)
科技支出占财政支出的比重(%)
教育支出占财政支出的比重(%)
农村/城镇居民收入比(%)
工业劳动生产率(万元/人)
单位面积固定资产投资额(万元/km^2)
农村/城镇固定资产投资比(%)
农村/全社会固定资产投资比(%)
农村人口人均投资水平(万元/人)
农村单位面积投资额(万元/km^2)
就业结构高级化指数
人均批发额(万元/人)
人均零售额(万元/人)
人均外资额(美元/人)
万人床位数(张/万人)
万人医生数(人/万人)
人均邮政业务额(元/人)
人均电信业务额(元/人)
单位面积公路里程(km/km^2)
单位面积等级里程(km/km^2)
万人民用汽车量(辆/万人)
万人私人汽车量(辆/万人)
每户固定电话量(部/户)
每户移动电话量(部/户)
每户互联网接入数(个/户)

动力类群，突破了传统的经济区概念，区位因素逐渐弱化，尤其表现在内蒙古、重庆等地区。

第一组：北京、天津、上海。第二组：江苏、浙江、广东、福建、海南、内蒙古。第三组：辽宁、吉林、山东、河北、河南、重庆。第四组：湖南、湖北、江西、四川、安徽、广西、贵州、云南。第五组：黑龙江、陕西、山西、宁夏。第六组：青海、西藏、甘肃、新疆。

影响城市化的因子呈现出多元化的特点，整体上，泛环渤海经济区、泛长江三角洲经济区工业规模的增加和结构的调整对于加速城市化具有极强的推动能力。山西、甘肃、宁夏、成渝经济区，工业发展质量不断提高，对于城市化存在巨大作用。城乡二元结构在不同地区有着不同程度的表现，农村发展环境的改变对城市化的作用逐渐显现。随着山西、甘肃、宁夏能源资源的大规模深度开发，以及作为西部核心经济区的成渝经济区，工业发展质量不断提高，对于城市化存在巨大作用(图 1-25)。

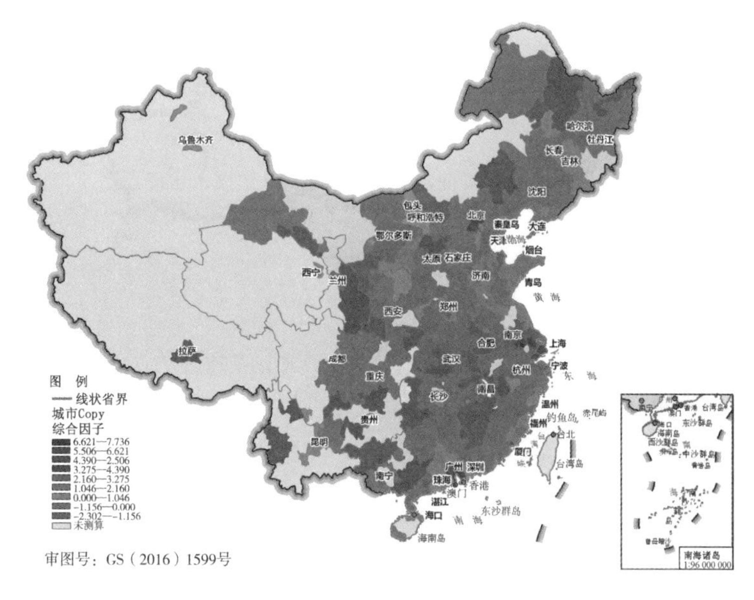

图 1-25　地级市单元城市化动力综合分析图(数据未含港澳台及海域)

就全国以省为单位测算工业发展支撑(图 1-26)，主要体现在以下三方面：① 以新兴的内蒙古和陕西煤炭资源开发、新疆油气田资源开发，以及以辽宁“五点一线”开发为契机的西部大开发和东北等老工业基地开发政策，已经凸显了工业发展对地区经济增长和城市化发展的作用；② 浙江、广东、江苏等传统的工业高度发展地区，以及包括吉林、四川在内的经济结构调整步伐较低的区域，工业投资的增加对于城市化的推动力下降；③ 作为全国高新技术研发与生产的首发地，天津和上海，不同于浙江、广东等地区，工业仍在国民经济发展过程中起到核心作用，依然是工业化推动城市化的先锋区。北京作为国家首都，生活质量达到世界城市的水平。教育、科技和信息化成为推动城市化的主因。人口少，区域快速发展、人均经济资源占有量大的宁夏(宁东国家级能源化工基地)、贵州(北部湾国家战略区)、新疆(国家级能源资源转换战略)和山西(国家级资源型经济转型综改区)对于地区生活质量的总体提升具有显著作用，加速了城市化的进程。

中小城市应在不同区域，依据不同的城市化动力和经济发展要求，结合人口流向趋势，采取不同的发展应对手段，而非采取单一扩张式发展手段。

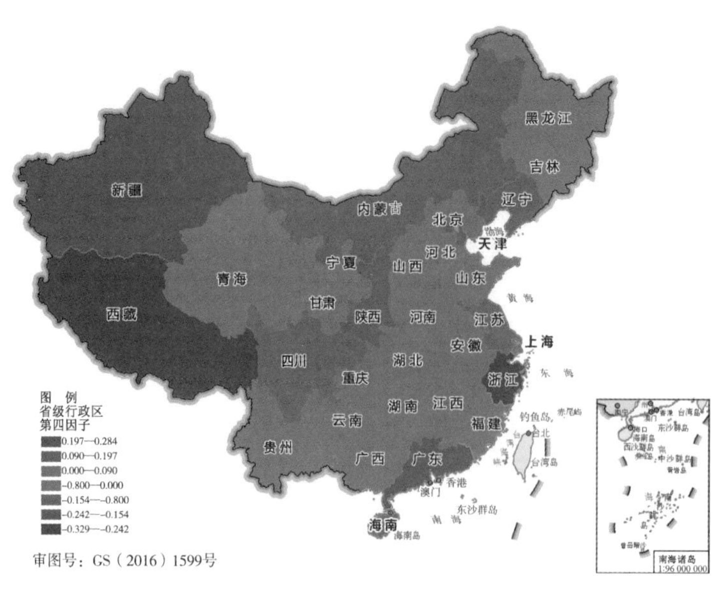

图 1-26 以省为单元测算工业发展支撑分析图(数据未含港澳台及海域)

1.2.3 中小城市总体规划的研究意义

21 世纪以城市化进程加快为主要时代特征。农村剩余劳动力将不断向城市集聚，由于大城市较高的就业门槛、高水平的消费结构和有限的环境容量，中小城市将会成为这些劳动力转移的主要场所。但是，一些中小城市在城市建设中偏离了科学的发展方向，片面追求城市形象，急功近利追求城市投资环境，盲目模仿大城市，修建大马路，建设大广场，追求大气魄，“做大做强”现象严重，相互攀比，开山填河，圈地平田，进行破坏性开发，逐渐消除了固有的城市特色和历史文脉，城市面貌趋同现象正蔓延全国。

中小城市在全国城市体系中起着重要的作用，在现代经济和社会发展过程中有六大功能：第一，具有中间传导作用；第二，比较生态的分工功能，大、中、小城市在经济、社会、空间上都处在合理分工的形态；第三，具有中小城市的示范功能；第四，为人们提供了低门槛、低成本的创业和就业环境功能；第五，对小城市的领导和对经济的分流功能；第六，小而全的综合服务功能。农村的产业和就业结构的调整、农村社会化服务的水平提高都需要一个相对集中的基地，这个基地必然有一定的规模和辐射的范围，中小城市非常符合这个条件，能够满足这种需求，并提供相应的服务。这六大功能和作用都是特大和大城市不可替代的，具有永久生命力。

中国的市场经济制度和中小城市发展到今天，新的问题不断涌现，新的要求也不断提出。在这新的历史条件下，我们提出要对中国中小城市的总体规划进行适应时代发展要求的研究，赋予它们以全新的重任。首先，我们认识到中小城市现在面临着一些基本要求：

(1) 公共产品的需求在提高

20 世纪 80 年代以来，我国社会经济迅速发展，大量人口涌入城市，逐渐改变着城市化、工业化水平相对较低的现状，中小城市的数量和规模都在不断提高。在这样的条件下，中小城市的公共领域也就不断扩大，对公共产品、公共服务和公共政策的需求不断提高。然而，经济增长造成的土地、水资源、能源资源等日益紧缺和环境污染、生态治理、发展差距、就业及社会保险等问题也日益突出。如何解决上述问题与矛盾，统筹安排、统一协调，这就对中小城市总体规划的编制产生了大的需求，并对它们提出了新的要求。

(2) 城市竞争力亟待增强

中小城市集聚和辐射能力相对不足，人流、物流、资金流和信息流的聚散有限，削弱了城市的集聚和辐射功能，城乡二元经济结构的矛盾相对突出。在区域竞争越演越烈的今天，城市之间的竞争也在日益加剧，中小城市如何保持并壮大自身力量，增强城市竞争力，变成了城市发展的关键所在。提高城市竞争力，对于中国的中小城市来说，涉及调整产业结构，所有制结构和城乡结构等，这些都有赖于中小城市的总体规划做出科学合理的分析并提出近、远期的行动计划，为提高城市竞争力扫除障碍，为产业发展出谋划策。

(3) 可持续发展提出要求

当前对生态城市和可持续发展的呼声有越来越大的趋势，然而就国内而言，还缺乏生态城市建设的总体规划，因而使城市发展缺乏可持续性。以往，中国的中小城市过多地模仿了大城市的发展模式，走了一条盲目扩大、千城一面的道路，致使生态环境脆弱，中小城市缺乏战略研究，低水平重复建设严重。未来中小城市应该要摆脱破坏式发展理念的束缚，走可持续发展的道路，这有赖于科学合理总体规划的引导。

通过上述分析，我们可以看到研究中小城市总体规划具有重要意义：

(1) 与中小城市全面建设小康社会要求相一致

十八大报告指出，新型城镇化突出的是“新”，即城乡统筹、城乡一体、城乡互动、节约集约、生态宜居、和谐发展，是大中小城市、小城镇、新型农村社区协调发展，互促共进的城镇化。推进城镇化建设，从经济上看，可以促进产业结构调整和优化升级；促进社会公平，改善人民生活；促进基层民主自治进一步发展；贯彻节约资源和保护环境的基本国策。

中小城市作为一定区域的中心，均应在各自不同的地域范围内发挥一定的中心带动作用。规划是城市建设的蓝图，是城市发展的龙头，规划的好坏，直接关系到城市建设的成败，关系到一个地区、一个城市社会经济的发展。因此，科学合理的中小城市总体规划的制定能适应全面建设小康社会的要求。

(2) 有利于中小城市的可持续发展

一方面，中小城市总体规划的科学编制和依法实施能对中小城市建设起控制和引导作用，能实现节约用地、优化资源、改善环境，从而达到城市经济、社会、生态环境效益最佳化。另一方面，城市总体规划的实施还能改变城市空间无序发展的现状，统筹安排城市基础设施及社会服务设施布局，促进功能完善，提高综合实力，拉动经济增长，改善投资环境，吸引大批外来资金，安排农村富余劳动力，减轻城市就业压力，促进城市经济协调发展。

(3) 有利于体现中小城市的地方特色

中小城市总体规划通过科学研究与深入分析，往往能够找准城市发展的关键问题所在，并因此因地制宜、因时制宜地提出中小城市发展的新思路，挖掘地域特征显著的文化与精神，体现它们的地方特色，打造中小城市的名牌。

(4) 有利于保证城市建设的理性开展

中小城市建设过程中常常出现缺乏理性、“遍地开花”的局面。通过制定城市总体规划，能对城市建设进行引导和控制，保证城市用地功能分区、城市建筑个体设计、质量监督等工作顺利开展，近、远期建设按部就班，最终不断提高城市建设的综合效益。

(5) 有利于起到解决“三农”问题的示范作用

中小城市规模小、城市扩张迅速、与农村的矛盾突出，是城市“三农”问题的前沿阵地，通过中小城市的总体规划，切实解决用地矛盾，建立理性的城市发展模式，推行城乡一体化的发展战略，实现城乡统筹发展。

2014 年，中共中央办公厅、国务院办公厅印发了《关于引导农村土地经营权有序流转发展农业适度规模经营的意见》，指出鼓励创新土地流转形式。鼓励承包农户依法采取转包、出租、互换、转让及入股等方式流转承包地。鼓励有条件的地方制定扶持政策，引导农户长期流转承包地并促进其转移就业。鼓励农民在自愿前提下采取互换并地方式解决承包地细碎化问题。在同等条件下，本集体经济组织成员享有土地流转优先权。土地承包经营权属于农民家庭，土地是否流转、价格如何确定、形式如何选择，应由承包农户自主决定，流转收益应归承包农户所有。流转期限应由流转双方在法律规定的范围内协商确定。扶持粮食规模化生产。加大粮食生产支持力度，原有粮食直接补贴、良种补贴、农资综合补贴归属由承包农户与流入方协商确定，新增部分应向粮食生产规模经营主体倾斜。随着一系列农村政策红利的释放，农村释放的劳动力将大量增加，中小城市将成为这些农民就业的首选，中小城市的发展面临极大考验。

总之，中小城市在我国的发展正处于一个日渐蓬勃的时期。所谓“小城市，大问题”，处理好中小城市发展过程中的各种问题，不仅对于城市自身，对于整个国家经济发展和社会进步都具有非常重要的意义。中国经济的持续发展必须以发展中小城市为支撑点，才能创造和接纳各种商业机会，吸引外来的投资、贸易和其他经济活动。只有积极推进城市化进程，加速区域性中心城市的建设，并通过它们带动一批中小城市，形成不同规模、不同层次、不同功能的城市群，充分发挥城市经济的支撑、对外窗口和辐射带动的三大功能，才能增强经济活力，实现经济、社会的快速发展。在这样的条件下，城市规划作为指导城市建设，引导城市科学理性的发展的行动计划和未来蓝图，具有非常重要的作用，搞好我国中小城市的总体规划具有显著的战略意义。

2 城市总体规划编制背景

城市规划在编制过程中应突出综合性、政策性、超前性、长期性和科学性的特点。这些特点决定城市总体规划一方面解决城市发展的技术性问题,另一方面还传接国家和地方的方针与政策,且这种传接过程对城市规划的编制往往又起着决定性的作用。譬如城市建设的总体控制与宏观引导等一些重大问题的解决就必须以国家有关方针政策为依据。因此,在城市总体规划编制过程中,注重对当前城市发展和现实背景进行分析和研究就显得意义十分重大了。

2.1 国家政策和宏观背景

城市总体规划作为一项政府职能,必须依照相关法律法规进行编制和实施,做到依法规划;同时,城市总体规划的编制也必须考虑及兼顾社会经济发展的宏观环境,切实落实国家方针政策、行业规范和地方实施细则的指导意义。

2.1.1 国家政策和部门法规体系

国家“十三五”规划纲要提出“十三五”时期是全面建成小康社会决胜阶段。必须认真贯彻党中央战略决策和部署,准确把握国内外发展环境和条件的深刻变化,积极适应把握引领经济发展新常态,全面推进创新发展、协调发展、绿色发展、开放发展、共享发展,确保全面建成小康社会。

中国经济正从中等人均收入水平国家向中高收入国家迈进、同时实现全面建设小康社会的历史转折时期,以往高速增长模式难以为继。我国经济发展出现新常态,其特点表现为:① 模仿型排浪式消费阶段基本结束,个性化多样化消费渐成主流。② 基础设施互联互通和一些新技术新产品、新业态、新商业模式的投资机会大量涌现。③ 我国低成本比较优势发生了转化,高水平引进来大规模走出去正在同步发生。④ 新兴产业服务业小微企业作用凸显,生产小型化、智能化、专业化成产业组织新特征。⑤ 人口老龄化日趋发展，农业富余人口减少，要素规模驱动力减弱，经济增长将更多依靠人力资本质量和技术进步。⑥ 市场竞争逐步转向质量型差异化为主的竞争。⑦ 环境承载能力已达到或接近上限，必须推动形成绿色低碳循环发展新方式。⑧ 经济风险总体可控，但化解以高杠杆和泡沫化为主要特征的各类风险将持续一段时间。⑨ 既要化解全面产能过剩，也要通过发挥市场机制作用探索未来产业发展方向。认识经济发展新常态，才能充分解读新形势，并贯穿中小城市规划的始终。

1）国家政策

现阶段我国正处于适应经济新常态的时期，积极调整各项政策，来适应当前的发展变化。各种政策的调整必然影响城市总体规划的编制。

当前，城市总体规划编制面临的宏观政策背景主要有：

（1）国家宏观发展战略背景

2015 年 12 月 20 日，中央城市工作会议在北京召开。会议分析城市发展面临的形势，明确做好城市工作的指导思想、总体思路、重点任务，并部署了当前城市工作的重点：尊重城市发展规律。城市发展是一个自然历史过程，有其自身规律。城市和经济发展两者相辅相成、相互促进。城市发展是农村人口向城市集聚、农业用地按相应规模转化为城市建设用地的过程，人口和用地要匹配，城市规模要同资源环境承载能力相适应。必须认识、尊重、顺应城市发展规律，端正城市发展指导思想，切实做好城市工作。

统筹空间、规模、产业三大结构，提高城市工作全局性。要在《全国主体功能区规划》《国家新型城镇化规划（2014—2020 年）》的基础上，结合实施"一带一路"建设、京津冀协同发展、长江经济带建设等战略，明确我国城市发展空间布局、功能定位。要以城市群为主体形态，科学规划城市空间布局，实现紧凑集约、高效绿色发展。要优化提升东部城市群，在中西部地区培育发展一批城市群、区域性中心城市，促进边疆中心城市、口岸城市联动发展，让中西部地区广大群众在家门口也能分享城镇化成果。各城市要结合资源禀赋和区位优势，明确主导产业和特色产业，强化大中小城市和小城镇产业协作协同，逐步形成横向错位发展、纵向分工协作的发展格局。要加强创新合作机制建设，构建开放高效的创新资源共享网络，以协同创新牵引城市协同发展。我国城镇化必须同农业现代化同步发展，城市工作必须同"三农"工作一起推动，形成城乡发展一体化的新格局。

国家宏观发展战略对城市建设发展具有极大的推动作用，对城市总体规划的编制更是起到指引和导向的作用。

（2）国家产业政策背景

国家产业政策自 1990 年以来重点集中在六个方面：一是不断强化农业的基础地位，全面发展农村经济；二是大力加强基础产业，努力缓解基础设施和基础工业严重滞后的局面；三是加快发展支柱产业，带动国民经济的全面振兴；四是合理调整对外经济贸易结构，增强我国产业的国际竞争能力；五是加快高新技术产业发展的步伐，支持新兴产业的发展和新产品开发；六是继续大力发展第三产业，同时，要优化产业组织结构，提高产业技术水平，使产业布局更加合理。

国家产业政策是城市发展定位的依据。城市总体规划编制过程中必须从城市产业发展特点出发，考虑城市产业布局，安置产业用地，适应国家产业政策和产业技术发展要求。

近年来国家重大产业政策不断调整，已废止的产业政策有《当前国家重点鼓励发展的产业、产品和技术目录》(国家计委令第6号,1997年12月31日)、《外商投资产业指导目录》(国家计委、国家经贸委、外经贸部令第7号,1997年12月31日)、《中西部地区外商投资优势产业目录》(国家经贸委、国家发展计划委、外经贸部令第18号,2000年6月16日)、《当前国家重点鼓励发展的产业、产品和技术目录(2000年修订)》(国家发展计划委、国家经贸委令第7号,2000年8月31日)、《外商投资产业指导目录(2004年修订)》(国家发改委、商务部令第24号,2004年11月30日)、《工商投资领域制止重复建设目录》(第一批)(国家经贸委令第14号,1999年8月9日)、《淘汰落后生产能力、工艺和产品的目录》(第一批)(国家经贸委令第6号,1999年1月22日)、《淘汰落后生产能力、工艺和产品的目录》(第二批)(国家经贸委令第16号,1999年12月30日)、《淘汰落后生产能力、工艺和产品的目录》(第三批)(国家经贸委令第32号,2002年6月2日)。

同时针对行业出台了系列产业政策,例如《摩托车生产准入管理办法》(2002年11月30日,原国家经贸委令第43号)、《汽车产业发展政策》(2004年5月21日,国家发改委令第8号)、《钢铁产业发展政策》(2005年7月8日,国家发改委令第35号),出台了水泥、电解铝、焦炭、电石、铁合金、煤炭、铜冶炼、钨锡锑等行业产业政策,同时出台了电石、铁合金、焦化、电解金属锰、铜冶炼等行业的准入条件。

当前国家产业政策关注的热点也出现以下变化:

① 关于西部大开发的相关政策:《国务院关于进一步推进西部大开发的若干意见》(国发〔2004〕6号,2004年3月11日)、《重庆市实施西部大开发若干政策措施》(渝委发〔2001〕26号,2001年9月),其中第一条就是对设立在该市的属于国家鼓励类产业的各种经济成分的内资企业和外商投资企业,从2001年至2010年减按15%的税率征收企业所得税。

② 非公经济发展政策:《国务院关于鼓励支持和引导个体私营等非公有制经济发展的若干意见》(国发〔2005〕3号,2005年2月19日),放宽非公有制经济市场准入,加大对非公有制经济的财税金融支持,完善对非公有制经济的社会服务,维护非公有制企业和职工的合法利益,引导非公有制企业提高自身素质,改进政府对非公有制企业的监管,加强对发展非公有制经济的指导和政策协调。

③ 循环经济政策:《国务院关于加快发展循环经济的若干意见》(国发〔2005〕22号,2005年7月2日)中提出:发展循环经济的指导思想、基本原则和主要目标,发展循环经济的重点工作和重点环节,加强对循环经济发展的宏观指导,加快循环经济技术开发和标准体系建设,建立和完善促进循环经济发展的政策机制,坚持依法推进循环经济发展,加强对发展循环经济工作的组织和领导。国家发改委出台了《可再生能源产业发展指导目录》(发改能源〔2005〕2517号,2005年11月29日),提出了风能、太阳能、生物质能、地热能、海洋能和水能等6个领域的88项可再生能源开发利用和系统设备/装备制造项目,对于目录中具备规模化推广利用的项目,国务院相关部门将制定和完善技术研发、项目示范、财政税收、产品价格、市场销售和进出口等方面的优惠政策。

④ 产业结构调整类产业政策:2011年3月27日,国家发展改革委发布了《产业结构调整指导目录(2011年本)》(国家发展改革委2011年第9号令,以下简称《目录(2011年本)》),并于2011年6月1日起正式实施。根据《国务院关于发布实施〈促进产业结构调整暂行规定〉的决定》(国发〔2005〕40号),国家发展改革委会同国务院有关部门对《目录(2011年本)》有关条目进行了调整,对外发布了《国家发展改革委关于修改〈产业结构调整指导目

录(2011年本)〉有关条款的决定》(国家发展改革委2013年第21号令)和《产业结构调整调整指导目录(2011年本)(修正)》,自2013年5月1日起施行。成为我国"十一五"时期产业结构调整的一个纲领性文件。

2014年国家产业政策以"加快结构调整,推动产业转型升级"为主题。国家优先沿海、沿边和内陆地区产业布局,推动城市高污染企业环保搬迁,在产业结构调整方面,一是坚定不移化解产能严重过剩矛盾。坚决遏制新增违规产能,违规新上的,严肃处理。综合运用法律法规、产业政策、节能减排、安全生产、环保监管等手段,加快淘汰落后产能,排放不达标的企业,坚决停产整顿。发挥价格杠杆的调节作用,通过差别化用电、用水等政策,倒逼落后产能退出市场。通过建立境外生产基地、承揽海外重大基础设施和大型工程承包项目,转移消化部分过剩产能。二是大力培育和发展战略性新兴产业。强化技术经济政策引导,完善普惠性创新优惠政策,出台支持云计算、空间基础设施发展的政策规划,设立国家新兴产业创投引导资金。在转化医学等重要领域建设一批重大科技基础设施,在新一代信息技术、环保等重点产业布局一批创新平台。落实战略新兴产业20大工程,开展信息惠民、智慧城市、4G等应用示范。鼓励发展风能、太阳能、生物质能等非化石能源以及常规天然气、页岩气、煤层气等清洁能源,适时启动核电重点项目建设。三是促进服务业与制造业融合发展。制定加快发展生产性服务业的指导意见,尽快出台物流业发展中长期规划。继续推进国家服务业综合改革试点和示范区建设。开展物流园区示范工作。积极发展研发设计、第三方物流、金融租赁、检验检测等重点行业。

(3) 国家经济政策背景

我国经济发展进入新常态,是党的十八大以来通过科学分析国内外经济发展形势,在准确把握我国基本国情的基础上,针对我国经济发展的阶段性特征所作出的战略判断。在2014年12月9日举行的中央经济工作会议上,习近平总书记详尽分析了中国经济新常态的趋势性变化,并强调指出:"我国经济发展进入新常态,是我国经济发展阶段性特征的必然反映,是不以人的意志为转移的。认识新常态、适应新常态、引领新常态,是当前和今后一个时期我国经济发展的大逻辑。"

科学认识当前形势,准确研判未来走势,必须历史地、辩证地认识我国经济发展的阶段性特征,准确把握经济发展新常态这一科学判断和重大决策。按照中央会议精神解析,经济新常态具有以下特征:

① 资源配置模式和宏观调控方式:既要全面化解产能过剩,也要通过发挥市场机制作用探索未来产业发展方向。

② 消费需求:模仿型排浪式消费阶段基本结束,个性化、多样化消费渐成主流。

③ 投资需求:传统产业相对饱和,但基础设施互联互通和一些新技术、新产品、新业态、新商业模式的投资机会大量涌现。

④ 出口和国际收支:全球总需求不振,同时我国出口竞争优势依然存在,高水平引进来、大规模走出去正在同步发生。

⑤ 生产能力和产业组织方式:新兴产业、服务业、小微企业作用更凸显,生产小型化、智能化、专业化将成新特征。

⑥ 生产要素:人口老龄化日趋发展,农业富余人口减少,要素规模驱动力减弱,经济增长将更多依靠人力资本质量和技术进步。

⑦ 市场竞争:逐步转向质量型、差异化为主的竞争,统一全国市场、提高资源配置效率是经济发展的内生性要求。

⑧ 资源环境约束:环境承载能力已达到或接近上限,必须顺应人民群众对良好生态环境的期待,推动形成绿色低碳循环发展新方式。

⑨ 经济风险:各类隐性风险逐步显性化,风险总体可控,但化解以高杠杆和泡沫化为主要特征的各类风险将持续一段时间。

经济发展状况将是城市建设发展的基础。从国家宏观经济发展状况出发,适应并引领新常态,对城市总体规划提出较高要求,制订城市发展计划和目标,是城市总体规划编制中对城市经济发展预测的主要依据,应务实分析大的经济环境和地方经济基础及创新发展潜力。

(4) 国家土地政策背景

节约用地、保护耕地是我国土地政策的核心。国家土地政策一方面通过开展土地利用总体规划,建立基本农田保护区,正确处理"一要吃饭,二要建设"的关系;另一方面也积极推进土地使用制度改革,运用土地经济杠杆合理配置土地。近期我国土地政策收紧,对用地审批进行严格管理,城市总体规划编制过程中也要充分考虑土地利用总体规划的要求,科学合理地解决用地增长及用地矛盾问题。

依据国土资源部网站统计(http://data.mlr.gov.cn/gtzygb),2014 年国土资源部针对国土资源节约集约利用颁布系列政策,将资源节约集约利用作为国土资源工作的主攻方向和关键环节,推进完善顶层设计和制度政策,开展城市节约集约用地评价和专项督察,发布重要矿种开发利用"三率"指标和矿产资源节约与综合利用先进技术。颁布实施《节约集约利用土地规定》(国土资源部令第 61 号),下发《关于推进土地节约集约利用的指导意见》(国土资发〔2014〕119 号),完成 20 个小城市节约集约用地评价,启动全国城市节约集约用地评价工作。修订完成《矿产资源节约与综合利用鼓励、限制和淘汰技术目录》。

各地结合实际,积极探索资源节约集约利用方式。广东省通过开展"三旧"改造,节约土地约 4 800 hm^2(7.2 万亩),各项建设实现节地率 45%,产业升级项目比例达到 68%。上海市提出"总量锁定、增量递减、存量优化、流量增效、质量提高"的"五量调控"政策体系,未来 20 年中实现建设用地规划总量"零增长"。天津市提出每年处置闲置土地面积与新增闲置土地面积比例大于 1、"十二五"期末单位地区生产总值用地下降率达到 30%的目标;江苏省出台一整套节约集约用地政策;浙江省"亩产倍增"计划实现新进展;山东省对东、中、西部地区工业项目投资强度和税收提出分类要求;安徽省以地控税、以税节地取得新成效。

稳步推进矿产资源综合利用示范基地建设。全面开展示范基地建设中期评估。修订矿产资源节约与综合利用(示范基地建设)管理办法,全面加强对示范基地建设中综合利用新技术、新模式、新标准的总结,初步建立综合利用基础性、通用性、强制性标准体系。有序推进绿色矿山建设。确定第四批国家级绿色矿山试点单位 202 家,提前完成到 2015 年建设 600 家以上试点的阶段性目标。开展分行业绿色矿山建设标准研究,初步形成煤炭、石油、有色、冶金、化工矿产和建材非金属的绿色矿山建设标准,在高效开发、绿色开采、综合利用、环境保护、矿地和谐等方面树立了一批可推广、可复制的先进典型。

此外,国家其他政策,如国家财政政策、国家农业政策、国家房改政策等的调整对城市总体规划编制也存在一定影响,在编制过程中应该细致分析和考虑。

2）城市规划法规体系向城乡规划法规体系转变

作为城市规划行政依据的城市规划法规体系，主要包括了如下部分(图 2-1)：

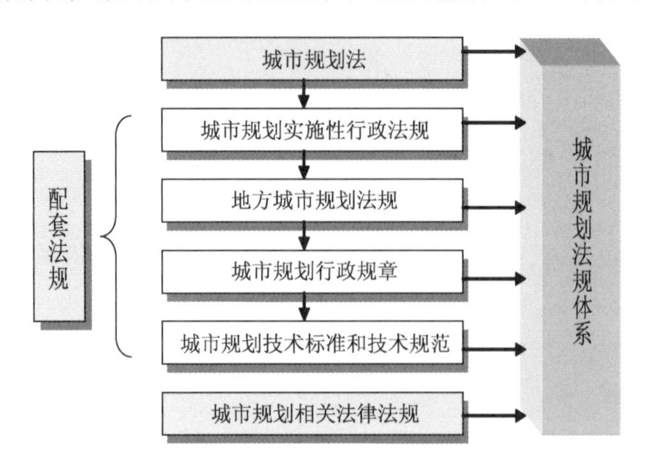

图 2-1　我国城市规划法规体系构成情况

（1）从城市规划法到城乡规划法

《中华人民共和国城市规划法》是我国现行城市规划法规体系的核心。该法于 1989 年颁布，1990 年开始正式施行，旨在调解城市规划与经济社会、城市建设及发展过程中的各项关系，确立城市规划法规与其他法律法规之间的相互关系；确立城市规划编制、审批的各类主题，建立城市规划行政的程序和框架；确定对违法行为的处置方式及执行主体；确立政府行政部门执行城市规划的职权范围及相应的运作机制。

《中华人民共和国城乡规划法》已由中华人民共和国第十届全国人民代表大会常务委员会第三十次会议于 2007 年 10 月 28 日通过，自 2008 年 1 月 1 日起施行。从城市规划法到城乡规划法，中国正在打破建立在城乡二元结构上的规划管理制度，进入城乡一体规划时代。根据城乡规划法，包括城镇体系规划、城市规划、镇规划、乡规划和村庄规划在内的全部城乡规划，将统一纳入一个法律管理。目的是“协调城乡空间布局，改善人居环境，促进城乡经济社会全面协调可持续发展”。为了防止“换一届领导换一个规划”现象，维护城乡规划的严肃性和稳定性，法律明确规定，经依法批准的城乡规划，是城乡建设和规划管理的依据，未经法定程序不得修改。

城乡规划法与城市规划法主要差别体现在：① 由“城市规划”到“城乡规划”，调整的对象从城市转向城乡，从而将原来的城乡二元法律体系转变为城乡统筹的法律体系。② 从关注点看，城乡规划法更宽泛，城市规划法以指导建设为主，城乡规划法强调资源保护。从规划的编制到组织实施，始终贯穿着对耕地、自然资源、文化遗产资源、风景名胜资源的保护，而且对规划区内的各类资源进行多种形式的整合、保护和利用。比如，关于城乡规划的实施，城乡规划法作出明确规定：在城市新区的开发和建设中，应当严格保护自然资源和生态环境，体现地方特色；在旧城区改建中，应当保护历史文化遗产和传统风貌；在城乡建设和发展中，应当依法保护和合理利用风景名胜和生态资源。③ 从规划体系上，城市规划法强调规划的编制和审批，城乡规划法更加重视规划的实施和监督，专设了监督检查一章，完善了对规划的人大监督、公众监督、上级监督，以及各项监督检查措施的落实。④ 以前违反规划后没有对责任主体的处罚，城乡规划法则有严格的责任追究，并把对城乡规划主管部门自身工作的约束摆到重要的位置。比如，对实施违法行为或者批准实施违法行为的直接负责的主管人员和其他直接责任人员，规定了相应的行政责任，对滥用职权、玩忽职守、徇私舞弊，构成犯罪的，还要依法追究刑事责任。⑤ 老法强调规划部门的作用，新法则强调公众参与和社会监督，将城乡规划法作为一项公共政策。比如，根据新法，今后城乡规划报批前应向社会公告，且公告时间不得少于 30 天。组织编制机关应当充分考虑专家和公众的意见，并在报送审批的材料中附具意见采纳情况及理由。村庄规划在报送审批前，还要经村民会议讨论同意。除法律、行政法规规定不得公开的内容之外，城乡规划经批准后应及时向社会公布。⑥ 新法完善了对违章建筑的处理机制，依法设定了责令停止建设、限期改正、处以罚款、限期拆除、没收违法实物或者违法收入等各类行政处罚和行政强制措施。同时，还规定当事人不停止建设或者逾期不拆除的，当地人民政府可以责成有关部门查封施工现场、强制拆除。⑦ 在城市化快速发展阶段，规划必须充满弹性，才能动态地适应城市的快速变化。为此，新法同时也重视了规划的修改，专门设立一章，明确城乡规划修改的条件和修改审批的程序。

城乡规划法颁布实施近 8 年时间，有效地指导了我国快速城镇化时期的城乡规划建设管理工作，有序地引导了城乡建设和规划编制、审批和实施监督全过程。2005 年 5 月 10 日，住建部发文“住建部关于建立派驻城乡规划督察员制度的指导意见”，为深入贯彻《国务院关于加强城乡规划监督管理的通知》（国发〔2002〕13 号）要求，不断加强对城乡规划管理的监督检查，不断推进向地方派驻城乡规划督察员。我国从 2006 年开始实施城乡规划督察员制度，截至 2012 年，已经分 7 批，向 103 个城市派出督察员，总数达到 116 名。派驻督察员的城市，一般是需报国务院审批城市总体规划的，此举也是为了加强对总体规划实施情况的监督（注：省会、自治区首府、直辖市、人口超过 100 万以上的城市总体规划需报国务院审批）。

城乡规划督察员重点督察的内容包括：城乡规划（包括总体规划、控规等）审批权限问题；城乡规划管理程序问题；重点建设项目选址定点问题；历史文化名城、古建筑保护和风景名胜区保护问题；“三区四线”（禁止建设区、限制建设区、适宜建设区、公园绿地绿线、河湖水域蓝线、市政基础设施黄线、文保单位紫线）的执行情况；群众关心的“热点、难点”问题；还要督察大案要案，以及住建部交办的其他事项。从中央“一竿子”插到基层的督察员们，可以作为内行人，监督城乡规划的执行情况，防止随意修改规划，避免“一任领导一个规划”。

（2）城市规划建设管理工作新要求

2016 年 2 月 21 日，国务院发布《关于进一步加强城市规划建设管理工作的若干意见》（以下简称《意见》），指出未来违反城市规划将被严肃追责，地方应拒绝“大洋怪”建筑，并明确我国将原则上不再建设封闭住宅小区，严控开发区和城市新区设立，具体勾勒了我国未来一段时间城市发展推进的“时间表”与“路线图”。该文件也是中央城市工作会议的配套文件。

《意见》指出，目前我国城市规划建设管理中还存在一些突出问题：城市规划前瞻性、严肃性、强制性和公开性不够，城市建筑贪大、崇洋、求怪等乱象丛生，特色缺失，文化传承堪忧；城市建设盲目追求规模扩张，节约集约程度不高；依法治理城市力度不够，违法建设、大拆大建问题突出，公共产品和服务供给不足，环境污染、交通拥堵等“城市病”蔓延加重。

《意见》指出，城市规划在城市发展中起着战略引领和刚性控制的重要作用，要从区域、城乡整体协调的高度确定城市定位、谋划城市发展。加强空间开发管制，划定城市开发边界，根据资源禀赋和环境承载能力，引导调控城市规模，优化城市空间布局和形态功能，确定城市建设约束性指标。加强城市总体规划和土地利用总体规划的衔接，在有条件的城市探索城市规划管理和国土资源管理部门合一。

《意见》进一步强化了规划的强制性，强调依法治国，提出将城乡规划法和刑法衔接，避免“一届一规划”，提出“凡是违反规划的行为都要严肃追究责任”。城市总体规划的修改，必须经原审批机关同意，并报同级人大常委会审议通过，从制度上防止随意修改规划等现象。此外，《意见》还表示，将严控各类开发区和城市新区设立，凡不符合城镇体系规划、城市总体规划和土地利用总体规划进行建设的，一律按违法处理。用 5 年左右时间，全面清查并处理建成区违法建设，坚决遏制新增违法建设。对于建楼“贪大、求怪”的地方建设现象，《意见》提出建筑八字方针“适用、经济、绿色、美观”，防止片面追求建筑外观形象，强化公共建筑和超限高层建筑设计管理。

除此之外，《意见》还提出，我国新建住宅要推广街区制，原则上不再建设封闭住宅小区。已建成的住宅小区和单位大院要逐步打开，实现内部道路公共化，解决交通路网布局问题，促进土地节约利用。另外要树立“窄马路、密路网”的城市道路布局理念，建设快速路、主次干路和支路级配合理的道路网系统。并要求城市公园原则上要免费向居民开放，限期清理腾退违规占用的公共空间。

《意见》同时明确未来深化城镇住房制度改革的两大方向，即以政府为主保障困难群体基本住房需求，以市场为主满足居民多层次住房需求。其中要打好棚户区改造三年攻坚战，到 2020 年，基本完成现有的城镇棚户区、城中村和危房改造。

(3) 城市规划实施性行政法规

城市规划实施性行政法规主要是根据国家城市规划法建立国家整体的城市规划编制和实施的行政组织机制及相应的行政措施，如住建部发布的《城市规划编制办法》，住建部、国家文物局关于《历史文化名城保护规划编制要求》等。

2016 年 3 月 11 日，住建部关于印发海绵城市专项规划编制暂行规定的通知，提出编制海绵城市专项规划，最大限度地减小城市开发建设对自然和生态环境的影响。明确坚持保护优先、生态为本、自然循环、因地制宜、统筹推进的原则。该通知提出城市人民政府城乡规划主管部门会同建设、市政、园林、水务等部门负责海绵城市专项规划编制具体工作。海绵城市专项规划经批准后，应当由城市人民政府予以公布(法律、法规规定不得公开的内容除外)。海绵城市专项规划经批准后，编制或修改城市总体规划时，应将雨水年径流总量控制率纳入城市总体规划，将海绵城市专项规划中提出的自然生态空间格局作为城市总体规划空间开发管制要素之一。编制或修改控制性详细规划时，应参考海绵城市专项规划中确定的雨水年径流总量控制率等要求，并根据实际情况，落实雨水年径流总量控制率等指标。编制或修改城市道路、绿地、水系统、排水防涝等专项规划，应与海绵城市专项规划充分衔接。

该通知提出海绵城市专项规划主要任务是研究提出需要保护的自然生态空间格局；明确雨水年径流总量控制率等目标并进行分解；确定海绵城市近期建设的重点。海绵城市专项规划应当包括下列内容：综合评价海绵城市建设条件、确定海绵城市建设目标和具体指标、提出海绵城市建设的总体思路、提出海绵城市建设分区指引、落实海绵城市建设管控要求、提出规划措施和相关专项规划衔接的建议、明确近期建设重点、提出规划保障措施和实施建议。

该通知明确适用范围：设市城市编制海绵城市专项规划，适用本规定。其他地区编制海绵城市专项规划可参照执行本规定。各省、自治区、直辖市住房城乡建设主管部门可结合实际，依据本规定制订技术细则，指导本地区海绵城市专项规划编制工作。各城市应在海绵城市专项规划的指导下，编制近期建设重点区域的建设方案、滚动规划和年度建设计划。建设方案应在评估各类场地建设和改造可行性基础上，对居住区、道路与广场、公园与绿地，以及内涝积水和水体黑臭治理、河湖水系生态修复等基础设施提出海绵城市建设任务。

（4）地方城市规划法规与城市规划行政规章

地方城市规划法规主要是指由地方立法部门根据国家城市规划法和相关法律法规，结合地方社会、政治、经济、文化等方面的具体情况，进一步明确地方城市规划制度的具体框架，划分地方立法、行政、司法等部门之间的分工和相互协作，确定地方城市规划行政管理部门的基本组织和相应的职责权限，明确当地城市规划的编制、实施的具体程序和原则，建立城市规划与地方法规之间的相互协同关系，对违法行为处置的主体和相应的量度原则等。地方城市规划法规由地方立法部门制定，如《北京市城市规划条例》《上海市城市规划条例》《深圳市城市规划条例》等。

城市规划行政规章是由国家和地方城市规划行政主管部门制定的，由有关保证城市规划顺利开展的规章制度构成城市规划的行政规章，如《深圳市城市规划标准与准则》《上海市城市规划管理技术规定》等。

（5）城市规划技术标准和技术规范

城市规划技术标准和技术规范是城市规划行政的重要技术性依据，也是城市规划行政管理具有合法性的客观基础。它所规范的主要是城市规划内部的技术行为，它的内容应当能够覆盖城市规划规程中所有的和一般化的技术性行为，也就是在城市规划编制和实施过程中具有普遍规律性的技术依据。目前，我国已经颁布有《城乡用地分类与规划建设用地标准》《城市居住区规划设计规范》以及涉及城市道路、城市规划基本术语、城市市政工程和建筑设计等方面的一系列技术标准与规范。

（6）城市规划相关的法律法规

城市规划与城市建设和发展过程中的其他所有行为密切相关，城市规划既受到规范这些行为的法律法规的制约，同时也对这些行为进行规范。从广义规划法体系上讲，这些也应包含其中，如《中华人民共和国土地管理法》《中华人民共和国环境保护法》《中华人民共和国文物保护法》及基本建设投资法、市政公用事业法等法律法规。

我国现行的城市规划法规架构已经较为齐全，能够为城市发展建设提供指引，并解决因土地的使用和发展而引起的利益冲突；同时，也能随着发展变化不断修正完善，以适应现时的情势。

2.1.2 近期大政方针对城市发展的宏观指导

随着城市建设对城市经济影响的重要性提高，中共中央国务院和建设行业对城市规划的重视程度提高，近期出台了一些对城市规划有影响的政策，对城市总体规划具有指导意义。概括起来，有以下几类：

1）城市规划实施性行政法规从部门管理到国家高度指示转变

通过对《中共中央 国务院关于进一步加强城市规划建设管理工作的若干意见》的解读，未来城市发展目标主要表现在以下九方面：

目标一：用5年左右时间，全面清查并处理建成区违法建设。健全国家城乡规划督察员制度，实现规划督察全覆盖。严控各类开发区和城市新区设立，凡不符合城镇体系规划、城市总体规划和土地利用总体规划进行建设的，一律按违法处理。用5年左右时间，全面清查并处理建成区违法建设，坚决遏制新增违法建设。

目标二：用5年左右时间，完成城市历史文化街区划定。通过维护加固老建筑、改造利用旧厂房、完善基础设施等措施，恢复老城区功能和活力。加强文化遗产保护传承和合理利用，保护古遗址、古建筑、近现代历史建筑，更好地延续历史文脉，展现城市风貌。用5年左右时间，完成所有城市历史文化街区划定和历史建筑确定工作。

目标三：力争用10年左右时间，使装配式建筑占新建建筑的比例达到30%。发展新型建造方式。大力推广装配式建筑，减少建筑垃圾和扬尘污染，缩短建造工期，提升工程质量。鼓励建筑企业装配式施工，现场装配。建设国家级装配式建筑生产基地。加大政策支持力度，力争用10年左右时间，使装配式建筑占新建建筑的比例达到30%。积极稳妥推广钢结构建筑。在具备条件的地方，倡导发展现代木结构建筑。

目标四：到2020年，基本完成城镇棚户区、城中村和危房改造。深化城镇住房制度改革，以政府为主保障困难群体基本住房需求，以市场为主满足居民多层次住房需求。大力推进城镇棚户区改造，稳步实施城中村改造，有序推进老旧住宅小区综合整治、危房和非成套住房改造，加快配套基础设施建设，切实解决群众住房困难。打好棚户区改造三年攻坚战，到2020年，基本完成现有的城镇棚户区、城中村和危房改造。创新棚户区改造体制机制，推动政府购买棚改服务，推广政府与社会资本合作模式，构建多元化棚改实施主体，发挥开发性金融支持作用。积极推行棚户区改造货币化安置。

目标五：到2020年，城市建成区平均路网密度提高到8 km/km^2。分梯级明确新建街区面积，推动发展开放便捷、尺度适宜、配套完善、邻里和谐的生活街区。新建住宅要推广街区制，原则上不再建设封闭住宅小区。已建成的住宅小区和单位大院要逐步打开，实现内部道路公共化，解决交通路网布局问题，促进土地节约利用。树立“窄马路、密路网”的城市道路布局理念，建设快速路、主次干路和支路级配合理的道路网系统。打通各类“断头路”，形成完整路网，提高道路通达性。到2020年，城市建成区平均路网密度提高到8 km/km^2，道路面积率达到15%。积极采用单行道路方式组织交通。加强自行车道和步行道系统建设，倡导绿色出行。合理配置停车设施，鼓励社会参与，放宽市场准入，逐步缓解停车难问题。

目标六：到2020年，超大、特大城市公共交通分担率达到40%以上。以提高公共交通分担率为突破口，缓解城市交通压力。到2020年，超大、特大城市公共交通分担率达到40%以上，大城市达到30%以上，中小城市达到20%以上。加强城市综合交通枢纽建设，促进不同运输方式和城市内外交通之间的顺畅衔接、便捷换乘。扩大公共交通专用道的覆盖范围。实现中心城区公交站点500 m内全覆盖。

目标七：到2020年，地级以上城市建成区力争实现污水全收集、全处理。加快城市污水处理设施建设与改造，全面加强配套管网建设，提高城市污水收集处理能力。整治城市黑臭水体，强化城中村、老旧城区和城乡结合部污水截流、收集，抓紧治理城区污水横流、河湖水系污染严重的现象。到 2020 年，地级以上城市建成区力争实现污水全收集、全处理，缺水城市再生水利用率达到 20%以上。以中水洁厕为突破口，不断提高污水利用率。新建住房和单体建筑面积超过一定规模的新建公共建筑应当安装中水设施，老旧住房也应当逐步实施中水利用改造。

目标八：到 2020 年，力争将垃圾回收利用率提高到 35%以上。建立政府、社区、企业和居民协调机制，通过分类投放收集、综合循环利用，促进垃圾减量化、资源化、无害化。到 2020 年，力争将垃圾回收利用率提高到 35%以上。强化城市保洁工作，加强垃圾处理设施建设，统筹城乡垃圾处理处置，大力解决垃圾围城问题。推进垃圾收运处理企业化、市场化，促进垃圾清运体系与再生资源回收体系对接。通过限制过度包装、减少一次性制品使用、推行净菜入城等措施，从源头上减少垃圾产生。利用新技术、新设备，推广厨余垃圾家庭粉碎处理。完善激励机制和政策，力争用 5 年左右时间，基本建立餐厨废弃物和建筑垃圾回收和再生利用体系。

目标九：到 2020 年，建成一批特色鲜明的智慧城市。促进大数据、物联网、云计算等现代信息技术与城市管理服务融合，提升城市治理和服务水平。加强市政设施运行管理、交通管理、环境管理、应急管理等城市管理数字化平台建设和功能整合，建设综合性城市管理数据库。推进城市宽带信息基础设施建设，强化网络安全保障。到 2020 年，建成一批特色鲜明的智慧城市。

2）“多规合一”工作的推进

近几年来，国家发改委、住建部、国土资源部、环保部四部委纷纷推广试点，各地区也自发开展试点工作，以此为主题的研究论文也越来越多。提法也从“三规”“四规”“五规”到多规演变。各个部委从各自开展试点到合一阶段，如 2004 年国家发改委在六个市县（苏州市、安溪县、钦州市、宜宾市、宁波市和庄河市）试点“三规合一”。2008 年国土资源部和城乡建设部在浙江召开“两规合一”推广会。江苏和浙江从区（县）着手，在地方政府的主导下逐步探索，进行了“三规合一”的规划和实施。2013 年，中央城镇化会议强调可以走县（市）探索三规或者多规合一，形成一个县（市）一本规划一张蓝图。

“多规合一”试点工作从部门单独行动，到多部门联合部署。2014 年 8 月，国家发改委、环保部、国土资源部、住建部四部委联合下发了《关于开展市县“多规合一”试点工作的通知（发改规划〔2014〕1971 号）》（以下简称《通知》）。《通知》要求在 28 个试点市县推动经济社会发展规划、城乡规划、土地利用规划、生态环境保护规划“多规合一”。立足发改委和环保部两部门试点工作的主要任务是确定规划期限和规划目标，合理确定规划任务，按照资源环境承载力，引导人口、产业、城镇、公共服务、基础设施、生态环境等的布局重点，探索三区（城镇空间、农业空间、生态空间）三线（城市开发边界、永久基本农田红线和生态保护红线）的管制分区及相关措施。试点工作要求在试点地区构建市县空间规划衔接协调机制。

2014 年 1 月，住房城乡建设部下发关于开展县（市）城乡总体规划暨“三规合一”试点工作的通知。通知提出试点工作的主要内容以科学发展观为指导，全面落实新型城镇化的战略要求，坚持以人为本、优化布局、生态文明、传承文化的原则，按照城乡一体、全域管控、部门协作的要求，编制县（市）城乡总体规划，实现经济社会发展、城乡、土地利用规划的“三规合一”或“多规合一”，逐步形成统一衔接、功能互补的规划体系。

（1）统筹衔接经济社会发展和土地利用规划。要以城乡规划为基础、经济社会发展规划为目标、土地利用规划提出的用地为边界，实现全县（市）一张图，县（市）域全覆盖。以上位规划为依据，将经济社会发展规划确定的目标、土地利用规划提出的建设用地规模和耕地保护要求等纳入县（市）城乡总体规划。同步研究提出城乡总体规划与土地利用规划在基础数据、建设用地范围和规划实施时序等方面的衔接方案。

（2）全面优化城镇化布局和形态。按照促进生产空间集约高效、生活空间宜居适度、生态空间山清水秀的总体要求，调整城乡空间结构，统筹规划各类城乡建设用地与非建设用地，科学划定城镇开发边界，合理确定城乡居民点布局总体框架，形成生产、生活、生态空间的合理结构。注重保护和弘扬传统优秀文化，延续城市历史文脉，保留村庄原始风貌，尽可能在原有村庄形态上改善居民生活条件。

（3）合理确定城镇化发展的各项目标。按照新型城镇化的要求，依据资源环境条件容量、城镇化发展趋势，合理确定县（市）城镇化发展的各项目标和人均指标，提出具有本地特色的城镇化路径及具体发展策略，提高城镇化质量。按照严守底线、调整结构、深化改革的思路，严控增量，盘活存量，优化结构，提升效率，切实提高城镇建设用地集约化水平。

（4）积极推进基本公共服务均等化。从空间上统筹布局城乡、区域间的基础设施和公共设施，防止低水平重复建设。合理布局城乡综合交通、给水排水、电力电讯、市容环卫等基础设施以及文化、教育、体育、卫生等公共服务设施，合理确定不同类型村庄基础设施和公共服务设施配置标准。引导城镇各类设施向农村延伸，完善城乡发展的支撑体系。

（5）明确全域空间管控目标和措施。加强生态环境保护，严格保护耕地特别是基本农田，促进资源保护性开发利用。综合考虑生态环境保护、涵养水源和城乡建设的需要，合理划定禁止建设区、限制建设区和适宜建设区，并制定明确的管制措施。

3）历史文化名城名镇名村街区保护规划编制审批办法解读

中华人民共和国住房和城乡建设部令第20号，《历史文化名城名镇名村街区保护规划编制审批办法》已经第16次部常务会议审议通过，自2014年12月29日起施行。该办法提出历史文化名城、名镇、名村、街区保护规划的编制和审批，适用本办法。对历史文化名城、名镇、名村、街区实施保护管理，在历史文化名城、名镇、名村、街区保护范围内从事建设活动，改善基础设施、公共服务设施和居住环境，应当符合保护规划。历史文化名城、名镇保护规划应当单独编制，下列内容应当纳入城市、镇总体规划：保护原则和保护内容、保护措施、开发强度和建设控制要求、传统格局和历史风貌保护要求、核心保护范围和建设控制地带、需要纳入的其他内容。

编制历史文化名城、名镇、街区控制性详细规划的，应当符合历史文化名城、名镇、街区保护规划。历史文化街区保护规划的规划深度应当达到详细规划深度，并可以作为该街区的控制性详细规划。历史文化名城、名镇、街区保护范围内建设项目的规划许可，不得违反历史文化名城、名镇、街区保护规划。保护规划应当自历史文化名城、名镇、名村、街区批准公布之日起1年内编制完成。

历史文化名城保护规划应当包括下列内容：（1）评估历史文化价值、特色和存在问题；（2）确定总体保护目标和保护原则、内容和重点；（3）提出总体保护策略和市（县）域的保护要求；（4）划定文物保护单位、地下文物埋藏区、历史建筑、历史文化街区的核心保护范围和建设控制地带界线，制定相应的保护控制措施；（5）划定历史城区的界限，提出保护名城传统格局、历史风貌、空间尺度及其相互依存的地形地貌、河湖水系等自然景观和环境的保护措施;(6) 描述历史建筑的艺术特征、历史特征、建设年代、使用现状等情况,对历史建筑进行编号,提出保护利用的内容和要求;(7) 提出继承和弘扬传统文化、保护非物质文化遗产的内容和措施;(8) 提出完善城市功能、改善基础设施、公共服务设施、生产生活环境的规划要求和措施;(9) 提出展示、利用的要求和措施;(10) 提出近期实施保护内容;(11) 提出规划实施保障措施。

历史文化名镇名村保护规划应当包括下列内容:(1) 评估历史文化价值、特色和存在问题;(2) 确定保护原则、内容和重点;(3) 提出总体保护策略和镇域保护要求;(4) 提出与名镇名村密切相关的地形地貌、河湖水系、农田、乡土景观、自然生态等景观环境的保护措施;(5) 确定保护范围,包括核心保护范围和建设控制地带界线,制定相应的保护控制措施;(6) 提出保护范围内建筑物、构筑物和环境要素的分类保护整治要求,对历史建筑进行编号,分别提出保护利用的内容和要求;(7) 提出继承和弘扬传统文化、保护非物质文化遗产的内容和措施;(8) 提出改善基础设施、公共服务设施、生产生活环境的规划方案;(9) 保护规划分期实施方案;(10) 提出规划实施保障措施。

历史文化街区保护规划应当包括下列内容:(1) 评估历史文化价值、特点和存在问题;(2) 确定保护原则和保护内容;(3) 确定保护范围,包括核心保护范围和建设控制地带界线,制定相应的保护控制措施;(4) 提出保护范围内建筑物、构筑物和环境要素的分类保护整治要求,对历史建筑进行编号,分别提出保护利用的内容和要求;(5) 提出延续继承和弘扬传统文化、保护非物质文化遗产的内容和规划措施;(6) 提出改善交通等基础设施、公共服务设施、居住环境的规划方案;(7) 提出规划实施保障措施。

历史文化名城、名镇、名村、街区保护规划确定的核心保护范围和建设控制地带,按照以下方法划定:(1) 各级文物保护单位的保护范围和建设控制地带以及地下文物埋藏区的界线,以县级以上地方人民政府公布的保护范围、建设控制地带为准;(2) 历史建筑的保护范围包括历史建筑本身和必要的建设控制区;(3) 历史文化街区、名镇、名村内传统格局和历史风貌较为完整、历史建筑或者传统风貌建筑集中成片的地区应当划为核心保护范围,在核心保护范围之外划定建设控制地带;(4) 历史文化名城的保护范围,应当包括历史城区和其他需要保护、控制的地区;(5) 历史文化名城、名镇、名村、街区保护规划确定的核心保护范围和建设控制地带应当边界清楚,"四至"范围明确,便于保护和管理。

2.2 城乡总体规划编制要求

在社会经济发展的推动下,城市发展的需求越来越迫切,但受城乡总体规划编制和审批现行体制的约束,城乡总体规划的编制受到行业部门和地方政府双重监督,两者都提出了不同的要求。

2.2.1 城建部门要求

目前全国大多数省(自治区、直辖市)都编制了省域(自治区域、市域)城镇体系规划,提出了相应的发展目标和实施措施,顺应各自略有差别的指导思想和地区发展目标。地方城建部门对该地域范围的中小城市总体规划有不同的要求,主要体现在区域协调的各个方面。

1）区域人口和用地指标的协调

区域一体化格局，要求区域内各个城市的经济和社会发展融入区域格局，建立起开放的，与区域内其他城市有广泛联系的，并且独立的城市。我国耕地资源不断减少，目前人均耕地只有世界平均水平的1/3，国家采取了世界上最严格的政策保护耕地。在国家和区域背景的影响下，作为一个厅级建设管理的行政单位，在其所辖范围内规定性提出人均用地指标的要求。为了保障整个地区的经济快速发展，这个指标通常对大城市和特大城市开绿灯，而对其他广泛的中小城市则采取一些限制手段，而这些限制手段未必完全适应各个中小城市的发展现状和发展趋势。

2）区域基础设施的协调

以省（自治区、直辖市）为区域基本单位，需要协调的基础设施包括：交通基础设施的协调、水资源的平衡、区域安全体系的协调、区域电力系统的协调、区域电信设施的协调、区域供热设施的协调等。这些设施掌握着任何城市发展的命脉，不能独成体系，必须统一协调，并寻求在更大范围内协调。因此，在城市总体规划中，省（自治区、直辖市）级城建管理部门要求区域基础设施体系具备一定程度的开放性。

3）区域环境建设的协调

和西方发达国家和一些发展中国家比较，我国许多城市的生态环境建设滞后，城镇化过程中人口压力加大，因此，必须从各个大的行政区域角度重视对重要生态敏感区的保护，并考虑城镇化的人口迁移和城镇空间布局，促进区域的可持续发展。基于此，省（自治区、直辖市）级城建管理部门对各个中小城市总体规划的环境建设具有较高的要求。因此，各省（自治区、直辖市）级城建管理部门要求中小城市总体规划要与省（自治区、直辖市）级土地利用管理部门、基础设施住建部门、水资源开发利用部门、生态环境保护部门等相协调，要以省（自治区、直辖市）级社会经济发展政策、产业发展政策等为指导依据。

从城建部门的职责来看，其主要负责城市建设和市政公用事业工作，负责拟定城市建设和市政公用事业的发展战略、中长期规划、改革方案并组织实施；指导和管理城市建设和公共事业如供水、排水、供气、供热、城市道路、园林绿化、市容环卫等工作。在城市总体规划编制过程中，城建部门的要求，更能着眼于实际，反映城市建设的基本问题和关注人民群众的切身生活、生产的实际需要。这些恰恰是城市总体规划编制方案和规划构思的客观依据。一般城建部门对总体规划的要求主要体现在以下几个方面：

（1）用地布局方面

要求科学合理地进行用地的规划和布局。无论是旧城改造，还是新区建设，对用地性质的调整和用地权属的变更，要充分考虑其变化的合理性问题，同时也要重点兼顾公共设施、基础设施的配套和衔接问题，做到经济效益和社会效益的结合。不盲目求大，形成一些不切实际的发展构想，造成城市的不合理建设。

（2）功能分区方面

要求城市总体规划的功能分区明确，便于城建部门针对不同的功能分区情况，实施城市的建设和管理。城建部门在建设和管理过程中，不同的功能分区转换着城建部门的工作重点。如环境保护区，重点集中在对各类用地的管理和开发的限制；生活居住区则重点在保障人们生活的基础设施及生活环境的建设。

(3) 市政公共事业方面

基础设施是城市建设的物质基础及人们生产、生活的必要条件。在总体规划编制中,对基础设施的规划要充分体现其现实性、科学性和可操作性。规划要严格按一些现行的国家和地方法律法规要求实施,在保证科学、合理的条件下,充分与技术方案结合,保障其顺利实施。

(4) 环境保护,生态建设方面

加强生态保护,改善城市环境是城市可持续发展的重要环节。中小城市在总体规划编制过程中,要充分做好环境保护和生态环境建设。总体规划要配以城市绿地规划或城市景观风貌规划等,重点对城市形态格局、景观风貌、空间环境等提出引导和控制要求。

(5) 规划编制、审批、实施管理机制方面

在规划编制、审批和实施管理机制方面,城建部门更倾向于要求总体规划能从以政府为主导的行政手段,逐渐向政府事权[①]明晰、依法治理、社会监督、公共参与、体现市场经济规律的科学民主决策的制度转变。要将城市规划编制由"封闭的形式"向"有限度的开放形式"转变,使城市规划真正实现"协作性规划"和"公共参与性规划"。

2.2.2 地方政府要求

在市场经济条件下,各省、市区都有较大的自主权和自由度,其最重要的目标是追求自身的发展、维护地方的利益。

2005年以前,经济的过热增长引起中央的强烈关注,自2003年下半年开始,中央调控的政策系列出台,力度逐渐加大,但经济增长速度不降反升。2004年第一季度,中央政府的投资仅增长了12%,而地方政府投资增长高达65%,公众舆论将这种投资热归咎于地方政府的"政绩观"利益驱动所致。厦门大学教授赵燕菁认为1997—1998年的住房制度改革是启动这次经济增长的动力,1994年中央和地方政府分税政策实施后,地方政府扩大财政收入的主要手段是土地差额收益,从2002年看,国家总体经济将近1/3都是由房地产带动的。2003年中国房地产投资超过1万亿元,占固定资产投资的18.3%,直接拉动GDP增长1.3个百分点。赵燕菁认为发达国家的政府是城市的物业管理者,不会出现强烈的投资冲动,在中国城市化水平不断提升情况下,城市政府除了具有其他国家城市政府"物业管理"的功能外,还必须同时扮演着"城市开发商"的角色。

从一线、二线到三线、四线城市,1999—2003年为中国房地产业高速增长期,中国房地产业景气指数随着房价的持续高涨而呈现走高的趋势。2003年到达阶段高点,各地居民怨声载道,城市社会矛盾初显,房地产业成为社会普遍关注的焦点。国家2004年开始实施宏观调控,同时收紧土地与信贷,通过调控供给稳定房地产市场。2005年中央进一步加大宏观调控力度,主要特征是供给与需求双向调控,以调控需求为主。2006年的宏观调控主要特征是以调整房地产产品结构为主,扩大中低档住房供给。2007—2008年发展比较平稳,2009—2010年受到放松信贷的影响将房地产业推到阶段最高点。

---

① 政府事权:是指政府对经济社会事务的管理责权。当前在政府事权上存在的主要问题是:首先,责权不明确。中央和地方各级政府的责权是什么,界限在哪里不明确;其次,事权范围重叠,管理随机性大,责任不清;再次,职能错位,越位与缺位管理现象突出;最后,就是缺乏事权划分的稳定性和规范性。

随着房市的日益活跃，城市土地财政催生了对城市土地经营的热衷，从而表现出各地对城市总体规划编制的强烈需求。尽管2006年4月1日起实施的新的编制办法已在规划主体多元化、系统性、由技术文件转向公共政策和淡化城市设计等方面发生了改变，难以改变部分城市对房地产用地的热衷。

城市发展规模的确定是城市总体规划研究的重点之一，地方政府也最关注，但现有的研究方式和研究深度，造成预测结果的模糊性，受委托方的要求往往使其主观性和不确定性特征明显，而该指标作为重要的技术经济指标，决定着各类用地的规模，这种累积误差将直接误导城市建设资金的投入。依据传统计算方法确定的城市规模已经难以满足被房市冲昏头脑的城市管理者的需求，几乎所有城市规划师面临的主要问题都是"城市规模过小"，城市发展目标都是"扩大城市规模"，所有的规划内容，包含城市定位、区域协调、城市战略都是为做大城市规模服务。以人定地的规划方法造成各个城市的"造人"计划，不管现状人口流动是净流出还是净流入，城市规划都要成倍做大城市规模，造成城市规模相加大于省行政单元，县县相加大于市行政单元。各级城镇体系规划成果更是流于形式，难以指导和调控各级城镇规划。

除此之外，一些区域核心城市、区域增长点面临着剧增的流动人口，环境恶化、城市热岛等城市病为主的城市问题不断出现，原有的城市规划对市场规律的研究不深，造成了对这类城市发展的捆绑和限制。结合房市催生的城镇用地需求剧增，共同引发了第三轮城市总体规划的编制需求。表2-1中从2000—2010年居住用地指标普遍超出国标可见一斑。

表2-1　不同规划规模城市的规划用地指标比较

	人均居住用地(m^2)	人均建设用地(m^2)	居住用地占建设用地(%)
规划期限	2000—2010年	2000—2010年	2000—2010年
特大城市	45.5	158.4	28.7
大城市	37.6	129.7	32.1
中等城市	71.1	153.8	46.4
小城市	50.2	97.5	51.1
镇	30.6	75.3	45.8

纷繁复杂的国内外形势，城市之间的竞争日益加强，希望提升自己在全球服务聚集网络和城镇体系中的地位，从而衍生了地方政府对城市规模的理性认识，以及对城市特色的深入挖掘。城市规模的预测将更加理性，不再成为促进城市发展的主要因素。正常的房市秩序将减少单方面因素对城市规划的压力(图2-2)。城市规划的科学性和理性日益突出，在2012年新一轮的城市总体规划要求中都加强了对区域定位、城市发展战略、景观风貌、生态环境保护和产业布局研究等内容。

经济新常态的特征出现，投资拉动被创新拉动取代，土地政策越来越严格，"去库存"的房地产市场压力使大量城市走出依托房地产业拉动的土地财政，地方政府也从城市开发的主体向PPP模式中的部分职责转变，既不是城市开发的最大获益方，也不是城市投资的最大风险承担方。在城市规划的编制过程中，从强调物质规划和主观规划到底线思维式、约束型规划转变；从热衷增量规划用地的规划到斟酌存量用地的优先。具体表现在：

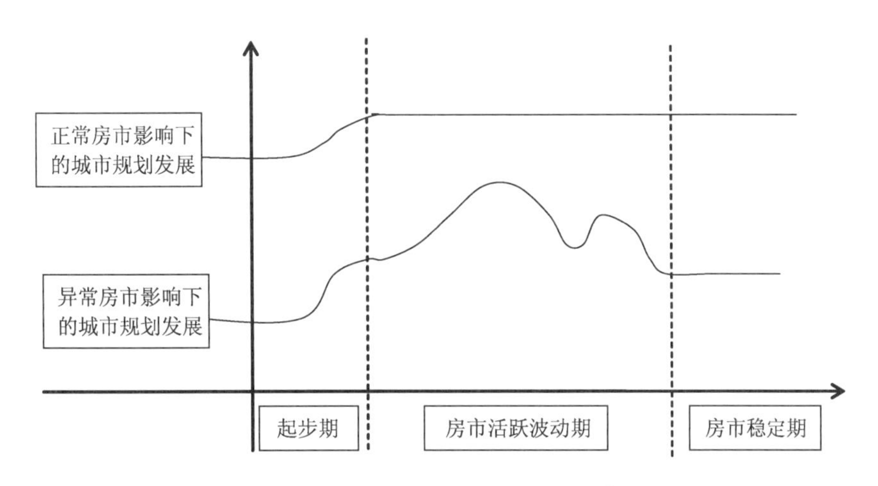

图 2-2 房市对城市规划影响分析图

(1) 从夸大经济发展首要位置向维持合理运行期间转变

经济发展是城市发展的重要表现因素之一。在 2010 年之前的城市总体规划编制过程中,地方政府往往更关心其“物质”性,即近期项目的安置、近期的经济效益情况等方面,而忽视或轻视环境和生态因素。近期带来经济效益,而中远期往往造成城市环境恶化、生态条件破坏。加快城市的发展并不能简单地归结为经济的高增长,还应该从城市综合效益的结合上出发,才能有利于城市健康可持续发展。

随着经济新常态作为长期过程的被认知,2015 年我国经济下行压力仍然较大,中央提出持续推进供给侧结构性改革,重点是继续简政、减税降费、激励创新;用市场化债转股等方式,逐步降低企业杠杆率;扩大有效投资,政策涉及专项建设基金以及扩大地方债置换规模。并相应提出一系列政策:2016 年从 5 月 1 日起推进全面实施营改增试点,将试点范围扩大到建筑业、房地产业、金融业和生活服务业,并将所有企业新增不动产所含增值税纳入抵扣范围,确保所有行业税负只减不增,今年减税金额将超过 5 000 亿元;支持各地从实际出发,在国家统一框架下,阶段性降低“五险一金”减轻企业压力;多次国务院常务会议中涉及创业创新,出台了一系列激励措施,比如增设国家创新示范区、支持科技成果转移转化、建设双创基地发展众创空间等。各个省份在部署下一步重点时,首先强调的是供给侧改革,而不是以往的扩大投资快增长。确保经济运行在合理区间。按照国务院部署,从 2015 年开始,国家发改委推出了专项建设基金,一年内先后投放四批共 8 000 亿元。而 2016 年投放规模继续加大。对于地方债务置换,扩大规模已成定局。此前财政部曾给出时间表:用 3 年时间将 2014 年清理甄别认定的 15.4 万亿元地方政府债务(扣除地方政府债券 1.2 万亿元)通过置换债券全部置换完,需要置换的地方政府债务为 14.2 万亿元。2015 年财政部已置换 3.2 万亿元,这也就意味着余下两年需要置换的额度为 11 万亿元,年均置换 5.5 万亿元。

(2) 从一届一张图迎合领导“意识”向换届不换图一张蓝图转变

在规划实践中我们常常可以听到这样一句话:规划规划,纸上画画,墙上挂挂,抵不过领导一句话。这在侧面上反映了以往在城市规划过程中领导意识对规划实践的影响。领导意识不同于专家思想,不等于论证结果,然而领导的主观意识却往往强加在城市总体规划的编制中,这对城市的建设发展是十分不利的,也使得城市规划成为了领导追求政绩的工具,而不是引导和管理城市建设的工具。

随着城市发展的理性化研究，今后的城市规划将更注重规划的科学合理性，坚持一张好的蓝图干到底，这并非是循规蹈矩，不求创新，而是在科学规划的基础上，坚定发展目标，执着持续追求，直至实现。从中央到地方的"一张蓝图干到底"的精神，将极大减少城市规划修改频率、增加审批难度、强调城市规划全过程参与。各地政府将更重视规划，重视规划编制、审批和实施全过程，谨慎谋划关乎城市发展的一张蓝图。

(3) 从过分强调地方规划设计部门到多部门联合协调转变

城市总体规划编制具有综合性和系统性，需要多部门相互协作实现。在吸收和采纳各个部门要求和各类专项规划成果的时候，地方部门对已经认同的规划一般强调总体规划要与之协调，并尽力将其纳入总体规划的编制中，这在总体规划编制体系中是不符合要求的，尤其对一些脱离实际的规划设想，应严格从总规的角度出发来规划实施，不满足总体规划要求的要坚决制止。

总之，由于过于追求眼前的经济利益，地方政府对城市规划的要求常局限于城市空间的机械布局和经济增长的物质构建上，忽略了甚至避而不谈城市的发展和自然生态的融合，及将可持续发展的原则融入到城市规划中，或者仅仅只是做概略性的强调，缺乏实践意义。此外，一些旧的思想观念、传统的做法以及领导的意识，还或多或少地存在于规划中，使得规划难以脱离一些主观意识，缺乏长远性、超前性、适宜性，脱离实际，在市场经济中失去指导作用。

要搞好城市规划，首先要充分认识城市的综合性和系统性，而不再人为地把它的构成要素割裂开来，要把城市看成一个有机的功能主体。在同时满足地方城建部门要求和地方政府要求下，完成一份令大多数公众满意的中小城市总体规划文本实非易事，对规划师的技术水平和职业素质提出了较高的要求。规划师的职责也不仅仅停留在告诉城市管理者城市规划中"不该怎么办"，还应该指出城市规划"应该怎么做"或者"怎样才可以做"。

2.3 中小城市总体规划的特殊性

就我国现状而言，中小城市总体规划相对滞后，近年来才得以重视，在此之前，许多城市的建设发展已逐渐显示出其不合理性，加上中小城市规划理论不成熟，规划实践较少，规划编制和管理部门长期处于多级管理的状态[②]，都对城市总体规划的编制和启动加大了难度。针对中小城市总体规划的一系列潜在问题，在对城市总体规划的编制和审批中必须采取一些特殊的思路。

2.3.1 审批程序的特殊性

目前城市总体规划审批周期长，一方面与规划审批的内容复杂有关，另一方面也与规划审批制度有关。我国的城乡总体规划实行分级审批制度，不同城市规划的审批主体不同。

② 多级管理：在我国纷繁复杂的规划管理体制中，不同于其他许多行业管理的垂直性特征，城市规划的管理权限一直处于被严重肢解、分割的状态。这种分权体制的格局，加之与我国现行的行政区划体制、财政包干体制等相重叠，就使得城市规划的实施过程变成了各个行政主体的自主行为，无法实现整体协调的规划意图。

第十二条　全国城镇体系规划由国务院城乡规划主管部门报国务院审批。

第十三条　省、自治区人民政府组织编制省域城镇体系规划，报国务院审批。

第十四条　直辖市的城市总体规划由直辖市人民政府报国务院审批。省、自治区人民政府所在地的城市以及国务院确定的城市的总体规划，由省、自治区人民政府审查同意后，报国务院审批。**其他城市的总体规划，由城市人民政府报省、自治区人民政府审批。**

第十五条　**县人民政府组织编制县人民政府所在地镇的总体规划，报上一级人民政府审批。其他镇的总体规划由镇人民政府组织编制，报上一级人民政府审批。**

第十六条　省、自治区人民政府组织编制的省域城镇体系规划，城市、县人民政府组织编制的总体规划，在报上一级人民政府审批前，应当先经本级人民代表大会常务委员会审议，常务委员会组成人员的审议意见交由本级人民政府研究处理。

镇人民政府组织编制的镇总体规划，在报上一级人民政府审批前，应当先经镇人民代表大会审议，代表的审议意见交由本级人民政府研究处理。

规划的组织编制机关报送审批省域城镇体系规划、城市总体规划或者镇总体规划，应当将本级人民代表大会常务委员会组成人员或者镇人民代表大会代表的审议意见和根据审议意见修改规划的情况一并报送。

图 2-3　规划分级审批程序

《中华人民共和国城乡规划法》规定城市规划实行分级审批（图 2-3）。中小城市总体规划审批程序在依据城乡规划法的规定的基础上，结合地方实际情况一般可分为四个部分：前期工作，申报工作，审查工作和报批工作（图 2-4）。

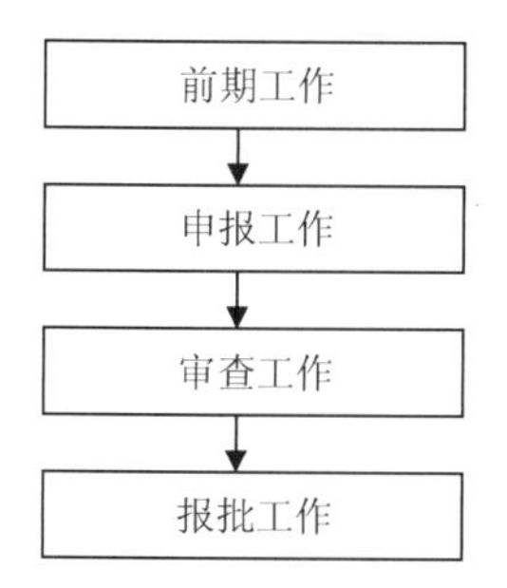

图 2-4　总体规划审批一般程序

（1）前期工作

中小城市总体规划由市（县）规划行政主管部门拟定编制要求，经市（县）人民政府同意后，委托具有相应规划设计资质的规划设计单位编制城市总体规划。城市总体规划纲要和城市总体规划方案由市人民政府组织专家评审，向社会公布并征求意见后，报市四套班子领导讨论审定。城乡总体规划经市人民政府常务会议审查通过，提交市人民代表大会常务委员会审议通过后，报上级人民政府审批。需经省政府审批的，由省建设厅组织专家评审。

（2）申报工作

有关市政府应将修编的城乡总体规划经报同级人民代表大会或其常务委员会审查同意后，报送省政府。申报材料应当包括规划成果（含文本、附件、图纸）、专家评审意见以及同级人民代表大会或其常务委员会审查意见。

（3）审查工作

省建设厅接到省政府交办的审查文件后，应对申报材料进行初审，并将有关材料分送省有关部门征求意见，然后组织召开省城市规划审查委员会会议，对修编的总体规划进行审查。

（4）报批工作

由省政府审批的城市总体规划，省建设厅应将省城市规划审查委员会的审查意见和有关材料报省政府。

中小城市在审批程序过程中应注意：

（1）注重公众参与

在规划审批过程中，应该有限度地实现公众参与。城市规划长期以来从政府的角度对城市的形态和功能等要素做出一定期限的先前计划，借以引导、支撑城市的经济、社会等各项活动发生的种种规划实践。这就决定规划编制过程是一个“自上而下”的过程，这与规划本身的出发点不符。规划首先是代表广大人民群众的整体利益，是以公正、公平的原则为出发点。让公众参与进规划的编制和审批过程中，是规划编制与社会主义市场经济体制和社会主义民主政治建设的协调，公共参与能够使城市规划建立在各专业技术人员与城市居民以及公众和政府之间系统的、不断的相互协作、配合的基础上，从而真正实现“人民城市人民建”的宗旨。

（2）广泛听取专家意见

城市总体规划的编制实施具有法定性，一经审批就必须严格按总体规划实行。因此，无论是在审批工作的前期还是在申报和审查过程中，各级责任政府都要积极组织专家进行规划评审，做到广泛地听取专家的意见，同时，与规划实践相结合，不断进行修改与论证，最终为城市建设提供一个较为科学、合理的规划方案。

（3）审批程序制度化

中小城市总体规划审批工作一般要牵涉两级或两级以上人民政府，各级政府职责不同，这就要求规划审批要规范化、制度化，做到一级一级切实把关。具体要逐步明确各级政府的责任，落实政府责任制度，保障规划审批工作顺利进行。

（4）提高审批行政效率

由于规划审批牵涉部门较多，相互协调比较困难，审批过程往往变得冗长而低效。在当前变化发展较快的时期，规划常常出现审批还没有下来，城市建设就已经又有了新的问题。所以，提高城市规划审批的效率，对城市依照城市规划构想向前发展来说具有积极意义。值得注意的是，讲究审批的行政效率并不是意味着可以不按客观规律办事。遵循客观规律，遵循基本建设的必要审批程序，是提高行政效率的先决条件。

总之，中小城市在总体规划审批中在不断加强其实践性和科学性研究，规划审批的层次也适当提高，规划审批制度不断完善，审批工作也体现出更公正、更高效的发展趋势。这些对中小城市总体规划的编制都提出了高标准的要求。

2.3.2 编制深度的特殊性

城市总体规划涉及经济社会的各方面，内容十分宽泛，是一项综合性很强的工作，需要多专业合作、多角度研究、多部门协调，广泛吸纳各方面意见。因此，中小城市总体规划编制过程中在内容深度上要注重以下五个方面：

（1）要把微观规划和宏观布局结合起来

中小城市微观规划是指中小城市的内部规划；宏观布局则是从整个区域的角度出发进行的一个整体的发展构想。中小城市的兴起不是孤立的，它是在城乡一体化的条件下应运而生的。中小城市一方面吸收大城市的“辐射”，一方面又通过自身的功能向周边次级城镇传递这种“能量”。所以，在中小城市规划编制过程中，要把城市的经济和文化优势与周边地区人力、物力优势更好地结合起来，促进城市的协调发展。

（2）要把近期规划和中长期规划结合起来

当前，中小城市的发展依然受到城市专业化、社会化、商品化程度不高的限制，城市经济实力相对较弱。这就决定了在近期规划上要从客观实际出发，首先考虑把那些投资少、见效快、群众急需、经济效益和社会效益俱佳的项目放在建设的首位。同时，认真审视社会宏观环境，分析未来城市发展趋势，把握自身发展优势，做到既有长远打算，又有近期安排，科学地确定城市的发展方向和用地规模。

（3）要把工程规划和技术方案结合起来

工程规划主要是指基础设施所包括的道路交通、给排水、电力电讯、防洪等的规划。基础设施是保证城市社会化生产以及人民生活的必要条件，是城市正常运营的物质基础。而技术方案则是工程规划从整体战略方针转入战术指导，从示意图纸文件进入定性、定量、定位的技术图纸文件，是在总体工程规划的基础上的深入具体化。以往在总体规划的编制过程中，一般较注意做好工程规划而轻视技术方案。没有技术方案的支持，工程规划也只能是一纸空文。在新一轮的总体规划编制过程中要注意二者的有机结合。

（4）要把总体规划和特色规划结合起来

在城市规划领域中，“克隆”与“攀比”等弊病依然存在。城市总体规划的编制往往被淹没在国际化、一体化等口号的浪潮中，中小城市因此在规划过程中也常常忽略自身的发展优势和特色，认为所有优秀的成果都适用，所有先进的经验都要学习，从马克思理论上讲，是走上了一条“形而上学”的道路，这对城市的健康科学发展是十分不利的。中小城市总体规划的编制，既要运用先进的规划理念和实践，又要充分挖掘地方优势和地方特色，将二者结合起来，才更有利于体现出城市总体规划的科学引导意义。

（5）要把总体规划和社会、经济和生态目标的实现结合起来

中小城市总体规划必须与社会、经济和生态目标的实现结合起来。城市总体规划作为城市建设的发展方向，它不仅要解决是一个什么样的城市，而且还要解决如何来建设的问题。新时期，中小城市规划要把眼光放远一点，要面向新世纪，面向现代化，面向建设小康社会，紧紧围绕国家和社会宏观战略目标，使当前利益服从长远利益，经济效益兼顾社会和环境效益，保障社会经济生态统一协调发展。

综上分析，中小城市总体规划的编制应补充完善以下五方面的内容：

（1）微观到点，宏观到面，点面结合

即一方面中心城区总体规划编制要合理布置用地，明确每一块用地的性质；要按照实际需要，根据《城市用地分类与规划建设用地标准》细化用地分类，充分实现建设用地效益；要做到城市功能分区明确，相互之间联系科学有序；要树立城市个性化新形象，创造良好的城市生产生活环境。另一方面，要考虑周边城市与其的经济联系和相互影响，以及自身向外辐射作用强度和广度，实现区域全面协调发展。规划重点主要落实在市域城镇体系规划、市域基础设施规划及市域交通规划等专项规划中。

（2）近期到项目，中远期到科学预测，合理安排规划时序

中小城市总体规划编制中，近期建设规划更具时效性，中小城市中近期规划编制要基本

做到规模项目和重点项目落位，包括选址和规模，同时规划要适当留有余地，为潜势项目和预计项目留出发展空间；对于城市中远期规划要对城市用地规模、人口和经济发展状况进行科学预测，在预测基础上明确城市长远用地布局和空间发展战略。此外，城市用地发展要与近期规划相衔接，保障城市发展的合理性和延续性。

(3) 工程规划到位，技术支持配套，规划做到系统庞大但组织有序

对中小城市基础设施规划要本着“基础设施先行，统一规划、合理布局、因地制宜”的原则，在原有基础设施基础上结合用地布局进行规划建设。基础设施规划在理论上要保证科学合理，在技术实施上要具有可行性，并对其进行必要的技术说明。

(4) 充分挖掘地方特色，做出“城市个性”

城市特色包括城市环境特色、人文特色等两大方面。对地方特色的挖掘首先要对城市的资源结构进行分析，然后挖掘其中能够反映城市特征的特色要素，再对其功能用地加以周密详实的考虑，为形成自身的地方特色创造条件。

(5) 社会、经济、生态统一协调发展

全面协调可持续发展是当前城市总体规划总的指导思想。城市总体规划的编制要兼顾城市的社会、经济、生态等各方面的综合效应，不能偏于一隅。中小城市总体规划应该以实现社会稳定和谐发展，经济健康快速增长及为人们创造良好的生存环境为目标，促进城市合理、可持续的发展。中小城市规模的分析应更加可信，依托资源环境承载力，是指在一定的时期和一定的区域范围内，在维持区域资源结构符合持续发展需要区域环境功能仍具有维持其稳态效应能力的条件下，区域资源环境系统所能承受人类各种社会经济活动的能力。

3　中小城市总体规划程序

3.1　调研阶段

3.1.1　项目沟通对话

中小城市总体规划的项目委托方一般为地方城建部门，即建设委员会(建设局)或规划局。项目沟通对话一般包括三个工作步骤，即提出要求、项目接洽和签订合同。

1）提出要求

作为中小城市政府，提出城市总体规划的要求一般包括编制、修编、修改等三大类，随着各地规划市场的日益完善，规划工作的日益规范，修编总体规划的要求成为现阶段总体规划市场的主流[③]。以修编城市总体规划为例，城市政府提出这种要求往往基于对城市发展建设的需要，但是，他们因为不了解城市规划的行业规定和管理，往往会提出一些不相关的，甚至不是总规层面、不切实际的要求。作为编制单位，接受委托之前要认真分析委托方的真实目的，是否对城市总体规划存在曲解，是否在城市总体规划中可以解决，是否可以通过其他途径能够更好地解决等。因此，规划师必须了解中小城市总体规划修编的必要性，中小城市不同于大城市和特大城市，城市越大，对各项城市问题的承受能力越强，承载的时间越多，解决的渠道也越广泛，城市发展的弹性也大于中小城市。大城市一般为多中心结构，功能综合性强，城市发展的弹性较大，中小城市一般为单中心结构，城市平衡系统薄弱，城市发展刚性大。中小城市的总体规划要求主要有以下几个问题：

---

③　第四条　制定和实施城乡规划，应当遵循城乡统筹、合理布局、节约土地、集约发展和先规划后建设的原则，改善生态环境，促进资源、能源节约和综合利用，保护耕地等自然资源和历史文化遗产，保持地方特色、民族特色和传统风貌，防止污染和其他公害，并符合区域人口发展、国防建设、防灾减灾和公共卫生、公共安全的需要。在规划区内进行建设活动，应当遵守土地管理、自然资源和环境保护等法律、法规的规定。县级以上地方人民政府应当根据当地经济社会发展的实际，在城市总体规划、镇总体规划中合理确定城市、镇的发展规模、步骤和建设标准。

(1) 城市发展需求

现阶段，一些中小城市经济环境改善后，发展速度提升，产业结构适时调整，城镇化和工业化进程加快，城市用地需求扩张，要求通过编制城市总体规划明确城市性质和发展战略，进行各类用地功能布局，疏理路网结构，完善市政系统，健全城市公共服务体系；统筹城乡协调发展，限制开发市域范围的珍稀资源，合理制定市域城镇体系。

(2) 行政区划调整

不同类型的行政区划调整，城市市域的界限和范围变更，因城市发展需要撤县设区，或扩大原城市规划区范围等都涉及行政区划的调整，都要及时修编城市总体规划，统一部署空间结构，以全市一体化发展的思路，重新梳理城市的发展路线和空间布局战略，完善新区建设和旧区改造规划内容和工作步骤。

(3) 城市地位变更

撤县设市、县级市升级为地级市、撤盟设市、地市合并等城市管理模式的变更造成城市行政管辖范围增加，城市地位提升，城市发展的立足点更高，需要通过总体规划进一步明确城市定位，完善城市结构，及时做好各项建设用地安排。

2) 项目接洽

编制方完全理解项目委托方的意图，并初步了解城市发展的基本情况后，进入项目委托对话的第二个步骤，即项目洽谈，是对项目本身技术深度和收费标准的谈判。作为合格的编制方应以科学的态度，按务需的原则为委托方提出编制的内容和成果的深度，而不是采取那种“你委托什么我做什么”的态度，将难以从实质上解决问题，因为有时候委托方并不了解规划对城市问题解决的程度，项目接洽不好将会为日后的规划工作埋下“隐患”，既可能造成委托方对总体规划期望过高，又可能造成人力、物力的浪费，做了一些不切实际的规划，甚至造成双方的误解与纠纷，无论哪种形式都将失信于委托方。因此，编制方必须通过多方面了解与委托方的洽谈。

(1) 现场踏勘

通常编制方利用短时间(2—3 天)对中小城市进行全域化、全方位的现场踏勘，初步了解城市的概况，包括城市区位、地理特征、城市结构、城市综合交通体系、城市重大基础设施现状及布局意向，以此为依据核算技术难度，估计总体规划的核心内容。

(2) 广泛交流

编制方可以通过各种座谈会(市委市政府会议、规划城建专业部门会议等)初步掌握城市发展所面临的机遇和困难，协助委托方初步明确城市总体规划的目标，并核算其合理性与规范性，掌握技术深度的要求，对于不能或难以通过城市总体规划解决的问题要及时向委托方说明，并尽可能提出弥补的方法和处理的渠道。

(3) 资料分析

编制方要求委托方提出的部分资料和数据，主要包括上版总规成果及实施情况介绍材料，地形图精度、覆盖范围及测绘时间，以及地方城市规划工作的各项成果等。通过资料分析进一步掌握技术难度，明确前期工作准备，并与委托方交换意见，要求委托方完善基础资料，根据实际情况核算工作安排、进度安排及启动计划。经过初步与委托方及规划目的物(中小城市主城区)的全方面接触，按估算的技术深度和规划难点核算取费范围，并与委托方口头商洽。

3）签订合同

通过前两个工作阶段的充分交流准备，双方达成一致意向后，编制方撰写项目准备书（图 3-1），与委托方敲定各项要求，包括资料准备要求、费用要求、技术要求、成果要求、内容要求、时间安排、现场工作要求等细节问题，拟定具备法律效力的合同，明确编制时间。签订合同后，编制方应尽快组建项目组，展开工作。

某城市总体规划(修编)（规划期）项目准备书

编制单位：撰写日期：

1. 导言

1．1 项目名称及范围

1．2 项目的提出（背景阐述）

1．3《项目准备书》的目的

1．3．1 提出本次规划的目标、内容、深度和方法。

1．3．2 依此编制项目预算，作为规划设计收费的参考依据。

1．3．3 本《项目准备书》的内容为建议性的，根据实际情况或委托方的要求可在一定范围内增减修改。经双方共同协商修改后的《项目准备书》将在双方签定的项目合同中确定。

1．4 项目目标（经过初步接触，承担方理解本项目所达到的目标）

1．5 规划思路（根据本项目的实际情况和特殊性拟定）

2. 项目内容（内容详细分解、成果形式和内容、规划深度说明）

3. 项目组织

3．1 规划编制组织安排

3．2 项目进展计划（初步）

3．3 项目实施地点

3．4 项目保障：

3．4．1 委托方承诺；

3．4．2 承担方承诺

4 项目经费预算

4．1 预算目的：本预算是作为确定规划收费及工作量提供参考，本项目最终费用将在合同中双方协商确定。

4．2 预算方法(综合法)

法人代表：　　　　法人代表：

单位盖章：　　　　单位盖章：

委托方　　　　承担方

日期　　　　日期

图 3-1　某城市总体规划项目准备书

3.1.2　现状踏勘

现状踏勘主要包括现场踏勘、部门访谈、周边城市调研和广义资料收集等四项内容。

1）现场踏勘

城市总体规划对现场踏勘要求由周边地区、市域和中心城区三部分组成。

（1）周边地区调研

中小城市自身各项功能有限，职能不宽泛，往往受到周边城市的影响，体现出趋同的城市产业类型；由于地理环境的相邻性，体现出趋近的城市特色。因此，对周边城市的调研有助于对所规划的中小城市更好地把握与判断。对周边城市的调研包括两项内容：一是主观感受两个城市的交流程度和相互影响程度，也可以通过一些经济流向或客货流向数据表示；二是考察周边城市与编制总体规划城市的共同点，便于从大区域把握城市定位。调研的内容包括与周边城市的交通条件、交通距离、客货流走向等，还包括周边城市自身的城市结构、路网骨架、产业结构、经济基础、新区建设、旧城风貌等内容，寻找相似性和可借鉴的方面。

系统调研城市周边地区经济产业布局、对外交通条件、环境条件、相互关系以及房价走势或新增空间城市性质，收集周边地区的发展计划、规划成果以及发展战略类研究专题。调研内容宜宏观不宜微观，多方位进行对比分析，试图从周边看分析城市的竞争优势、发展潜力或借力发展的可行性，例如：共建对外交通、共建生态环境、共享旅游资源、共建产业园区等。

(2) 市域踏勘

调查重点指各个下辖县、市区城关镇，重点镇和有特色的一般乡镇的规模、职能、特性、经济基础与产业结构、发展潜力、交通条件和资源区位优劣势等内容，并收集文字材料便于核对，在现场踏勘过程中着重观察城市发展的活力、城市特色和交通便利度等内容，加深主观印象。

(3) 中心城区踏勘

将城市建成区，包括与建成区连成片的建设区域，以及对周边村庄用地进行分类统计，并按地上附着物的建设年代和成新度进行统计记录，并及时注记在 1∶10 000 或 1∶5 000 地形图上，对于图上没有更新的地块应在委托方协助下实施同精度要求的补测，保证总体规划的现状图上各要素的准确性与真实性。在踏勘过程中针对当时发现的一些城市问题应及时记录，为规划构思准备素材。踏勘过程要采用照片、笔记、地图索引等多种方法结合，力争将第一手材料反馈到总体规划中。

2) 部门访谈

部门访谈是对城市规划建设相关的各个部门的综合调研。部门访谈可以采用两种形式：一是分类召开座谈会；二是针对性的对部分部门上门补充访谈。

(1) 分类召开座谈会

通常按各个部门事权范围的相关性划分为六类：一是经济类，包括统计、工商、旅游、农委等部门；二是用地布局类，包括国土、住建、农业区划办、园林、林业、地质地震等部门；三是政策类，包括市委、市政府、政研室、人大、政协等；四是交通类，包括公路、铁路、民航、石油、公交、运输、车管所等企业和单位；五是人口类，包括卫计委、公安、民政、人事等部门；六是市政工程类，包括自来水公司、环卫部门、环保局、燃气公司、供电局、电信局、人防办、水利局等企业和单位。通过与各个单位技术骨干接触，了解各个部门本行业中的现状问题和工作计划，要求各部门提供部门近期规划成果并对城市总体规划提出意见，各项会议内容要录音并进行分类整理。

(2) 市民类座谈会

为提高城市总体规划的公众参与性，针对老干部、社会各界代表或者指向性明确的文教卫体行业、商户、城中村、工厂企业、各类重要行业协会等，从各个角度全要素分析城市发展的问题和需求，最大范畴征集市民意见。

(3) 部分部门补充访谈

对座谈会的会议记录进行分析整理，筛选资料不全、内容有遗漏或有疑问的部门进行上门针对专业处室的访谈，补充相关资料，并充分听取专业部门的意见和规划设想。对所有访谈内容进行整理后，编辑成文字纳入基础资料汇编中。

3）广义资料收集

通过报刊、书籍、互联网络等媒体公布的材料进行资料收集，对编制总体规划的城市进行初步的了解，一般分两个阶段进行：一是进现场前泛泛收集资料，形成初步印象；二是进现场后，在地方情况基本掌握的前提下，关注各方面的意见和公布的相关数字和数据，以便对比分析。

3.1.3 基础资料汇总

基础资料汇总是城市总体规划中一项繁琐但很关键的工作，基础资料内容的翔实、准确与及时直接影响着城市总体规划的最终成果的可操作性和科学性。基础资料汇总一般包括三方面内容，即电子资料汇总、文字资料汇总、座谈及访谈笔记汇总。

1）电子资料汇总

电子资料包括图件和文字两部分内容，首先明确工作底图，核对坐标系和比例尺。其次建立资料库，将各类文字资料按专业类别分类归档，按是否保密分类处理，对于需要归还的原件予以登记，对于复印材料根据保密程度按要求处理，所有资料由专人保管。

2）文字资料汇总

文字资料包括各类部门提供的行业资料，包含行业规划、行业发展要求等，项目组要进行清理分类，按专人专项检查有无遗漏，并记录后交与委托方补充。很多情况下，索要的资料缺乏或者存在准成果状态，就需要多阶段沟通推进。

3）座谈及访谈笔记汇总

针对不同座谈会的会议录音，记录整理纪要，结合访谈笔记撰写总结，作为现状分析的原始素材。如果时间、财力允许，应针对性写出若干调研总结报告，并发回各部门交流补充。规划后期对于修改部分应解释并回馈，有助于城市总体规划推进的效率。

3.2 初步构思阶段

3.2.1 现状分析

根据现场分析的结果，以分析图、统计表和定性定量分析的形式撰写调研分析报告，列举城市问题，提出规划重点解决的问题，必要时与委托方进行沟通，就分析结论交换意见。具体而言，现状分析主要包括以下内容：

1）绘制现状图

根据现场踏勘的工作地图，通过计算机制图软件（AUTOCAD）绘制城市建成区用地现状图，并通过项目小组所有专业成员校核后打出样图，请委托方熟悉地形的专业人员反复核对，必要时对有争议的地方进行现场核对，最终完成现状图的绘制。现状图的内容和精度要求都比较高，因为它直接影响规划师对城市用地发展的判断，是整个用地布局过程的重要依据。

2）量化统计分析

量化统计分析包括横向分析和纵向分析两类。横向分析指不同城市不同地区同类指标的比较；纵向分析指同一城市不同历史年代同一指标的分析。

（1）横向分析

横向统计分析一般应用于经济指标分析中，通过对周边城市、同等规模城市或发展历史、地理环境类似城市的相同经济指标进行比较，分析所规划的中小城市的经济发展阶段和存在的问题，可集中在社会经济类、产业发展类、城镇化特征类等要素进行分析。一般采用总指标和人均指标两类进行比对剖析。

（2）纵向分析

纵向统计分析包括用地数量变化分析，历年经济指标变化分析、历年人口变化分析、历年城镇化水平变化分析、历年用地增长分析、历年生态环境变化分析等内容。一般采用近10年数据比对，如果数据齐全，可选更长年限的数据进行分析，如果无法找到连续10年的数据，也可以采用阶段性数据比较，如历次五年计划的数据，或者利用不规则年份数据进行趋势发展拟合。

3）分类汇总

分类汇总是根据项目小组各成员的专业背景，分工汇总一手资料，可以根据实际情况划分五个小组。小组之间并非完全独立，相互有交叉，分别在市域范围和中心城区范围内展开分析。

（1）人口与经济类分析

具体指标包括财政收入、GDP、人均GDP、城市人均收入、农村人均收入、三次产业结构、三次产业中的支柱产业、现状产业布局、人口综合增长变化趋势、城市化水平及其发展动力。通过分析掌握城市社会经济基础、实力和发展前景。人均生产总值用常住人口而不是用户籍人口计算。

在分析GDP生产结构时，重点要分析三次产业结构及各产业内部结构的变化，判断这些变化是否符合产业结构演化的规律，是否促进产业结构的优化和协调。对重点工业产业分析时，要结合现场踏勘，到企业内部调查，参观工艺流程，详细咨询上下游相关产业，绘制产业发展流程图，为工业用地空间布局提供基础支撑。对于重要的产业协会，也要进行沟通，了解各个行业发展前景和用地规律。

人口与经济类分析的主要结论应集中在以下内容上：历史经济发展模式总结、未来经济走势和空间发展诉求、产业结构和布局中存在的主要问题、人口和城市化发展规律、空间增长预测分析等。

（2）交通类分析

主要包括对外交通和城市道路两类。对外交通具体指标包括铁路、公路、民航、航道等现状和规划意向；在市域范围内还要明确公路网结构和大型站场选址；城市道路主要包括城市道路结构、各项道路指标、机动车和非机动车数量统计、重要交叉口、各类站场，以及加油站、停车场等静态交通设施现状和发展意向；交通需求和预测分析。通过交通分析，提出交通主要问题和解决途径。

国家“十二五”规划纲要明确“基本建成国家快速铁路网”“加快铁路客运专线、区际干线、煤运通道建设，发展高速铁路，形成快速客运网，强化重载货运网”。2004年1月国务院审议通过了《中长期铁路网规划》。2007年国务院批复的《综合交通网中长期发展规划》，确定到2020年铁路网总规模达到12万km以上。2008年根据国民经济发展新形势、新需求，国家及时调整了中长期铁路网规划，提出到2020年全国铁路营业里程达到12万km以上，其中客运专线 1.6 万 km 以上。重点规划“四纵四横”等客运专线以及经济发达和人口稠密地区城际客运系统。“四纵”客运专线：一是北京—上海客运专线，包括蚌埠—合肥、南京—杭州客运专线，贯通京津至长江三角洲东部沿海经济发达地区；二是北京—武汉—广州—深圳客运专线，连接华北和华南地区；三是北京—沈阳—哈尔滨（大连）客运专线，包括锦州—营口客运专线，连接东北和关内地区；四是上海—杭州—宁波—福州—深圳客运专线，连接长江、珠江三角洲和东南沿海地区。“四横”客运专线。一是徐州—郑州—兰州客运专线，连接西北和华东地区；二是杭州—南昌—长沙—贵阳—昆明客运专线，连接西南、华中和华东地区；三是青岛—石家庄—太原客运专线，连接华北和华东地区；四是南京—武汉—重庆—成都客运专线，连接西南和华东地区。同时，建设南昌—九江、柳州—南宁、绵阳—成都—乐山、哈尔滨—齐齐哈尔、哈尔滨—牡丹江、长春—吉林、沈阳—丹东等客运专线，扩大客运专线的覆盖面。在环渤海、长江三角洲、珠江三角洲、长株潭、成渝以及中原城市群、武汉城市圈、关中城镇群、海峡西岸城镇群等经济发达和人口稠密地区建设城际客运系统，覆盖区域内主要城镇。

中小城市总体规划在交通分析中应充分重视高铁规划和站场选址，有利于调整城市发展思路，从本地化发展到外向型提升，及时提出与最近的站场形成的通勤交通联系。

（3）用地类分析

主要包括现状建设用地平衡，对照历史形成用地增长模式图，分析城市各类用地投入的变化情况和规律，系统分析各大类用地的现状问题和规划意图，包括居住、工业、物流、绿化、公共设施等各类用地。

居住用地分析重点集中在对公共设施、住宅质量、环境评价、开发强度、建筑风貌，并结合人口分布进行综合分析，通过历年居住面积的扩散分析，结合常住人口统计，系统分析住宅的投放量与需求量，为下一步的规划安排提供基础依据。

工业用地分析重点集中在对现状工业企业产品、生产工艺（是否影响环境）、链条延伸、市场预期、空间需求、主要发展问题。进一步分析与周边地区企业之间的关联，从而判断未来发展趋势和规划有效指引思路。

物流用地分析要结合对外交通、对外贸易和物流需求一起分析，充分解读物流产业用地情况、物流行业发展情况、物流企业特征等内容，为物流用地分析提供支撑。

绿化用地分析重点集中在绿地分布、绿地总量、平均地块绿化分布量、人均绿地量、绿地与周边用地性质相关分析、绿化树种等内容，系统剖析绿地存在问题、解决途径。

公共设施用地分析重点集中在对商贸、医疗卫生、教育、文化、电信、办公、体育等公共服务用地比例和布局分析，提炼出现状问题节点、问题地段、问题街区，进行用地分析小结，为公共设施体系规划提供基础分析支撑。

（4）城市重大近期项目和意向项目分析

通过资料分析和座谈了解，掌握一手的近远期城市意向项目，如行政中心搬迁、新区开发、工业选址、大型市政工程、大型文体娱乐项目、大型商贸、大型交通枢纽等项目，初步掌握项目位置、占地规模和启动时间。

结合周边热点区域，绘制人口流向图、影响范围图、限制要素图等内容，对这些热点区域进行规划预期分析，为规划方案提供依据。

(5) 城市市政工程分析

主要包括城市给水、污水、雨水、电力、电信、供热、环保环卫、综合防灾等系统的分析,补充缺乏的资料,明确现状不足,与城市各专业部门充分交流意见。

前瞻产业研究院《2015—2020年中国市政工程行业市场前瞻与投资战略规划分析报告》显示,我国已经进入城镇化与城市发展双重转型的新阶段,预计城镇化率年均提高0.8—1.0个百分点,到2015年达到52%左右,到2030年达到65%左右。

随着智慧城市、海绵城市、综合管廊的持续推进,中小城市的市政工程面临全面升级改造,新要求、新标准、新技术不断涌现,结合现状布点、走线、管径以及发展需求系统分析发展机遇。

4) 现状分析汇总

现状分析汇总包括建立用地平衡表、城市问题分类小结、城市规划依据确定、规划范围确定、规划期限分解、城市发展目标等内容。

(1) 建立用地平衡表

《城市用地分类与规划建设用地标准》(GB50137—2011)为国家标准,自2012年1月1日起实施。原《城市用地分类与规划建设用地标准》(GBJ137—90)同时废止。其中,第3.2.2节、第3.3.2节、第4.2.1节、第4.2.2节、第4.2.3节、第4.2.4节、第4.2.5节、第4.3.1节、第4.3.2节、第4.3.3节、第4.3.4节、第4.3.5节为强制性条文,必须严格执行。相关内容见书末附录。

中小城市总体规划中用地划分应以中类为主,部分用地甚至划到小类。因为中小城市用地规模小,地类比较简单,城市问题相对单一,但难以调节,规划师一般将中小城市总体规划内容深化,尽可能做到重要节点控规的深度,便于与下一阶段的详细规划衔接。因此,在用地平衡表中应注意两点:一是城乡用地分类;二是城市建设用地分类:居住、工业、公共设施、市政工程、交通类、绿化等用地划分以中类为主,部分(公共服务设施类)划分到小类。

(2) 城市问题小结

分类角度不同,城市问题不同,按性质分类,包含现状问题和发展问题。现状问题主要包含用地问题、布局问题、交通问题、环境问题、产业问题等内容;发展问题包含发展机遇、发展挑战、发展模式、发展目标、发展路径以及发展战略等内容。一般中小城市近期规划更注重现状问题的解决,远期规划注重发展问题,总体规划中要综合考虑近远期相结合。

按类别划分,包含城市社会、环境、经济等问题。社会问题包含人口结构、家庭特征、风俗习惯、城镇化发展规律等内容;环境问题包含环境污染、环境设施、环境基础等内容;经济问题包含经济基础、发展潜力、产业结构与布局、财政收入、固定资产投资等方面出现的问题。

按时间划分,包含历史遗留问题、现实问题和预期问题。通过对不同发展时期城市问题的分析与估测,评估城市规划的处理手段,提出新思路。

城市问题的总结要依托数据分析、调研总结、发展预测等方法,所有问题的提出,都应在方案深化和城市规划中对应解决。

(3) 城市规划依据确定

大城市总体规划要重视国家大政策,而中小城市总体规划在国家大政策背景指导下,还关注省(自治区、直辖市)级对城市的规划建设要求,此外对于城市的五年计划和各类已经批复的专项规划也十分关注。概括起来包括四方面内容：一是国家相关政策及大政方针或纲领性文件。二是地方实施细则或住建部门政策。三是地方区域规划：省域城镇体系规划、省域主体功能区规划作为指令性依据，严格落实；而作为省域研究类的区域规划、都市圈规划等可作为指导性依据，作为总体规划的参考。四是已经批准的城市专项规划成果也应纳入城市总体规划中考虑。

（4）规划范围确定

传统规划范围一般按规划内容确定，按规划的实际要求选择不同的研究或规划范围。例如，在巴彦淖尔市城市总体规划中按不同要求确定的四项范围。

① 市域城镇体系规划的范围为整个市域范围，据该市土地资源调查，全市总土地面积为 65 551.5 km^2。

② 城市总体规划工作范围为中心城区，中心城区现状（2004 年初）为 32 km^2，规划工作重点集中在中心城区面积在 50—70 km^2 范围以内。

③ 郊区规划的范围以界定的城市规划区范围为核心。

④ 战略研究的范围分宏观和微观两个层面，从全国、内蒙古自治区到周边城市地区作为研究范围。

新时期规划范围应考虑行政区划界限包含的全部区域空间支撑，规划内容做到全域空间的城乡统筹、交通组织、产业发展、公共服务设施分布、基础设施自成体系等，下分城镇、生态、农业三大空间，并分类细化空间规划指引。

（5）规划期限分解

城市总体规划的期限一般为 20 年。同时，应对城市远景发展做出轮廓性的规划安排。近期建设规划是总体规划的一个重要组成部分，城市建设具有实际指导意义，规划中应当对城市近期的发展布局和主要建设项目做出安排。近期建设规划期限一般为 5 年。但是，现阶段委托承担总体规划的中小城市越来越多，一方面是城市发展需要，另一方面是原版规划是在计划经济体制下完成的，不适应现在的发展形势，因此，建议在规划期限上有所调整。在 2020 年之前编制的城市总体规划，以 15 年为周期，即 2020 年为近期，2025 年为中期，2030 年为远期，适当考虑 2040 年或 2050 年为远景；2020 年之后编制的城市总体规划可按 20 年周期顺延。

3.2.2 目标定位与发展战略

1）确定城市规划区范围

按照《中华人民共和国城乡规划法》（自 2008 年 1 月 1 日起施行）第二条指出：本法所称规划区，是指城市、镇和村庄的建成区以及因城乡建设和发展需要，必须实行规划控制的区域。规划区的具体范围由有关人民政府在组织编制的城市总体规划、镇总体规划、乡规划和村庄规划中，根据城乡经济社会发展水平和统筹城乡发展的需要划定。

划定城市规划区的主要目的，在于从城市远景发展的需要出发，控制城市建设用地的使用，以保证城市总体规划的逐步实现。

城市规划区一般包含三个层次：（1）城市建成区。适合进行存量用地的优化和整治、改造、提升。（2）城市总体规划确定的市区（或中心城市）远期发展用地涉及的范围。还应该包含建成区以外的独立地段，水源及其防护用地，重大基础设施分布区域，风景名胜和历史文化遗迹地区等。适合进行增量用地的控制、限制或选择性开发选址。(3) 中心城市郊区内开发建设同城市发展有密切的联系的地区,一般依托县、乡、镇、村等的行政界线划定,适合严格控制区域,其他开发建设将对城市发展产生重大影响,在这一地区内进行重大的永久性建设,都要经过城市规划管理部门批准。

中小总体规划中依据发展需要可作如下处理:一是针对发展平稳的中小城市,城市规划区范围可与上版规划保持一致;二是针对发展机遇较大的中小城市,可根据需要扩大城市规划区范围;三是对于市(县)域空间较小地区,为加强城乡用地管理,建议将全域城乡空间范围纳入城市规划区。

2) 城市发展目标

城市发展目标是指在规划期范围内城市经济、社会、环境的发展所应达到的目的和指标。一般分为定性分析描述和定量指标体系两种。

其中定性描述主要包含经济发展结构和发展模式、社会结构的转型方向、资源环境协调发展,定性目标应促进产业化水平的提高和经济健康发展并保持社会稳定,推动社会经济发展模式转型,促进社会发展和人的全面发展,充分发挥中心城市政治、经济、文化、信息中心和交通枢纽等城市功能,巩固和提高城市的中心城市和区域的经济、文化、对外交往的地位与作用。

定量分析可参照可持续发展、小康社会、新型城镇化以及自身城市特色按地方特色需要拟定指标体系。具体可包含以下几方面:

(1) 区域交往:包含区域协作程度和潜力、区域交通发展、区域环境保护、产业协作等内容。

(2) 经济转型:包含经济质量、经济效益、人口与经济发展指数人均地区生产总值、第三产业增加值占地区生产总值比重、R&D(Research and development 全社会研究与试验发展经费)投入占地区生产总值比重、单位工业用地增加值等内容。

(3) 社会和谐:包含医疗服务水平、教育供给水平、居住保障水平、公共交通分担率、公共设施配置水平、社会保障程度、社区生活条件、客货运量人口规模、大专以上受教育人口比例、每万人拥有医疗床位数、九年义务教育学位供给量、高中阶段学位供给量、高等教育机构在校人数最低收入家庭住房保障率、人均建设用地面积等。

(4) 生态保护:包含生态建设标准、能源消耗量、土地资源消耗量、污水处理程度、污染防治标准、水质达标率、万元地区生产总值用水量、单位地区生产总值能耗水平、可再生能源使用比例、绿化覆盖率、自然保护区面积比例城市生活污水集中处理率、城市再生水利用率 SO_2、COD 排放强度指标、固体废弃物处理生活垃圾无害化处理率、垃圾资源化利用率等。

在数据真实可靠并可得情况下,尽可能采集较多的数据分析,量化指标越多越容易甄别问题、理清现状,并准确推导目标。

3) 城市规模预测

城市规模指城市人口规模和用地规模。因用地规模随人口规模而变,故通常以城市人口规模(人口总数)来表示。大量城市规划书籍中介绍了多种方法预测人口规模,包括综合增长率法、带眷系数法、剩余劳动力转移法、劳动力需求法、回归分析法、GM(1,1)灰色模型法、经济弹性系数法、城市等级—规模法、帕克曼定律、环境容量法和城镇化发展预测法等。

中小城市测算发展规模不需要太多的方法，一般选用两到三种，关键是适用。一般经济发展稳定，人口增长率变化不大的城市运用综合增长率法，预测中注意人口基数的增大和年龄结构的老龄化对增长率的影响，计算公式如下：

$$Pn = Po * [1+(m+K)]^n$$

式中，Pn——规划末年的人口数；Po——规划基年的人口数；n——规划年限；m——年平均自然增长率；K——年平均机械增长率；$m+K$——年平均综合增长率。

另外，环境容量法和城镇化发展预测法两种方法，比较常用。环境容量法一般根据水资源、土地资源、环境条件和资源条件测算环境承载力，依此核算城市发展容量限制，核算可承载人口规模；城镇化发展预测法是指根据城镇化发展规律，依托城镇化发展战略确定预测的规划期人口规模值。最终的人口规模核定是在两或三种方法基础上进行综合平衡测算结果。

4）城市性质和城市职能分析

中小城市的城市性质是城市主要职能的概括，指一个城市在地区的政治、经济、文化生活中的地位和作用，代表了城市的个性、特点和发展方向。确定城市性质一定要进行城市优势 SWOT 分析(态势分析)，通过对优势、劣势、机遇、挑战等分析，确定城市发展思路和发展战略，高度凝练城市性质，一般以定性分析为主。

城市职能一般通过充分解读城市性质，分解各项职能，城市职能的强度和影响范围各不相同，应抓住最主要、最本质、最有代表性的几项职能。在确定城市性质时，既要避免把现状特征照搬到城市性质和城市职能上，又要避免不切实际的夸大性质和职能。

城市性质和城市职能的表述力求简洁、凝练、高度概括，尤其对城市产业的描述不能局限在具体企业类别，而应向符合条件的行业描述升级，明确发展方向，抓住要领。此外，城市性质和城市职能的描述要具有延续性，要把历次总规中对城市性质和职能的描述进行对比分析，适度提升发展较好部分，适时摒弃不合理部分，根据城市发展前景补充新的职能。城市性质和城市职能对于城市发展蓝图具有指导作用，其分析工作十分重要，论据应充分合理，分析条件应翔实可靠，确定的过程应充分沟通讨论，才能最终确定。

5）城市发展方向

城市发展方向是指城市各项建设项目安排所引起的城市空间用地布局的主要方向。一般分为三个分析步骤，一是城市用地条件基础研究。根据规划建设区域内用地适用性评价为基础，对用地条件综合分析，尤其是未利用的空地，不仅要分析是否适用建设用地，还应具体分析对各类用地性质的适用性。二是明确城市发展路径，做增量还是盘活存量。扩张型以做增量为主，要重点考虑选择有利的用地条件，尽量不占或少占耕地，不破坏自然和历史资源、满足用地功能要求、能为城市合理布局和长远发展创造良好条件。优化型以做存量为主，重点考虑存量用地的调整方向。三是依据城市发展战略，制定未来发展方向，预留发展空间，或者具体安排存量空间的调整意向，合理划定城市开发边界。

6）城市发展战略

城市发展战略是对城市经济、社会、环境的发展所作的前瞻性、全局性的谋划和规划，一般从区域地位、产业发展、空间发展、交通支撑以及生态环境等方面进行阐述分析。

从区域地位角度，前瞻性分析城市发展前景和发展定位，即不刻意拔高，又不过于迁就现状；从产业发展角度，明确未来支撑产业和战略布局产业；从空间发展角度明确发展方向、发展路径和主要思路；从交通支撑角度，明确对外交通体系，支撑战略发展布局；从生态环境角度，明确整体思路。中小城市在研究城市发展战略时不一定要面面俱到，可选重点进行深入分析和高度概括。

7）刚性约束与城市开发边界划定

中小城市总体规划分为全域规划和城市集中建设区两个空间层次，在全域范围内开展区域协调、空间管制、城乡统筹等规划工作，重点做好全域管控、指标分解和边界落实；中心城区和与中心城区联动发展的新城、新区及各类开发区纳入城市集中建设区一张蓝图管理。

在全域范围内划定生态红线和城市、镇开发边界，作为城市总体规划的强制性内容，通过规划体系指导各个下级行政单元的刚性管控边界和管理要求。

3.2.3 初步方案构思

经过翔实的现状分析，进入初步方案构思阶段，按照不同的目的选定方案。目前常用的是三种方式：

一是依据城市不同的发展方向选择确定的多方案方式，一般称为东方案、西方案、北方案、南方案等，对于中小城市而言，发展方向往往受限于高速公路、铁路、河流、基本农田，甚至山丘等微地形，所以方案的选择有限，按发展方向选择的方案在比选时应注重发展成本、发展需求和资源环境条件；此外，较重要的一点，应结合历版总体规划中所确定的发展方向，本次规划发展方向的选择应综合考虑历版规划的延续性。中小城市发展在没有较强外力影响下，发展速度较慢，发展方向如果没有延续性，会造成局部空间投入不足和空间发展过度并存的现象，造成土地空间资源不可避免的浪费。

二是依据城市不同发展速度确定的多方案方式，称为稳步发展型方案、加速发展型方案和跨越发展型方案。简言之，依据历年经济发展速度和空间扩张需求，结合中小城市未来发展预测，确定规划周期内，中小城市的发展速度和空间需求。对于稳步发展型方案，城市发展以存量空间优化调整为主，应延续上版总体规划的发展方向，并将重点放在空间布局的调整上面；对于加速发展型方案，应进行城市发展用地总量的估算，存量空间调整和增量空间选择并存，加速度越大，增量问题越占上风，否则以存量为主，发展方向也随着加速度的测算而选择从延续上版总规到选择发展方向过渡；对于跨越发展型方案，主要指受到外力影响将有较大提升空间的中小城市，发展方向决定了未来的发展战略和发展路径，可根据产业研究、空间发展需求、环境承载力等因素确定未来发展方向，甚至根据需要可考虑一个以上的发展方向。

三是依据重点解决城市主要问题确定的多方案方式，通常称为交通疏导型方案、新区开发型方案、生态涵养型方案等。对于城市问题的分析应深入，一般分为战略目标型和现状问题型两种，战略目标型应在如何提升城市核心竞争力的角度分析考虑，制定城市发展战略，以战略思维考虑城市中长期发展需求；对于城市现状问题的分析，应从关键问题入手，比如对外交通、环境容量、城市结构问题、各类用地布局冲突问题、重大项目选址布局问题等，选择最棘手、最影响、最抑制城市发展的问题作为方案选择的突破口。

实际规划工作中，面对十分复杂的城市条件，往往综合三种方式，以 A、B、C 或 1、2、3…作为方案名称，选定 3—5 个规划方案对比，就城市发展方向、主要门槛、城市结构、开发成本、路网结构、经济发展模式等方面进行对比，为优选最终方案提供依据。表 3-1 为安徽宣城城市总体规划初步方案阶段的方案对比分析表，为强化说明，常用辅助分析图表示(图 3-2)。

表 3-1　安徽宣城城市总体规划初步方案阶段的方案对比分析表

编号	A	B	C
方案	西进东延方案	东进方案	西扩方案
发展方向	西进东延，宣杭铁路两侧发展	东进跨水阳江发展	西扩为主，东进为次，重点开发宣杭铁路以西
主题	均衡发展型	快速发展型	平稳发展型
经济基础	经济稳中上升发展条件下	经济快速发展条件下	经济稳定持续增长条件下
城市结构	单心八组团 一主两次八个功能组团	双心六组团 两心两区一点四基地	双心九组团 一主一次九组团
交通布局	环射结合的格网道路系统	环射结合的格网道路系统	环射结合的格网道路系统
城市发展轴	宣杭铁路	水阳江	东西轴向道路
工业格局	四片	三片(一主两次)	三片
城乡区域联系	强化东西向交通，放射状道路联系市域	以东西向交通为主，疏理南北交通，强化放射状市域道路	重点梳理东西向交通
用地规模	51 km^2	53 km^2	50 km^2
主要开发门槛	1. X形交叉口调整：重点规划昭亭南路走向 2. 改造一处公铁交叉口，增加四处公铁交叉口和一处跨江桥 3. 水阳江下游改道 4. 调整 35 kV 高压线	1. X形交叉口调整：重点调整梅溪路走向 2. 增加五处公铁交叉口和两处跨江桥 3. 调整 35 kV 高压线 4. 调整北部工业区	1. X形交叉口调整：重点调整梅溪路走向 2. 增加五处公铁交叉口和一处跨江桥 3. 调整 35 kV 高压线 4. 调整北部工业区
景观格局	“十”字形景观结构	两主两副，两点两面，新旧呼应，高低对峙的 N 形景观格局	两线两面，高低呼应的整城景观格局

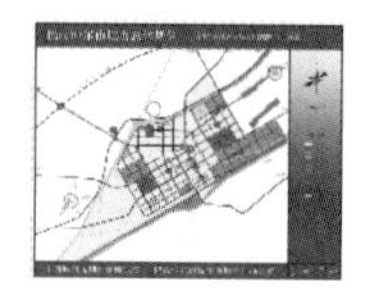
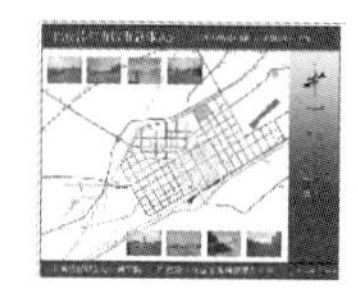
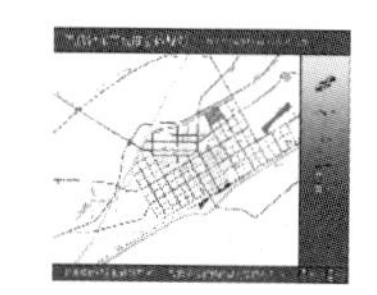
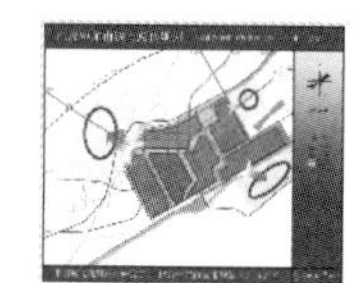

(a) 方案一

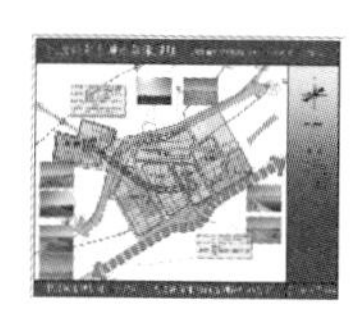
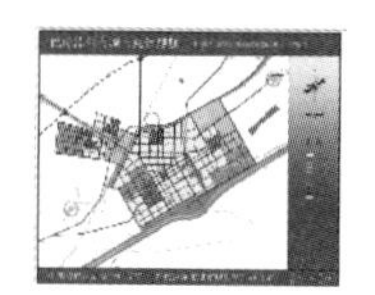
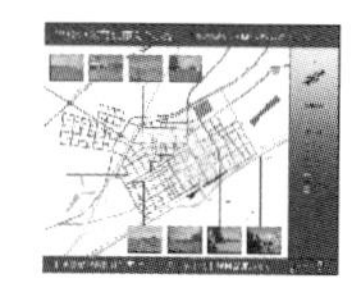

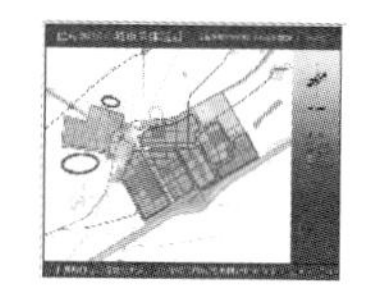

(b) 方案二

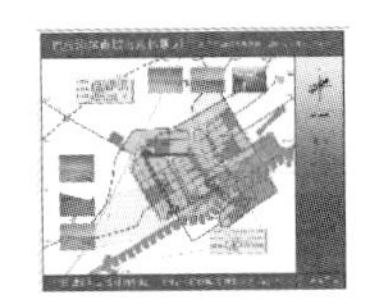
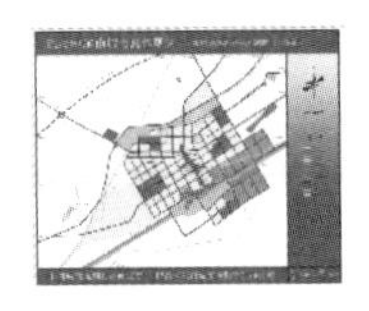
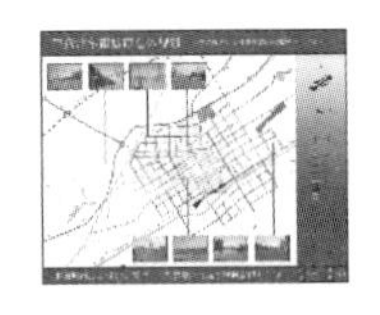

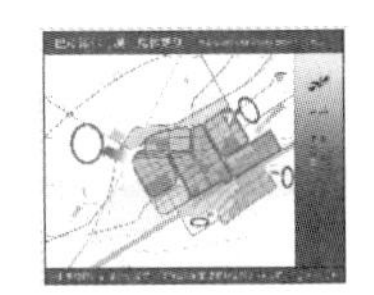

(c) 方案三

图 3-2　内蒙古巴彦淖尔市初步方案比选分析图

注：方案一、方案二、方案三从左至右分别为功能结构图、用地布局图、交通规划图、道路等级图、发展时序图。

3.3　规划协调阶段

规划编制部门、规划管理部门、城市政府和城市开发建设者关系着城市总体规划的编制、审批、执行和应用的各个环节，把城市总体规划的规划文本、说明书和图纸作为单一性的、关注城市长期发展趋势和终极发展目标的技术性文件很难被多重部门接受。在城市发展的过程中，为了维持经济增长和社会稳定，城市规划往往维护大多数人的利益，对于城市现存的财富、资源、收入和教育等状况采取维持和保护的状态，因而实质上保护了社会上存在的分配不均。规划协调是一项非技术性工作，或者说技术性不强的工作，但对城市总体规划成果的出台具有重要影响，尤其是中小城市，审批的地域特性决定了规划参与的多重角色，从而加大了协调的范围和难度。一是各层次、各专业的规划分工不明确，缺乏综合统筹，指标不统一，内容、重点、角度不一致；二是各级政府、机构事权、职能划分不明确，加上缺乏政策、法规、财政手段等调节杠杆，传统规划体系难以发挥对地方城市发展建设的指导和协调作用；三是规划实施的保障机制跟不上，首要的是立法工作没有跟上，实施规划缺乏严格的法律保障。

3.3.1　与委托方协调

一般在城市总体规划中，委托方的角色比较复杂，一般由地方城建或规划部门代表人民政府行使委托任务，并负责提出规划要求和规划目标，与设计单位商讨规划深度，同时监督协助编制方编制规划的全过程。因此，与委托方的协调是规划协调工作的首要环节。对于中小城市而言，城市的发展前景因区位条件和市场条件而呈现出地域差异大的特点，规划深度和内容也有所不同。必须与委托方明确协调以下几方面：

1) 关于依法规划的文件说明

按照城乡规划法第四十七条规定，有下列情形之一的，组织编制机关方可按照规定的权限和程序修改城市总体规划、镇总体规划：

(1) 上级人民政府制定的城乡规划发生变更，提出修改规划要求的；

(2) 行政区划调整确需修改规划的；

(3) 因国务院批准重大建设工程确需修改规划的；

(4) 经评估确需修改规划的；

(5) 城乡规划的审批机关认为应当修改规划的其他情形。

修改中小城市总体规划前，组织编制机关应当对原规划的实施情况进行总结，并向原审批机关报告；修改涉及强制性内容的，应当先向原审批机关提出专题报告，经同意后，方可编制修改方案。

编制单位在修改中小城市总体规划前，应具备原审批机关同意修改的红头批复文件或出具的相关说明，方可作为依法修改的合法依据。该文件的取得一般经过三步骤：一是组织编制机关应当组织有关部门和专家对中小城市总体规划实施情况进行评估，并提交评估报告；二是原审批机关组织评估成果的审查，审查通过后，提交总规评估报告；三是原审批机关下发同意中小城市总体规划修改的批文或出具说明文件。编制单位在未取得批文之前，不允许开展总体规划修改工作，但可以做一些城市总体规划修改前的专题研究工作。

2）关于规划目标的协调

作为中小城市政府，对自身城市发展的期望值较高，甚至过高，往往在不了解规划编制要求的情况下向编制方提出过高目标的要求，主要体现在人口、用地、城市化水平等指标及形象工程用地标准上，而过高的指标定位将造成城市不切实际的发展，盲目摊大、基础设施投入过度超前和浪费土地资源的弊端。因此，说服地方政府认清当前形势和自身城市发展条件与实力是一项重要工作。要求编制城市总体规划的技术人员不仅要熟悉国家宏观指导政策、城市发展的大背景，还要掌握城市本身所处的区域环境、资源条件、历史传统、发展优劣势等基本情况，科学推导城市发展目标。由于受到地方政府间相互攀比、地方政绩要求心切等外界条件影响，有时难以短时期内说服地方政府，此时可以将该部分工作通过放缓进行分解处理，即采用高、中、低目标方案或高、低水平方案，将委托方的要求表现在高目标方案中，专业技术人员分析结论汇总在中或低目标方案中，按不同的要求构思相应的规划方案。在高目标方案中可以筛选一些高速发展城市的实例与当地对比，不相匹配的对比会使城市的发展动力与发展目标不符，未免捉襟见肘、贻笑大方和自不量力，从而使地方政府主动要求调低指标，并最终在科学合理的基础上达成一致，推动总体规划工作的顺利进行。

规划目标的协调是总体规划开展的重要开端和关键步骤，科学的分析、严谨的依据、合理的预测以及可行的发展战略都是必不可少的，一般要经过背景解读、科学分析、战略构思和沟通交流四个过程。此外，规划目标的制定既要紧密结合社会经济五年计划，又要提出长远发展目标以及实现策略和手段。

3）关于总体规划编制人员的协调

通常情况下，委托方按照住建部颁布的城市规划编制规范提出规划内容的要求，即要求满足报批要求。但是，委托方对规划编制的内容和上报的要求并非十分熟悉，会对规划编制人员期望很高，甚至对其年龄、学历和性别提出额外要求。如果规划编制人员将这种要求当作对自身的不信任，将会对以后规划的合作工作带来协调的困难。

看待这个问题可以从其根源入手，一是委托方委托的规划是地方政府交办的任务，尤其对中小城市来说，城市总体规划的编制是城市发展的头等大事，城建或规划部门的肩上担着很大的责任，而编制城市总体规划又是一项技术性和操作性都很强的工作，同时具有主客观并存的特点，造成委托方对编制人员的挑剔和缺乏信任；二是编制规划的专业技术人员大多承担过城市总体规划，都具备一定的工作经验，从事规划也有一定的年份，并且规划作为一项较强的综合技术性工作，自然抬高了编制组长的门槛，委托方对编制组长一般都具有较高的期望，主要体现在职称、业绩。

此外，现场调研是一项比较艰苦的工作，对技术人员的自身素质要求较多，年龄也日趋年轻化，如果编制技术人员对委托方提出的额外要求形成不满情绪，将直接影响规划工作的顺利进行。协调双方的矛盾必须从两方面入手：一是第一次与委托方接洽，需要阐明规划小组的一些历史成绩和经验，并框架性地介绍一些规划行业的普遍现象，如专业多样化、成员年轻化、学历高标准化等，不仅如此，也有必要将编制单位所能提供的技术保障向委托方说明，例如严格的技术审查程序，全过程实施技术把关工作；二是提交给委托方一份翔实的项目准备书，对规划内容、深度、进度、费用、合作事宜等内容与委托方反复磋商敲定，并与技术转让合同一起作为法律文件备案。这两项工作十分必要，是给委托方吃的分量最重的“定心丸”，既向委托方表明了规划小组的实力和工作框架，又从主观上减轻了委托方的工作压力。工作责任分担，双方才能在一种比较友好的气氛中继续展开规划行为。

4）关于总体规划内容和深度的协调

受地域差异的影响，不同城市具有不同的城市特色，规划深度不同，侧重点也不同，可根据实际情况针对性地增加以下几项内容，以专题研究或专项规划形式表示：

（1）生态环境及环境容量研究

关于城市生态环境或环境容量的研究是对城市高速发展限制条件的综合研究，是对环境承载力的综合研究。无论是自然生态系统，比如说水环境、大气环境、土壤环境，还是城市区域、流域等都存在环境承载力的问题。通过对城市自然条件、资源条件、经济实力和环境容量的整合分析，推导适宜城市环境保护的经济发展模式，测算环境能持续供养的人口数量，促使规划用地布局方案更具说服力，从而也使经济发展对城市环境的负面影响减少到最小。在经济欠发达地区、资源丰富和环境脆弱地区的中小城市皆应加深类似内容研究。

（2）产业结构调整与产业布局研究

城市经济发展推动城市产业结构转型，城市总体规划为三次产业布局提供依据，在经济跨越发展地区的中小城市，变动因素很多，抓住稳定因素，合理分析不稳定因素成为城市发展的关键，也是城市规划的依据，因此，应加深产业布局方面的专题研究。由于不同地域的自然、经济和社会条件的不同，因此不同地域适合不同产业的发展，产业研究应该从地区区情出发，根据地区的综合具体条件，充分发挥地区优势。在拥有技术和人才优势的地区，应优先发展技术含量高、创新性强、附加值大的产业；在矿产资源比较丰富的地方，应优先发展采掘和矿产加工业，并向用料产业不断延伸；在耕地肥沃、气候适宜地区应优先发展农业和农产品加工业；在旅游资源丰富、自然基础较好地区应优先发展旅游休闲及相关产业。

通过研究产业布局层次、产业布局机制、区域产业结构（产业构成和各个产业之间的联系，各个产业构成的比例关系的总和），根据各个产业由于自身的技术经济要求不同，而在布局上呈现出不同特征，推进各地区根据自身条件，扬长避短，发挥优势，形成不同的产业结构。

（3）区域定位与区域分析研究（城市发展战略研究）

在宏观经济背景下，区位条件较好的城市有率先发展的机遇和优势。尤其是中小城市，区位要素将直接影响城市性质、城市发展方向和城市定位，一般在门户城市、枢纽城市、生产链节点城市，区域重要节点城市加深这部分内容专题研究。区域定位与区域分析研究，首先，应综合考虑交通区位以及与周边经济中心的联系，通过信息、人员、资源、产业、基础设施等的联系预测中小城市的发展机遇和条件；其次，深入分析周边区域关系，通过就业、环境、用地性质等的比邻分析，总结分析主体的比较和相对优势；第三，多层次、多领域剖析城市发展的核心关键问题和主要门槛;最后,结合多方面要素,总结区域定位,制定城市发展战略。该专题的研究适用于所有中小城市,专题的设立有利于制定城市发展目标,有利于提高总体规划编制质量,可成为总体规划编制的纲领性内容。

(4) 城市特色研究或城市设计专题研究

一些区位要素不突出,资源条件较差,经济基础较薄弱的中小城市走在城市发展的十字路口上,对城市规划的期望较高,迫切需要对城市特色进行挖掘或塑造,必要时应补充类似专题研究。

城市特色来源于城市历史、社会主体、城市环境以及城市形象等要素。自然、历史的特色依托历史遗存、自然基础、历史环境等来展现,是通过传承留存至今;后天形成的城市特色以指个性化、突出化、创新化的内容来展现,通过不断挖掘和积累,可以形成。因此,城市特色专题研究应注重两方面研究:一是历史记忆的规划保留和继承;二是综合考虑环境承载力、环境适应力进行的本土个性挖掘。城市设计专题研究十分重要,是解决城市特色问题的重要手段。

(5) 城镇化(城市化)与城乡统筹研究

在国家城镇化战略的影响下,城市人口、农村人口、城市经济和农村经济关联度提升,城市圈地、三农问题、流动人口问题突出,为解决这些普遍存在的问题,加深对城市化和城乡协调的研究对于城市跨越发展(从小城市迈向中等城市,从中等城市迈向大城市)十分必要。

2014 年 3 月,《国家新型城镇化规划(2014—2020 年)》发布,发展目标是稳步提升城镇化水平和质量(努力实现 1 亿左右农业转移人口和其他常住人口在城镇落户);更加优化城镇化格局(“两横三纵”为主体的城镇化战略格局);城市发展模式科学合理(密度较高、功能混用和公交导向的集约紧凑型开发模式成为主导);城市生活和谐宜人(民生保障全覆盖);城镇化体制机制不断完善(户籍管理、土地管理、社会保障、财税金融、行政管理、生态环境等制度改革)。中国新型城镇化的核心是人的城镇化。城镇化规划充分考虑产业合理布局和发展,把保护生态环境和缩小城乡差别放在重要位置。

关于城镇化与城乡统筹专题研究,对于现阶段指引中小城市发展路径至关重要,应重点设立,甚至单独编制城镇化规划,作为前期研究基础。

(6) 其他专项研究

对于一些资源和基础设施条件较好的地区,在城市规划中应研究如何尽最大能力发挥这些条件的正效益,可适当增加一些交通、旅游、基础设施、社会设施等内容的专项研究。

对于其他常规规划内容的研究也应有不同侧重,依据城市规划编制规范(以下简称规范),中等城市规划的用地分类应以中类为主,小类为辅,便于翔实反映用地关系;对于小城市总体规划,用地分类应以小类为主,中类为辅,充实图纸表现内容,提高规划的操作性。

此外,有些地区也根据地域特征和发展要求明确提出总体规划中必须具备的专题研究方向,例如,2003 年江苏省城市规划编制要点中明确提出专题研究方向,包括城镇发展的区域定位、产业发展及其空间选择、城乡人口迁移与分布的机制和趋势、城镇发展的管理模式和实施对策研究、重要资源开发利用保护。

5) 关于总体规划程序的协调

按照规范,城市总体规划的法定程序一般分为纲要评审和成果评审两个阶段。但这两项成果评审会在中小城市均由建设部门组织(部分地区由城市人民政府组织),直接按这个程序进行,会造成地方意见过多,下一步工作难以展开的局面。而对于中小城市而言,规划作为城市发展的头等大事,召开全市会议十分必要,这种会议的组织相对大城市而言程序比较简单。因此,中小城市的总体规划程序应增加以下内容:

(1) 初步方案沟通会

向地方政府沟通现状调研情况和主要分析结论,阐明规划程序和构思,提出主要问题,详细说明比选方案的成本分析、发展方向、城市结构、重大用地调整等内容,以框架式介绍为主,提交规划目标(经济发展目标、人口、用地、城市化水平等),以粗线条表示,精度误差可在5%—10%之间。汇报后,认真听取地方政府各部门的意见,并做好会议纪要,粗选纲要阶段需要深化的方案。如果地方意见与推荐方案误差较大,可进一步补充调研,深入分析汇总后再次沟通。如果地方意见坚持某种特定方案,可酌情汇总形成一个地方方案,将推荐方案完善形成另一个或多个方案,两个或多个方案都进行深化,并详细进行可行性和科学合理性的对比分析,并多次调研沟通,最终达成共识。

(2) 准纲要汇报会

准纲要汇报会即纲要汇报的预演示,提交纲要深度的成果,邀请当地各部门及部分专家参与,与地方政府各部门全接触。在初步方案意见与委托方基本达成共识后,召开准纲要内容讨论会十分必要,委托方负责召集地方各部门参加会议,听取汇报后针对部门行业管理内容展开讨论,对发展目标、城市结构、用地布局、城市性质和城市职能等提出明确意见,形成书面形式的(附带专家签名表)会议纪要。编制规划的技术人员会后要将各方意见分类,属于现状调研失误的及时确认并更正;属于地方误解或不理解的规划构思负责在纲要阶段加强解释与描述;属于意见主观不统一的保留并逐一作出答复。准纲要汇报会后,应及时完善成果并上报,避免规划工作拖延,影响城市建设工作。

(3) 准成果汇报会

从调研到纲要汇报常规要 4—6 个月,受地方政府换届、行政变更、全市会议安排等多种外界条件的影响,纲要汇报有时会历时 6—24 个月。时间越长,规划修改次数越多,往往经历部门领导换届,沟通重新开展等情况。此外,中小城市发展快速,半年的变化都十分惊人,规划期超过一年就要在成果汇报前补充重大变化的现状资料,进行必要的数据更新(按最新颁布的公开统计数据)。因此,准成果汇报会是与地方政府和成果审批部门双方的协调,就成果汇报的上报要求和标准达成一致,也相当于成果汇报会的预演。

6) 关于总体规划进度的协调

城市总体规划的周期一般为 8—12 个月,但受到许多客观原因的影响大都会有所延误,降低规划的时效性。解决好这类矛盾必须靠委托方和编制方双方的努力才能完成,尽可能压缩各个阶段的周期,提高工作效率,及时由编制方上报给地方政府各阶段成果和汇报的意图与意义,委托方应积极配合各阶段汇报的及时召开和意见的及时反馈,减少各环节的用时。由于规划进度的难以精确把握性,在编制方提交项目准备书时,尽可能在进度上增加一定的时间弹性,一般增加 1—3 个月的幅度以满足不可预测因素带来的时间延误。

规划进度一般按合同要求推进,受客观限制遇到时间拖延,项目进展可顺延,如果因为规划编制单位单方原因拖延了进度,应提前与委托方沟通,并说明原因得到谅解,期间应不间断持续推进,有利于委托方合理把握进度,并及时向上级反馈。

7）其他注意事项

除了上述协调内容，可能会出现以下问题，应积极应对，并及时沟通：

（1）上位规划的变更

当上位规划启动编制程序，甚至上位规划成果通过审批，对于正在编制过程中的中小城市而言影响很大，规划依据发生变更，意味着刚性约束条件增加，在规划编制中必须贯彻。因此，中小城市规划编制过程中应密切关注上位规划的变化，一旦上位规划启动修编程序，应尽早将中小城市规划中的一些主要结论与上位规划组织编制部门沟通，争取被纳入上位规划中，科学合理地争取最大规划红利。如果上位规划无法调整，又对下位规划产生较大影响，可将一些需要表述的意见放进远景设计或实施建议中，相当于先提出问题，等待解决的时机，将规划协调的损失降低到最小。

（2）规划背景的变更改变

2015 年 12 月 20 日，中央城市工作会议在北京召开。会议依据城市发展面临的形势，明确做好城市工作的指导思想、总体思路、重点任务和具体部署。会议提出：尊重城市发展规律；统筹空间、规模、产业三大结构，提高城市工作全局性；统筹规划、建设、管理三大环节，提高城市工作的系统性；统筹改革、科技、文化三大动力，提高城市发展持续性；统筹生产、生活、生态三大布局，提高城市发展的宜居性；统筹政府、社会、市民三大主体，提高各方推动城市发展的积极性。

中小城市编制规划应深度解读这些新要求，认真落实省市文件精神，依据部门新规划，在规划编制过程中以城市发展规律为纲，注重产业发展和空间规模，注重规划的延续性和可操作性，突出城市发展的动力，重点谋划生产、生活、生态三大空间布局，提高规划公共利益水平。

（3）现状条件的变化

现状条件的变化也会影响规划的编制进程。交通干线、区域型重大基础设施的通过会涉及站点、高速出入口的选址，还会涉及交通走廊的规划；规划应做好交通廊道避让、高速出入口规划和交叉口选址，以及火车站点的场前概念性规划和选址的衔接。对于大型市政工程设施，应针对其对周边居民和场所的环境影响设置生态防护区和主要影响区，如发生村庄避让或搬迁，应明确选址。对于重要项目的选址，应依据项目环评规划受影响区，明确具体范围和主要影响内容。对于突发环境事件的地区，应在规划中对类似事件发生排查，划分规划控制区，并贯彻到城市空间布局中。

（4）主要人员变更的应对

① 项目负责人因故变更

总体规划推进周期较长，可能会出现项目负责人调动、换岗、离职等现象，编制单位应及时更换项目负责人，并告知委托方。前项目负责人应与新项目负责人做好交接工作，最好共赴现场，与委托方衔接沟通。新项目负责人应在具体工作交接后做好补充调研工作，并将因此造成的进度拖延时间压缩到最短。最合理的项目负责是设置 2—3 位项目负责人，分担责任，降低项目推进风险。

② 委托方负责人因故变更

委托方负责人出现变更也是经常会遇到的情况，项目组应及时与委托方新负责人一次或多次沟通规划主要内容和进度安排，化解项目可能出现拖延的风险。委托方新负责人也应积极与原负责人做好交接，并积极主动联系衔接编制单位，保证项目顺利推进。

③ 其他相关部门总规协调人因故变更

各个部门领导层调整也是总体规划期间经常遇到的情况，前期与各个部门的沟通往往重新进行，甚至会出现拉锯战。为提高与其他相关部门协调的效率，建议每次沟通会后要求各个部门主管领导或责任人签字盖章，对所提总体规划修改的建议负责。此外，委托方应及时将部门变更情况向编制单位说明，有利于编制单位衔接及时，提交成果可信。

3.3.2 与成果审批方协调

中小城市总体规划评审方由所在省省政府（城乡和住房建设厅组织）或地级市市政府（市规划局组织）承担。因此，总体规划编制组进驻现场前后应在几个阶段与主管规划评审的部门和人员接洽，就城市总体规划的各个环节交换意见，主要包括以下内容：

（1）进驻现场前后的协调——了解地方审批部门的要求

接受委托开始调研时，应要求委托方出示规划审批部门同意该城市修编总体规划的函或书面通知，正式步入法定编制渠道。受不同省情的限制，不同省份对本省各城市总体规划的编制有成文或不成文的特殊性要求。例如江苏省城乡和住房建设厅对长江沿江城市有沿江统一开发规划的要求，对省域苏北、苏中和苏南地区有分别不同的城市经济发展目标、城市化水平目标以及用地指标等标准。安徽省城乡和住房建设厅则对城市化、城乡协调、城市用地指标等内容有所侧重，其标准也因省份不同而不同。这些行业要求对于整个规划工作十分重要，及早掌握可以避免规划编制人员走弯路，造成时间上和精力上不必要的损失。

（2）纲要汇报前的协调——对规划要点的协调

在编制规划过程中，纲要前有许多关于城市发展的重大问题，包括规划期、规划范围、城市性质、城市发展方向、城市规模、城市发展战略等内容。纲要前与审批单位主管规划人员接洽几次，共同探讨规划编制的相关事宜，可以通过邀请参加地方初步方案会或准纲要会等形式与其对话，向他们展示规划编制方所理解的规划深度、规划期、重要的规划决策和规划成果形式等，并尽可能将规划中编制方与委托方不统一的规划思路展示出来，认真听取评审方的意见，并进行规划成果的相应调整。

（3）成果汇报前的协调——规划成果修改内容的协调

通过规划纲要成果评审会后，根据审批主管部门组织的专家组形成的会议纪要进行修改完善工作，同时地方政府也会针对时事政策、城市发展需求和外界一些客观变动因素提出相应的修改意见。编制方应以纲要评审会议纪要为主，并适当考虑地方补充意见进行成果完善工作，并于成果汇报前提交准成果内容，同时征求地方政府和审批方两方面的意见，再继续修改完善后提出规划成果评审的要求。

城市规划是城市发展和城市建设的龙头，城市中各个利益群体都十分关注，作为城市规划工作者，应认真操作每个协调的环节，争取做到规划失误最小化。尤其是在审批方与地方政府意见不统一的情况下，规划编制人员必须找到根源，做好协调，科学合理地满足双方的要求，最终达成一致。

3.3.3 与合作方协调

编制总体规划的合作方主要包括两种形式：一是委托方同时邀请多方合作总体规划的

形式，简称分工合作式；二是编制方就单方面问题邀请专业部门或人员参加的形式，简称协助合作式。

1）分工合作式

为了更科学合理编制总体规划，编制方通常会聘请不同设计部门分担部分总体规划工作。按主要规划内容分类，包含城市发展战略、城镇体系规划、用地布局规划、城市设计和工程设施用地规划三类。而按不同的专业背景，经济地理专业人员擅长城镇体系规划，产业经济专业人员适合主导城市发展战略，城市规划专业人员擅长用地布局规划，城市设计人员适合城市景观风貌的设计，市政工程专业人员擅长工程设施规划。针对这种情况，委托方可能会同时委托2—3家共同修编总体规划，参与协作的专业人员身份、专业背景有别，但规划的主要结论和标准要一致。但是受到参与人员专业背景和规划主观性的客观存在的影响，协调工作存在一定困难，协调不好将直接影响成果分析中论据与结论的不配套。因此，有序进行工作分解与按时段协调是调节矛盾的关键，共分三个步骤。

（1）初步方案阶段

由产业经济人员在规划编制初期详细分析产业发展的问题、特色、趋势和前景，结合其他专业人员的分析，提出城市发展战略的构思；城镇体系规划人员前期精力投入主要集中于区域分析、经济分析和区域城镇发展目标预测，并提供区域交通为主的重大基础设施的部门规划情况和城市SWOT分析（优势、劣势、机遇和挑战分析）。与此同时，工程设施用地规划人员负责提供对城市布局有重大影响的市政设施及现状隐患，以及搬迁改造可行性分析等内容。而用地布局规划人员应在详细分析现状调研资料基础上，充分吸收城镇体系和工程规划人员提供的初步分析资料，才能构思方案。城市设计人员应从景观风貌分析的角度提出城市设计的初步框架，并将重点内容融入最初的方案构思中。

（2）纲要阶段

与2008年以前不同，现阶段，城市总体规划更加注重城市发展战略和城市设计工作。以城市发展战略为纲领，引导城市发展模式，直接影响用地比例和宏观布局；同时，以城市总体设计为实施路径，引导城市布局结构，直接影响城市特色，以及中观和微观的用地布局。

城市发展战略、城镇体系规划和用地布局规划作为总体规划最重要的三部分内容在纲要阶段继续深化，搭起纲要成果构架的同时，工程设施用地规划人员配置给水、雨水、污水、电力、电信、燃气、综合防灾、环境卫生等各项专项规划。各项专项规划必须多次与地方相关业务部门进行协调，尽可能吸收纳入地方专业部门成果，以城市规划行业规范的要求形成成果。城市设计人员不断完善城市规划布局、城市面貌、城镇功能、城市公共空间的组合，从宏观、中观、微观上分析城市设计要素：区域、天际线、街道肌理、历史遗迹、重要节点、廊道等内容，并充分结合到用地布局中。此后，由用地布局规划人员为主负责汇总汇报成果，包括文本和附件（说明书、图集和基础资料汇编），有些城市规划要求有专题研究报告内容。在纲要汇报前，将规划建设用地平衡表统一核对，由各专业人员统一修改，最终形成纲要汇报成果。

（3）成果阶段

该阶段的协调十分关键，主要分两部分，一是根据纲要评审意见分别进行修改，并提交修改的说明和相关解释，汇总后再统一核对。二是着手在总体规划与控制性详细规划之间的协调。第一部分内容比较简单，逐一修改即可。比较复杂的是第二部分内容，一般情况下，总体规划批复后，才开始编制控制性详细规划，经常出现上下不衔接的问题，控制性详细规划一旦编制好并通过相应的法定程序审批后，即形成法定文件。如果出现控规与总规不符合的情况下，从控规开始实施就埋下了隐患。

控规土地分类按照国家标准统一划分，按规定性和指导性两种指标对地块进行控制。多个指标控制一个地块，规定性指标包含以下各项：用地性质、用地面积、建筑密度、建筑控制高度、建筑红线后退距离、容积率、绿地率、交通出入口方位、停车泊位及其他需要配置的公共设施。规定性指标是刚性条件，控制很严。指导性指标包括：人口容量、建筑形式（体量、色彩、风格）要求、其他环境要求。指导性指标是弹性条件，在规划许可上有余地，有一定灵活性。控规中分析研究不足，不能有效控制城市土地开发，无法实现社会、经济、生态三大效益最佳结合。控规层面城市设计手段薄弱，不能有效指导城市空间形态布局。部分规划内容因不符合市场需求而被要求反复调整，很有可能违背总体规划中强制性内容。

因此，总体规划编制过程中应加强与控制性规划的协调，可采用两种模式，一是总规纲要通过后，开始编制控制性详细规划，发现与总规的较大冲突时，可及时反馈，适时调整总规中相应部分。两类规划核对无误后，综合各项规划内容形成上报成果。二是总规成果编制完成后缓上报，加快推进控制性详细规划的编制，把一些已经反映出的问题，及时在总体规划中修正。第一种模式中，由于总体规划只是纲要阶段，调整的幅度较大，连带控制性详细规划也会经常调整，但是修改的自由度较大；第二种模式中，总体规划基本定稿，尤其是强制性内容不能变更，控制性详细规划调整的幅度和次数都减少，但是修改的自由度较小。

以上两种协调模式尽管满足了规划实施的合法性，但也要警惕随意修改强制性内容、公益服务、公共设施布局、绿地系统等内容。一个质量好的城市总体规划，在编制过程中注重细部调研，往往把公益类、民生类的占地放置在空地、临时用地或比较好协调的地块上。同样，开发商也常常关注此类地块，因为可操作性强，项目推进速度快，成本低。政府在税收和收益驱动下，也可能会与开发商有同样的观点，成为控规乃至总规调整的主要动力。调整的结果就是公益类、民生类占地布局在规划要改造的城中村、规划要搬迁的企业等地，实质上这类用地的更新十分复杂，投入多、成本高、启动慢，甚至多年拖沓，影响本该推进的小学、公园、体育场、图书馆等类项目的建设。而这种偷换时空的行为在大多数地区都存在，因此总规应严把“维护公共利益”关。

2）协助合作式

协助合作形式一般是在编制方规划工作进行到一定程度时，对城市某些方面认为应深入研究，才能有利于方案构思，提供更多依据，通常会委托专业人员参与某领域的专题研究，同时在内容深度、研究周期上提出较高要求。研究周期一般为 1—3 个月，视规划周期而定，研究周期短，切中要害的难度大，避免这种后果除了要及时彼此沟通，还要采取两种方法：一是在调研期间要求专题研究人员参加，并提出初步研究构思，与编制方协商并初定初稿内容；二是要求专题研究人员分两次交付成果，第一次是初步成果，第二次为最终成果。初步报告提交后，编制方应与专题研究人员座谈，充分沟通交流达到供需平衡，目标一致，待专题研究人员修改完善后上交最终成果，作为方案构思的依据之一。

3.3.4 与地方各专业部门协调

与地方各专业部门协调是规划工作中的一个必要环节，也是协调工作中参与部门和人员最多的，协调方式以召开座谈会和部门访谈为主。

1）召开座谈会

现场调研期间按各部门的相关性召开各类座谈会，要求各部门技术骨干参加，并准备好行业相关资料。会议主题提前发给各部门做好会前准备，主要内容包含：现状介绍、各行业问题描述、解决方案、部门计划或对规划的意见和期望。座谈会一般在编制开始、中期、结束期间召开多次座谈，不同时期沟通不同深度的内容，旨在协调各方面意见。

2）部门访谈

针对第一次接洽会议资料汇总内容，补充对规划工作展开十分必要的行业资料，挑选重要部门访谈，以提问题和讨论的方式取得更符合规划要求的行业资料。在访谈过程中要向被访部门详细说明意图，态度要诚恳，以取得对方的支持，并乐于为规划出谋划策。在许可的情况下，请被访部门提供准确的数据资料。

此外，规划各阶段成果形成后，及时在地方政府的帮助下召开各部门协调会，请各部门技术骨干、主管领导甚至一把手参与讨论，直接对方案提出相关意见，编制方应认真分析并充分吸收有益的意见完善成果。对于同期各个部门正在编制的规划，应积极衔接。

3.3.5 与公众的协调

城市总体规划不仅指导城市建设，还是一项公共政策，应增加规划决策的公开性、透明性。与公众协调有助于规划实施的顺畅性，以及规划政策的顺利推行，规划成果向公众的发布一般采用两种方式。

1）公示展览

规划成果展览、新闻发布或网上公布一般在成果审查前后进行，创造多种渠道为公众提供规划建议的平台，并将展示的内容和期限在媒体上及时公布，意见较多时要延长展示的时间。

2）公众参与

城市总体规划成果申请报批，必须经过公众参与的环节。《城市规划编制办法》(2006)第16条规定："在城市总体规划报送审批前，城市人民政府应当依法采取有效措施，充分征求社会公众的意见。"大多中小城市多采取两种方式开展公共参与活动，一是通过城市规划展览馆定期展览总体规划成果，征求公众意见；二是在市民广场或公园临时展示和征询意见，或者网络公示30天之后结束。因为大多数中小城市没有规划展览馆或类似固定展示场所。造成公众参与活动的涉及面较小，参与效果不好，起不到公示并达成公共共识的结果。

此外，城市总体规划存在一定的技术性，中小城市参与活动的积极性不高，有的是看不懂，有的是觉得提意见没用。即使个别提了意见，可能被作为个例忽略掉了，很难真正通过公众参与活动，提出有效建议。因此，总体规划的公众参与应采取多样化方式，并建立参与—反馈—再参与的机制，逐步提高市民的积极性，真正提出一些有建树的意见。对于提出的意见被采纳的市民，应给予奖励，对于不采纳的意见给予鼓励和答复。

公众参与的程序不健全，过程流于形式，效果不突出等现象将会直接造成城市规划的实施效果。宁波PX事件、启东排污工程、什邡铜项目、广州番禺垃圾焚烧、厦门PX项目、上海磁悬浮、北京阿苏卫垃圾焚烧等公共事件，都是在城市总体规划上报审批前公众意见征询不足，造成实施之初产生的重大公共事件，造成了不良的社会影响，甚至降低了地方政府的诚信。其中，既有大城市，也有中小城市，在已经发生的公共事件中，市民反应强烈，不满情绪扩大，甚至被网络媒体介入后放大化。尽管如此，这些事件毕竟在城市总体规划批复、选址或实施之初因公众反映强烈而取消或搁置，真正的恶性事件并未发生。但是，对于已经实施城市总体规划的城市就没有那么幸运。2016 年 4 月 17 日，媒体曝出常州外国语学校因为土地污染导致学生群体性出现淋巴、甲状腺肿大等问题(因利用化工企业搬迁后的原址建新校舍，属于总体规划中选址不当问题)，引起了社会的广泛关注。随后类似社会问题被曝光，4 月 19 日上午，有媒体报道，江苏海安县城南实验学校多名家长反映，孩子不同程度出现流鼻血、身体瘙痒等症状，极个别孩子出现脱皮。当天，海安官方表示，已勒令附近 3 家化工企业停产整顿，另有两家企业即将于 20 日起停产。

3) 问卷调查

问卷调查一般在调研期间进行，将城市规划中的一些重大问题向市民征询意见，将汇总的结论纳入总体规划方案构思中。为提高问卷的有效性，应注意以下三点：一是问卷题目的设置要简化，尽量以选择题为主，节约填写时间。二是征询人要多样化，既要包含行政事业单位人员，又要包括企业人员；既要包括城市居民，又要包括城市流动人口、城中村或城边村农民；既要包括国企从业人员，又要包括私企或股份制企业人员；既要考虑性别比例，又要考虑年龄结构。三是问卷数量要达到一定规模，最少保证现状总人口的 10%，考虑到问卷的无效率，可选择 10%—20%发放问卷。发放形式可以多种方式结合，例如网站征集、公众微信号征集、利用高校或基础教育的学校负责发放征集。发放的方式越多样化，收效越好，问卷的有效性越高。

除了上述五种协调方式，编制小组内部的协调也十分重要，城市总体规划是一项技术性强、工作量大、多专业融合的庞大工作，小组各成员的相互支持配合才是构思科学合理方案的基本保证。

因此，城市总体规划的编制如何逐步改变垂直型、封闭模式，充分利用好咨询、讨论、谈判、交流、参与、公示等途径，广泛吸收各阶层、各利益代表(包括政府部门、企业、个人、其他组织)参与规划的编制，共同协调规划中各种利益冲突，制定出透明度高，广泛反映社会意愿的规划，是一个规划师应十分重视的课题。广泛协调社会各界、政府各部门共同参与规划，一方面可以巩固、提升规划的综合、统筹地位，另一方面可增强社会各方履行规划的自觉性和主动性，同时也有利于城市规划实施的监督和管理。

3.4 修改完善阶段

经历了各个阶段的规划协调工作后进入修改完善阶段，从外业转向内业，从座谈转向总结，并最终确定深化方案。

3.4.1 意见整合

对于规划阶段广泛征集的意见是来自多方面的，要进行分类汇总，再确定具体修改内容。

凡收集的各方面意见，无论是委托方还是审批方，不管哪个部门，都代表着单方向的利益。在汇总庞大的意见条目时，应反复推敲，分类整理，最终疏理出三类：一是明确听取意见修改的，对于规划工作中的失误，或者设计条件的变更等问题应列入进行修改类别，确定需要修改的意见应一一列出，并作为进一步说明书的完善补充，以及下一阶段汇报强调的主要内容之一；二是对部分意见改良后明确修改的内容，即一定幅度的修改，是对各方意见的调整，兼顾大众利益而进行的规划微调，并将修改原因详述在说明书中；三是不予采纳的意见，一般是片面的意见或是对规划的误解导致意见的偏差，应说明不接受的原因，并再次与提意见的部门交换意见，并最终达成一致。

例如在安徽宣城市总体规划的初步方案交流中，项目组曾经提出改良城市中心区交叉口的不良交通形态，但据委托方说明，因为改良部分道路，已经大量投入财力，搬迁部分居民，如果按照项目组提出的方案，刚刚搬迁的居民不得不再次搬迁，将极大影响居民情绪和财物的浪费，最终项目组取得折中意见，并相应调整了整体路网结构，在此基础上深化了方案（图 3-3）。

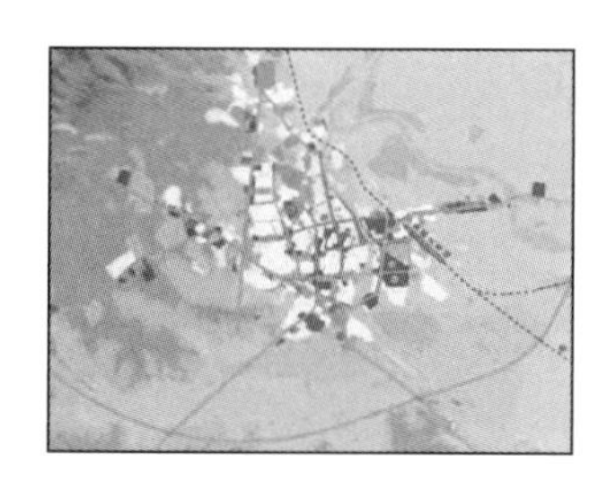

（a）现状图

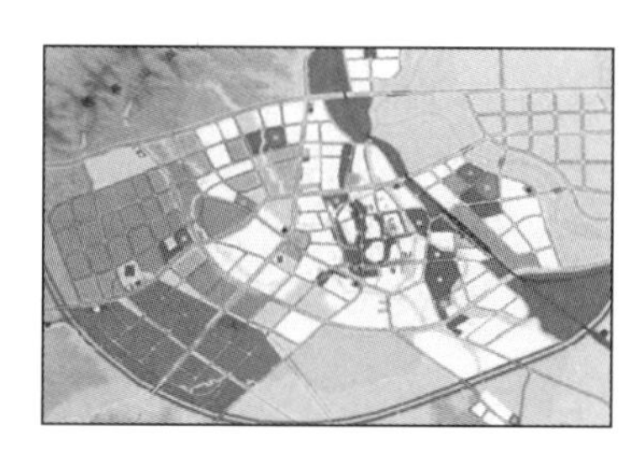

（b）初步规划图

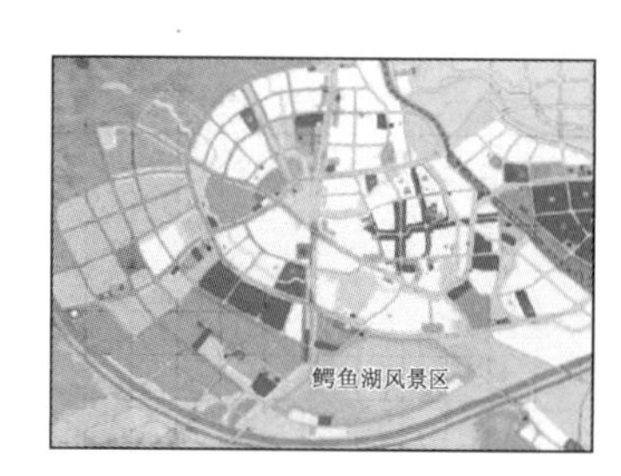

（c）修改规划图

图 3-3　规划方案演化过程图

3.4.2　深化方案

在综合意见分析后确定深化方案及对比方案。进入深化方案阶段，在城市规划编制办法中规定了城市总体规划纲要阶段的内容和成果。

城市总体规划纲要的主要任务是研究总体规划中的重大问题，提出解决方案并进行论证。经过审查的纲要也是总体规划成果审批的依据。

城市总体规划纲要应当包括以下四项内容：① 论证城市国民经济和社会发展条件，提出市域城乡统筹发展战略，确定生态环境、土地和水资源、能源、自然和历史文化遗产保护等方面的综合目标和保护要求，提出空间管制原则，预测市域总人口及城镇化水平，确定各城镇人口规模、职能分工、空间布局方案和建设标准，原则确定市域交通发展策略，提出城市规划区范围。原则确定规划期内城市发展目标。② 论证城市在区域发展中的地位，分析城市职能、提出城市性质和发展目标，提出禁建区、限建区、适建区范围。③ 预测城市人口规模，研究中心城区空间增长边界，提出建设用地规模和建设用地范围。④ 研究确定城市能源、综合防灾体系、交通、供水等城市基础设施开发和建设的重大原则问题，以及实施城市规划的重要措施。城市总体规划纲要的成果包括文字说明和必要的示意性图纸。

按照中央城市化新精神，中小城市总体规划的纲要内容还应增加以下内容：

（1）创新规划理念和方法，加强城市设计，提倡城市修补，加强对城市的空间立体性、平面协调性、风貌整体性、文脉延续性等方面的规划和管控。

（2）要推进规划、建设、管理、户籍等方面的改革，加强对农业转移人口市民化的战略研究，统筹推进土地、财政、教育、就业、医疗、养老、住房保障等领域配套改革。以主体功能区规划为基础统筹各类空间性规划，推进“多规合一”。

(3) 要合理组织发展时序，近期建设规划中要重点体现：健全的住房保障体系、加快城镇棚户区和危房改造、加快老旧小区改造。

(4) 结合资源禀赋和区位优势，明确主导产业和特色产业，逐步形成横向错位发展、纵向分工协作的发展格局。同时注重城市和三农，形成城乡发展一体化的新格局。

但是在实际工作中，往往难以把握这样的规划程度，地方评审专家可能提出更高的要求，并非完全局限在这种技术框架里。为避免各种误解以及委托方的猜疑，更重要的是为交付合格的规划成果，在该阶段的工作应遵循广度铺开，局部深化的原则，即多领域分析，多方面探讨，针对各种各样相关问题进行总结并提出规划对策。该阶段的重点应放在用地布局及相关的大宗用地布置的考虑，而对于基础设施的安排着重在重大的、区域性的基础设施的规划，其他方面宜原则性设定。

为进一步说明方案深化和构思过程，举两个例子，一个是安徽省宣城市，是在《中华人民共和国城乡规划法》出台之前完成的成果(2005 年提交)；另一个是河北省高碑店市，是在《中华人民共和国城乡规划法》出台之后完成的成果(2012 年提交)。对比可以看出前后方案设计的差别。

3.4.3 案例一：宣城

在宣城市总体规划的深化方案阶段，通过两方案的对比主要完成的内容如下：

1) 方案一布局说明

方案一是基于完善城市功能、调整路网结构和向东跨铁路开发新区以及保证经济效益的发挥等基础上形成的。其构思主要包括以下几方面：

(1) 发展方向

综合考虑宣城的发展现状、用地条件、洪水制约因素和经济发展水平，规划期内宣城已经具备了向东发展的动机和可能。但是水阳江东西两岸地势高差较大，尤其是东岸经常受到暴雨而出现水淹现象，虽然用地平整，但开发前景不被看好；水阳江西岸受堤坝影响地势较高，但受到京福铁路的切割，尚保留大片未开发用地；鳌城以西地势较高，且局部有起伏，受现状开发条件的影响(交通和公共设施条件相对成熟)，具有首先利用的优势，但土地尚需平整。因此，方案一确定的发展方向为：东西向发展，并表现为西向延伸，东向跳跃的发展模式。

(2) 城市结构

根据用地布局和调整，城市结构确定为：一主一副十一组团，一主一副城市发展轴，一实一虚景观功能轴。一主一副两个中心形成城市的主体框架，其中：

① 一主：即城市主中心，为综合中心，兼行政办公、居住、商贸金融等多项职能，位于城市的主要景观轴上，北倚敬亭山风景区，南向大洋圩风景区，该区域地势较高，用地条件较好，环境状况优良，现状已具备一定的开发基础，拆迁量也较小。在该区构筑未来宣城的主中心，不仅有利于优化组合式开发宣城西部地区，还有利于敬亭山风景区的保护和有序合理利用，更有助于城市景观主轴的控制与塑造，为市民创造良好的活动空间。

② 一副：即城市副中心，以商贸为主，兼具办公和居住功能的城市副中心，位于老城区，又在传统的鳌城范围内，由于老城区历史积淀悠久，用地开发程度较高，用地性质混杂，建筑物和人口密度大，新建筑和老建筑更迭，地下管线错综复杂，近中期改造难度大，为不破坏鳌

城形象，改造目标应主要放在用地性质调整和道路功能划分上，但也是根据城市经济实力逐步完成。京福铁路从鳌城东部边缘擦身而过，对宣城的商贸有很大的促进作用，但是由于铁路线型的自由形态及鳌城的正南北方向不一致，所以难以形成从铁路站场穿越老城区的一条生活性干道，受鳌城自身规模尺度的影响，可以利用叠嶂路的自由式线形，规划一条通向铁路站场的商贸步行街，烘托历史上徽商的文化氛围。

③ 十一组团：在城市发展空间范围内逐渐形成十一个组团，即三个工业组团和八个居住组团。工业组团重点放在西部地势较高地区，利用合杭高速的优势，在宣南路南北两侧形成两个工业组团（下团山工业组团、莘丸工业组团），以环城路为界将生产用地和生活用地隔离开来。此外在巷口桥一带利用铁路站场的优势形成以工业为主的组团结构，并逐步将原靠近敬亭山风景区东侧的一些二类和三类工业项目搬迁到巷口桥组团，避免影响城市和风景区。京福铁路以西按主干道路网布局形成五个居住组团：敬亭山组团、敬阳组团、梅溪组团、鳌城组团和东湖组团。敬亭山组团、敬阳组团、梅溪组团和东湖组团环境良好，适宜居住，鳌城组团位于老城区鳌城，结合三类居住用地的改造形成商贸兼居住功能的组团结构。铁路以东，水阳江以西形成一个规模较大的以市场商贸为主的水阳江组团，该组团的形成是基于投入成本小、转产快，而且见效快、风险小的目的形成的，水阳江组团的市场行为不仅可以借助宣城近邻江浙的优势和京福、宣杭铁路的优势，还可以借助市场的开发利润开发居住生活区及投入必要的基础和服务设施建设，为宣城远景向东发展提供累积条件，为更新观念调整产业结构起带头作用，也为宣城城市化做好容纳大量就业人口的准备。此外，在双溪和夏渡两地分别按照自身发展需求形成两个以居住为主的组团。

④ 一主一副城市发展轴：城市发展主轴是城市主中心和工业组团间的轴向虚拟关系，表明城市建设的两个主题是城市综合中心和工业区的建设。城市发展副轴是城市主中心和城市副中心之间的轴向联系。两个核心借助梅溪路、九洲大道和环城路的围绕形成一个强大的双核集聚区。

⑤ 一实一虚景观功能轴：从敬亭山到大洋湖构筑走向为北偏西、向南偏东的自然景观轴，是利用地势高差和景观转变形成的景观轴，为人为协助实现的实轴。东西向将成为城市主要生长方向，串接工业区、老城区、铁路以东、双溪等地形成的虚拟功能联系。

（3）功能分区

通过城市各项设施的完善，在宣城城区内形成以下四个基地：生活基地、商业基地、旅游基地和工业基地。结合老城改造，居住小区开发，新区建设形成环境良好的生活基地；跨越京福铁路向东形成以市场贸易[④]为主的商业基地，以外销为主逐步扩大经营范围和外销渠道，开发生产模式；结合敬亭山风景区的建设，控制景区周围用地，预留部分用地，逐步引进一些大型娱乐项目，通过旅游产品的宣传形成旅游基地；在西部全力进行工业区建设，提高城市经济实力，构筑市域或更大影响范围的工业基地。

（4）对外交通

在该版规划编制中，为宣城站场的扩建预留了足够的备用地，同时规划期内逐渐扩大巷口桥站场用地，部分货运转移至巷口桥，充分发挥两个站场客货运输的使用效率。加快公路建设的步伐，促进公路网络的尽快形成，主要是建设好出口路、经济路和通乡通村路。规划

---

④ 可经营：花木、建材、农贸产品和工业产品，以外销基地为主。

修建过境公路，减少老芜屯公路的过境车辆和市内交通的相互影响。新规划的过境公路平行于宣杭高速公路，并保留 200—400 m 间距，与城市主干道采用下穿形式，次干道平交。提高宣城通往泾县、港口镇、夏渡镇、水阳镇的道路等级，加强市区对市域的辐射带动作用，强化南北向的交通联系。改变现状对外静态交通设施不足的状态，规划五处长途客运车站，设置直达南京航空港的通勤车。老城区梅溪路客运站在已扩建的基础上保留使用，其余站场主要设置在与对外公路联系方便的地方，尽量不占用城市内部地价相对高昂的土地。

(5) 道路系统

规划 U 形和放射方式的城市主干路网。以现状竣工的环城大道为基础，向北沿敬亭山风景区控制用地与昭亭北路相接，向南经过开发区北部交昭亭南路后继续东进与铁路东侧用地相接组成 U 形环路。芜屯路是东西向疏散城市中心区交通压力的主要道路；宣南路更为直接解决了开发区、城市西部新区、老城北部片区之间的相互联系；昭亭路与宣泾路相交构成了城市南北向通道，结束了宣城市市区内无南北交通干道的历史。宣城市域内道路系统大致分为六个等级，分别为高速公路、公路、生活性主干路、交通性主干路、次干路以及支路，在城区内形成以主干路为骨架，次干路为辅的三级路网模式，串联各区，形成便捷的交通体系。规划了五种道路断面：宣南路、昭亭路、环城大道、芜屯路、梅溪路、九州大道、宣港路红线宽 60 m；鳌峰路、芋山路红线宽 50 m；状元路、叠嶂路、开发区主干道、宣城站东部新区主干道、西部新区主干道、宛溪路、环城北路、宣湖路、宣向路红线宽 40 m；开发区、西部新区、宣城站东部新区规划次干道、民族路、中山路、西林路、交通路、环城西路、敬亭路红线宽 30 m；江滨路、青年路、双塔路、文鼎路、锦城路、民生路、澄江路红线宽 24 m。规划预留芜屯路、宣南路、昭亭路、环城大道相交的五个交叉口用地，过境公路与城市道路采用下穿的方式。近期 X 形交叉采用梅溪路上跨，昭亭路下穿结合环岛改造。规划增设 2 处与道路景观和城市景观轴线相结合的城市广场。规划不同等级大小共 12 个停车场，基本满足了社会停车需求。结合宣城市原有长途汽车站，规划 5 个公交枢纽站，北郊停车场、宣南路停车场、西郊停车场、东郊停车场，面积不宜超过 3 000 m^2。

(6) 工业仓储

结合莘丸工业园的建设，依托飞彩集团，在环城路以南、合杭高速公路以北规划形成一片集中的工业组团；依托巷口桥货站，形成一处工业组团；另外在双溪办事处形成一处较小的工业组团，完成片区生产任务。莘丸工业组团除主要布置近期引进的工业项目外，还要有计划地吸纳从旧城区迁出的工业项目。严禁有空气污染的工业企业布置在城市上风向，现状位于城市上风向的污染企业应加紧搬迁。在莘丸工业组团宣南路以北主要布置高科技研发产业和教育产业。严禁建设物耗、能耗高的重污染项目。在巷口桥组团内的工业用地，主要发展一些大运量的工业项目，并可适当发展一些有轻度污染，但无空气污染的一些用水量较大的工业项目。双溪工业组团主要安置一些小型工业项目。结合城市现状仓储用地布局和对外交通条件，规划仓储用地主要分布在巷口桥、南部工业组团和宣城火车站一带，巷口桥和宣城火车站仓储用地主要为地区性物资中转仓库用地。南部工业组团的仓储用地，一部分位于宣南路两侧，为生产性物资储藏和中转仓库，另外一处位于科技产业园附近，为生活性物资储藏仓库。

(7) 居住用地

规划宣城主城区居住用地均为二类用地，住宅建筑以多层为主，辅以少量低层住宅。老城区内住宅用地多为闲置地和工业用地置换而来，新开发居住用地遵循综合开发的原则，以建设设施完善、环境优美、各具特色的现代化居住园区和居住小区为目标。居住用地根据规划城市道路和各项用地规划布局情况，共划分成十三个居住组团，每个居住组团均配套公共服务中心。

（8）绿地景观

规划形成“两主一副，点面结合，高低对峙”的整体景观结构，打造“青山横北郭，白水绕东城，敬亭浮云意，鹏程万里征”的景观格局。宣城市是一个具有浓厚山水特色的生态城市，该城市背山面水，树木成荫，具有良好的城市生态环境基础。敬亭山浮云缥缈，若隐若现，宛溪河、水阳江绕城北去，波光粼粼，创造了难得的人居条件，背山、面湖、倚江的自然山湖城格局，构成了宣城市独特的景观风貌。

（9）历史文化

按照宣城历史文化名城保护规划专题，规划确定宣城（宣州）历史文化名城保护规划和总体框架为“一区、二线、三片”。“一区”为中心城区；“二线”为水阳江和华阳河；“三片”为水东、华阳和水阳片。本版规划补充宣城中心城区历史文化名城保护规划，将宣城市中心城区划分为“七区二廊”。七区为河岸保护区、严格保护区、旧城改造区、开发区、建筑风貌控制区、建筑高度控制区和可建设区；二廊为文化走廊和视线走廊。

（10）公共设施

规划形成一主、一副、一个商贸中心、三个职能中心和五个组团中心，其中主中心为综合中心，包括行政办公、商业金融、文化娱乐、体育、医疗卫生、教育科研及居住等多项功能。利用新的行政办公中心带动中心城区西北部经济的发展。城市副中心为老城区一带，继续完善配套公共设施，提高商贸职能。为充分发挥宣城中心城区的优势，规划形成三个职能中心，依托敬亭山风景区形成旅游中心。在城区东南部、铁路以东、水阳江以西建设大型商品批发中心，以经营花卉、建材、农副产品为主，形成大型市场引导的小宗物资流通中心。规划在城区西北部开发区北侧靠近敬亭山一带开发建设一处大型教育科研基地，逐渐形成城区的文教中心。五个组团分别位于中心城区外围，配套相应的公共服务设施，包括商业、文化娱乐、体育、医疗和教育科研等设施，主要满足居民日常需要。

（11）发展时序

近期建设以莘丸开发区的启动与建设为主，结合工业区开发中的拆迁安置工作启动部分居住小区项目，相应配套少量的公共设施项目。同时，完成昭亭南路的建设及部分工业区的道路。

2005—2010 年中期阶段，城市的工业区形成一定规模，按常规估计，滚动效益可以带动新中心和配套设施的建设，同时着手进行水阳江组团中市场的建设，以其滚动效益带动铁路以东的发展。

2010—2020 年远期阶段，城市具备一定实力的经济基础，处于全面旧城改造阶段，完善城市路网结构，搬迁北部工业区，形成以工业为主的巷口桥组团，以旅游休闲为主的夏渡组团，以及综合的双溪组团。

2）方案二布局说明

方案二的建设更理想一些，与现状的迁就更少一些，与方案一的不同主要表现在以下几点：

(1) 用地规模和发展方向

方案二的用地规模与方案一基本相同，但用地发展方向略有不同，主要区别有三点：一是巷口桥组团的用地规模比方案一要小；二是敬亭山东侧铁路与水阳江之间规划一居住组团；三是在城市东南规划民营经济园。

(2) 用地布局

在用地布局上，方案二在规划集中形成新的行政中心基础上，进一步强化旧城区的商业服务中心职能，在鳌峰路与状元路交汇处，形成全市的商业服务中心。巷口桥组团以仓储和工业用地为主，不设置过多的生活用地。京福铁路与水阳江之间以安排居住用地为主，形成一处居住组团。另外，在民营工业园安排一部分居住和工业用地。

(3) 对外交通

与方案一相比，方案二的主要区别是将负有较重过境职能的梅溪路解脱出来，在城市的北部、敬亭山的南侧规划新的过境公路。

(4) 道路系统

与方案一相比，方案二的主要区别有两点。区别一是昭亭路的南段线形有所变化，目的一是解决了目前昭亭路与梅溪路的"X"交叉问题；二是使莘丸工业园与城市的新区有便捷的交通联系；三是工业区的用地划分更加规整，用地更加经济。区别二是对环城路进行部分改造和延伸，使之近期在北侧过境公路建成之前分担梅溪路的过境交通职能，远期成为联系城区东西方向的一条交通干道。

3.4.4 案例二：高碑店

高碑店城乡总体规划的编制经历了外部和内部环境分析、发展战略的制定、发展速度和发展模式的选择等阶段，最终确定深化方案。

1) 规划背景解读

(1) 面对新形势

国家第三极崛起要求环首都地区率先发展。京津冀地区是中国的政治、文化中心所在地和人口、经济密集区，被视为中国经济增长的第三极。河北省作为京津冀地区发展的重要一环，其快速发展对京津冀地区的整体崛起具有重要的支撑意义。而环首都经济圈发展基础相对较好、战略优势最为突出，理应成为河北省经济社会发展战略的重要突破口。

区域发展条件的变化推动地区跨越式发展。2009 年 5 月北京、天津、河北规划部门在廊坊签订了《关于建立京津冀两市一省城乡规划协调机制框架协议》，借此建立和完善京津冀三方在城乡规划方面的协商对话机制、协作交流机制、重要信息沟通反馈机制、规划编制单位合作与共同市场机制，实现区域规划"一张图"。以上种种迹象表明，目前京津冀三省(市)的区域协作、共同发展已开始从议论到落实行动方向转化。京津冀一体化已经从口号步入实质启动，而环首都地区成为了合作的前沿。区域发展条件变化，使得地处京南地区重要发展辐射通道上的高碑店市战略资源优势突出，未来高碑店势必纳入首都产业职能拓展的首选地区，并推动地区实现跨越式发展。

新的社会经济发展形势需要城乡规划编制变革。随着"科学发展观"在中国共产党第十七次全国代表大会上被写入党章，以及《中华人民共和国国民经济和社会发展第十二个五年规划纲要》的颁布，标志着未来相当一段时期内，我国的经济社会发展将以科学发展为主题、以加快转变经济发展方式为主线，民生优先、公平优先和生态优先将成为城乡发展的主旋律。规划范围由“重城轻乡”向“城乡全域”转变；规划内容由偏重物质空间控制向注重政策引导转型；规划过程由“技术—行政”内部化操作向多部门合作与公众参与转型。

（2）采取新举措

新的发展形势变化对本次高碑店总体规划编制工作提出了更高的要求，为了顺利完成本次总体规划编制工作，规划编制中采取了政府组织、专家领衔、部门合作、公众参与和科学决策的组织方式，进一步强化城乡规划的前瞻性、指导性、约束性和可操作性。

部门合作：2011年3月底，中国城市规划设计研究院在高碑店市规划局及相关部门协助下，对全市的用地、人口、经济和环境现状进行全面调查，完成全市的现状图。2011年4月27日高碑店市人民政府组织了规划初步阶段的交流会，采取召开分类座谈会的形式，邀请各个部门领导及技术负责人参加。

专家领衔：2011年4月23日，高碑店市政府邀请建设部及河北省专家就总体规划开展了咨询会议，对高碑店市城市总体规划编制的重点和要点提出了较明确的意见，如城市发展模式、城市产业、城市定位、城市发展目标等内容。

公众参与：在整个总体规划编制工作当中，规划组十分关注报刊、媒体和网络中关于高碑店市城市问题的内容。此外，规划过程中增加了民间问卷调查专题研究，并在全市范围内发放近万份调查表广泛征集民间意见。调查表划分为四类：规划布局调查、企业调查、乡镇调查和交通调查，回收率达到70%以上。

科学决策：中规院按照院所两级审查制度，通过院总工办及所主任工程师两级管理模式，积极听取规划组多次汇报后对各阶段规划工作提出合理建议，通过严格的技术监督和考察制度促使项目组对已做的工作进行不断的完善和深化，形成规划成果。

（3）运用新方法

本次规划以高碑店市落实河北省环首都绿色经济圈的发展战略为出发点，兼顾城市本身发展与规划管理所面临的主要问题，在深入细致的现状调查和专题研究基础上，重点把握区域背景、城市发展条件、土地利用与开发、生态环境、社会状况、交通系统、基础设施建设与利用等城市发展的关键问题。

规划编制过程中，项目组采用了较为先进的规划分析技术手段和方法，强化了规划的科学性和成果的可操作性。例如，从国家和区域角度，通过城市竞争力分析、宏观政策分析、发展条件分析，把握高碑店市未来的发展定位；利用气象分析、环境分析、生态敏感分析、适宜性评价等技术手段，辨证分析高碑店市资源、环境与产业布局之间的关系，为城市可持续发展提供合理的空间政策；加强社会问卷调查分析、强化总体规划对社会发展的指导作用。

（4）克服新问题

社会经济发展形势的变化对高碑店城乡总体规划的编制工作提出了更高的要求，同时也需要规划编制克服新的难点和问题：解读环首都地区，审视新区域格局中的定位，在宏观生产力布局中找准自身的发展定位是本次总体规划的重点和难点；处理好区域间衔接，促进区域协调发展；加强河北城乡总体规划编制中对城乡统筹的新要求；打破城乡统筹的传统思路，构建全新的城市化模式，着力构建新型工农关系和城乡关系，新型城镇化更加重视城镇化质量，强调适度和健康的城镇化发展速度。

2）城市发展方向及用地选择

高碑店早在1983年规划时期，就确立了在京广铁路东部的发展方向。自设立县城到设立高碑店市，铁路东部一直是重点建设区域，经过多年建设，形成了比较完善的基础设施。高碑店市城市的发展方向在过去的20年间受到交通的影响较大，在高速公路通车前，基本上是在铁路东侧沿铁路和107国道南北方向发展为主，沿112国道方向为辅。高速公路通车后，为中心城区的发展注入了新的动力，城市发展受到高速公路出入口的引力作用，呈现出向东南方向发展的趋势。

高碑店中心城区周边目前绝大部分是基本农田，不论向哪个方向发展都要占用耕地。在此前提下，重点考虑以下因素：

(1) 受行政区划的限制，不宜向南、北发展

城市南部已经到了县市行政区边界，与定兴接壤，发展空间不足，且城市西南部有一条小型断裂带，考虑到城市安全，因此在本规划期内应该控制向南发展。北部1—2 km到涿州市界边缘，且受南水北调引水管线限制，长远发展受到行政区划的限制，因此不宜向北发展。

(2) 112国道以北、京广铁路以西是城市饮用水水源地保护区

西部112国道以北地区是城市饮用水水源地一级保护区、二级保护区，涉及城市饮水安全，另外还有大面积特殊用地，因此也不宜向西发展。

(3) 京石高速铁路客运专线设立高碑店站，拉动城市向东发展

在市域东部京石高速铁路客运专线设立客运站，对中心城区有一定的拉动作用，在区域性大型基础设施门户周边地区必然形成一个城市组团，也应该纳入城市总体规划统一规划考虑。107国道、京珠高速公路之间适宜城市发展，有一定的发展基础，是近期拓展的主方向。因此在完善现有城区的基础上，近期跨过京港澳高速公路向东发展，中期利用京石高速铁路客运专线设站的优势，在梁家营形成一个高铁综合商贸组团，远期考虑跨过京石高速铁路客运专线。

(4) 方便中心城市对市域东部地区的辐射带动，增强中心城区和双辛板块的联系

由于高碑店中心城区偏居市域西北部，对高速公路东部广大农村地区的发展带动作用相对较弱，双辛板块位于市域东部，中心城区跨越高速公路向东发展，拉近了和双辛板块的距离，能够更好地加强中心城区与双辛板块的联系，有利于实现市域的城乡统筹发展。

(5) 能够更好地整合村镇建设用地

现中心城区东部、东南部及京石高速铁路客运专线站场周边的村庄密集，能够转化20个村庄、5.36 km^2 农村居民点用地为城市建设用地。

(6) 首都第二机场确定带来重大影响

新确定的首都第二机场选址位于北京市大兴区南各庄，按照首都第二机场总体规划方案，机场的建设实施为高碑店对接北京，融入环首都经济圈建设空港经济区，带来了巨大的发展机遇。新机场毗邻廊涿高速公路，距双辛板块50 km。目前，高碑店有廊涿高速公路京白连接线和廊涿高速公路东湾至鸣鸡连接线两条干线公路直通首都第二机场，为高碑店向东部拓展带来巨大动力。

综合以上分析，规划的用地发展方向为：重点向东、局部向北发展，远期跨过京港澳高速公路，依托京武客运专线站场形成新的城市片区，概括为“东跨西优、南控北限”（图3-4）。

① 东跨。城市整体向东拓展，依托斗门河、排干渠等良好自然景观和用地条件，建设中

心城区西部新城组团，同时跨越京港澳高速公路，建设经济技术开发区组团。

② 西优。受京广铁路分割影响，铁路东部和西部联系不畅，高碑店一村、二村、三村等发展受到限制，依托国道112改线的交通优势以及北部水源生态涵养区的自然景观优势，对铁西片区进行更新优化，建设铁西养老综合片区。

③ 南控。受行政区划影响，控制城市南部边界。

④ 北限。受南水北调引水管线和蓄水池以及行政区划的影响，限制城市向北发展。

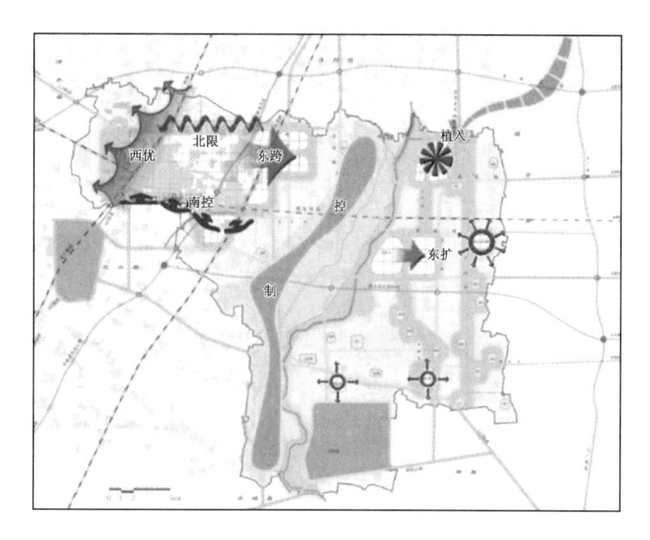

图3-4 发展方向分析图

3）空间布局原则和结构

（1）布局原则

① 自然生态原则。注意对河流、水渠、湿地等自然资源的保护，构建与城市自然地理条件相吻合的城市空间结构，并对自然环境特征加以充分展现和利用，实现城市与自然环境有机融合。

② 区域视角，弹性发展原则。立足于高碑店市域乃至保北片区更大区域层面看待高碑店中心城区空间发展，形成有利于城市长远发展、兼具弹性的空间结构。

③ 产城互动原则。重视西部主城区与东部高新技术产业区之间的交通、功能、配套设施和景观的协调建设，实现产城融合。

④ 集约节约用地，紧凑发展原则。立足高碑店城市发展的现实，空间布局要有利于集约使用土地，为现在大量存在的城中村、城边村提供改造的空间。

（2）布局结构

规划期内，高碑店城市形成“两城两组团”城市空间结构（图3-5），根据城市特点又细分为若干片区，划分如下：

老城组团：铁西片区、老城北片区、老城南片区。

新城组团：安喜庄片区、文体中心片区、商务金融中心片区、教育研发片区、龙头企业展示。

高新技术组团：高新技术产业片区、综合物流片区、方官综合产业服务片区、方官教育研发片区。

高铁商贸组团：高铁商贸片区。

图 3-5　空间结构分析图

4）方案遴选

方案选择包含市域和市区两部分内容。

（1）市域方案比较——城镇化发展路径引导的市域空间布局方案

① 方案一：稳妥推进，2030 年城镇化率 80%左右

2009 年，高碑店市城镇化水平为 38.5%，经过 3 年发展，2012 年全市城镇化水平提高到 42.6%，年均提高 1.37 个百分点。根据《高碑店市"十二五"规划》，2015 年，全市城镇化率将达到 60%左右，在 2013—2015 年实现此目标的三年，需年均提高城镇化水平 5.8 个百分点［(60—42.6)/3］。

与此同时，2010 年，全市地区生产总值 87.8 亿元，人均地区生产总值为 15 700 元，处于工业化较低的发展水平，并不具备在五年内推动城镇化突飞猛进发展的条件。

因此，根据常规发展水平预测：

2011—2015 年："十二五"期间，尤其是 2013—2015 年，是高碑店快速发展的关键时期，通过落实省委省政府关于环首都经济圈的若干政策，综合利用高铁、高速公路、京广铁路以及其他高等级国省干线带来的综合交通优势，发挥京南工业重镇的产业支撑作用，快速推动工业化，2013—2015 年，地区生产总值年均增速 28%，总量超过 300 亿元；非农就业人口计算的城镇化率由 2012 年的 51.8%提高到 60%，年均提高 2.7 个百分点。

2016—2020 年：通过"十二五"期间的积累，高碑店进入工业化和城镇化互动健康发展时期，地区生产总值年均增速 20%，总量达到 750 亿元；工业化与城镇化的双向优化提升作用显现，经济增长带来大量的外来人口进入城镇，推动城镇容量不断扩大、服务功能同步提升，并且形成良好循环，进一步增强外来人口的凝聚力，非农就业口径的城镇化水平提高到 70%，年均提高 2 个百分点。

2021—2030 年：高碑店经济发达达到工业化的后期稳定发展阶段，地区生产总值突破 1 600 亿元，增长速度维持在年均 8%左右，年均推动 1 个百分点的城镇化率稳步提升。至 2030 年，全市城镇化率达到 80%左右。

此方案立足高碑店市发展现状，以工业化快速发展为前提，经历"工业化带动城镇化，工业化互动城镇化，工业化同步城镇化"三种过程，与此对应，城镇化水平提升经历"快，跨，稳"

三个阶段。至 2030 年，全市城镇化水平达到 80%的水平。

方案一依托市区为主强化中心，市域初步培育工业集中区(图 3-6)。综合来看，此方案是相对稳妥务实的城镇化推进策略。

图 3-6　市域方案一空间布局示意

② 方案二：目标导向跨越发展，2030 年达到城镇化率 90%左右

该方案基于高碑店市工业化和经济发展对城镇化的带动作用，综合本地户籍人口、外来就业人口等综合人口增长因素，测算 2030 年高碑店市常住总人口达到 84 万人，城镇化率达到 90%以上。计算过程如下：

2011—2015 年：全市经济处于工业化快速发展阶段，按照高碑店市"十二五"规划，至 2015 年，地区生产总值达到 350 亿元，年均增速 32%；并以城乡统筹方式推动全域城镇化发展，城镇化率由 2010 年的 40%提高到 60%，年均提高 4 个百分点。

2016—2020 年：全市经济发展达到工业化中期，发展速度趋缓，根据产业发展的综合测算，高碑店地区生产总值超过 870 亿元，经济增长速度维持在年均 20%左右，与城镇化形成良好的互动发展关系，年均带动 2.4 个百分点的城镇化率提升。全市城镇化率超过 72%。

2021—2030 年：高碑店经济达到工业化的后期稳定发展阶段，地区生产总值突破1 800 亿元，增长速度维持在年均 8%左右，工业化与城镇化的双向优化提升作用显现，经济增长带来大量的外来人口进入城镇，推动城镇容量不断扩大、服务功能同步提升，并且形成良好循环，进一步增强外来人口的凝聚力，年均推动 2 个百分点的城镇化率提升，全市城镇化率超过 90%。

江苏省昆山市(县级市)是典型的工业化推动城镇化快速发展的案例。2002 年，全市地区生产总值 314 亿元；经过 10 多年的快速工业化，至 2011 年，昆山市地区生产总值达 2 432 亿元，年均经济增长速度在 20%以上。经济的快速增长，创造了大量的就业岗位，提升了城市服务功能，也集聚了大量的人口，推动城镇化的发展。2011 年，全市常住总人口 166 万人，其中外来暂住人口达 128 万人，占全部人口的 77%。

综合考量，高碑店市所吸引的外来人口数量成为城镇化快速提升的关键问题，按照国内比较经验看，在规划期内高碑店市若实现工业化的快速发展，达到既定的经济增长目标（综合折算，2011—2030年均增长15%），至2030年吸引39万的外来人口，通过本地人口城镇化、本地人口异地城镇化和外来人口本地化等多种途径，实现90%的城镇化水平，也是可行的。

方案二依托市域强化两个中心，培育外围产业新城作为工业化大发展的平台（图3-7）。

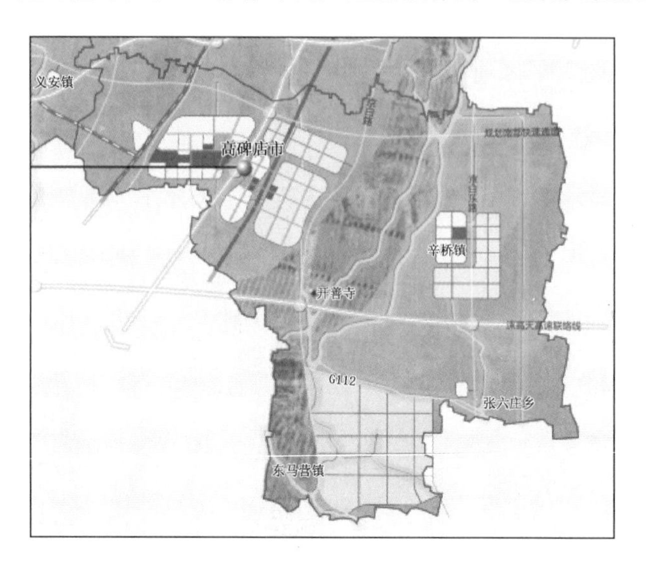

图3-7　市域方案二空间布局示意

（2）市区方案比较

市区方案根据开发时序、发展现状和主要空间开发的分歧分成两个方案：方案一侧重于高铁商务新城、城区文教新城、老城商贸城的集中连片发展，工业分布以东为主，保留西部部分企业；方案二侧重于城区公共服务带的设计，弱化高铁片区，强化东部工业集中区，形成西居东工的布局形态（图3-8、图3-9）。

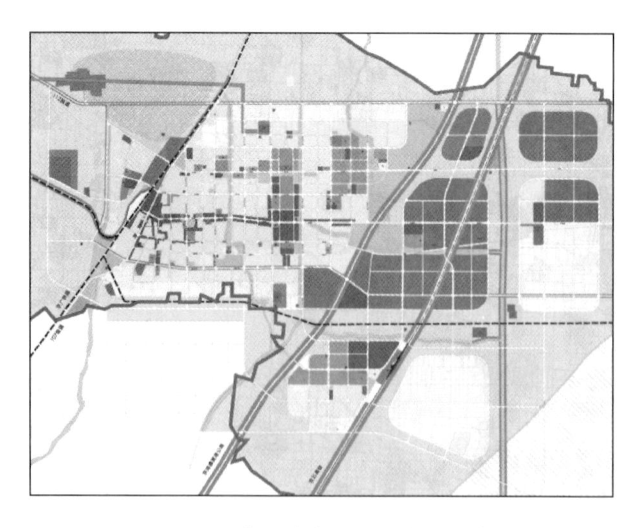

图3-8　市区方案一空间布局示意

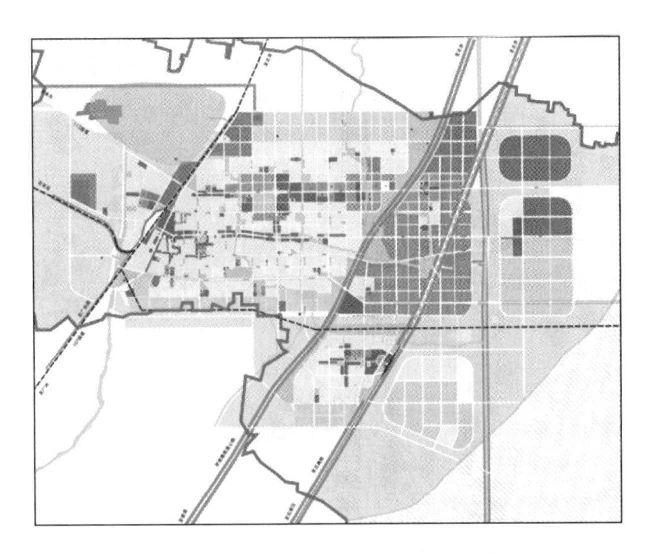

图 3-9 市区方案二空间布局示意

综合上述两个方案分析，可以看出，高碑店方案更加注重城市发展战略、城镇化路径和城乡统筹等方面的分析，并支撑方案设计的始终。

3.5 评审报批阶段

3.5.1 规划成果与城市建设协调

规划成果与地方城市建设协调是一个理论性规划走向实践性规划的过程，是城市总体规划中十分关键的一个步骤。完成这些任务必须调动各行各业的技术骨干，从不同的角度审视规划成果的合理性，并提出相关的完善意见。由于在城市规划前期已经多次协调，在上报前规划协调的内容和角度都有所不同。

1）建设时序上的协调

按总体规划中的分期年限，一般有近期、中期、远期和远景四个阶段，规划的内容随着从近到远的顺序逐步由细化到框架化，从实际指标到一定弹性的规划目标上转化。整个城市在总体规划中已经明确了规划建设时序的主题，例如，有的城市明确城市规划目标是近期新区开发，中期旧城改造，远期新区开发与旧城改造并举。按照城市可持续发展的主题，各部门应从综合利益出发，按可行性原则明确各个专项在不同时段的目标。当前，近期规划要注重和各个行业部门相衔接，以十三五规划为依据，充分落实到空间上。

2）新政策的指导

一般大城市的总体规划在 2—5 年修编完成并报批，而中小城市总体规划也要 1—3 年才能修编完成并报批，在报批前有可能会颁布中央、地方所制定的影响规划内容的新政策，即规划的指导思想调整。在这方面的协调要根据新情况的依据补充完善甚至修改规划内容，如果修改涉及了城市规模的调整和重要内容的增加，必须要重新补签合同或补充协议，重新明确当前阶段的规划要求。

按照2015年中央城市工作会议主要精神，明确了近五年的工作重点，要求力争到2020年基本完成现有城镇棚户区、城中村和危房改造，推进城市绿色发展，提高建筑标准和工程质量，高度重视做好建筑节能。这应是中小城市总体规划中近期建设规划编制的主要内容和重点内容。

3）原始资料的更新

在前期规划调研工作中，受各个行业资料公开发布时间的局限，往往难以取得最新的资料，或者是各个部门提供的最新资料的统计年不一致。在成果交付之前要酌情更新部分数据，提高规划结论的科学性。此外，对于各部门专项规划成果的调整也应十分重视，并及时核定，补充到总体规划相对应的内容中。作为中小城市，各个专项规划都在大城市相关规划的下一层次，内容变动的被动性较强，这部分信息应及时相互协调。

一般而言，总体规划编制年份使用的基础数据主要是编制启动的上一年年份数据，而编制周期较长，如果出现跨年度现象，应在上报年份将规划编制起始年变更为上报年份，数据更新为上报年份前一年数据。如果是上半年上报成果，可能无法取得上一年的统计年鉴，可根据政府报告或季度经济数据更新部分数据，没有条件全部更新；如果下半年上报成果，在取得上年的统计数据后，必须全部更新基础数据，才能最大程度保证规划成果的科学合理性和准确性。

3.5.2 城乡规划委员会制度及改革创新

城乡规划委员会制度在地区的不同城市大同小异。市城乡规划委员会（下称市规委会）是市人民政府设立的城乡规划管理的议事机构，负责审议全市规划和规划管理中的重要事项，其审议结果作为市人民政府及相关部门决策的依据。市规委会主任由市长担任；常务副主任由分管副市长担任，主持规委会工作；委员由市人民政府分管副秘书长，市属各部门主要负责人及有关专家学者组成。

中小城市总体规划成果上报之前会组织一个城乡规划委员会审议，其委员大多由各个部门负责人组成。由于城乡规划上报周期较长，该审议会议的组织偏于形式，建议做出如下修改：

（1）委员去行政化。减少行政官员数量，增加专家、市民代表的比例，体现城乡规划的公共政策属性。

（2）增加议事次数。以往城乡委员会审议城乡规划往往是成果阶段，审议结果时通过与否的结论。审议会大多走形式，基本都是通过。规委会模式体现不了真正的监督职能。如果在规划的中期增加评议环节，对重大问题梳理并进行讨论和审议，有利于城乡规划成果的公正。

（3）增加相关利益人。针对城乡规划中主要修改或变更内容，选取相关利益代表作为临时规委委员参与审议会，有利于体现城乡规划成果的公平性。

（4）突出城乡统筹。针对城乡覆盖的空间布局，为改变“重城轻乡”的发展现状，城乡委员会应突出增加3—4名乡镇村代表，可以采用在乡镇间或村干部间轮岗的形式体现覆盖和普及，充分反映“乡”在“城乡”中的利益。

（5）强化城乡规划的限制性。在规委会中，建立文保、环保、国土等部门的一票否决制。对城乡规划中破坏环境、影响历史文化保护、占用基本农田等规划内容可一票否决，责令城乡规划修改后再上会。

(6) 优化审议程序。规委会经常1日审议甚多项目，每个项目汇报10—20分钟，最后统一决议，各个委员不可能充分了解规划内容。建议规划成果提前一周甚至一个月提交各个委员审查，委员们充分解读后，提出书面建议，如有较多的异议可反馈编制方校核或做出进一步论证，这样有利于强化规委成员在城乡规划中的责任和义务。

(7) 完善公示制度。规委会审议结果应公示，在一定周期之后才可推进实施，便于在城乡规划中最大化地保障公众利益。公示周期应延长，并通过固定场所公示，对任何公众问题的答复也要公开，公示期间应在媒体反复播放主要内容，在主要报刊刊登主要公示内容，提高公众认知度。

(8) 强化城乡规划的严肃性。运用可视化、数字化手段，建立"一张蓝图"制度。改变规出多门，多规不合一的现状问题，提升规划的刚性。"一张蓝图"长期公示，可查询，建立全民监督体系，将城乡规划的任何弹性空间的红利减至最小。

3.5.3 组织评审报批

中小城市总体规划评审报批的组织是规划内容法定化之前的重要工作，应严格对待，既防止地方政府的主观意识左右规划构思，又防止规划从业人员的不客观判断。所以，组织工作应由省、自治区、直辖市、地级市规划建设行政主管部门完成，在认真听取了委托方的申请后，核定报送的规划成果形式是否规范，规划内容是否完善，核定无误后着手组织审核程序。一般以召开专家评审会形式为主，聘请该领域的权威专家审查总体规划内容的各个方面，评审专家应包括城市规划、经济地理、工程规划以及相关专业背景的人员。

此后，确定会议日期、会议程序安排、下达会议通知，并至少在评审前七天将编制单位所报送的规划成果送达各位评审专家手中，尽量留足充分的审查时间。

作为编制方应积极做好汇报准备工作，对其间所暴露的笔误应补充勘误表，一一核对修改，并于会议前发送委托方。

因此，组织评审报批，应分工明确，编制方负责报送成果准备汇报，委托方负责上报上级规划行政主管部门申请评审，上级规划行政主管部门负责组织推进评审会议。

评审会议结束后，专家组长在会议纪要上签字留档，如果专家一致的结论是原则通过或者通过，编制单位将按照会议纪要列出的专家组意见修改后报上级审批部门，批准后下发正式批文，并予以公告，总体规划成果进入法定实施过程。如果规划成果未通过专家审查，将进入再次修改、上报、专家评审的环节。

未通过专家评审的原因主要如下：一是主要内容出现缺项，提交的规划成果不完整，经审议不予通过；二是主要指标触碰红线，如水源地范围任意调整、用地规模超出环境容量、空间扩张超出用地标准等，明显违背规划编制办法的，经审议不予通过；三是城市发展模式明显违背发展规律的，过高的城镇化水平，过高的经济增长率等都会造成不通过；四是产业结构、用地布局、生态结构、交通组织等出现重大矛盾，经审议不予通过；五是地方政府或者各个部门对规划成果尚存在重大分歧，成果也不会被通过。出现上述任何问题都会造成规划成果不被通过。

4 中小城市总体规划方法

作为中小城市，总体规划方法与其他城市相比十分相似，只是在一些指标选取、内容和领域的侧重点有所不同，具有一定的特殊性。本章在经验总结的基础上归纳出几种曾经运用的方法，具有一定的局限性，仅供参考。

4.1 科学规划方法

4.1.1 编制规范

按照现行城乡规划法规定，城市总体规划的内容应当包括：城市的发展布局，功能分区，用地布局，综合交通体系，禁止、限制和适宜建设的地域范围，各类专项规划等。规划区范围、规划区内建设用地规模、基础设施和公共服务设施用地、水源地和水系、基本农田和绿化用地、环境保护、自然与历史文化遗产保护以及防灾减灾等内容，应当作为城市总体规划的强制性内容。城市总体规划的规划期限一般为 20 年，城市总体规划还应当对城市更长远的发展作出预测性安排。因此，城市总体规划内容广泛，涉及的专业广泛，规划方法也是多种方法的综合。

编制城乡规划必须遵守国家有关标准。为保证城市规划的规范性，2013 年 9 月 2 日，中华人民共和国住房和城乡建设部为进一步做好报国务院审批城市总体规划（以下简称总体规划）的审查工作，提高总体规划成果的统一性和规范性，依据《中华人民共和国城乡规划法》《城市规划编制办法》《城市紫线管理办法》《城市绿线管理办法》《城市蓝线管理办法》《城市黄线管理办法》等法律法规和部门规章，研究制定了《关于规范国务院审批城市总体规划上报成果的规定》（暂行）（原文附后），指导督促相关城市提高城市总体规划成果的规范性。中小城市应酌情参照执行，建议将以下内容纳入中小城市总体规划中：

1）文本内容

按照《城市规划编制办法》（建设部第 146 号令），城市总体规划文本应包括市域城镇体系规划和中心城区规划两个层次。主要内容包括：

（1）市域城镇体系规划。注重与周边行政区域在资源利用与保护、空间发展布局、区域性重大基础设施和公共服务设施、生态环境保护与建设等方面的区域协调；加强市域空间管制，确定空间管制范围，提出空间管制要求；预测市域总人口及城镇化水平，制定城镇化和城乡统筹发展战略，指引村镇规划建设；加强交通发展策略与组织、市政基础设施建设、城乡综合防灾减灾；提出城乡基本公共服务均等化目标、要求，确定市域主要公共服务设施空间布局优化的原则与配建标准；明确市域内各历史文化名城（含历史文化街区）、名镇、名村保护名录和保护范围，提出保护原则和总体要求，提出其他古村落的风貌完整性等保护要求；明确城市规划区范围和规划实施措施。

（2）确定城市性质、职能和发展目标；预测城市规模；明确城市主要发展方向、空间结构和功能布局；明确主要公共管理和公共服务设施（行政、文化、教育、体育、卫生等）用地布局；提出住房建设目标，确定居住用地规模和布局，明确住房保障的主要任务和空间布局原则等规划要求；明确对外交通、客货枢纽、城市道路、公共交通、城市慢行系统、停车场布局等内容；深化绿地系统（和水系）、历史文化和传统风貌保护、生态环境保护、市政基础设施、综合防灾减灾等内容；明确近期重点改建的棚户区和城中村；提出城市地下空间开发利用原则和目标，明确重点地区地下空间的开发利用和控制要求；明确规划期内发展建设时序，提出各阶段规划实施的政策和措施。

2）图纸内容

总体规划上报成果图纸包括基本图纸和补充图纸。其中，基本图纸为总体规划的必备图纸，共 28 张，包括：城市区位图、市域城镇体系现状图、市域城镇体系规划图、市域综合交通规划图、市域重大基础设施规划图、市域空间管制规划图、市域历史文化遗产保护规划图、城市规划区范围图、中心城区用地现状图、

中心城区用地规划图、中心城区绿线控制图、中心城区蓝线控制图、中心城区紫线控制图、中心城区黄线控制图、中心城区公共管理和公共服务设施规划图、中心城区综合交通规划图、中心城区道路系统规划图、中心城区公共交通系统规划图、中心城区居住用地规划图、中心城区给水工程规划图、中心城区排水工程规划图、中心城区供电工程规划图、中心城区通信工程规划图、中心城区燃气工程规划图、中心城区供热工程规划图、中心城区综合防灾减灾规划图、中心城区历史文化名城保护规划图、中心城区绿地系统规划图。

3）强制性内容

中小城市总体规划上报成果强制性内容包括：规划区范围、中心城区建设用地规模、市域内应当控制开发的地域、城市“四线”及其相关规划控制要求、关系民生的文教卫体和社会福利等公共服务设施布局、重要场站和综合交通枢纽及城市干路系统、生态环境保护、综合防灾减灾。

文本中的强制性内容可采用“下划线”方式表达。强制性内容应当可实施、可督查。需要通过专项规划、控制性详细规划确定边界的强制性内容，可采取定目标、定原则、定标准、定总量等形式在文本中予以注明。

4）格式要求

城市建设用地应当按照《城市用地分类与规划建设用地标准》（GB50137—2011）中的类别名称规范标注，建设用地平衡表中的用地分类应与《城市用地分类与规划建设用地标准》（GB50137—2011）一致。2012 年 1 月 1 日前开始编制城市总体规划的可采用《城市用地分

类与规划建设用地标准》(GBJ137—90 或 GB50137—2011)。图纸应符合《城市规划制图标准》(CJJ/T97—2003)的要求。上报成果应附基期年市域遥感影像图(分辨率不小于 10 m)和中心城区遥感影像图(分辨率不小于 2.5 m)电子版。

4.1.2 地区独特性

依据《中华人民共和国城乡规划法》规定,一般设市城市和县级人民政府所在地镇的总体规划,报省、自治区、直辖市人民政府审批,其中市管辖的县级人民政府所在地镇的总体规划,报市人民政府审批。规定以外的其他建制镇的总体规划,报县级人民政府审批。城市人民政府和县级人民政府在向上级人民政府报请审批城市总体规划前,须经同级人民代表大会或者其常务委员会审查同意。由于城市规划实行的是分级审批的规定,不同的审批单位赋予了不同的总体规划要求,因此形成了中小城市总体规划方法的地域差异性和地区独特性。

因此,不同省、自治区、直辖市的中小城市总体规划编制时应根据地方的特殊要求细化规划内容。东南沿海用地紧张,工业项目集中,对总体规划中人口和用地指标一般有严格要求;中部地区大多城市属于发展时期,对总体规划中的基础设施的规划深度要求较高;西北部贫困地区则更注重城市环境保护、治理与城市景观规划的内容。总体规划中要遵循这种地方城建部门的特殊要求,摸索规划工作的契合点。方法上要求对城市背景分析透彻细致,对城市发展规律科学推理,对规划结果才具有有力的论据支撑。

此外,相同地区不同中小城市总体规划,还往往受到不同行政领导班子的主观影响,甚至同一地区不同界的领导班子对总体规划也有不同的观点,这些行政行为增加了规划协调的难度,总体规划既要科学合理,又要具备可操作性,便于实施和管理,作为规划编制人员必须以科学实用的态度,充分考虑地方情况,做出说服力很强的选择。

4.2 经济分析方法

4.2.1 传统经济分析

城市总体规划无论是对城市社会、经济、历史的分析和发展预测,还是对城市人口规模和城镇化的预测都沿用了传统经济分析方法。

1) 经济分析与预测

经济分析与预测的方法主要源自城市经济学,并融合了部分产业经济学和相关分析方法。

(1) 现状分析

① 纵向比较法。通过现状主要经济指标与过去几个年份相比,分析现状发展状况,所选择的经济指标主要包括统计局公开发布的 GDP、人均 GDP、工业总产值、农业总产值、财政收入和居民收入等指标。

② 横向比较法。通过将规划的城市主要经济指标与其所在省、自治区和直辖市其他城市(尤其是周边城市)及区域平均水平相比分析,总结判断城市三次产业结构的特点和经济实力。

(2) 经济发展阶段分析

经济发展阶段分析是制定经济发展战略并进而确定城镇发展战略的基础。

① 从产业构成分析。根据国内外实证研究，一般而言，当第二产业比重上升到超过第一产业时，工业化进入了中期第一阶段；当第一产业比重下降到低于20%、第二产业比重上升到高于第三产业且在GDP中占最大比重时，工业化进入中期第二阶段；当第一产业比重进一步下降到10%左右时，第二产业比重上升到最高水平，工业化到了后期阶段。根据此标准，估计城市的工业化进程。此外，对工业化进程的评估还有很多方法，不论应用哪种方法，都应与我国国情相对应，而不是机械地套用死标准，分析的结论主要是对城市发展的大致预测，使其成为城市规划的依据。因此，分析的方法不重要，重要的是相对的发展结论和对城市发展趋势的把握。

② 从人均GDP分析。根据H. 钱纳里人均经济总量与经济发展关系的论述，社会经济发展分为初级产品生产阶段、工业化阶段、发达经济阶段，人均728—1 456美元属于工业化阶段的初级阶段。国际上通常把一国的发展水平按人均GDP分为以下几个阶段：300—400美元以下是贫困阶段；400—500美元是摆脱贫困的阶段；800—1 000美元是开始走向富裕阶段，我国称为小康阶段；3 000—6 000美元是比较富裕阶段，我国称为全面小康阶段。由此对照城市人均GDP分析城市所处于的发展阶段。

③ 从工业产值构成分析。按照所规划的城市独立核算工业企业总产值(占全市工业总产值的比例)中轻工业产值和重工业产值的比例，以及轻工业产值中的主导产业和重工业产值中的主导产业分析生产方式和产品结构。同时，可以结合资源结构分析产业关联面与关联度，借此研究产业链延伸的可能。

不同的社会经济状态(农业经济、工业经济、知识经济)对应着不同的生产技术使用手段(手工技术、机械技术、信息技术)。不同的生产技术手段决定着不同生产要素的结合方式和不同生产要素的使用密集程度，因而对应着不同的生产方式(劳动密集型→资本密集型→信息技术密集型)。不同的生产方式有着不同的社会生产组织特征和形态。城市的空间模式即城市具体的空间形态反映着城市功能，因而不同的社会生产组织特征和形态对应着不同的城市外部空间结构。

2) 人口预测

人口规模是城市用地规模确定的主要依据，也是城市设施投入的主要依据，人口规模的预测应综合多种方法来降低预测误差。

(1) 劳力弹性系数法测算

劳力弹性系数法是根据城市就业人口、城市总人口与城市经济增长速度之间的规律联系来测算城市人口规模的一种方法，模型如下：

公式一：劳力弹性系数 K

$$K=[G_{-5}(P_0-P_{-5})]/[P_{-5}(G_0-G_{-5})]$$

式中，G_0和G_{-5}分别为基准年和基准年前5年的第二、三产业增加值；P_0和P_{-5}分别为相应年份的城市非农业人口数。

公式二：预测年城区就业人口 P_L

$$P_L= P_{L0}(1+KQ)^n$$

式中，n为测算年数，Q为经济增长率，P_{L0}为基准年城市就业人口。

公式三：预测年城市人口规模 P

$$P=P_L/R$$

式中，R 为相应年份城市就业人口比例（就业人口/市区总人口）。

（2）发展速度推算

依据近 10 年以上城市人口数据，推算年均增长率，应综合考虑各项因素，如新区开发、开发区建立、大学的新建、大型企事业单位搬迁等，结合人事部门和公安部门所提供的机械人口历年平均变动率，推算各个规划期限的人口规模。

（3）综合增长率法

根据公式 $P=P_0(1+X)^n(1+Q)$，推算规划期末的城市人口规模。

式中，P 为测算期末中心城区人口，P_0 为现状中心城区常住人口，约为 26 万人，X 为中心城区人口年均综合递增率，近期、中期、远期人口分别选取为 5.5%、5%和 4.5%，n 为测算年数，为 20 年，Q 为暂住人口计算系数。

（4）农业人口比例法

根据公式 $P=P_0(1+X)^n/K$，推算规划期末的城市人口规模。

式中，P 为测算期末中心城区人口，P_0 为中心城区现状非农业人口，X 为中心城区非农业人口年均递增率，约为 4%左右，N 为测算年数，为 20 年，K 为非农业人口占中心城区总人口的比重。

（5）弹性系数法

按现状、规划中期、规划远期中心城区人口占市域城镇人口和市域总人口比重之间的相互校核来确定。主要目的是平衡中心城区与市域人口比例，结合城市化率预测规划期末城市人口。

（6）就业岗位测算法

按中心城区每万元生产总值需提供的就业岗位和带眷系数计算，通过现状就业岗位数与国内生产总值的关联度推算规划期末的关联数值，并依此核算规划期末城市人口规模。

以上六种预测方法在城市人口规模测算中不一定都要应用，实际选择应根据具体市情确定预测方法。一般而言，第一产业比重较高的中小城市运用综合增长率法和农业人口比例法；第二产业比重高的中小城市运用就业岗位测算法较适用；第三产业比重高的中小城市运用发展速度和弹性系数法比较适用。因此，实际应用中应充分考虑城市的主要职能，选取实用的预测方法。

3）城镇化水平预测

城镇化水平的预测除了关于现状、成因、发展动力和主要政策的系统分析外，还要增加定量分析方法。

（1）增长速度法推算

按城市近期历年城镇化水平数值，利用一般数学方法推算规划期末各个阶段的城镇化水平。

公式：$Y=(1+M)^n$

式中，Y 为城镇化水平，M 为年均增长率，n 为规划周期。

（2）按回归方程计算

通过分析城市人均地区生产总值与城镇化水平（非农业人口口径）之间的回归方程关系，确定 $Y=a\log X-b$。

式中，Y 为城镇化水平，X 为人均地区生产总值，a、b 为系数。

(3) 按剩余农业劳动力转移法计算

公式:$Y=\{p_0(1+r)^n+[h(1+e)^n - c/b\times f]\times k\times g\}/j$

式中,Y 为城镇化水平;p_0 为基年城镇人口;r 为规划期内城镇人口增长率;n 为规划年限;h 为乡村从业人员;e 为规划期内乡村从业人员增长率;c 为规划期末耕地数量;b 为大农业从业人员人均负担耕地数量;f 为农村其他从业人员系数;k 为农业剩余劳动力转移系数;g 为农业剩余劳动力带眷系数;j 为规划总人口。

4.2.2 现实客观需求

按照传统的分析方法所分析的结果不一定完全适应当前城市发展的趋势,所以,在现有城市总体规划中应通过一些现状发展形势的综合分析对传统分析结果进行校核。除了国家政策背景的分析,还包括一些新型的指标分析。

1) “绿色 GDP”的提出

“绿色 GDP”目前还只是一种观念、设想,尚未见到具体的量化指标。

《光明日报》曾经刊文提出为落实科学发展观、从根本上改变单一追求 GDP 数量和速度倾向的政绩考核标准六原则:① 每创造单位 GDP 所消耗的能源数量;② 每创造单位 GDP 所消耗的水资源数量;③ 每创造单位 GDP 所消耗的原材料数量(主要是钢材、铝材、铜材、木材、水泥、化纤六大类);④ 每创造单位 GDP 所释放的环境污染物和废弃物数量;⑤ 体现创造财富能力的全员劳动生产率;⑥ 体现区域综合实力的单位土地面积所拥有的经济总量。

国家人事部“政府绩效评估指标体系研究”课题组提出考核政府绩效的 33 项指标建议,如表 4-1 所述。

表 4-1 政府绩效评估指标体系

	一级指标	二级指标	三级指标
政府绩效	影响指标	经济	人均 GDP 、劳动生产率、外来投资占 GDP 比重
		社会	人均预期寿命、恩格尔系数、平均受教育程度
		人口与环境	环境与生态、非农业人口比重、人口自然增长率
	职能指标	经济调节	GDP 增长率、城镇登记失业率、财政收支状况
		市场监管	法规的完善程度、执法状况、企业满意度
		社会管理	贫困人口占总人口比例、刑事案件发案率、生产和交通事故死亡率
		公共服务	基础设施建设、信息公开程度、公民满意度
		国有资产管理	国有企业资产保值增值率、其他国有资产占 GDP 的比重、国有企业实现利润增长率
	潜力指标	人力资源状况	行政人员中本科以上学历者所占比例 、领导班子团队建设、人力资源开发战略规划
		廉洁状况	腐败案件涉案人数占行政人员比率 、机关工作作风 、公民评议状况
		行政效率	行政经费占财政支出的比重、信息管理水平行政人员占总人口的比重

2）环境合理容量的提出

通过对城市资源结构的分析，以及生态环境的研究，确定城市发展的限制条件以及环境承载力，或者说城市发展中应保护的生态环境。其资源结构主要包括水、土地和重要的生态要素（湖泊、湿地、自然保护区等）。通过与生态环境的相互影响分析，明确城市环境承载力和生态环境的容量，并在此基础上合理调整规划方案。

关于环境容量问题，以北京为例，已经给其他城市的发展敲响了警钟。为保证供水，从1999年起，北京就开始超采地下水，每年超采约5亿 m^3，地下形成漏斗区约1 000 km^2。有媒体报道，以2012年为例，北京用水缺口保守统计在11亿 m^3 左右。自2014年以来，北京坚持以水定城、以水定地、以水定人、以水定产的原则，坚定不移地推动首都人口和功能疏解。

3）方法上的创新

根据中小城市发展规律可以进行一些方法上的创新，例如在高碑店市案例中，针对该市工业化发展的路径和动力，增加了工业化情景模拟方式（表4-2、表4-3）。

表4-2　预测不同工业化驱动模式下的高碑店市总人口　　单位：人

高碑店市	地区生产总值增长速度(%)	就业弹性系数	2015年	2020年	2030年
跨越工业化	16	0.12	805 692	894 508	104 728 6
快速工业化	13	0.13	795 692	872 635	109 960 3
稳步工业化	10	0.14	783 211	845 683	984 446

注：根据高碑店市现阶段的经济发展水平，应该走快速工业化发展道路，即在现阶段工业基础的条件下，以推动产业全面持续发展为主要目标，一方面积极引导大型工业企业落户，另一方面也努力推动以服务业为主的第三产业发展，增加就业吸引更多的外来人口。最终在该种工业化驱动模式下预计高碑店市常住总人口2030年将达到104万人，城镇化率达到85%。

表4-3　市域人口规模分配　　单位：万人

中心城区	常住人口	流动人口	户籍城镇人口	户籍农村人口	户籍人口	城镇化率
主中心	70	25	45	0	45	—
副中心(辛桥)	11	6	4	1	5	—
新城	2	1.3	0.7	0	0.7	—
肖官营	2	0.5	0.15	1.35	1.5	—
辛立庄	8	3.3	3.2	1.5	4.7	—
东马营	2	1.5	0.5	0	0.5	—
泗庄	5	1.2	1.3	2.5	3.8	—
张六庄	4	0.4	0.6	3	3.6	—
合计	104	39.2	55.45	9.35	64.8	85%

（1）情景一：跨越工业化

根据河北省政府关于环首都经济圈发展的政策指导，高碑店市地区生产总值将在产业集聚的带动下而迅速增长，2010—2030年高碑店市地区生产总值增长速度将会达到17%，实现跨越式增长。针对跨越式增长，高碑店市应该积极引进大型工业及高科技产业为主导的工业体系，其显著特点是高增长，低就业弹性系数。就业弹性系数是从业人数增长率与GDP增长率的比值。即GDP增长1个百分点带动就业增长的百分点，系数越大，吸收劳动力的能力就越强，反之则越弱。当就业弹性水平较低时，即使经济保持高增长，也未必会对就业有较强的拉动。

当经济结构逐渐脱离劳动密集型产业进入资金密集型产业，相同资金带来的劳动就业的增长就会比过去减少。如果资金相对密集型产业和行业的经济增长高于劳动相对密集的产业或行业，就业弹性就会变小。

在大型工业及高科技产业为主的技术资金密集型产业发展模式下，就业弹性系数相对较低，大概维持在0.12左右。

(2) 情景二：快速工业化

根据河北省省政府关于环首都经济圈发展的政策指导，高碑店市地区生产总值将在产业集聚的带动下而迅速增长，2010—2030年高碑店市地区生产总值增长速度将会达到14%，实现快速工业化。

高碑店市以推动产业全面持续发展为主要目标，一方面积极引导大型工业企业落户，另一方面也努力推动以服务业为主的第三产业发展，增加就业吸引更多的外来人口。

各种产业发展门类比较齐全，劳动密集型产业和技术资金密集型产业发展都比较均衡，产业结构合理，有助于高碑店市经济持续健康的快速发展。就业弹性系数相对适中，大概维持在0.13左右。

(3) 情景三：稳步工业化

近些年来，高碑店市地区生产总值增长率始终维持在较高的水平，2004—2009年，高碑店市地区生产总值年均增长10.45%。根据地区发展战略预计2010—2030年高碑店市地区生产总值增长速度平均保持在10%，稳步推进工业化。

高碑店市目前产业基础比较薄弱，产业结构相对比较落后，由于第三产业发展程度偏低，提供的就业岗位和对外来人口的吸纳能力有限。高碑店市应该大力发展以服务业为主导的劳动密集型产业，其显著特点是低增长，高就业弹性系数，能在短期能吸纳大量的外来劳动力。

在服务业为主的劳动力密集型产业发展模式下，就业弹性系数相对较高，大概维持在0.14左右。

4.3 计算机技术方法

计算机绘图是20世纪下半叶出现的一种机械制图新技术，具有速度快、效率高、表现美观等特征，这种新技术在城市规划中被广泛应用。

4.3.1 遥感技术的应用

遥感(Remote Sensing，RS)，是指使用某种遥感器，不直接接触被研究的目标而感测目标的特征信息(一般是电磁波的反射辐射或发射辐射)，经过传输、处理，从中提取人们所需的研究信息的过程。遥感可分为航空遥感和航天遥感等。遥感技术具有探测范围大、资料新颖、成图迅速、收集资料不受地形限制等特点，是获取批量数据快速、高效的现代技术手段。

在城市用地规划布局工作中，传统的现状用地调查方法是根据现状地形图的索引，逐街进行各类用地性质、规模、平面形状的标注，工作量很大，而且表达的只是一个静止的时间点时的空间形态，很难快速更新现状数据。建成区的不断扩大，城市内部各地域功能的变化及旧城区的改造，使城市的变化发展变得非常迅速。常规的调研方法重复劳动很多，不能满足城市规划工作对数据和资料现实性的要求。利用航片解译来收集城市规划所需要的地理信息，在国外已得到广泛的应用，国内也做了大量的试验研究。实践证明，这是一种省时、省工的有效调查方法，而且利用计算机处理这些数据，更显示出其优越性。

图像解译就是研究分析遥感图像的过程，人们根据地物的光谱特性、成像规律及影像特征来辨别地物，并判断其类别和特性属性。遥感图像是摄影瞬间对地物的真实写照，具有现实性强、真实可靠、便于宏观分析等特点，它真实地记录了地球表面的自然地貌、人工地物及人类活动的痕迹，能够准确、客观、全面地反映地球表面自然和人工的综合景观。通过图像解译遥感在城市规划中的应用主要包括三大类：

1）航空遥感在城市总体规划中的应用

航空遥感是利用航空拍摄的影像进行判读获取信息，主要应用在以下内容中：

（1）现状调查

① 空间序列调查。根据城市各类用地在影像上的特征，通过目视解译的方法判别并划分各类城市用地，可分为五个步骤：

第一，获取航空影像。包含黑白、彩色或彩虹三种，按城市建成区范围或规划区范围索取。

第二，影像解译。从大类到小类，形成若干单项解析图和一张总图。

第三，转绘图形。根据解译结论绘制现状地类图。

第四，实地检查。对照解析图核对现状，并修改和标注在图上。

第五，数字化。录入计算机，形成电子现状图。

② 时间序列调查。利用不同时期拍摄的航空影像，先通过目视解译确定各时期城市建成区用地的范围，再通过编辑软件叠加处理，得出不同时期城市建成区的空间演化图，为进一步分析城市的发展历史和用地发展史提供基础图件。

（2）城市交通规划

城市道路交通作为城市用地的骨架，是一个庞大的动态系统。利用航空遥感技术可以比较容易地反映出城市的道路分布、城市道路网与干道网密度、道路的交通密度与分布等。此外，城市的道路设施、停车设施及其他交通设施都可以通过其在航摄像片影像中的解译特征加以识别，从而得到城市道路交通的基础资料，用于辅助规划决策。

① 城市交通战略规划。通过对城市的地理特征、交通特点和经济状况的分析，充分掌握影响城市发展的港口、河流、湖泊、地形等地理信息以及影响居住与工作岗位分布的相对可达性信息，指导各种交通运输方式在城市交通中的规划布局。

② 城市对外交通规划。通过对城市平面全局的考察，掌握城市各个方向出入口信息，包括与相邻城镇的联系，规划布局对外交通规划，增加相应交通设施。

③ 城市道路网络规划。通过图像解析出道路现状密度、分布和主要问题后，明确调整的区域，连接断头路，整理线形，完善现有路网结构，疏通交通拥挤的空间。

（3）城市环境保护规划

城市环境质量与污染源的调查是遥感技术应用的主要方面之一。遥感图像能较真实地再现地表水、气、热、渣、植被、土壤等多种环境要素的形态和时空分布特征。根据图像上解译出的信息，可对环境污染源进行定点、定位、定性研究和进行一定程度的定量、半定量的分析，也可用来进行污染物时空分布特征、扩散趋势、运移规律和动态变化的研究。

① 大气环境质量及污染源调查。利用遥感图像直接圈定大气污染源，以植被为大气污染的指示物，圈定污染范围和扩散范围。

② 水环境质量及污染源调查。根据遥感图像上水体颜色和相关位置等标志，明确污染程度和范围。

③ 固体废弃物调查。固体废弃物主要是垃圾、工业废渣等，这些废弃物不仅占用土地，而且污染环境，城市各类固体废弃物堆表面的反射和发射电磁波的特性不同，在遥感图像上显示出不同的色调、纹理、形状等影像特征，通过遥感技术可以估算固体废弃物的堆放量等。

④ 城市热污染调查。城市热岛效应是近代城市由于人口稠密、工业集中，形成市区气温比郊区高的城市气候现象，相当于热污染现象。

（4）景观风貌和绿地体系规划

园林绿化在城市生态建设和景观建设中的作用越来越受到重视，无论是新区开发，还是旧城改造，都离不开绿地体系的规划。遥感技术可以有效地进行园林绿化的调查和分析，不仅能准确量测绿化覆盖面积，而且对于判别绿地的类型、结构乃至识别植物种类等都是十分有效的，可以简捷地制作反映绿化布局特点的各类绿地分布图件。

（5）其他类用地专项规划

工业仓储用地和居住用地是城市总体规划中的两大地类，也是重要专项规划的部分内容。通过遥感技术的应用，可以判别面积、规模、整齐度（成新度）、污染程度等内容。分别制作人口密度分布图、工矿企业分布图和居住质量分布图。此外，可以通过城市影像地图编制城市规划的工作图件和规划成果图件的地图，其技术流程参见图 4-1。

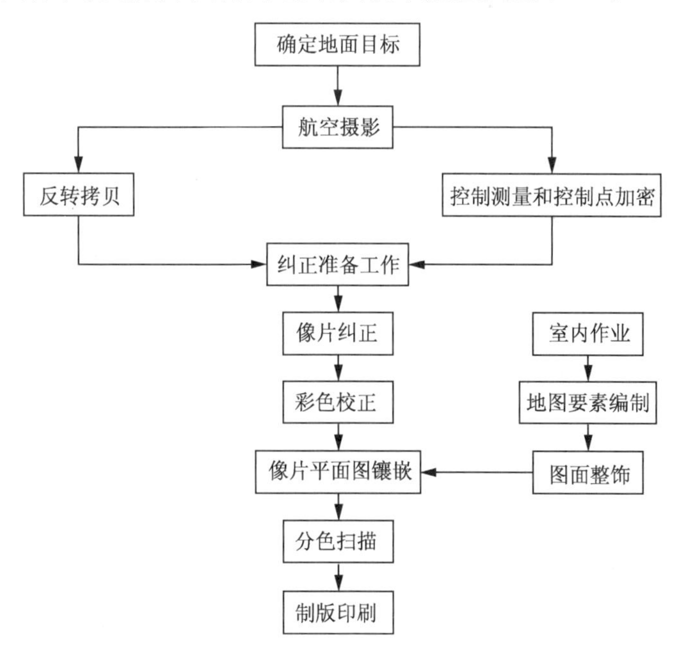

图 4-1　制作城市正射影像地图的技术流程图

2）航天遥感在城市总体规划中的应用

航天遥感的影像分辨率较低，在一定程度上限制了其在城市规划中应用的深度和广度，但其覆盖范围大，仍广泛应用于城市总体规划中。

（1）城镇体系分布调查

城镇在卫星影像上呈浅灰色调的纹理特征，很容易判别，同时卫星影像的覆盖范围通常达到几千平方千米，区域城镇体系分布及各城镇的建成区范围在卫星影像上一目了然。因此，卫星影像被用来作为研究城镇布局及发展规划的重要依据。

（2）城市建成区及演变调查

通过对不同时期卫星影像的比较和处理，可以进一步得到城市建成区的演变情况，这对研究城市形态的演变及发展过程起着重要的作用，也为城市的进一步发展和编制规划提供了依据。

（3）土地利用调查

通过对城市土地利用大类和周围农业用地的调查，以及其他自然资源调查，为空间管制分区规划和旅游资源开发规划提供依据，还可以用来研究各类土地利用的变化和生长趋势。

（4）城市环境调查

由于植被、水体、热场及各种污染物等环境要素在多光谱影像上具有明显特征，卫星影像通常被用于调查和检测植被的生长情况、水体受污染情况、城市热岛等方面，为城市可持续发展和环境规划提供重要依据。

（5）城市灾害性地质现象调查

城市用地及建设项目的选址，需要避开活动断裂带、大型冲沟、滑坡地带。塌陷区、古河床等不良地质现象的分布区域，而这些地质现象均可在卫星影像上进行解译和划定界线，为城市的减灾防灾规划提供依据。

3）航空摄像在城市总体规划中的应用

通过航空摄像获得的航空影像可直接转换为数字影像进行计算机，大大减少了常规方法经过摄影处理、扫描等过程带来的影像质量的损失。

（1）城市土地利用调查及动态监测

航空摄像得到的航空影像比例尺大、地面分辨率高（640×480），可以观察到地物的细节，有利于土地利用调查和现状分析研究，通过目视解译可以得到城市土地利用类别的小类，建立较翔实的基础资料。

（2）城市交通的动态调查

通过不同时段航空摄像判别交通不同时间的流量，通过分析交通拥堵时段和拥堵路段，明确解决方法，建立机动车平均密度及间距的调查数据库。

（3）城市大比例尺地图更新

在计算机里通过与现有城市地图的叠加比较，找出各类发生变化的地类，更新到城市地图上，建立最新图面信息，为城市总体规划兼顾现状提供依据。

（4）无人机的广泛应用有利于城市设计的空间影像数据采集

无人机航拍影像具有高清晰、多角度、操作方便的优点。起飞降落受场地限制较小，在操场、公路或其他较开阔的地面均可起降，其稳定性、安全性好，转场等非常容易。使用无人机进行小区域遥感航拍技术，在实践中取得了明显成效和经验。以无人机为空中遥感平台的微型航空遥感技术，为中小城市直观反映空间积累了丰富的数据，可以广泛应用于总体规划的城市设计中。

4.3.2 GIS 技术

地理信息系统（Geographic Information System，GIS）是在计算机硬、软件系统支持下，对整个或部分空间中的有关地理分布数据进行采集、存储、管理、运算、分析、显示和描述的技术系统。自从 20 世纪 60 年代 GIS 技术术语被提出来后发展迅速，目前已经进入全面的推广阶段。GIS 作为一种综合、优秀的数据采集、分析处理技术，现已广泛地运用在测绘、国土、环保、交通及城市规划等许多领域。

1）城市现状分析

城市总体规划现状调查的主要内容为技术经济，自然条件，现有建筑及工程设施，环境及居住、工业、绿地、交通等用地分布，这些资料都含空间与非空间信息。

（1）空间分析

用 GIS 进行现状空间分析，主要是利用其统计分析和制图功能对各类空间信息（位置、形状和分布）进行统计、分类、比例计算，形成各种数据表，同时绘制出对应的图件。

（2）非空间分析

现状调查数据中许多是以某种地理单元如行政区域、企业等统计起来的社会、经济数据。分析时的主要任务是分类、汇总、比例计算、人均占有量计算等，并相应生成各种统计图，如直方图、折线图、饼图等。

2）预测分析

预测分析包括人口规模、用地规模、城市灾害、城市经济目标、城市景观模拟及可持续发展预测等。

（1）城市规模预测

将常规的人口规模预测的多种方法和数学模型设计成软件模块加入 GIS 软件中，交互式地输入有关数据和参数后，软件模块自动预算。为综合考虑城市的合理承载容量，人口预测不仅要考虑国民经济发展计划，还应与城市环境资源承载力相协调。最后确定多重校核的人口规模，参考土地利用规划，并按照合理的用地指标调配方案确定用地规模，也可以通过交通、就业、生态等内容进行区域增长预测。

（2）城市灾害预测

城市灾害包括地震、洪水、大火、污染和严重传染病等。规划中根据不同的灾害类型，建立相应数据库，与土地空间对应，形成互动模型，达到预测的目的，对灾害发生的时间、地点、规模提出相应的数据，再提出治理建议。

3）土地利用功能区划

土地利用功能区划相当于城市总体规划中城市组成要素的布置。按各要素布置的要求生成相应的数据库，叠置后确定要素的空间范围。具体步骤可以分两步。

（1）摸清土地现状

将城市现状图各要素分解，形成三幅图，包括用地制约图（主要是河流、湖泊、湿地、自然保护区、历史文化保护区、旅游胜地等不宜开发或变更用地性质的用地）、基础设施用地图（以交通和其他大型基础设施用地图）、行政边界（或规划区范围）图。三张图分析结果叠加获得可开发的空地数据库，为规划构思提供基础数据。

(2) 分项分规则设计各功能用地的现状分析图和规划布局图

按照各功能用地特征分别制定相应规则，将各种规则输入数据库中，建立相应的分类标准，以此为依据绘制各类用地的现状分析图和规划布局图。

4) 规划设计

受规划的大量定性分析工作的影响，利用 GIS 技术进行规划设计的功能尚不完善，但按照城市规划的一些技术的规范化，GIS 技术在规划设计中可以执行的任务主要包括城市道路网规划设计、工程规划设计、技术经济指标计算、规划方案比较分析等。

5) 规划成果可视化输出

规划成果的可视化输出包括图件绘制、三维动态模拟和文字报告等形式。其中，图件绘制是指通过一些特殊符号生成可识别图形；三维动态模拟是通过长、宽、高三项坐标生成三维视图，并提供旋转功能，从不同角度观察空间；完成文字报告是指通过与 WPS 和 WORD 等文本处理软件的衔接，生成链接的文字报告。

4.3.3 通用绘图技术

通用绘图软件一般指 AUTOCAD、Adobe image、Sketch 和 PHOTOSHOP 等对图形和图片的处理软件。常用的绘图软件有很多，通过这些软件，按规划的主旨构思绘制成果分析图纸，并精确量算距离和面积等指标，生成各类统计表，完善规划说明书。由于此类汇图技术在城市总体规划中比较普及，本书不做详细介绍。新时期中小城市总体规划更注重宏观城市设计，图纸的表现要求更直观、美观，可视化程度提高，对各类软件的要求和集成也不断提高。

4.4 多维客观判断方法

多维客观判断方法是通过不同条件下的主客观判断方法确定规划目标，是主客观相结合的一种规划方法，在城市总体规划中应用广泛。中小总体规划中经常用到的是利益最大化判断和主导目标判断两种方法。

4.4.1 整体利益最大化

规划研究从总体上说是一个各方利益的综合协调过程。从宏观上而言，委托方代表政府的综合利益，编制方代表城市规划行业的利益，审批方代表更高一级城市规划管理的利益。三方的规划起点不同，但最终规划目标要趋同。其中，编制方和审批方内部相对比较好协调，主要是观点和态度的统一，是一个认识的过程，协调的时间相对较短，而委托方代表整个城市，涉及专业部门、公众、政府及各类大型企事业单位等，成为规划协调的难点和重点。

1) 编制方

作为编制方主要是指负责总体规划的编制单位，编制过程落实到项目组。项目组的成员往往由不同专业组成，观点不一，统一规划思想要经过反复讨论才能达成一致，并形成规划构思的依据。统一思想达成一致性一般要靠三方面内容的整合。

（1）城市规划专业人员

规划布局人员往往更加重视城市发展的各项限制条件的权重值，并根据综合分值选择城市发展的最佳方案，这是一个反复循环进行的过程，需要多次大量空间分析，而其他专业成员负责提供各专业性因素的重要性。

（2）经济发展与环境保护

这是一对典型的矛盾，一方面发展经济，以空间形态作为支撑；另一方面，以限制经济发展的格局和模式而保护环境。规划师必须找到二者的平衡点或数值区间，并从中取值，确定城市空间发展战略。环境保护包括自然环境保护和历史文化环境保护，两项内容对城市社会经济发展有不同的制约作用，城市规划构思也应相应调整。

（3）专项规划内容间的整合

各个专项规划成员按各个专项规划原则进行的专项规划很难叠合得十分一致，应在共同背景下权衡利弊，明确调整内容，并修改方案和专项规划。

整合的步骤如图 4-2 所示。

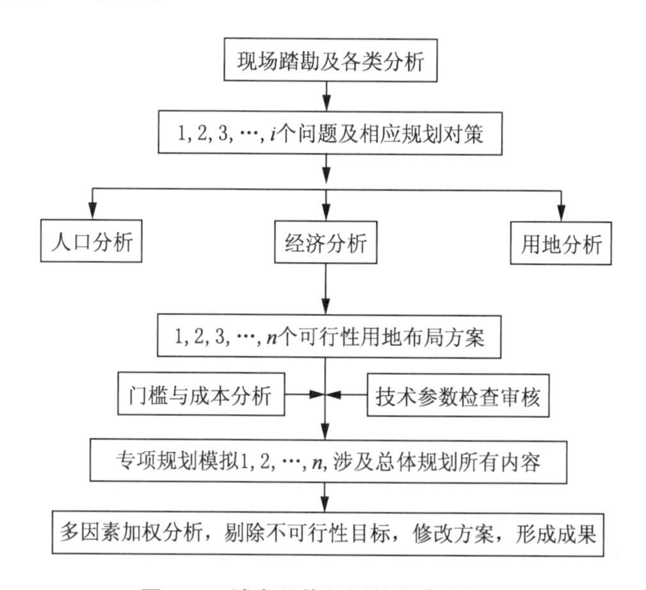

图 4-2　城市总体规划整合步骤框图

2）审批方

审批方的重要职责是规范省、自治区、直辖市级的总体规划内容和标准。审批过程由审批方聘请的专家组完成，专家组成员间重要观点的一致程度成为审核的重要内容和标准。

（1）通过

技术审查达到既定标准，予以通过，并提出今后修改的方向和内容。

（2）原则通过

对城市重大问题把握合理，观点明确，没有明显失误，予以原则通过，并罗列修改条目和主要建议。

（3）不通过

规划内容存在重大失误或存在违规违法行为，指出失误内容，待修改完善后再提交审查。

按照《城市总体规划编制审批管理办法》(征求意见稿),城市人民政府城乡规划主管部门应当逐步建立城市规划地理信息系统,搭建全市一张图的城市规划管理信息平台,完善城市总体规划评估和监管的技术手段。城市人民政府应当定期对城市总体规划实施情况进行评估,并向城市人民代表大会常务委员会报告。每年的规划实施情况,应当纳入城市政府年度工作报告。每五年的规划实施评估报告,应当上报城市总体规划原审批机关。评估结论是城市总体规划编制和修改的前提。

3) 委托方

委托方代表整个城市的利益。城市作为一个复杂的综合体,主要包括政府、专业部门和公众三大利益群体,三方利益的整合成为规划中的难点和重点。

(1) 政府

自 1994 年分税制度建立后,政府的经济发展积极性提高,城市化和工业化进程加快,城市扩张迅速,城市新区开发和旧城改造加快,同时征用农民用地矛盾和拆迁老住宅区矛盾日益突出,成为当前城市发展中最令政府头疼的事情。因此,政府期望规划师以更科学、更合理的理由解释城市发展的必然性,并尽可能说服公众对城市总体规划的认同。但是,政府部门更多关注的是城市产业布局和交通规划,对公共设施的完善欠缺积极性。

2016 年 5 月 1 日营改增的全面实施,成为中国财政制度上的又一次大变革,其影响几乎可以和 1994 年实施的分税制相提并论,营改增后中央和地方财力格局发生变化,对于地方政府而言意味着其收入最多的一个税种——营业税没有了。例如,2015 年全国收缴的 1.9 万亿营业税收入中,99%以上是归属地方的,如今这一块收入将改为增值税,成为中央和地方的共享税,因此必定会对地方财政收入产生深刻影响。国务院于 4 月 29 日公布了《全面推开营改增试点后调整中央与地方增值税收入划分过渡方案》明确适当提高地方按税收缴纳地分享增值税的比例至"五五分成",而此前中央和地方的实际分成比例大体上是"七三开"。

财政制度安排体现并承载着政府与市场、政府与社会、中央与地方等方面的基本关系。财政基本就是四件事——"收、支、管、平",即收入、支出、管理和平衡,其中收入和支出都是政府"以财行政"的施力点,收支平衡是"以政控财"的约束,此三点如何摆布,这就是管理,而在管理之中贯穿始终最核心的则是中央和地方的关系,实际上中国财政制度的变迁另一侧面就是中央和地方财政关系的调整。即提高中央政府财力,强化中央政府的调控力,主动形成地方财政收支的不平衡格局,然后再通过中央对地方的转移支付来提供财力保障,同时也维护了中央的调控。

如今 GDP 考核机制的弱化、经济新常态下的速度回落、金融等领域监管的加强和调整等经济运行的新变化,均对各级政府之手的搁置之处提出新的问题。

这些将影响政府对城市规划工作的态度:从急于求成到稳扎稳打,效益优先转型。

(2) 专业部门

各个专项规划往往推动的是各个专业领域的发展,包括水电等各类工程规划,是城市的生命线工程。对于刻意发展经济的中小城市,由于工程设施的不显著效益,政府的关注力不足,使这项事业经常处于不足和待完善状态,各个专业部门也常常为筹集资金保证运转而眉头紧促。此外,不同专业部门之间还会由于选址问题产生冲突。例如,安徽宣城市曾经就燃气站的选址专门邀请专业人员进行研究并确定在城市郊区并有较好交通条件的地方,但是随着招商局工作的展开,新招来的企业也看中了同样的地方,而此时该城市总体规划正在修编，为切实解决该矛盾，经系统考察了冲突的地点后，并针对安全第一的原则，适当调整了燃气站的选址。类似的矛盾很多，协调的过程必须以整体利益为指导原则。

（3）公众

按当前城市建设中出现的各种民怨事件分析，与城市规划密切相关的主要有两类矛盾：一是旧城改造中涉及的拆迁问题；二是新区开发中涉及的征用农用地的问题。前者是拆迁安置，后者是征用补偿安置，两种安置费用难以达到公众心理的补偿要求，因此会出现各种矛盾甚至尖锐的冲突。为避免类似事件发生，城市规划各个阶段应广泛召集公众参与，一方面让公众理解规划引发的各种建设行为的最终目的；另一方面也要分时序进行，在资金到位的情况下再进行旧城改造，或采用经营的方式吸收开发商进入来实现。一般而言，发达城市通过旧城改造和新区开发并举来实现集约利用土地和发展经济的双赢目标，而欠发达地区的城市尽可能将旧城改造和新区开发分阶段进行。

此外，以往疾风骤雨式的城市规划和城市开发也引发一些新的矛盾，例如常州毒学校事件，常州外国语学校先后有 641 名学生被送到医院进行检查。有 493 人出现皮炎、湿疹、支气管炎、血液指标异常、白细胞减少等异常症状，个别的还被查出了淋巴癌、白血病等恶性疾病。学校原址旁是三家相邻化工厂，临近土地污染严重。在一份项目环境影响报告上，这片地块土壤、地下水里以氯苯、四氯化碳等有机污染物为主，萘、茚并芘等多环芳烃以及金属汞、铅、镉等重金属污染物，普遍超标严重，其中污染最重的是氯苯，它在地下水和土壤中的浓度超标达 94 799 倍和 78 899 倍，四氯化碳浓度超标也有 22 699 倍，其他的二氯苯、三氯甲烷、二甲苯总和高锰酸盐指数超标也有数千倍之多。这些污染物都是早已被明确的致癌物，长期接触就会导致白血病、肿瘤等。在对空气的检测结果显示，常州外国语学校里的教室、宿舍、图书馆等处也都测出了丙酮、苯、甲苯、乙苯、二氯甲烷等污染物质。20 世纪 70 年代，美国纽约州因为在倾倒了大量有毒废弃物的拉夫运河上建造住宅和学校，导致居民不断发生各种怪病，孕妇流产、儿童夭折、婴儿畸形等病症频频发生，这就是举世瞩目的拉夫运河事件，拉夫运河事件唤醒了全世界对化学废弃物的认识。因此城市规划必须日益精细化，从选址、功能分工、赋予城市性质，以及城市开发都要综合考虑环境监督的全过程参与。

4.4.2 主导目标化

受当前城市化和工业化推动的影响，受城市转型、体制创新时期对城市建设新要求的影响，现阶段城市总体规划的方法要求更加灵活，主导目标更加综合。概括起来，主要体现以下三方面的目标：

1）规划过程民主化

从根本上说，城市规划是一种政府行为，更是一种公众行为，因为公众始终是城市规划的服务主体。现阶段，开展公众参与主要是规划成果的场地公展或网上公展。利用这种公共展示的方式收集的意见比较分散和片面，针对性不强，可采用性不强，不具备修改的充足性。此外，城市规划专业性强，公众理解规划行为尚难，更难以提出建树性的意见。因此，公众参与应从形式走向具体，从可有可无走向必不可少，并将公众参与渗透到总体规划编制的各个阶段，并尽可能举行不同规划阶段的公民听证会或规划知识普及宣传会等，使公众的积极性提高，并真正代表大众利益提出要求，为规划今后的实施工作也开了绿灯。

2）规划目标和内容弹性化

由于城市总体规划大多依据国民经济计划编制近、远期城市建设蓝图，而城市发展过程的可变因素很多，规划成果的刚性难以适应各种条件的变化，难以真正引导长远的城市建设活动。许多中小城市受宏观政策背景的影响，城市社会经济发展政策也常有波动，行政建制也时有变化，再加上不同领导班子的认识水平的局限性，造成已有的城市规划成果很难实施，但是，城市发展要求城市近期建设规划迫在眉睫，只能通过再修编总体规划。例如巴彦淖尔市，自 1980 年以来在 20 年间做了三版总体规划，对比历版总规，内容比较规范，基本适应当时的经济社会形势和城市发展需求，而且历版总规都十分注重近期建设规划，说明历届政府都十分重视规划的实施性和可操作性。受大环境（区域环境）交通条件改善和行政建制变动的影响，巴彦淖尔市中心城区并不是在老城的用地上发展起来的，而是不断开发新区，并着手进行旧城改造，这样做有利于简化建设程序，减少投入，但不利于城市良好骨架的形成，形成比较松散的结构，城市基础设施的投入也不连贯，不符合城市可持续发展的规律。随着城市的发展，城市各类建设项目落位困难，从而造成不同时期对近期建设的渴望，由近期建设引发了对总体规划修编的迫切性。因此，作为中小城市，其总体规划应本着立足长远、把握现状、解决问题、坚持合理的发展目标的原则，综合进行用地布局、经济预测和各类用地比例的科学合理的平衡。在规划的技术过程中，不仅要多方案对比，还要适当加强近期规划和远景规划，以战略远见和足够弹性体现城市总体规划，对城市发展速度有一个弹性的承载能力。城市总体规划的弹性要求城市总体规划编制不仅要具备适度超前性，还要具备经济紧缩状态出现的应接能力，即按步骤分阶段实施，每个阶段都不影响整个城市系统的运作。

3）新型城镇化规划将影响城镇格局和城市规划的具体内容

2014 年初，《国家新型城镇化规划（2014—2020 年）》（以下简称《规划》）正式发布。规划提出，未来，我国将推进以人为核心的城镇化，并提出到 2020 年城镇化格局更加优化、城市发展模式科学合理等具体目标。《规划》提出，在城镇化快速发展过程中，存在一些必须高度重视并着力解决的突出矛盾和问题。大量农业转移人口难以融入城市社会，市民化进程滞后。“土地城镇化”快于人口城镇化，建设用地粗放低效。城镇空间分布和规模结构不合理，与资源环境承载能力不匹配。城市管理服务水平不高，“城市病”问题日益突出。自然历史文化遗产保护不力，城乡建设缺乏特色。体制机制不健全，阻碍了城镇化健康发展。

《规划》提出了五大发展目标，一是城镇化水平和质量稳步提升。城镇化健康有序发展，常住人口城镇化率达到 60%左右，户籍人口城镇化率达到 45%左右，户籍人口城镇化率与常住人口城镇化率差距缩小 2 个百分点左右，努力实现 1 亿左右农业转移人口和其他常住人口在城镇落户。

二是城镇化格局更加优化。“两横三纵”为主体的城镇化战略格局基本形成，城市群集聚经济、人口能力明显增强，东部地区城市群一体化水平和国际竞争力明显提高，中西部地区城市群成为推动区域协调发展的新的重要增长极。城市规模结构更加完善，中心城市辐射带动作用更加突出，中小城市数量增加，小城镇服务功能增强。

三是城市发展模式科学合理。密度较高、功能混用和公交导向的集约紧凑型开发模式成为主导，人均城市建设用地严格控制在 100 m^2 以内，建成区人口密度逐步提高。绿色生产、绿色消费成为城市经济生活的主流，节能节水产品、再生利用产品和绿色建筑比例大幅提高。城市地下管网覆盖率明显提高。

四是城市生活和谐宜人。稳步推进义务教育、就业服务、基本养老、基本医疗卫生、保障性住房等城镇基本公共服务覆盖全部常住人口,基础设施和公共服务设施更加完善,消费环境更加便利,生态环境明显改善,空气质量逐步好转,饮用水安全得到保障。自然景观和文化特色得到有效保护,城市发展个性化,城市管理人性化、智能化。

五是城镇化体制机制不断完善。户籍管理、土地管理、社会保障、财税金融、行政管理、生态环境等制度改革取得重大进展,阻碍城镇化健康发展的体制机制障碍基本消除。

《规划》提出,要实施好有序推进农业转移人口市民化、优化城镇化布局和形态、提高城市可持续发展能力、推动城乡发展一体化四大战略任务。

4) 规划人员的综合性

城市的复杂性和系统性决定了城市总体规划的综合性,城市规划师要克服专业局限,更新理念,换位思考,正确把握规划与城市发展的关系、从更高层次,更广阔视野,多角度审视城市发展。

为策应城市发展战略,实现多目标,在总体规划中应注重多目标综合和筛选主导目标,建立多目标模拟模型(图 4-3)以减法的方式逐步趋近更合理的规划目标。

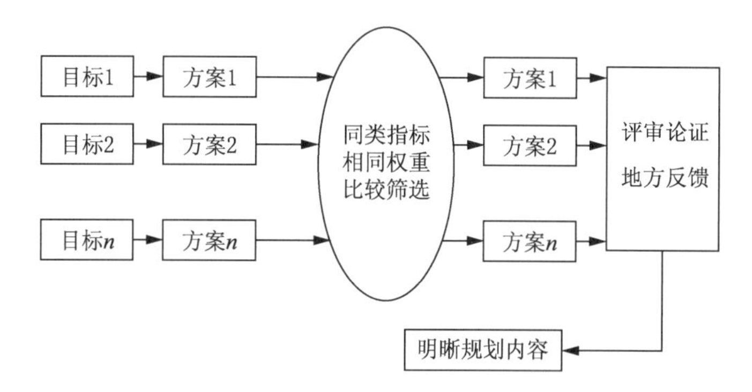

图 4-3　多目标模拟分析框图

5 中小城市总体规划编制要点

5.1 规划编制第一阶段

城市总体规划的第一阶段是现场踏勘、调研分析阶段，是整个城市总体规划启动的关键步骤。

5.1.1 编制要点

中小城市规模较小，产业结构比较简单，产业链条稳固系数低，城市发展的风险低，城市受区域的影响较大，所以，中小城市的总体规划编制应本着向大环境借力的原则采用区域分析—区域定位—城市总体规划的过程。从宏观到微观逐步明确城市发展思路和发展目标，并依此搭建城市发展的平台，确定城市结构和空间布局。

因此，中小城市总体规划编制的第一阶段，是将中小城市纳入区域层面分析，编制要点包括两方面内容。

1）区域概况

（1）分析区域范围内自然环境与人文景观资源的特色构成

从容纳中小城市的区域范围分析自然环境和人文环境概况，便于掌握城市的自然特征和历史成因。

① 自然环境。影响城市规划的自然环境条件主要有地质地貌、水文、气候、地形、土壤、动植物以及其他自然资源等生态环境要素。

第一，地质地貌分析。地质分析是通过对规划建设用地范围内各类用地进行建设用地适宜性评价，根据地基承载力、地下水、地震情况等，一般将用地划分为三类：一类是适宜建设用地，即通过简单的工程技术措施便可利用或直接可以利用的用地；二类是较适宜建设用地，即通过较高的投入，利用复杂的工程技术措施可以利用的土地；三类是不适宜建设用地，即难以利用的土地或珍惜的用地资源，如复杂地质区（地震断裂带、塌陷区等）、基本农田、自然保护区或风景名胜区等。工程地质分析是作为建设用地适宜性的一个评价基础，而城市布局还要综合城市的发展方向、用地的最大效益等综合要素考虑用地的规划性质。

地貌分析是通过对城市所处较大的地理单元的地貌综合分析分类，如水域、山脉、自然生态单元或特殊地貌。根据大的自然地貌结构，明确城市发展方向、路网结构和城市布局，有助于通过城市布局形成的微气候与地貌特征相吻合，实现合理的通风、采光、调节小气候等城市的自然功能。

第二，微生态单元。特大城市和大城市发展速度很快，在过去快速发展的20年中，不断将周边用地环境吞噬，填埋了许多小水系，移平了众多小山包，改变了微生态环境，破坏了大面积微地形，扩大了人工环境，形成了城市恶性开放的蔓延特征。当城市化进程加快，城市人口规模剧增，城市问题突显，城市环境恶化的现状不断加重时，城市规划者、城市经营者和城市建设者不得不以人为的力量改善城市环境，在城市高地价的熟地上高投入规划出众多垫高的坡地绿化景观，挖出规定形状的小湖泊，营造出各个人工自然环境供市民休闲，劳民又伤财，早知如此何必当初？

而许多中小城市发展较慢，城市扩张速度较缓，城郊用地中尚保留了大量原汁原味的自然生态环境，如安徽宣城周边众多的微地形地貌（海拔100 m以下的众多浅丘），江苏江都周边众多的小水系，内蒙古巴彦淖尔市周边特殊的小海子（湖泊）和成片的草原更是风景怡人。在这些中小城市总体规划中，应“手下留情”，最大限度地加以保护，在不破坏的基础上利用开发。

第三，气候条件。影响城市规划与建设的气象要素主要有太阳辐射、风象、温度、湿度与降水等几个方面，对城市用地布局、道路线型选择、环境保护、城市发展方向等提供重要参考依据。综合上述自然环境要素分析，参见表5-1。

表5-1　自然环境条件对城市规划的影响

自然环境条件	分析要素	对城市规划的影响
工程地质	地质构造、地基承载力、冲沟、滑坡、地震、矿藏	城市布局、城市规模、用地指标、建筑层数、工程地基、抗震设施标准、工程造价、工业性质、农业
水文及水文地质	江河流量、流速、含沙量、枯水位、洪水位、地下水水位、水量、流向、水温、水质	城市规模、城市布局、用地选择、工业项目设置、给排水工程、防洪工程、桥梁工程、港口工程、农业用水
气象	太阳辐射、风象、降水量、蒸发量、湿度、气温、冻土深度、地温	城市工业分布、居住环境、绿地分布、环境保护、工程设计与施工、郊区农业
地形	形态、坡度、坡向、标高、地貌、景观	城市布局与结构、用地选择、道路系统、排水工程、用地标高、城市景观、水土保持
生物	生物资源、植被、生物生态	用地选择、环境保护、绿化、风景规划、郊区农业

② 人文环境。人文环境包括社会经济发展状况、历史沿革和历史文化资源三方面内容。

第一，社会经济发展状况分析。通过各个城市发改委、经信委、统计局等社会经济行业管理部门提供的最新及历年资料和数据，测算各项社会经济指标的发展速度、发展水平和发展现状，以此评价城市社会经济发展的主要动力，以及城市在区域中的社会经济地位，并在此基础上明确地方社会经济发展战略、产业布局以及自然环境资源的利用。

第二，历史沿革。历史沿革包括城市建设历史、行政建制历史演化、城市总体规划历史沿革。城市建设史是根据所有收集的图形资料，利用GIS技术，以图纸表现的手法描述城市各个年代城市空间的变化，分析城市空间的发展过程和发展规律（图5-1）。

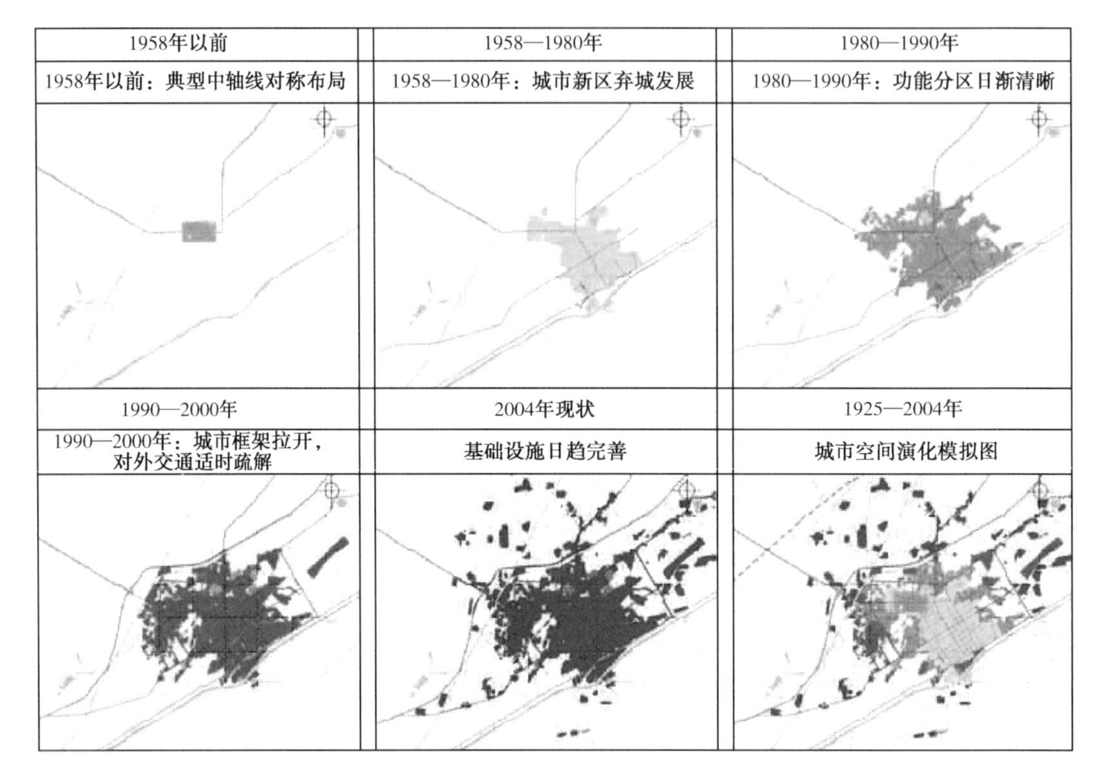

图5-1　内蒙古巴彦淖尔市城市空间的演化历史分析图

行政建制历史演化是对城市行政建制和隶属的分析，便于理解城市建设的发展过程，也有助于剖析城市文化习俗的成因（表5-2、表5-3）。

表5-2　宣城城市建制历史沿革统计表

县名	隶属	变更年代	备注
爰陵	鄣郡	始皇帝二十六年（前221年）	县治设于今城关镇
宛陵县	丹阳郡	西汉元封二年（前109年）	郡、县治所均设于今城关镇
无宛县	宣亭郡	新莽天凤元年（14年）	王莽改制，郡治无考。县名无宛，县治未变
宛陵县	丹阳郡	东汉建武元年（25年）	废无宛，恢复宛陵县名；废宣亭，恢复丹阳郡名。治所未变
宛陵县	宣城郡	西晋太康十年（289年）	郡、县治所未变。东晋咸和初（约327年）侨置逡遒县于境北水阳，隶淮南郡

续表 5-2

县名	隶属	变更年代	备注
宣城县	宣州	隋开皇九年(589 年)	撤郡设州,同时改宛陵县名为宣城。州、县治所未变
宣城县	宣城郡	隋大业三年(607 年)	改州为郡,郡、县治所未变
宣城县	宣州总管府	唐武德三年(620 年)	唐初设总管为地方军、政长官,县隶之。府、县治所未变
宣城县	宣州都督府	唐武德七年(624 年)	改总管为都督,治所未变
宣城县	宣州	唐贞观元年(627 年)	恢复州制,州、县治所未变
宣城县	宣城郡	唐天宝元年(742 年)	改州为郡,治所未变
宣城县	宣州	唐乾元元年(758 年)	改郡为州,治所未变
宣城县	宁国府	南宋乾道二年(1166 年)	以孝宗潜邸升为府。府、县治所未变
宣城县	宁国路	元至元十四年(1277 年)	路、县治所未变
宣城县	宁安府	元至正十七年(1357 年)	4 月,朱元璋占领后,改路为府,治所未变
宣城县	宣城府	元至正二十一年(1361 年)	府、县治所未变
宣城县	宣州府	元至正二十六年(1366 年)	治所未变
宣城县	宁国府	明洪武元年(1368 年)	治所未变
宣城县	安徽省	民国元年(1912-01)	废府,县直隶省
宣城县	芜湖道	民国三年(1914-06)	道治设芜湖市,县治未变
宣城县	安徽省	民国十七年(1928-08)	皖省试行首席县长制,宣城为首席县政府。治所设宣城。同年 10 月废首席县长制
宣城县	皖省宣城首席县长	民国二十一年初(1932-01)	署治设宣城,抗战爆发移驻宣西寒亭镇,1938 年春转移于泾县。宣城县治于 1937 年 12 月初移驻境南周王村
宣城县	皖省第九区行政督察专员公署	民国二十一年冬(1932-11)	署治设泾县,抗战胜利后移驻芜湖市。宣城县治于 1945 年 9 月迁回县城
宣城县	皖省第六区行政督察专员公署	民国二十九年(1940 年)	署治设宣城
宣城县	宣城专员公署	民国三十八年(1949 年)5 月	署治设芜湖市
宣城县	芜湖专员公署	1952 年 1 月	会治设芜湖市
宣城县	芜湖地区革命委员会	1971 年 3 月	署治设芜湖市。1982 年 4 月迁于宣城
宣城县	宣城地区行政公署	1980 年 2 月	经国务院批准,撤销宣城县,设立宣城地区
宣州市	宣城地区行政公署	1987 年 8 月 15 日	—

续表 5-2

县名	隶属	变更年代	备注
宣城市	辖宣州区和宣州地区	2000 年	—

表 5-3 临河市城市建制沿革表

时期	建制情况	背景
西汉时期	设临河县	隶属方刺史部统领,后废弃
民国十四年(1925 年)	绥远特别区划五原西部地设临河设治局	—
民国十八年(1929 年)	设临河县政府	—
民国三十一年(1942 年)	划临河西部、北部地区分别设置米仓县、狼山设置局和陕坝市政筹备处	—
1949 年 9 月	临河解放	随绥远地区一同解放
1950 年 4 月	设临河县人民政府	—
1954 年	隶属绥远省河套行政区	—
1958 年	隶属巴彦淖尔盟	河套行政区与巴彦淖尔盟合并
1984 年 12 月 11 日	设县级市	—
1998 年	城区设 9 个街道办事处、73 个居民委员会、1 个经济技术开发区	—
2002 年	城区共设 10 街道办事处	—
2004 年	撤市设区	—

城市总体规划历史沿革是指城市的总体规划历史,通过历版总体规划的编制背景、内容和实施效果分析城市现有结构的成因。对于历版总规的评价应当客观,以时代的特点审视当时的规划成果,并针对现状出现的新形势指出本版规划的新要求和新目标。例如,在对宣城城市历版总体规划的分析中,总结城市发展的特点,并客观评价其中的不足(表 5-4)。

表 5-4 宣城城市历版总规比较分析表

年代	1980	1985	1988	1992	1998
城市性质	宣城地区政治、文化中心,皖南旅游区的旅游点,以轻纺工业和农副产品加工为主的城市	宣城地区及宣州市的政治、经济、文化中心;按照历史文化名城风貌,建成以轻纺工业、农副产品加工工业和旅游业为主的中等城市	宣州是安徽的历史文化名城,皖南旅游风景区的旅游点,地区的政治、经济中心	皖东南中心城市和铁路枢纽	宣州市是皖东南地区的中心城市和交通枢纽,省级历史文化名城,是以发展工贸旅游和扬子鳄产业为主的山水园林城市

续表 5-4

年代	1980	1985	1988	1992	1998
人口规模	近期（1980—1985年）8万人；远期（1986—2000年）15万人，其中巷口桥2万人	近期（1985—1990年）15万人；远期（1991—2000年）20万人	近期（1990—1995年）13万人，其中市区11万人；中期（1996—2000年）17万人，其中市区14万人；远期（2001—2010年）25万人，其中市区20万人	近期（1992—1995年）10万人；中期（1996—2000年）12万人；远期（2001—2010年）20万人	近期（1998—2002年）28万—30万人；远期（2003—2010年）35万—40万人；远景（2010年以后）45万—50万人
用地指标	100 m^2/人	100 m^2/人	100 m^2/人	近期106.69 m^2/人；远期111.16 m^2/人	近期82 m^2/人；远期124 m^2/人
用地规模	15 km^2，其中巷口桥3 km^2	近期15 km^2，远期20 km^2	近期13 km^2，市区11 km^2；中期17 km^2，市区14 km^2；远期25 km^2，市区20 km^2	近期10 km^2；远期22 km^2	近期23—24 km^2；远期45—48 km^2；远景55—60 km^2
当年城市问题	1. 城市功能分区不清；2. 道路系统紊乱，功能不明；3. 城区内排水系统不完善；4. 宛溪河污染严重；5. 市政工程设施不配套，缺口较大；6. 城市中心地区建筑密度过大；7. 绿化用地极少；8. 无防洪设施；9. 无集中农贸市场	1. 城区用地功能分区不明，生产和生活相互干扰；2. 道路系统紊乱，功能不明；3. 给水能力不足；4. 排水系统不完善；5. 旧城区建筑密度过大；6. 公共绿地极少；7. 无防洪设施	1. 现状布局凌乱，功能不明确，生产和生活互相干扰；2. 城区内污染较严重；3. 市政设施不配套；4. 住房紧张，环境质量差	1. 水患严重；2. 中心城市的地位不太显著；3. 城市工业基础薄弱，缺乏大中型骨干企业；4. 科技人员缺乏，管理水平不高；5. 用地功能分区不明，生产和生活区相互干扰；6. 市政基础设施差	1. 中心城市地位不突出；2. 用地功能分区混乱；3. 市政基础设施配套不足
发展方向	城西和西北	向西和西北开发新区	西北方向	积极向西，稳妥向东南发展	逐步建设西部组团，积极向南拓展，在解决了防洪排涝问题的前提下适度稳妥向东发展
城市结构	北上西拓，局部调整	继续北上西拓，依托宣城老城，开发周边四个卫星镇	以老城为母体的组团子母状城市形态	两条城市轴线，两个城市中心，三片工业仓储用地，三条绿色走廊	城市由老城、城北、西南、东南以及城东五个分区、九个组团构成

续表 5-4

年代	1980	1985	1988	1992	1998
道路系统	两横两纵的方格网主干道布局系统	在原有老城十字街的基础上，在西北方向增加横纵两条干道	自由式道路系统，满足过境、交通、生活和游览等功能	疏通东西干道，理顺老城南北道路	以昭亭路、九洲大道—鳌峰路为两条交通轴线，以规划的城市环路为交通纽带
其他	本版总规缺乏地形图资料	近期建设原则：以老城为依托，积极发展新区	本规划没有报批	本版规划以坡度为依据完成了用地评价	突出了城市景观风貌规划

从 1980 年到 1998 年近 20 年间，宣城的历版总规延续性很强，其确定的城市性质、规模、空间结构和发展方向基本符合当时现实条件下城市的发展态势。经过几次调整与修改基本明确了宣城的用地功能分区，北部和西部形成较集中的工业区，奠定了宣城市较好的城市建设基础，基本形成面状延伸，指状发展的城市平面布局形态。然而，历版总规受到洪水淹没的现实条件影响，城市发展一直选择西向，促使城市备用地极其匮乏，而且地处丘陵或浅丘区，用地条件较差，工程处理难度越来越大。城市老城区的建筑密度急剧升高，土地承载力不断加码，对于这个地震不设防的城市来说存在着潜在的地质活动隐患。自然形成的水文地质条件已经严重影响了城市的发展，就城市建设现状而言，城市用地功能结构还不能完全适应市场经济发展的新形势。

第三，历史文化资源。保护城市历史文化遗产大体分三个层次，分别是保护城市文物古迹，保护具有传统风貌的历史街区，保护历史文化名城。对于各个区域的保护在总规层面划定分区，其保护的具体措施应在下一个层面的规划中加深控制。对于历史文化的挖掘应注重与精神生活的融合，保证地方文化底蕴的良好发挥。因此，在城市总体规划中应尽可能挖掘城市的历史文化资源，突出中小城市特色。具体的保护措施包括三项内容：一是避免建设性的破坏，在旧城更新和房地产开发中，不搞不切实际的所谓大手笔、大气魄的建设，避免大拆大建和过度开发，保持原有城市文化韵味，珍惜真古董，不热衷于建造假古董。二是协调好改善市民居住环境与保护历史文化遗产之间的关系，不片面，不极端，建立双赢的机制，做好环境衔接。三是完善保护法制，增加执法力度。因为没有明确具体的法律条文管理，一些地方官员一句话就让许多重要的文化遗产化为乌有，所以，对历史文化遗产的保护应加快立法，不仅要有行政法来保护，而且要用刑法保护。

(2) 研究区域发展的整体形象特色

城市的开放性，决定了城市与区域的相互融合和相互渗透关系。研究区域整体形象和区域特色有助于把握区域内城市发展背景、城市发展基础和城市性质，有助于从更广阔的角度进行城市自身的 SWOT 分析。作为人化的区域环境，对城市影响最大的是经济和文化。

① 经济结构。区域经济特色因区域资源结构、基础设施条件、科技环境等条件不同而不同，不同规模的城市作为区域相应等级的核心，是局部经济增长点，具有较区域中其他居民点更强的凝聚力和辐射程度。城市的繁荣是经济共同发展的主要推动力，反之，区域繁荣是城市再发展的基础和积累。形成具有一定实力经济特色的主要要素是投资环境，由资源、

劳动力、市场和城市设施环境等要素形成。在城市总体规划中，翔实分析区域经济条件、经济基础和经济结构是从更高层次了解城市的发展历史和经济奠基史。

② 文化传统。文化传统是由区域一定群体经过历史的洗礼，逐渐演化形成具有时代烙印和地方独特性的风俗、习惯和特定的文化环境，其表现方式分有形和无形两种形态，既有融于吃、住、行的日常活动中的文化传统，又有建筑风格、饮食文化、民俗风情、地方方言等有形的实体表现。城市作为区域的一个重要节点，是区域文化传承的中心之一，也是文化传统演化发展的基地。在城市总体规划中研究、发掘广域的文化传统，有益于突出城市特色，理性化塑造城市形象，以地方文化传统包装城市个性，体现城市特色。

(3) 研究市域城镇体系的核心内容

市域城镇体系规划通常与城市总体规划一起编制，是城市总体规划的一项重要内容，但是作为中小城市，受到行政区域调整的影响，市域范围变动较大，对市域城镇体系的规划研究都比较滞后，因此其内容要加深。概括起来，主要包括以下五方面内容：

① 全市基本情况分析。包括全市现状、历史和经济发展阶段的分析，对全市基本概况有初步了解。

② 全市宏观经济发展战略。通过对全市区域资源结构、基础设施、现有基础和发展条件分析，明确全市宏观经济发展战略，并依此进行宏观经济布局。

③ 市域城镇发展战略。通过对市域范围城镇发展现状和分布特点的研究，系统分析城镇化发展水平和进程，确定城镇发展战略和城镇布局规划，明确城镇的分级体系和不同的规模、职能以及空间发展轴的走向。

④ 市域城乡发展空间管制规划。通过对市域空间发展管制的地域类型划分，提出城乡空间发展的管制要求和政策建议，明确各类用地的保护和开发等级，必要时补充市域旅游发展规划。

⑤ 市域基础设施规划。包括市域交通规划、市域给水工程规划、市域水资源平衡规划、市域排水工程规划、市域供电工程规划、市域通信工程规划、市域燃气工程规划、市域供热工程规划、市域环卫工程规划、市域防灾规划规划、市域环境保护规划等内容，通过合理的需求量预测，明确具体的规划内容。

2) 区域定位

(1) 区域发展目标和战略

① 区域发展目标即区域一体化目标，是区域共同繁荣的一种表现。作为区域共同发展的理念，必须实现区域资源环境共享、生态和基础设施共建、文化文明共创、社会经济共同进步。从理论上讲，城市是区域的核心和增长极，城市的开放性决定了城市与区域之间每时每刻都进行着信息、能量和物质等各项要素的交流。中小城市在省(自治区、直辖市)级区域范围内只是一个节点，但与区域的其他节点具有很大的相关性，所受区域的影响比自身对区域的影响要大。在总体规划中，应将区域发展目标作为指导或衡量中小城市发展的目标。

② 区域发展战略包括经济发展战略和空间发展战略。其中，经济发展战略包括经济发展速度、经济发展模式和产业发展战略；空间发展战略包括城镇布局、城镇空间结构、区域重大基础设施的衔接与选址、区域城镇职能分工与定位。在掌握了区域发展战略的基础上，明确中小城市的发展战略，主要包括经济发展速度、经济发展目标预测、产业调整与布局、空间发展方向、空间结构和基础设施等内容。

(2) 区域发展机遇和前景分析。

区域发展机遇和前景分析即在区域范围内进行 SWOT 分析。

① 优势。区域在自然资源、气象条件、区域位置以及政策等要素中明显优于其他地区的条件，即为优势条件，对区域及所包含各个城市的发展具有推动作用。

② 劣势。相对其他有优势的地区，一些条件的匮乏成为区域的劣势条件，可以此为依据明确中小城市发展的局限性和劣势内容，便于中小城市在发展中因地制宜而不盲目追风和仿效。

③ 机遇。在更大区域范围内对突变的国际、国内条件分析论证，针对区域资源结构和经济基础，明确现阶段区域内中小城市发展的机遇和紧迫性。

④ 挑战。在同等条件和形势下，区域和城市的发展面临着诸多竞争和挑战，对挑战的翔实分析便于提出应对措施和注意事项，化解将面临的各种矛盾。

SWOT 分析对区域的发展具有重要意义，通过分析，可以利用优势，抓住机遇，改变劣势，迎接挑战，变被动发展为主动出击，加快城市发展速度。

3) 区域政策解读

为促进地区发展，国家在特定时期会出台一些区域政策，中小城市应密切关注其所在区域的相关政策，及时争取政策红利，促进土地财政化向空间产业化转型。

自 2013 年以来，发改委深入实施区域发展总体战略，根据各地区发展现状和潜力，实施差别化区域发展政策。

一是加大对东部地区的制度供给。当前，东部已进入企稳回升和转型发展的关键时期，要在深化改革、扩大开放方面加大制度供给，进一步夯实转型发展的基础。重点加快浦东新区、滨海新区、深圳前海、珠海横琴、福建平潭、舟山群岛新区、中国(上海)自由贸易试验区等功能区建设，加快重点领域改革和先行先试，为改革全局提供经验，并通过制度创新为转型发展提供新动力。

二是加大对中西部和东北地区的支持力度。在重大规划、重大政策、重大改革、重大项目审批核准和资金安排方面给予支持和倾斜。加强能源外送通道建设，适当增加资源本地化深加工与利用比例，提高战略性资源收储规模，对严重下滑的能源原材料行业给予必要支持。中央投资将向中西部地区重大基础设施和民生工程领域倾斜，确保各项保障和改善民生工作不因经济放缓而受影响。研究出台新十年全面实施东北等老工业基地振兴战略政策文件。

三是扩大区域开放合作。把构筑开放型经济体系和创新区域合作方式作为塑造区域发展新优势的着力点，支持长江三角洲、珠江三角洲、环渤海、长江中游城市群等地区加强区域合作，积极推动一体化发展。健全合作机制，加强长江等重点流域地区合作。支持中西部地区承接产业转移示范区建设，鼓励与沿海地区合作共建产业园区。推动内陆和沿边开放，加快云南向西南开放桥头堡、新疆喀什和霍尔果斯经济开发区建设，支持图们江区域(珲春)国际合作示范区和满洲里、瑞丽、东兴等沿边重点开发开放试验区建设，支持开展跨境合作。

此外，一系列的区域规划出台，并相应落实一些细则，2015 年 3 月 23 日，中央财经领导小组第九次会议审议研究了《京津冀协同发展规划纲要》。中共中央政治局 2015 年 4 月 30 日召开会议，审议通过《京津冀协同发展规划纲要》。纲要指出，推动京津冀协同发展是一个重大国家战略，核心是有序疏解北京非首都功能，要在京津冀交通一体化、生态环境保护、产业升级转移等重点领域率先取得突破。这意味着，经过一年多的准备，京津冀协同发展的顶层设计基本完成，推动实施这一战略的总体方针已经明确。

2010年5月24日，国务院正式批准实施长三角区域规划。这是贯彻落实《国务院关于进一步推进长江三角洲地区改革开放和经济社会发展的指导意见》（国发〔2008〕30号）、进一步提升长江三角洲地区整体实力和国际竞争力的重大决策部署。长江三角洲地区包括上海市、江苏省和浙江省，区域面积21.07万km^2。该地区区位条件优越，自然禀赋优良，经济基础雄厚，体制比较完善，城镇体系完整，科教文化发达，已成为全国发展基础最好、体制环境最优、整体竞争力最强的地区之一，在中国社会主义现代化建设全局中具有十分重要的战略地位。当前，长江三角洲地区面临着提高自主创新能力、缓解资源环境约束、着力推进改革攻坚等方面的繁重任务，正处于转型升级的关键时期。指导意见的实施有利于这一地区进一步消除国际金融危机的影响，加快转变发展方式，不断提升发展水平，带动长江流域乃至全国经济又好又快发展。“一核九带”：以上海为核心，沿沪宁和沪杭甬线、沿江、沿湾、沿海、沿宁湖杭线、沿湖、沿东陇海线、沿运河、沿温丽金衢线为发展带的空间格局。

2015年，国务院批准《环渤海地区合作发展纲要》（以下简称《纲要》），涉及北京、天津、河北、山西、内蒙古、辽宁、山东7省（区、市）省人民政府，是推进实施“一带一路”建设、京津冀协同发展等国家重大战略和区域发展总体战略的重要举措。《纲要》提出，努力把环渤海地区建设成为我国经济增长和转型升级新引擎、区域协调发展体制创新和生态文明建设示范区、面向亚太地区的全方位开放合作门户。国家发改委将按照国务院批复精神，会同有关部门加强对《纲要》实施情况的跟踪分析和督促检查，研究新情况、解决新问题、总结推广好经验好做法，会同有关省（区、市）人民政府适时组织开展《纲要》实施情况评估，重大事项及时向国务院报告。

区域政策除了国务院批准的，还有各个部委，如国家发改委、国家旅游局、国家林业局、国土资源部、农业部、住建部等一系列的政策发布，作为中小城市要密切关注，根据各自实际条件积极争取土地、资金、政策等支持。例如，住建部2008年力推绿色建筑，2010年出台《国家级风景名胜区和历史文化名城保护补助资金使用管理办法》，2011年开展低碳生态试点城（镇）工作，2013年提出智慧城市，2014年提出智慧社区和开展三规合一试点工作，2016年推出海绵城市、综合管廊和特色小镇等一系列工作。

5.1.2 规划重点

从区域的大背景中挖掘中小城市发展的目标和空间调整应对战略，把中小城市内部的空间结构放在区域系统统一考虑。把中小城市的特色结合现有政策综合考虑其发展前景，城市总体规划的重点应放在区域领域中的各方面考虑。

1）与区域基础设施的衔接

（1）与区域空间交通网络的衔接

城市对外交通系统与区域交通网络的良好衔接是城市开放性的保证。区域交通网络不仅影响城市的对外辐射能力，还影响城市的投资环境。在中小城市总体规划中，城市对外交通系统规划主要包括民航、铁路、公路、航运等四类。

① 民航。对于有民航机场的城市，主要研究城市与机场的交通情况，按预测需求量改良交通状况和等级。此外，结合周边城市总体规划，积极衔接与周边城市（镇）相关的通向道

路，提高民航的利用率。对于没有民航机场的城市，按就近原则选择区域内可利用的民航机场，可以在本区域内，也可以跨区，以尽可能方便的通达方式降低交通成本，必要时按时段设置民航通勤车，为客户远路出行提供便利条件，提高城市通行效率。

2016年，国务院办公厅印发《关于促进通用航空业发展的指导意见》（以下简称《意见》），这是我国首次对通用航空从全产业链角度进行的顶层设计和部署，据不完全统计，目前全国已有160多个县级及以上城市在规划、建设通用航空产业园区或产业基地，遍及我国内陆28个省（自治区、市）。因此，需要国家在宏观层面加强组织和引导，防止低端和过热发展。《意见》提出在全国范围内建设50个综合或专业示范区，促进通用航空业集聚发展。重点打造具备国际先进水平的通用航空制造龙头企业，培育一批具有核心竞争力的骨干企业，支持众多中小企业集聚创新。一些地方甚至提出只要距离已有机场超过50 km的地区，人口规模达到一定数量都可以申报。通用航空业的发展无疑会带动中小城市的转型，在规划中应结合实际情况综合考虑。

② 铁路。铁路规划应与铁路规划部门相协调，服从全国铁路系统规划，中小城市按客货需求可规划支线铁路，增加铁路站场，在城市用地布局中预留用地，规划客货疏解的道路。

城市规划中首要关注的应该是高铁，中国高铁的建设经历了起步到成熟的过程，通过改造原有线路（直线化、轨距标准化），使最高营运速率达到不小于200 km/h，或者专门修建新的“高速新线”，使营运速率达到至少250 km/h的铁路系统。随着京津城际铁路、京广高速铁路、郑西高速铁路、沪宁城际高速铁路、沪杭高铁、京沪高铁、哈大高铁、兰新高铁等相继开通运营，中国高铁正在引领世界高铁发展。沿线设站城市机遇突出，高铁对中国工业化和城镇化的发展起到了非常重要的促进作用，促使高铁沿线中心城市与卫星城镇选择重新“布局”——以高铁中心城市辐射和带动周边城市同步发展。中小城市应高度重视高铁的走向，并积极争取站点，或者争取与最近的站点保持便捷快速的公路联系。

③ 公路。主要指高速公路和国道。高速公路给中小城市预留的交叉口数量和位置对城市的用地布局影响很大，城市总体规划中应合理安排城市道路与高速公路的衔接，并相应调整用地性质，一般仓储用地、物流用地、工业用地、市场用地安排在连接高速公路便捷的区域。国道是过境交通的主要载体，对城市活动干扰很大，许多中小城市发展过程中将国道包进城市中，与城市交通相互干扰。在总体规划中，应将过境交通搬迁出去，原址道路调整为城市道路。

④ 航运。航运包括海运和河运两种。中小城市的港口吞吐量一般较小，运输货物也多为建材类和食品类，城市总体规划中应注重港城职能划分和货物的疏散，合理规划疏港道路，及时疏散转运货物。

无论海运还是航运都要结合堤岸进行业态和景观设计，打造自然生态河道或海岸堤岸，尽可能增加“增强水体自净、堵疏结合、蓄滞并重、控制污染产业”等生态效益，滨水空间尽可能打造连续的公共空间，以水美城，进行航运＋旅游＋景观等综合开发，总体规划中应注重滨水地区的整体设计。

（2）与区域市政基础设施的衔接

① 给水工程。近几年，各地县（旗）城关镇均编制了总体规划，由于各地情况和预测方法的不同，形成了各县（旗）城关镇用水量标准不一致。应根据城镇体系规划确定的规划人口和用水指标进行用水量预测，各县（旗）城关镇用水量与水厂规模相应调整。中心城区给

水工程规划中也应遵循全市域的水资源平衡，以不浪费、节约水资源为原则。供水水源的保护和开发是影响各地县(旗)城关镇未来发展的关键因素，各地几乎都面临着寻找新水源的问题，其中既有水质型缺水、也有水量不足的原因，规划建议可以采取工业和生活分质供水和中水回用的原则，以满足城镇发展的需要。同时强化各水源地保护工作，严禁随意开采地下水，对地下水资源要统一管理、合理开发，严格控制污水的随意排放，设置水源地保护区，明确保护范围和保护要求。

② 排水工程。现状市域的排水状况大多较差，污水处理设施缺乏，污水未经处理直接排放居多。规划应根据科学预测污水排放量，确定污水处理设施，通过提高中水利用率节约水资源。污水处理方式应根据气候条件和已建设施的实际处理效果，科学地选择污水处理工艺。处理深度为3级后的出水可用于绿化、浇洒道路、公厕冲厕等市政管理用水。

③ 供电工程。市域普遍存在的问题是电网结构欠合理，电网发展水平较低，运行不经济。而中心城区出于用地经济和生活生产安全考虑，电厂和大型变电站皆布局在城市郊区范围，规划中应做好选址。在市域电力负荷预测及电力平衡的基础上进行电源和电网规划。

④ 通信工程。通信工程主要包括电信、邮政和广播电视三类。其中，市域通信网络有待完善和提高，农村与城市通信发展水平相差巨大，部分边远地区仍不能通话；城市通信管网的建设缺乏统一规划和管理，有限的路由资源没有得到充分、合理的利用，各家运营商各行其道，管理无序。目前，邮政事业在发展中存在的主要问题是：邮政作业机械化程度低；包裹分拣、农村营业网点还处于手工操作阶段，基础设施和科技投入不足；由于资金缺乏，邮政设施不能和城市同步配套，邮政企业整体技术含量不足；企业负担重，一些企业仍未摆脱亏损局面。广播电视普遍存在的问题是：广播电视覆盖率低，少数边远牧区、山区有的仍接收不到广播电台节目；部分有线电视网络技术设施落后，传输容量少、用户少；另外，市广播电视台办公场地狭小、混杂，不便使用和管理。电信应进一步建设完善电信传输基础网，扩大网络规模，重点抓好中继光缆和接入网光缆建设，建设各县乡的主干环节点及支环，增强传输能力。在城区实现光纤到路边、到小区、到大楼；在农村使光缆在连通全市各乡镇的基础上，延伸至村社，实现村村通电话。邮政以发展现代邮政适应社会需求为指导方针，加快邮政业务结构调整，大力发展电子邮政和物流畅送，形成邮递类业务、邮政金融类业务，电子信息类业务和集邮业务类四业并举的格局。广播电视改造完善无线网络，对现有广播、电视设备进行改造，实现全数字化。增建电视转播台、差转台，扩大无线广播电视覆盖范围，重点发展有线电视网络，本着高起点、高标准的原则，建成集图像、声音、数据于一体的数字化、宽带化、综合化，智能化广播电视综合信息网络。

⑤ 燃气工程。市域统一规划气源和供气方式，并根据用气量预测进行供气设施规划，根据《城镇燃气设计规范》确定居民耗气定额。

⑥ 供热工程。大力发展集中供热，改变分散的供热方式，逐步减少现有分散小锅炉的供热面积，严禁新建并逐步取缔各单位的小锅炉房。工业与民用兼顾，生产用热与采暖用热结合。有条件的城镇应充分利用工业余热采暖，减少燃煤量，提高经济效益和环境效益。热电结合，结合集中供热，发展热电联产，以热定电，提高能源利用率。

⑦ 环卫工程。近几年，随着经济的发展和城镇化进程的加快，人民生活水平不断提高，城镇人口及城镇规模不断扩大，城市垃圾产生量也随之大幅增长，在垃圾成分的构成上也由过去的以灰渣等无机物为主转向以有机物为主。近期对垃圾处理首先实现无害化，远期逐

步向减量化、资源化、无害化方向发展。城市垃圾采用卫生填埋法处理；对医疗垃圾等有毒、有害的特殊垃圾采用焚烧法等进行特殊处理。加快各县(区、旗)垃圾处理厂的建设，实现城市垃圾的无害化处理。

⑧ 防灾规划。综合防灾包括防洪、消防、抗震防灾和人防四类。其中，防洪主要包括河洪和山洪两类，尽可能利用城市已有工程，本着完善、提高和预防的原则新建工程；滞洪区的选择尽可能利用现有的湖泊、壕沟和低洼地，以减少占地。防御洪水应采取工程措施和水土保持措施相结合进行综合治理，即在上游区域通过植树造林、筑坝、拦沙、建造水库调蓄、拦蓄洪水等方法控制水土流失，增强涵养能力。下游修建围堤、滞洪区、泄水渠以达到防洪减灾的目的。对沿山防洪主要是导流坝和石坝的建设。消防继续贯彻“以防为主、消防结合”的方针，以消防站从接警起5分钟内到达责任区最远点为依据进行消防站设置，消防站尽量设在责任区中心及附近位置，尽量设在交通便捷，距公共设施近的地点。抗震防灾坚持“以预防为主，防御与救助相结合”的原则，认真做好抗震减灾工作，不断提高全市抗御地震灾害的综合能力，强化对城市抗震防灾规划和建筑抗震设防的管理，提高建筑、构筑物抗震能力。加强组织机构落实和抗震减灾宣传工作，增强全民的防震减灾意识，提高自救能力，最大限度地减轻震害损失，利用城市道路、广场、绿地作为人群疏散场所。人防坚持“长期准备，重点建设，平战结合”的方针，使人防建设与经济发展相协调，与城市建设相结合，强化人民防空建设，进一步完善健全组织机构，加大人防工程建设力度，全面规划，综合安排，同步实施，将人民防空建设纳入法制化轨道，全面提高城市的总体防护能力，使城市平战功能健全，为人民生命和财产的安全提供可靠保障。

⑨ 环保规划。综合分析大气环境、地面水环境、地下水环境、固体废物排放情况以及生态环境问题，采取保护、改善环境，解决现状问题，预测潜在矛盾，提出大环境的综合整治措施。

2）与区域规划成果的衔接

(1）城市规模上的衔接

城市人口规模与市域、省域城镇体系人口规模相衔接，城市用地规模与土地利用总体规划相协调。在城市规模的核定中，应将预测值与区域相关指标校核，以免出现区域各个单位城市人口规模预测值之和超过区域总人口预测规模。此外，本着珍惜土地资源，合理开发的指导思想，以地尽其用的思想配置用地性质，既要满足区域范围保护耕地的要求，又要满足城市发展的迫切要求。因此，适当提高建筑容积率，改造旧城，激活城中村或未利用地，是提高城市土地利用率的一项重要措施。在城市总体规划中应通过国土部门和城建部门共同协商解决用地问题，从而明确城市用地指标和规模。

新修订的环境保护法体现了底线思维，生态保护红线被首次写进法律之中，为城市规划提出了一条生态保护“高压线”。生态保护红线，实质上就是生态环境保护底线、经济发展的环境承载底线和国家安全的重要底线之一，当前，我们依然面临着严峻的环境形势，雾霾频频发生，水污染问题突出，环境突发事件频发。一个国家和地区经济和社会发展，必须建立在一定的资源环境基础上，必须是在一定的环境承载力范围内进行的。用立法形式把生态保护红线确定下来，有利于推动建立基于环境承载能力的绿色发展模式，进一步促进中国经济绿色转型。

中小城市的发展，是国家发展的根基之一，要牢固树立红线就是底线、红线就是高压线、红线就是生命线的意识，以守住底线，增强环境保护对社会建设的支撑力，对经济发展的优化力，对国家安全的保障力。严格按照红线要求进行规划，切实保护好现有森林、湿地、野生动植物及其生物多样性，尽快扭转生态系统退化、生态状况恶化的趋势，奠定牢固的生态环境基础。

（2）城市定位上的衔接

与区域经济发展目标和战略相适应，明确中心城区产业发展战略，指导基础设施建设。当前，我国区域发展走向合作与竞争共存的状态，合作主要是基础设施和生产的合作，而竞争更多趋向于人才和资源的竞争。无论哪种形式，同属某一区域的城市群，或同属某一核心城市辐射区域的中小城市群，都共同分享着区域大市场。因此，城市定位应建立在区域定位之下，在区域中明确城市的功能和地位，以区域发展为平台，寻找着力点或突破口，选择自身的发展模式。

找准城市定位，有利于提升城市竞争力，促进城市发展，城市定位一般基于两方面考虑：一方面是内部因素，综合考虑地理位置、资源优势、环境质量、历史遗存和文化特色，内部因素必须是特有的、唯一的，才有利于独特的定位；另一方面是外部因素，包含政策扶持、热点地区、区域发展等外部要素，是被动的，但是城市会深受影响。城市定位的研究要统筹考虑内外条件，突出优势，规避劣势，抓住机遇，精准定位。

（3）城市结构和城市发展方向上的衔接

与区域城镇结构相协调，明确城市发展方向。以往城市向周边“摊大饼式”的蔓延方式，在许多特大城市和大城市的发展经验中已经遭到规划专家的批评，这种逐渐加密的城市生长方式已经为城市带来诸多问题，交通拥挤、社会矛盾激化等老生常谈的“城市病”早已不胜枚举。通过学习借鉴国内外一些良好的城市形态，规划人士普遍认为“组团式结构”应当成为一定规模城市的合理选择。例如，一座城市发展之初，城市各项设施的投入都是集中式；当城市人口增加时，城市设施不断补充，是以增加的方式在原有基础上向外延伸，居民的通勤方式也由步行向人力车转化；当通勤距离再扩大到一定程度时，机动车取代非机动车或步行，交通方式不得已发生转变，城市再延续原有的摊延方式就会出现城市负重过大，城市中心压力过重。此时，解决这种问题的较好方式是组团式发展，将城市中心职能分解，适当加大城市设施的投入，提高城市发展的社会效益和环境效益。因此，20 万—50 万人的中小城市其通勤方式将出现重大变革，城市结构和城市发展方向的选择应具有战略的思维。

（4）与经济结构和产业布局的衔接

经济结构的各个组成部分之间，都是有机联系在一起的，具有客观制约性，不是随意建立任何一种经济结构都是合理的。一座城市的经济结构是否合理，主要看它是否适合区域的实际情况，能否充分利用内外一切有利因素，能否合理有效地利用人力、物力、财力和自然资源，是否既有利于促进近期的经济增长又有利于长远的经济发展。中小城市的经济结构要么结合区域的大格局，要么突出自身特色，走差异化路径，才能稳步持续增长。对于产业布局也相应地进行空间的呼应，共享基础设施和有限的资源环境，实现共赢。

5.2 规划编制第二阶段

城市总体规划的第二阶段是明确城市发展战略、推进市域城镇体系编制和中心城区初步方案构思阶段，即根据城市地理地质特征、历史文脉、布局现状、城建现状综合分析设计城市空间结构。

5.2.1 编制要点

该阶段的编制是整个规划过程最关键的步骤之一，也是技术投入的核心阶段，城市发展中的一些重大问题都在该阶段提出，并归纳出解决方案，编制要点主要包括五方面内容。

1）初步提出城镇体系规划思路

（1）确定城镇发展战略

通过分析中心城区在市域的地位作用，人口分布规律和发展趋势，基础设施状况等，总结区域城镇空间结构规律，确定均衡发展战略或非均衡发展战略。

（2）测算各项指标

通过分析区域城镇化现状特征，判断城镇化发展趋势，从而综合多种方法预测城镇化水平和城镇人口与用地规模。城镇体系规划中人口规模结构规划的任务，是在确定的城镇化目标下对市域城镇人口的空间安排，是对不同等级城镇的人口规模进行量化。

（3）明确城镇等级规模

根据城镇在市域中的地位高低和发挥作用的大小，通常用指标对比说明，确定其在市域城镇体系中的等级。不同等级的城镇在不同大小的地域范围内分别发挥不同层次的中心城镇作用，由此层层递进，推动市域整体的发展。

（4）疏理城镇空间结构和职能结构

城镇体系中空间结构规划的任务是通过城镇发展轴的确定而明确市域空间的城镇发展格局和城镇的重点发展地区。城镇体系中确定城镇发展轴，是规划者基于对该地区宏观经济发展前景与城镇空间布局趋势的判断，而对城镇未来重点发展地区和城镇发展时序进行确定。城镇职能结构规划的任务是从市域角度出发，根据每个城镇的具体区位与条件，确定其在市域宏观经济布局中的分工及所应承担的职责。

2）提出城市问题

挖掘城市问题是总体规划的第一个关键的技术步骤，通过了解分析城市发展的一切背景资料，综合考虑行政建制因素、民俗习惯、历史事件以及地方反馈意见等，透彻总结城市现状出现的一切问题，包括历史遗留的、现状产生的、还有可能要发生的问题。城市问题的解析有助于提高城市规划方案的科学性。

（1）城市结构问题

综合审视现状城市的空间结构特征、存在问题和改良目标，通过城市建设史分析城市结构的必然性和成因。城市结构不合理，不仅制约着城市经济的发展，还影响着城市的长远发展。对城市结构问题要着重分析城市用地的历次重大调整，通过多元统计分析和技术计算用地调整后与城市经济的相关性，利用比较法将同样的相关性指标与相邻城市或相似城市进行对比，由定量分析推导定性结论，指出城市结构出现问题的症结和时间。城市结构的改良要逐步进行，分阶段引导。

（2）历版城市规划实施问题

通过对比历版总规的编制内容和特定的编制背景，把握城市历次的实施情况和原因。由于城市总体规划重在多领域协调，追求的是整合效益，任何总体规划成果一经批准，必然经历了技术探讨和综合协调过程，而在实施过程中因为种种外因，可能要做局部调整，而这种调整强调的是局部利益，必然产生相应的矛盾，规划实施就不断协调新产生的各类矛盾，严重的将形成一种恶性循环式的管理过程。这就是一些城市在实施总体规划中局部修改，出现问题后却认为是规划失误的原因，殊不知总体规划是一个“牵一发而动全身”的有机整体，局部调整必然影响全局。因此，对历史遗留问题的研究十分必要。

(3) 城市各类用地布局问题

按照城市用地分类，系统总结城市各类用地的不合理配置，即包括自身位置、规模、功能和数量上的不合理，也包括各类用地之间的相互干扰。不同性质用地对环境既有一定的影响，也有特殊要求，在用地布局中通常考虑各项用地的相融性和相关性。例如，仓储用地主要承担大量的进货和出货，交通十分繁忙，噪声大，一般布局在对外交通便捷，与居住区保持一定距离的城郊，但随着城市的扩展，在大多数中小城市中，仓储用地被包进城市，对居民生活造成极大干扰。因此，在新版城市总体规划中应充分分析城市发展过程中新出现的各种不合理用地问题。

(4) 城市环境问题

城市环境包括城市自然和人文环境两种，通过分析自然环境总结城市生态问题；通过分析城市独特性和特有的民俗习惯、历史文化等人文内容，总结城市形象特征，提炼城市特色。对于城市环境，中小城市政府尤其重视投资环境，对城市表面可视空间进行装饰，而忽视不可视部分，包括大气环境和地下管线。换言之，重“形象工程”轻“实用工程”。事实上，形象工程只能带来短期效益，而实用工程才能推动长期效益的发挥。

(5) 城市定位问题

城市发展定位的摇摆是制约城市有序稳定发展的主要因素，是造成空间资源浪费的主要问题，是城市政府思想不统一的主要表现。通过研究城市发展历程，研究历年发展定位对城市发展的影响。系统分析城市历年经济、环境和社会发展等相关数据，解读城市发展对以往定位的适应性，综合分析城市的偏移程度，制定修正措施，从而一举依据资源禀赋、发展条件、规划预期和经济基础提出新时期的长远定位。

3) 确定城市发展目标

(1) 经济发展目标

以地区国民经济和在实施的五年计划或下一个五年奋斗目标为依据，确定近期国内生产总值、财政收入、全社会固定资产投资和人民生活水平等指标。根据城市地区生产总值增长速度的变化趋势，参照国家有关机构对未来地区生产总值增长速度的宏观预测，综合预测多方案(高、中、低)的城市经济发展目标，明确三次产业结构调整方向，经济发展目标的预测要有一定弹性来适应可变的市场经济环境。明确工业发展布局和主要产业发展战略，确定新兴产业发展目标，促进产业区域协同发展规划。

(2) 社会发展目标

按照经济指标的预测，分阶段推断人民生活水平、就业形势、城市化率。社会发展目标包括完善社会主义市场经济体制，健全社会保障制度，不断增强城市综合竞争力，逐步塑造城市现代化形象，社会事业全面发展，科技更加进步，以养老、失业、医疗为主的社会保障体系基本健全。一方面，进一步明确人才引进机制和平台建设，推进农村转移人口市民化计划，明确相关积分政策和实施目标。搭建各类创新平台，培育科技高端人才。另一方面，推进社会治理工作，丰富群众文化生活，依托“文明、创新、开放、奋进”的精神为社会发展提供思想保障。

(3) 环境保护目标

根据城市环境问题，明确城市生态化、园林化的发展可行性，测算城市环境容量，提高森林覆盖率(一般达50%左右)，提高城市人均占有公共绿地水平(大于9 m^2)。制定严格的环境保护规划，对区域内的河流水系、林地、山区、风景区等自然资源给予保护；对区域内垃圾分类，做好分类处理或再生资源化工作；明确新增绿地面积，落实大气污染防治工作，整改污染源，推行智能化、节能型公共服务设施，推进智慧城市建设，倡导绿色低碳出行。

4) 制定城市发展战略

城市发展战略是对城市经济、社会、环境的发展所作的全局性、前瞻性的谋划和规划，既要关注城市发展阶段的主要门槛，又要重视城市整体和长远发展目标，进行现阶段的重大、全局、决定性意义的规划。一般而言，包含以下四方面内容：

(1) 长远目标体系的建立

首先充分解读城市所处的历史背景，包含政策背景、发展背景、时事背景，解析长远发展目标；其次系统分析城市在区域中的主要特征，修正长远目标并带有个性甚至唯一性；第三科学测算城市环境承载力，明确城市发展的局限性，摒弃不可行的发展目标，制定长远目标体系。

(2) 关键问题的梳理

通过历年数据的定量分析，找出地方发展规律，通过比较研究，明确地方特色，以定性分析方法明确城市当前在城镇布局形态、生态格局、交通体系、资源结构、产业构成等方面存在的主要问题，尤其是抑制城市竞争力的问题。关键问题的把握着重问题的决定性、突出性和预期可解决性。

(3) 制定城市发展战略

通过比对长远发展目标和关键问题的处理措施，依托情景模拟、案例比较、对比分析等方法，制定一个或多个处理方案。在可行性基础上进行对比，明确各个方案优缺点和实施的难点和重点，从宏观层面上把握城市发展的定位、定向，从微观上解决当前迫切的问题，最终提炼城市发展战略，通过综合表述表达，也可以在产业体系、空间结构、区域协同、交通体系、环境系统等多领域分别描述。

(4) 战略实施策略

提出城市发展战略的实施指引，包含组织保障、总体实施思路、实施计划、重点项目提炼、实施重点、可能出现的问题等方面内容。综合考虑城市发展战略的成本分担机制、投融资模式、发展平台建设、主要突破点、政策保障机制等内容。

5) 探讨城市性质

(1) 历版总体规划明确的城市性质分析

中华人民共和国成立后许多中小城市受经济体制改革、政治体制改革和行政建制变更的影响，曾多次调整城市总体规划，每版总体规划确定的城市性质也是经过字字斟酌反复修改的，反映历史城市发展观和主导目标，具有一定的延续性。新版总体规划的编制要综合分析历史背景和对应的城市性质，及其对城市发展产生的积极和消极作用，从而选择是否延续城市一贯发展理念，如果做出重大调整要具有相当的说服力转变政府观念。以往城市定位注重城市原有主导产业和自然条件的外部条件，而对城市内部的分析仅局限于对上述“定位”的“协调与安排”，即历史的定位过分考虑稳定因素而忽略或难以把握不可确定性的因素，造成一版总规一版城市性质的不合理现象。

(2) 新版城市规划中城市性质的调整

城市的准确定位是城市总体规划的头等大事，是引导城市发展，提升城市竞争力的关键环节。首先，充分分析城市自身条件(地理位置、交通、气候、自然资源、历史、文化、教育、经济、产业结构等等)，客观衡量自身在区域、国家、世界大势中扮演的角色。城市定位与城市产业是密不可分的，确定城市定位要在某些产业基础上与其他关联区域形成良性互动，而不是同质化的恶性竞争。成功的城市定位所依托的核心产业必须起到“牵一发、动全身”的作用，这并不是说产业的门类固定化和创新化，而是要求其附加值和拉动力一定要强化。其次，要分析城市内外环境因素，只是客观地分析现状条件还具有一定的局限性，这是由城市发展内外环境变化的不确定性决定的。新时期城市定位应在现状基础上充分分析、预测内部条件的变化和支撑能力，在既突出城市特色，又提升城市竞争力的原则基础上，遵循市场规律，适度提高城市定位。

(3) 城市性质的确定

依据《城市规划原理(第四版)》(吴志强，李德华主编)，城市性质是城市建设的总纲，是体现城市的最基本的特征和城市总的发展方向。确定城市发展性质的依据主要包含三个要素，一是国家的方针、政策及国家经济发展计划对该城市建设的要求；二是该城市在所处区域的地位与所担负的任务；三是该城市自身所具备的条件，包括资源条件、自然地理条件、建设条件和历史及现状基础条件。在考虑城市区域因素时，主要考虑影响范围和影响的主要内容，比如政治、经济、环境影响等，城市本身具备的条件要重点研究自身特征、综合竞争力、环境承载力、建设基础和发展潜力等方面内容。

(4) 城市性质的相关表述

中小城市的城市性质表述一般为三句话：一是明确城市在区域乃至全国的地位表述；二是自身特色的表述，主要落脚点在产业、历史文化或风景名胜等方面；三是在行政区划范围内的定位。例如以下城市性质内容：

绵阳市：我国重要的电子工业生产和国防科研基地，四川省重要的地区经济中心，省级历史文化名城，市域政治、经济、文化中心。

淄博市：全国重要的石油化工基地、历史文化名城，鲁中地区经济、科技、信息中心，交通运输枢纽。

高碑店市：环首都绿色经济圈的核心城市之一，保北新区经济中心。

(5) 城市性质的检验

综合考核城市性质是否准确、适合城市发展趋势。首先，分析城市性质是否符合国情、省情和市情，与相关政策是否一致；其次，城市性质是否脱离自身基础条件，是否有实现的基础；再次，考核城市性质是否具有前瞻性，能否预测城市发展的前景；最后，城市性质是否反映地方的独特性，能否扬长避短。

6) 初算城市规模

城市规模主要指城市人口规模和用地规模两项指标。

(1) 城市人口规模

城市人口的规模扩张具有惯性，人口规模变化趋势对城市经济功能适应性有滞后现象。

如果对这种滞后现象不加干预，那么经过一定的时期，可能会相应出现失业问题和资源短缺问题，进而引发一系列社会矛盾激化。届时，人口规模扩张态势才会逐渐向基本稳定过渡，但那时无论是对城市发展，还是对人民群众的生活均已造成严重的破坏性影响。因此，在城市人口规模预测中不仅要考虑自然增长因素，还要充分预测机械人口的变动情况。测算城市人口规模要研究城市人口容量。城市人口容量不同于城市人口规模，是指一个城市的生态系统和社会经济系统能够支持多大人口规模得以生存的潜力。城市人口规模是指生活在一个城市中的实际人口数量。如果一个城市的人口规模小于人口容量，则人口规模还有一定的扩张余地，而不至引起资源生态环境系统或社会经济系统的危机；如果城市人口规模大于人口容量，则说明城市人口对资源生态环境系统或社会经济系统的综合压力已超出两系统的最大承载能力。一旦出现这种情况，将会引起城市所在地自然资源供给系统的永久性破坏，从而导致该城市人口容量的永久性减少或引起城市社会经济系统功能紊乱，甚至引起一系列社会经济问题。所以，在科学测定的基础上界定城市人口容量，采取适宜的手段使城市人口规模与其容量相适应，是使城市健康发展的一项十分重要的工作。影响城市人口容量的因素基本上是两大方面：一是社会经济因素；二是资源环境因素。人口规模论证时要采用科学方法建立评估指标体系，结合人口合理容量考虑人口规模。

充分认识新型城镇化的发展趋势，随着各地居住证相关政策和户籍管理改革措施的不断出台，以人为核心的城镇化特征突出，农业转移人口市民化倾向出现，人口规模的核算应充分考虑就地就近城镇化以及搬迁安置带动的城镇化。

（2）城市用地规模

依据节约用地和城市发展需要相结合的原则，确定规划期内及各个阶段城市用地规模。一般按照现状城市人均用地指标，参照规范周边类似地区用地指标，以及区域（省、自治区和直辖市等）的特殊要求确定规划期及不同时段的城市用地规模。

城市总体规划确定后不仅要符合城市合理容量，还要与省域城镇体系规划、国民经济和社会发展五年规划、土地利用总体规划的相关内容相协调。

5.2.2 规划重点

该阶段的规划手段宜粗不宜细，宜宏观不宜微观，宜整体不宜局部，规划的重点应首先放在宏观内容的把握上。

1）明确城市发展方向

（1）城市向不同方向发展的成本分析

按用地条件可行性提出城市发展的几个蓝图，提出多个方案，并综合考虑不同方案的城市结构、功能分区和交通格局，综合分析，反复论证后删除过于理想和不合理的方案，保留2—5个方案进行规划内容的深化。城市在由相对稳定的生长阶段向迅速的发展阶段跨越时，必然要突破已经形成的一些固有的外部空间限制条件。这就要求在城市发展决策中，应该立足高起点、又不失充分结合实际来对城市发展方向上的空间要素进行分析，从而把握城市客观的扩展条件，科学地对城市未来空间扩展的方向做出判断。

为直观地对城市空间扩展的各个方向上的成本投入进行对比分析，我们根据各个方向上各种所需成本投入的可能情况，确定成本投入低、成本投入中和成本投入高的三级成本指数，其指数值分别代表为1、2和3，具体统计如表5-5所示。

表 5-5 某城市各个发展方向基本成本投入评定表

	道路	桥梁	其他基础设施	企业搬迁改造	居住改造	成本评定指数
西南	●	●	●	■		5
西	■	●	●			4
北	■	●	●		■	6
东	●		●		●	3
南	■	▲	■			7

注:●表示成本投入低(指数为 1);■表示成本投入中(指数为 2);▲表示成本投入高(指数为 3)。

表中成本评定指数是对各种成本的累加和,其结果显示各个方向的成本投入量的差距,该表表明,该城市发展向西及向东成本投入量相对较少,向南、向北、向西南发展成本相对较高。

(2) 筛选不同发展方向

模拟各个方案的大体框架,结合城市特点总结城市发展成本,从经济基础、城市特色、城市结构、发展轴带、开发门槛等几个方面论证,既考虑城市的开发成本,又要考虑城市的长远发展可参见江都城市总体规划初步方案阶段的对比分析表(表 5-6)。对成本进行分析结果,要结合对各个方向上的空间扩展要素综合分析结果,才有利于对城市空间扩展做出科学的选择(表 5-7)。

表 5-6 江都市城市总体规划初步方案阶段的对比分析表

方案	一	二	三
发展方向	北上	南下	东进
主题	均衡发展型	快速发展型	生态涵养型
特色	生产生活型	生产型	生活型
经济基础	经济稳定持续发展条件下	经济快速发展条件下	经济稳定持续增长条件下
结构	南北向单心四组团	南北向双心五组团	东西向双心五组团
类型	现实型方案	理想型方案	介于现实与理想之间方案
交通布局	216 国道改线	216 国道不改线	216 国道改线
城市发展轴	龙川路(南北向)	一轴两路	北方片区东西向生活路线道
工业格局	南北两片	南部工业带	东北、西南两片
城乡区域联系	强化与扬州联系,利用北部交通优势	向京沪轴靠拢,发挥物流节点优势	沿江发展利用南部交通,积极接受上海辐射
开发门槛	较小(调整路网和 220 kV 高压线)	最大(南部工业布局调整,交通格局定位)	较大(集中紧凑发展,交通格局定位高压线路局部调整)

对巴彦淖尔市中心城区各个方向上的扩展条件综合分析如下：

从表5-7中可以看出，城市向各个方向上的空间扩展均是优势与劣势并存，且不同方向上有着不同的空间限制要素。在所需成本投入方面，除空间扩展均需要进行基础设施投入外，向北发展面临大面积平房拆迁改造，向东发展面临污水处理厂问题的解决，这些对成本的投入量要求都比较大。相对西、西南城市空间扩展的前景较好，但西南又有开发区以及城市水源地，使得该方向的城市发展的可持续生长性不强。南面临近黄河，出于城市安全考虑，不宜大面积开发建设。

表5-7 巴彦淖尔市中心城区发展方向对比分析表

方向		西南	西	北	东	南
基本状况	优势	适应基础设施生长趋势	交通便捷，城市用地宽敞	城市用地较为宽敞，与主城区联系较为便捷	城市用地宽敞，交通便捷，基础设施建设相对容易	城市用地宽敞，城市景观丰富
	劣势	对城市水源影响较大，产业布局已基本形成	跨越110国道和永济渠，与城区联系较为困难	三类居住用地密度高，北临垃圾处理厂	受污水处理厂影响，环境较差	须跨越铁路和二黄河，与城区联系较为困难
空间限制要素		开发区，永济渠，110国道(西绕城线)	永济渠，110国道(西绕城线)	110国道(北绕城线)，大面积三类居住用地	污水处理厂	包兰铁路，二黄河
所需成本投入	投入方向	基础设施建设开发区用地置换	基础设施建设	平房拆迁改造，基础设施建设	污水处理厂搬迁或是改造基础设施建设	过铁路涵洞，过二黄河基础设施建设
	投入数量	较大	较大	大	大	极大
拓展困难指数		较高	较高	高	较高	最高
前景与可持续生长性		发展受到开发区及水源保护地限制	拉近与陕坝镇联系，发展前景好	一般	一般	较差
备注		占水源地	—	—	城市下水方向	受黄河防洪影响不适宜大面积建设

(3) 通过产业发展战略分析修正城市发展方向的选择

产业发展战略规划是在明确城市整体发展思路的基础上，对产业结构调整、产业体系构建、新型产业培育和产业发展布局进行综合研究，并协调好土地利用、环境保护、城市功能、基础设施建设等各方面关系。产业结构调整将影响城市未来发展中的空间选择，并与城市功能直接相关，例如居住功能主导的用地适合增加产业用地，尤其是高端二产和第三产业；工业功能主导的用地适合增加交通用地、物流用地或市场用地等；文化功能主导的用地适合增加居住、公共建筑、绿地等用地。因此，依据未来产业结构的调整方向，结合发展方向侧城市用地的主导功能修正发展方向。

通过产业战略定位，确定规划区要发展的产业门类、产业结构、产业布局及产业目标，明确产业的空间载体和发展模式，例如：独立园区可综合考虑用地条件或资源环境条件选址；城郊工业园区，要综合考虑产城结合和当地拆迁安置，其选址要重点考虑投入产出比及其对城市结构的影响，以此修正城市发展方向的选择；城市工业用地可根据城市功能分别综合考虑一个或多个地区选址；三产类或城市综合体类用地，可选择城市发展主轴方向安置。因此，城市发展方向的选择要综合考虑新增空间的职能，并充分结合产业发展战略进行及时修正或纠偏。

2）构建空间结构

（1）功能分区和城市结构设计

① 城市中由于各种经济活动的需要而导致同类活动在特定空间上的高度集聚，就形成了各种功能区，如住宅区、工业区和商业区等。各功能区间的界限有以道路为界的，也有犬牙交错的，更有表现不明显的，同时还有两种或两种以上功能的区域。大城市中有明显的行政区和文化区，而中小城市中这两项职能在用地上不成规模，难以用空间区域分离出来，一般与其他功能混合存在。其中，商业区占用城市用地的面积很小，主要分布在市中心或城市发展轴的两侧，以点状或带状形态分布，一般在老城区为带状分布，在新区为点状分布，有便捷的交通和大量的消费人口。工业区的形成是基于现代工业的形成，由于工厂集聚形成了工业区，既加强了城市的经济实力，又拓宽原有的城市地域范围，稍具规模的新建工厂一般都向工业区集聚，其位置主要在城市下风向，接近对外交通便利的区域，工业区的规模依据城市性质和城市规模而定。住宅区一般占城市用地的30%—60%，是城市中最广泛的土地利用方式，是城市最基本的一项职能。受城市社会经济要素的影响，不同行业、不同岗位人员的收入分化，住宅区也相应为适应不同人群的需求而逐渐出现地域分异。城市地域由不同的功能区组成，城市规模越大，城市经济越发达，城市功能分化越显著。总体规划中应从长远的角度进行中小城市各项功能的分区，从而引导城市的发展方向，体现城市的发展水平，而且指导城市的用地布局或促进城市结构日趋合理。

② 城市结构设计。城市用地功能分区是对各类城市用地性质的兼容性考虑，城市结构设计是在城市土地作用、地域分异过程中形成的多种功能用地的空间组合形态。按哈里斯—乌尔曼的多核心城市地域结构理论，在大城市和特大城市中具有多个核心。美国地理学者C. D. 哈里斯和E. L. 乌尔曼在研究不同类型城市的地域结构后发现，大城市除原有的中心外，还有支配一定地域的其他中心存在。而中小城市经济基础薄弱，消费能力有限，城市规模小，城市空间距离较小，居民出行方式以自行车和步行为主，难以形成多核心状态，一般表现为单核心形态，在城市结构设计中应体现城市核心位置、城市发展轴、城市景观轴，以及各个二级或三级中心，如区中心、组团中心，从而增强中小城市的凝聚力和合力。

（2）大框架用地布局

模拟表示城市的规划布局，主要考虑城市道路用地、对外交通用地、工业用地、仓储用地、公建用地、居住用地和绿化用地等类型。根据各个单项用地类型的布局原则，以互不影响、利益互动的目标进行城市用地粗线条布局。大框架用地布局有利于对城市结构和功能分区提供支撑条件，有利于形象地阐述城市发展的合理性。

（3）大框架专项规划

拟定主要的发展轴线和重要节点，构建结构性景观系统，设计结构式综合交通体系等。

系统分析城市发展轴的选择和定位，对城市重要节点，如城市中心、立体交叉口、大型市政工程设施、自然保护单元等，进行相互作用分析，鉴别位置、规模和与其他地区的连通性，通过大尺度的景观系统设计勾画未来城市的蓝图，粗线条规划城市道路系统和城市对外交通系统，疏通城市各类活动，表现各个功能区的运营情况。按照规划行业新背景、新要求，补充城市设计、海绵城市、综合管廊、智慧城市等内容的研究框架和重点内容。

5.3 规划编制第三阶段

进入城市总体规划的纲要方案汇总阶段，编制内容出现了转型，既要达到一定深度也要具有相当的广度。

5.3.1 编制要点

该阶段的编制要点从整体转向细部，从宏观落实到微观。跨越第二阶段后，编制要点也越来越具体，粗线条的规划逐步细化，主要内容包括两类：一是深化推荐方案；二是深化专项规划，解决各个专项用地中的重大问题。

1）深化推荐方案

通过多方案对比，以开发成本最小、综合效益最大、可操作性最强等为原则，推荐最佳用地布局方案，并就城市结构、功能分区、用地布局和主要专项用地等进行2—3个方案对比。

（1）完善城市结构

按照城市用地布局和功能分区，根据不同类型用地关联程度，进行城市结构调整，按构成分为组团结构、分区结构或分区结合组团结构。如江都城市结构为一四三格局，即一个城市中心、四个小片区和三个居住组团，由两条发展轴和一条联系轴连结为一个具备强大内聚力的发展实体；宣城城市结构调整为两区四组团，以两区形成城市的主体框架和核心，以四组团引导城市不同用地的发展方向；巴彦淖尔市城市结构为三个片区，即西片区、中片区和东片区，分别以行政中心、商贸居住中心和研发中心为主。

（2）细化用地布局分工

对照现状和原有规划内容，针对变动的环节阐明调整原因，对各类用地规模的变化也要说明原因。其中，中小城市中最常见的一个问题是居住用地多为低层或多层。巴彦淖尔市86%的居住用地为低层，造成现状用地平衡时居住用地人均指标偏高，而新规划用地，为节约用地多规划多层或高层住宅用地，规划建设用地平衡中居住的人均指标降低，相比而言平均每年的降速加大。工业区的布局主要根据市场需求和城市自身的发展条件和发展目标而确定规模，不是越大越好，这一点要通过充分的论据准备，再通报给委托方。此外，城市环境投资的呼声日益增高，而一些中小城市为了抓特色而抓形象，希望大量的“形象工程投资”在规划中有所体现。规划师应有足够的分析和洞察能力，坚持原则，并积极说服地方领导，打消或替代这些念头，不只是告知规划中的不可行性，还要说明多种可行性。因此，规划师应在报告中明确主要用地类型的调整方向，并详细阐述调整的理由。现阶段，实体经济乏力，提振新经济，创新新产业，又成为新时期中小城市总体规划的主要目标。

（3）提供对比方案

对比推荐方案的规划内容，选择具备一定可行性的1—2个参照方案进行细化、完善和调整，着重修改空间和路网结构，重点协调城市对外交通系统与城市道路系统的关系，并在此基础上结合城市现状基础，适度调整相应的工业、居住、公共设施、市政设施和绿地等各类用地布局，同时拉开远景发展的框架。最后以彼此对应的图形表示与推荐方案的区别，并阐述参照方案形成的假定条件。

2）深化专项规划

按规范要求，该阶段各专项用地只需明确重大调整内容，不需全面规划，但城市用地是个综合系统，局部的细微调整都将直接关联各类用地的调整，因此，总体规划中在该阶段应全面深化，不仅是规划内容，还包括规划深度，甚至达到成果的深度要求，便于暴露用地布局的矛盾并及时修改。

（1）城镇体系规划

在第二阶段规划内容的基础上，完善城镇体系的空间结构、等级规模和发展战略，在与地方政府充分协调后进入纲要阶段，增加市域交通、市域基础设施、市域空间管治、市域旅游规划等内容，对市域的用地、资源和各项设施进行统一规划、统一协调。

（2）中心城区综合交通体系规划

包括城市对外交通和城市道路两类。对外交通规划要理顺中小城市与区域交通网络的衔接，包括高速公路、铁路、国道和民航等重要对外交通设施的衔接。城市道路系统规划要注重城市路网结构、线型、性质、交叉口及断面形式，同时明确公交系统、人行系统的线路规划，预留用地，对各项静态交通设施也要进行规模预测和布点规划。

（3）中心城区居住用地规划

通过对城市自身的现状特征、存在问题的综合分析，依据居住规划原则进行规划，对于中小城市最重要的规划原则主要包括以下五项内容：

① 本着节约原则，进行城市旧居住区成片改造，以多层为主，保障安全间距；② 本着突出城市形象和统一城市风貌的原则，进行住宅建设，引入城市设计的理念，依照城市设计理念协调住宅群的建筑风格；③ 本着宜居的原则，配套各项服务设施，改善居住环境；④ 本着历史传承的原则，保留历史文化和民族文化风格；⑤ 本着因地制宜的原则，发扬地方特色，建立宜居住宅区。

居住用地规划应合理划分居住组团或居住小区，明确居住人口、用地面积和住宅类型，并特别标注现状用地的调整、改造或规划内容。

（4）中心城区工业及物流用地规划

在充分把握城市工业物流用地现状和存在问题的基础上，确定规划原则如下：

① 配合城市功能转型升级和产业结构调整需要，合理调整工业物流用地布局结构比重和用地比例，提高城市综合服务功能；② 搞好因地制宜的主题工业区、物流及贸易市场建设，提高工业及物流用地的集约化程度；③ 搞好近、远期结合，新兴产业发展和传统产业的改造转移相结合，充分考虑工业物流布局的长远合理性与规划的近期可操作性；④ 结合对外交通需求发展和现代物流业的发展，合理布置现代物流业；⑤ 统筹兼顾各方面利益，城乡协调发展，保护生态环境。

工业物流的布局应结合城市经济发展战略和产业调整战略统一布局，并详细分析现状工业网点的关、停、并、转和留的情况（表 5-8）。

表 5-8 江都市规划期内(2001—2020 年)工业企业用地调整表

序号	工业企业	规划	调整方向	序号	工业企业	规划	调整方向
1	江苏油田油脂油品厂	工业	迁至沿江化工区	30	农机修造厂	绿化居住	关闭
2	斯普莱机械制造有限公司	居住	迁至北工业区	31	钢厂	居住	关闭
3	新华路机电制造公司	居住	迁至北工业区	32	第二水泥厂	居住	关闭
4	构件厂	绿化	关闭	33	蓄电池厂	居住	关闭
5	扬子电表厂	绿化	迁至工业区	34	化肥厂	居住	关闭
6	大远集团	居住	迁至工业区	35	三江炼钢厂	市场	关闭
7	西马克集团食品公司	居住	迁至工业区	36	友谊服装厂	居住	迁至开发区舜天工业园
8	月亮湾纸品厂	居住	迁至工业区	37	金属工艺厂	办公	迁至开发区
9	迅达车辆厂	办公	迁至工业区	38	包装厂	办公	迁至开发区
10	毛巾厂	居住	迁至沿江化工区	39	双熊皮革厂	绿化	关闭
11	轧钢厂	商业	关闭	40	化工溶剂厂	居住	关闭
12	车把厂	商业	迁至工业区	41	饼铁厂,木线条厂	居住	关闭
13	仪表厂	商业	关闭	42	南吴线路器材厂	居住	与新厂合并
14	曙光暖通设备厂	商业	迁至工业区	43	建筑器材厂	居住	关闭
15	特种工艺厂	文化娱乐	迁至工业区	44	日本羊毛衫厂	绿化	迁至工业区
16	建筑机械厂	居住	迁至工业区	45	东方制衣公司	商业	关闭
17	金狮锁厂	居住	迁至开发区	46	引江水泥构件厂	绿化	关闭
18	酿酒厂	居住	关闭	47	丝绸总厂	教育	迁至工业区
19	工具厂	办公	迁至开发区舜天工业园	48	嘉宝电器公司(曙光照明器材灯具厂)	交通	迁至工业区
20	承德钢管厂分厂	办公	与总厂合并	49	引江活动房厂(标牌厂)	居住	关闭
21	水泥厂	居住	关闭	50	钨钼丝厂	市政	迁至民营工业区
22	燃料化工厂	居住	关闭	51	建业钢模(康乐纸杯厂)	教育	迁至工业区
23	延展工业气体有限公司	绿化	迁至工业区	52	张成大理厂	教育	关闭
24	航运公司船舶修造厂	绿化	迁至长江船舶工业区	53	中建电器设备厂	绿化	迁至工业区

续表 5-8

序号	工业企业	规划	调整方向	序号	工业企业	规划	调整方向
25	米厂	居住	迁至工业区	54	福都化工建材厂	绿化	关闭
26	粮食机械厂	居住	迁至工业区	55	江都船厂	绿化居住	迁至长江船舶工业区
27	江都石油化工总厂	绿化	关闭	56	扬子电缆厂	绿化	与新厂合并
28	亚威机床厂	居住	迁至开发区	57	合成兽药厂	绿化	迁至化工开发区
29	华能机械厂	居住	迁至工业区	58	江都电厂	备用地	关闭

(5) 中心城区公共设施用地规划

公共设施在总体规划中是指那些在城市中向公众开放、为公众服务、满足物质方面要求或通过物质享受达到精神满足的各类功能实体。公共设施用地主要是从城市用地的使用性质出发而界定的用地类型，根据国家城市规划用地分类与标准，可将公共设施用地分为行政办公用地，商业、金融业用地，文化娱乐用地，体育用地，医疗卫生用地，教育科研用地，文物古迹用地及包括社会福利设施在内的其他公共设施用地。城市公共设施及其用地是落实城市经营理念的重要方面和主要对象，公共设施及其用地是城市重要的功能性物质资产，各类公共设施所发挥的功能是城市之所以区别于乡村的根本特征。因此，公共设施的建设水平成为城市现代化的衡量标准，也是衡量城市人居环境质量的重要指标，完善的城市公共设施是城市功能系统高效运作的有力保障。中心城区公共设施用地规划的原则归纳为以下三方面内容：

① 增强城市的适居性原则。重视满足市民基本的生活需要的基层网点建设，依照国家、省、市有关建设标准进行项目配置与布点，网点配置切合城市布局结构，根据市场半径形成合理的服务网络。

② 城市增长方向引导的原则。大型公共设施发展项目的区位选择及其规模的确定，既要符合市场的需求，也要有利于补充城市功能，提高城市品位。

③ 政府宏观调控与市场弹性相结合原则。通过政府宏观调控，建立符合城市总体公共利益的合理设施网络，实现均衡分布、功能互补，同时也保证各片区公建设施用地安排的弹性选择，有利于局部效益、效能的发挥。

④ 城乡公共设施均等化的原则。由于城乡居民长期以来存在社会地位上的差异和社会资源分配方面的不平等，农村公共服务水平远远低于城市。城乡公共服务均等化是和谐社会建设和统筹城乡发展的重要组成部分，是指以政府为主体，以农村为重点，在城乡间合理配置公共服务资源，向城乡居民提供与其需求相适应的，不同阶段具有不同标准的、最终大致均等的公共服务。

(6) 城市郊区规划

郊区规划作为城市总体规划的重要组成部分，是指导城乡协调发展的重要内容，要求与城市发展规划相互协调，并对城市远景发展起重要的指导作用。郊区范围内城市对外交通设施要统一规划布局，垃圾填埋场、水源地、蔬菜果品基地、花木基地、墓地和火葬场、风景区、主要农副食品基地规划，乡镇企业、工业区和郊区居民点规划需统筹考虑。

(7) 城乡统筹规划

城乡统筹规划是为落实《国家新型城镇化规划(2014—2020)》"六大任务",妥善处理"山、水、田、林"与"城镇、园区、村庄"建设发展间关系,着力在引导人口流动、城乡空间、产业发展、公共服务设施、基础设施、交通设施、生态环保等方面推进一体化,促进城乡要素平等交换和公共资源均等化,形成新型工业化与新型城镇化互动发展、现代农业与信息化有机融合,工农互惠、城乡一体的新型工农、城乡关系。

(8) 中心城区近期建设规划

中心城区近期建设规划应坚持"全面规划、重点建设、开发一片、经营一片,收益一片"的原则,贯彻城市经营理念,着眼于城市竞争力的提高和城市形象的塑造。城市发展明确"拓展框架,突出中心,完善功能,美化空间,提高品位"的城市近期建设目标。近期建设规划是城市总体规划的重要组成部分,是实施总体规划项目的时序安排,是近期建设项目安排的依据。中心城区近期建设规划的主要任务是提出近期内实施城市总体规划的发展目标和建设时序,确定城市近期发展方向,配置城市主要基础设施和公共设施建设,提出城市生态环境保护和城市防灾等措施,制定适应市场机制的近期规划的实施政策。其规划内容不仅包括旧城改造和新区建设中的主要近期建设项目,还包括各项设施用地的规划。

(9) 中心城区远景规划

城市的远景发展具有更大的不确定性,因此,远景布局方案应当是战略性、框架性的构思,保持较高的弹性和包容性,指出未来城市发展的可能空间,以适应未来城市社会经济的变化。城市的远景发展是规划期内城市发展的延续和提升,所以远景布局方案应当适应现代规划理念的更新发展,发扬城市既有的特色和优势,挖掘新的优势和潜力条件,在保持社会经济与人口资源环境生态协调发展的前提下,大力提高城市容纳增长的能力,提高城市的人居环境质量,创造更优秀的景观风貌。远景布局方案体现了城市从历史、现在到远景的有机发展过程,在制定总体布局综合方案时就考虑到规划期后发展的可能性和延续性,将会对远景发展的负面影响减至最小,同时远景规划发展设想也是对规划期内规划方案的反馈和有益反思性的完善。可以说,规划期方案是远景设想的基础,远景设想是规划期方案的演进方向和目标。

(10) 中心城区总体城市设计

总体城市设计以城市整体为对象,主要研究城市空间形态和结构,在宏观、中观、微观三个层面提出城市空间环境的发展指引和控制导则。一般包含六方面内容:一是整体城市意象,对城市空间整体形态的辨识和分析;二是自然肌理,对山、水、林、田、湖等环境基础的综合梳理和特征提炼;三是城市建筑、历史遗迹的环境要素集成;四是整体或不同城市片区建筑高度、体块和密度;五是交通组织系统和结构;六是重点片区、关键节点等的空间设计意向。

(11) 中心城区绿地系统与景观风貌规划

解析城市的景观资源,组织城市的景观系统、景观轴和联系系统,提出控制原则。景观资源不仅包括自然风景(山林河湖),还包括人文景观,如文物古迹、传统建筑、民俗习惯和城市特色。中小城市框架较小,景观规划要突出开放的特征,与周边环境融为一体。同时,要将绿地的点、线、面系统纳入景观体系中。

(12) 各类市政设施规划

各类市政设施的规划既要考虑城市发展的需求,科学并适度超前预测各类负荷值,又要考虑城市用地的安排,相互协调,相互补充完善,避免相互干扰。本着节约集约的原则,做到城乡统筹布局,一体化发展。

(13) 海绵城市专题研究

贯彻生态文明新理念,保障城乡水资源高效利用和供水安全,坚持人口经济发展与资源环境相均衡的原则,大力推进海绵城市规划建设,制定用水量标准、海绵城市建设标准、水环境质量标准等。严格控制水资源总量,提高再生水利用比例,优化完善水资源分区配置。通过保障生活用水、增加生态用水、节约工业和农业用水调整用水结构。调整高耗水产业,减少系统性漏失,全面建设节水型城市。

制定"渗、滞、蓄、净、用、排"等措施,全面贯彻海绵城市的规划建设理念,提高城市排涝标准,加强河道综合治理,综合开发利用雨水蓄积、缓释地区,推行分区管控措施。构建全流域、全过程、全口径的水污染综合防治体系,推进水环境修复、河流生态功能恢复、加快推行清洁生产、联动周边区域全面控制面源污染。

(14) 综合管廊专题研究

综合管廊就是地下城市管道综合走廊,将电力、通讯,燃气、供热、给排水等各种工程管线集于一体,实施统一规划、统一设计、统一建设和管理,是保障城市运行的重要基础设施和"生命线"。2015 年 5 月 22 日,住建部发布了《城市综合管廊工程技术规范》,编号为 GB50838—2015。总体规划中应在宏观层面实现专项规划的接口,便于指导专项规划。

(15) 智慧城市专题研究

智慧城市就是利用先进的信息技术,实现城市智慧式管理和运行,从而实现对包括民生、环保、公共安全、城市服务、工商业活动在内的各种需求做出智能管理。降低城市管理成本,提高管理效率。智慧城市的建设在国内外许多地区广泛开展,并取得了较好成果,中小城市在总体规划中应尽早谋划,留好向下延伸的接口。

5.3.2 规划重点

该阶段的规划重点主要是选择最佳方案,宏观部署各个专项规划,预留向下延伸的接口。

1) 最佳方案的选择

根据比选方案讨论的意见筛选最佳方案,选择依据包括地方意向、开发成本、城市发展长远打算和专家意见等四方面。选定方案后经过反复调整、测算、协调和现状核对,明确用地布局。

规划师根据第二阶段产生的几个可行的布局方案,本着对各方案特性的了解,提供完整客观的方案评估报告,用以辅助综合决策并选定最佳方案。具体有发展预期研判法、优缺点叙述比较法、主要因素权重评点比较法和成本分析比较法,其中,发展预期研判法注重城市发展的长远目标,通过目标引领,推进近中期的布局思路;优缺点叙述比较法着重以文字叙述方案的特色,地方政府据该类资料并不容易衡量出各方案的选择优先级;成本比较法则偏重于财务方面的分析,往往布局方案除了成本因素之外,无形的效益分析、技术与实施手段问题等都是地方政府必须兼顾考虑的重要因素之一;主要因素权重评点比较法因较严谨的评估程序、数值化的表达方式与考虑之要因可涵盖较广的层面等，在应用上较具有说服力，例如常见的模型(图 5-2)。所以，在筛选方案时应通过多个方法并举进行。

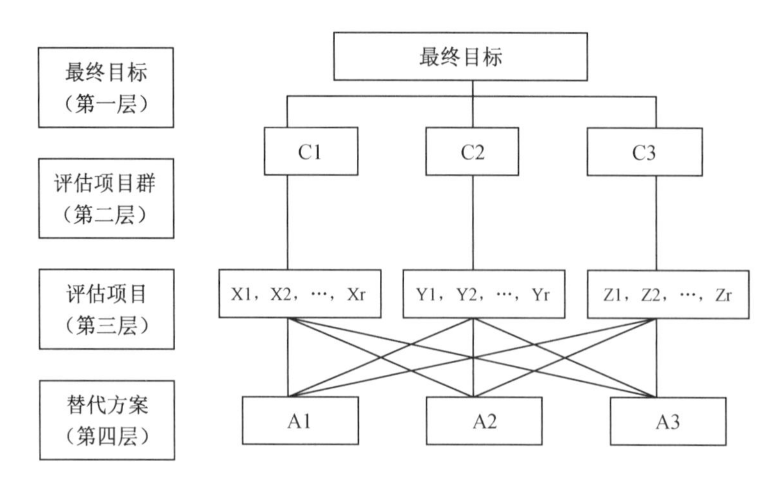

图 5-2　AHP 评估模型示意图

2）各类专项用地规划的协调

通过解析各类专项用地的特殊用地要求和相互间主要的消极影响，整合各类用地的优化布局和相互平衡，反复调整，并多次核对现状地形，分析现状改造的可能性、必然性和调整的性质，根据各类用地之间的相容性进行布局调整。例如，居住与工业用地之间通过绿化隔离，城市自然景观通过设计理念加以保护，高压走廊尽量沿路预留，绿地率不但注重用地比例，还注重单位面积中绿地的占有率，体现绿化的普及性和广泛分布，并结合海绵城市的规划建设；物流产业和工业用地与城市道路和城市对外交通用地的衔接；用地布局与城市历史文脉延续的结合等。

按照中央城镇化工作会议提出的"城市规划要由扩张性规划逐步向限定城市边界、优化空间结构的规划"城市规划指导思想，以及突出城市总体规划的全局性、科学性和权威性的要求，强化城市总体规划的战略引领和底线控制作用，制定城乡全域覆盖的空间规划一张蓝图。在市域层面开展区域协调、空间管制、城乡统筹等规划工作，县级市的城市规划区划定应为全市域，重点做好全域管控、指标分解和边界落实，分区划定生态空间、农业空间和城镇空间及耕地保护线、永久性基本农田和生态红线；中心城区和与中心城区联动发展的新城、新区及各类开发区纳入城市集中建设区一张图规划整合。明确刚性管控边界，制定量化的规划指标，并分区落实。在城市开发边界内，按照城市建设用地规模控制要求，确定城市集中建设区范围，预留必要的发展备用地。明确为改善城市宜居环境必须保留和控制建设的各类管控边界；研究提出城市开发边界内现状集体建设用地的综合整治方案。

5.4　规划编制第四阶段

总体规划编制的第四阶段是成果编制阶段，整个规划工作已接近尾声，即将迈进从规划到实施的实质化阶段，因此，该阶段的重点已经不是技术层面的问题了，而主要是成果的规范性和可操作性。

5.4.1 编制要点

该阶段的编制要点是将规划成果从技术层面转向实施方面。

1）整理报批文件

需要向主管规划审查部门提交的规划成果包括城市总体规划文本、附件和基础资料汇编。其中附件包括说明书、图集和人口用地规模专题，对于单独委托编制的城镇体系规划还要单独成册，一并上报。另外，书面提交针对总体规划纲要评审会提出的各项意见及相应修改情况的说明材料。

2）提出规划实施措施建议

协助配合地方城市规划管理工作，针对性地提出城市总体规划的实施措施。例如，针对巴彦淖尔市地方特色和城市建设目标，今后规划中应注重以下实施措施：

（1）提高城市规划的法律地位，严格依法行政，统一规则管理。严格执行城市总体规划，保证城市各项建设活动和土地利用协调、健康、有序地进行。

（2）建立健全城市规划法的监督检查制度。发挥法律监督、行政监督、舆论监督和群众监督的作用，对规划实施情况进行监督检查，认真查处和纠正各种违反规划的行为，加大对违法建设的打击力度。

（3）配套完善社会治安管理设施，加强城市治安巡逻和社会治安管理机制。

（4）采取相关保证措施，推进城市化进程，重点加强户籍制度改革与管理、城乡结合部与公共复杂场所的防控管理、城市消防管理等工作。

（5）切实采取有效措施，全面加强城市建设用地管理。科学编制土地供应计划，建立土地储备机制，严格执行土地管理的“五统一”，属经营性质的土地使用权应公开招标拍卖，节约使用城市建设用地，确保土地增值升值。

（6）加强规划管理队伍的建设，重视人才培养、教育和引进。加快现代化技术手段在城市规划领域中的应用，提高城市规划管理水平。

（7）加入城市总体规划的宣传力度，提高市民的规划意识，建立有效的公众参与制度，增强规划编制和审批过程的透明度。

5.4.2 规划重点

该阶段的规划重点主要是文字工作，对数据的更新，对文本的斟酌，以及对最终报送材料的整理等。

1）更新最新数据

过渡到该阶段有可能跨年度，最新的国民经济统计年报已经出台，原有的数据陈旧，应尽可能在成果阶段更新主要的分析数据，使预测的各项数值更精确。此外，总体规划报告中所有数据的年代尽可能统一，实在困难的应说明原因，仅供参考。

2）编辑文本

文本以条文的形式表示，针对说明书的内容和章节，将重点内容提炼后条文化，语言尽可能简练严谨，编辑格式按人大立法要求的统一格式。依据住建部对强制性内容划定的规定，在文本中特殊注明哪些为城市规划管理的强制性内容。

3）编辑基础资料汇编

基础资料汇编是城市总体规划成果的主要依据，应翔实准确。

（1）历次会议纪要

总体规划以来的历次调研会书面文件、讨论会录音整理材料、纲要评审会的书面意见和评审专家名单等皆汇总到基础资料内，成为该版城市总体规划的背景材料。

（2）历次交流文件

编制方和委托方历次讨论记录，重大问题协调研讨记录，所有提供的资料细目和主要内容录入基础资料汇编，便于查询。

4）整理图集

修改所有图纸表现内容，仔细校核，确保与最后提交的报告相符合，出图签，由设计者、校核者和审核审定者依次签字，最后加盖编制单位的成果章。

6　江都市城市总体规划修编要点分析(东部)

江都市地处南水北调东线的源头，在国家水资源发展战略中占有重要地位。江都市紧邻长江北岸，但经济实力与南岸地区有很大差距。本次规划力图对江都市进一步发挥苏中“门户作用”，完善城市基础设施建设，界定城市行政中心的选址，合理调整城市规模和城市总体布局，改造旧城和积极开发新市区，创造良好的城市人居环境等起到重要作用。江都市位于江苏省中部，地处苏中平原，长江下游北岸，江淮交汇之处，即北纬 32°17′51″—32°48′00″，东经 119°27′03″—119°54′23″，为江淮冲积平原。江都市南濒长江，东望上海并与古城泰州毗邻，西傍历史名城扬州，北与兴化、高邮市相连。全境南北最长处 55.75 km，东西最宽处 42.76 km，总面积1 332.54 km^2。城市总体规划修编的地域范围为江都市域全境 1 332.54 km^2。

6.1　规划编制要求

6.1.1　城建部门要求

按 2003 年 6 月 24 日江苏省人民代表大会常务委员会颁布实施的《中华人民共和国城市规划法》中关于对城市总体规划修编的要求，主要包含以下内容：

(1) 城市规划区包括城市市区、近郊区以及城市行政区域内因城市建设和发展需要实行规划控制的区域。城市规划区的具体范围由城市人民政府在城市总体规划中划定。在设市的城市规划区范围内的建制镇(含县人民政府所在地的镇)，不再另行划定城市规划区。

(2) 各级人民政府必须实行严格控制大城市规模、合理发展中等城市和小城市的方针，促进生产力和人口的合理布局。城市规划应坚持合理用地、节约用地的原则，与国土规划、区域规划、江河流域规划、土地利用总体规划相协调。

(3) 城市规划的制定，必须贯彻科学化、民主化的原则，加强调查研究和科学论证。城市规划一般包括总体规划和详细规划，大、中城市在总体规划基础上应编制分区规划。

(4) 城市总体规划应包括城市的性质、发展目标和发展规模，城市主要建设标准和定额指标，城市建设用地布局、功能分区和各项建设的总体部署，城市综合交通体系和河湖、绿地系统，各项专业规划，近期建设规划。设市城市和县人民政府所在地镇的总体规划，应包括市、县(市)行政区域的城镇体系规划。

(5) 城市规划实行分级审批。省会城市、城市人口在100万以上的城市、国务院指定的其他城市的总体规划，由省人民政府审查同意后，报国务院审批。前款规定以外的设市城市及省人民政府指定的镇的总体规划，报省人民政府审批。县人民政府所在地镇的总体规划，以及市人民政府指定的其他镇的总体规划，报所属市人民政府审批，并报省人民政府城市规划行政主管部门备案。本条第三款、第四款规定以外的其他建制镇的总体规划，由所属县(市)人民政府审批。城市各项专业规划和近期建设规划，应当纳入城市总体规划统一审批。市、县(市)人民政府报请审批城市总体规划前，须经同级人民代表大会或其常务委员会审查同意。

(6) 城市人民政府可以根据城市经济和社会发展需要，对已经批准的城市总体规划进行局部调整，同时报同级人民代表大会常务委员会和原批准机关备案；凡涉及城市性质、规模、发展方向和总体布局等重大变更的，须经同级人民代表大会或其常务委员会审查同意后，报原批准机关审批。

(7) 城市新区开发和旧区改建必须坚持统一规划、合理布局、因地制宜、综合开发、配套建设的原则，统筹兼顾社会效益、环境效益和经济效益。各项建设工程的选址、定点不得妨碍城市的发展，危害城市的安全，污染和破坏城市环境、城市风貌，影响城市各项功能的协调。城市新区开发和旧区改建，要严格控制建筑密度和城市容量，严格限制零星插建。

(8) 城市各项建设必须合理布局：① 城市新区开发和各项建设的选址、定点，应保证有可靠的水源、能源、交通、防灾等建设条件，并避开有开采价值的地下矿藏、有保护价值的地下文物古迹以及工程地质、水文地质条件不宜修建的地段。② 居住区应优先安排在自然环境良好的地段，相邻地段的土地利用不得妨碍居住区的安全、卫生和安宁。③ 工业项目应考虑专业化和协作的要求，合理组织，统筹安排。产生有毒有害废弃物和放射性污染的项目，不得安排在市区主导风向的上风和水源地上游，以及文物古迹保护区和风景名胜区。④ 生产或储存易燃、易爆、剧毒物的工厂和仓库以及严重影响环境卫生的建设项目，不得在市区安排建设。⑤ 新建铁路编组站、铁路货运干线、过境公路、供电高压走廊、收发讯区应避开居民密集的市区，防止相互干扰。机场和重要军事设施等应避开市区。⑥ 港口设施的建设必须综合考虑城市岸线的合理分配和利用，并保证留有足够的城市生活岸线。⑦ 城市人防工程的规划、建设必须和城市建设密切结合，符合城市规划，坚持平战结合的原则。在满足使用功能的前提下，应当合理开发和综合利用城市地下空间。⑧ 建设有放射性危害的工业设施，必须避开城市市区和其他居民密集地区，同时设置防护工程、事故和放射性废弃物处理设施。

(9) 城市旧区改建应遵循加强维护、合理利用、调整布局、逐步改善的原则，统一规划，分期实施。着重改善交通和居住条件，改善基础设施和公共设施，改善城市环境和市容景观，提高城市的综合功能。城市旧区内应严格控制现有工矿企业的扩建、改建，已确定搬迁的企业不得扩建、改建。城市旧区内私有房屋的改建、扩建，不得擅自扩大原有宅基地面积，不得妨碍道路交通、消防安全，不得侵占公共绿地、邻里通道，并妥善处理好给水、排水、通风、采光等方面的相邻关系。

（10）城市新区开发和旧区改建，应妥善保护具有历史意义、革命纪念意义、文化艺术和科学价值的建筑物、文物古迹和风景名胜。历史文化名城的旧区改建，应严格保护优秀的历史文化遗产，保护城市传统风貌和地方特色。

此外，对市（县）域城镇体系规划的编制有专门的要求，要求规划重点包括以下内容：

（1）从区域的角度落实省、市有关发展战略，研究市（县）发展前景，明确促进城市化和农村劳动力转移、集聚和扩展市（县）域地方优势的方向和策略。

（2）调整完善城乡空间结构，强化城镇之间、区域内外的各项联系，提出乡镇布局调整完善的阶段性目标，制定促进与保障人口和产业按规划进行空间集聚的措施和相关政策建议。

（3）完善市（县）域综合交通网络，统筹协调区域基础设施和公共设施，引导区域性设施的共建、共享和集约经营。

（4）对市（县）域空间开发利用和保护进行综合规划，划定市（县）域的城乡建设、产业发展空间和控制、保护空间，建立生态网络，提出空间管治内容和措施。

江苏省城建部门的行文对城市总体规划编制的内容和深度都提出了较详细的要求。

6.1.2 地方政府要求

日益加快的城市化进程、行政区划调整后城市发展的新目标、城市对外交通条件的明显改善、城市各类用地布局的迫切性，以及城市发展过程中存在的问题都需要在新一轮总体规划中研究解决。因此，2001 年 11 月 14 日在江都城市总体规划修编暨规划委员会工作会议上江都市人民政府明确提出该市城市总体规划修编的设想和要点，主要内容如下：

1）积极培育和完善层次分明、重点突出、结构合理、布局有序的城镇体系

市域城镇体系应立足江都沿江、沿交通线、沿运河的区位，充分发挥水路、公路、铁路联运的大交通优势，综合利用现有经济基础和自然条件，依据整体性原则、可持续发展原则、城乡协调一体化原则和时空协调发展原则，对各镇科学定位，形成等级合理、职能全面、网络健全的城镇体系结构；要在江苏省和扬州市城镇体系规划的指导下，根据全市各镇的区位条件、发展潜力、资源情况，提出区域城镇发展战略，确定资源开发、产业配置和保护生态环境、历史文化遗产的综合目标；预测区域城镇化发展水平，调整现有城镇体系的规模结构、职能分工和空间布局，确定重点发展城镇；原则确定区域交通、通讯、能源、供水、排水、污水处理、防洪等重大基础设施的布局；提出实施规划的措施和技术经济政策的建议，为城乡协调发展提供科学可行的指导依据。

2）突出中心城市地位，强化综合职能，将市城区规划建设成为中等规模的城市

区划调整后的江都市城区行政辖区面积 98.8 km^2，人口 20.91 万人，下辖 25 个居委会和 30 个村委会。城市规划区总面积 155 km^2，包括了双沟镇北侧的双锦河以南地区以及丁伙镇的部分村庄。江都市城区的发展目标是建成现代化中等城市，总的设想是：

（1）城市性质

水利、交通枢纽，具有水乡园林特色的生态型工商城市。

(2) 城市规模

2010 年城市人口 25 万—27 万人，建设用地 30 km^2；2020 年城市人口 35 万—40 万人，建设用地 40 km^{2}左右。

(3) 城市发展方向

建设用地上要分布在由东侧的京沪高速公路，南侧的宁通高速公路，西侧的芒稻河、金湾闸、高水河和北侧的扬州北绕城高速公路围合的约 60 km^2 区域范围内。建成区将逐步向东南和北部两个方向发展，328 国道和江平公路、淮江公路两条省道将成为城市主要发展轴。

(4) 城市空间布局

利用新、老通扬运河及高水河等开敞空间的分隔，将城市划分为四个既相互独立又有机联系的片区。

① 中区(新、老通扬运河之间)。中区是城市商业、金融、文化、信息等方面的中心。旧区改造需要注意降低建筑密度，提高环境质量，建议目前的行政管理功能迁出，从而降低人口密度，有效缓解中区的压力。

② 南区(新通扬运河以南)。在目前经济开发区逐步充实完善的基础上，按照生态型新城区的要求向东拓展建设空间，以建设产业园区和物流中心为重点，配套规划生活居住用地和相应的服务设施，利用京沪高速公路两侧和高压线路密布地段，建设防护林和花木园地。

③ 西区(高水河以西)。以发展科研文教事业为重点，配套生活服务设施。现状工业控制发展，逐步搬迁改造。道路交通、用地布局、景观设计、生态敏感区保护等方面的规划可不受现行行政区划界线的制约，策应扬州市“一体两翼⑤”发展战略，与扬州市相关规划协调衔接。

④ 北区(老通扬运河以北)。将新都北路以内地块作为城市中区功能延伸用地，以此逐步降低中区建筑密度，疏散中区人口，此外主要用作北部工业区(石油化工、机械、冶金等)和铁路交通用地。

龙川路贯通南、中、北三区，是城市南北向主轴线，可与城市东西向主轴线龙城路一起，构成城市商务、办公相对集中的发展轴线。

江都市人民政府对城市总体规划提出了较详细的设想，是否能完全融入城市总体规划中尚需深入考察和论证。

6.2 规划设计方法

6.2.1 设计方法

1) 以问题导向方法为主

所谓问题导向方法是在规划基准年发现并深入分析城市现状问题和发展隐患，在规划构思中予以解决和避免。从当时的发展条件来看，江都上版总体规划所确定的城市性质和城市职能比较准确，人口规模和用地规模基本切合实际，城区布局结构较好地结合了江都的地形、地貌。然而，随着社会经济和城市发展环境的变化，总体规划的某些方面已不能适应

⑤ 即扬州市总体规划初步构思中提出的以扬州中心城区为一主体，以仪征和江都为两翼的联合发展思路。

城市发展的要求，突出表现在以下 9 个问题上：

(1) 行政区划调整，城市规模有待进一步明确

江都市目前执行的城市总体规划确定的人口规模和用地规模偏低，已经不能适应当前城市发展的速度，原定规模必须及时调整，从而在国家推进城镇化进程的大政方针指导下，有效推进江都市的城镇化进程。

(2) 城市对外交通优势突显，市内交通用地分布不均，局部交通问题突出

目前，宁通一级公路全线贯通并实施高速化改造，京沪高速公路也已建成通车，市区北部的丁蒋高速公路（润扬大桥北接线）和宁启铁路已经开工建设。随着江都市对外交通条件的改善，江都市交通区位优势突显，形成贯穿南北、沟通东西的苏中门户。但从城市现状看北区路网没有按 94 版规划实施，南区经济内容不足，都没有较好地结合这种区位交通优势。北区和西区交通条件较差，没有形成便捷的交通格网，不利于今后两个片区的大发展；中心区道路用地紧张，道路宽度普遍过窄，缺乏静态交通设施，出现交通拥挤的矛盾，随着外围交通条件的改善，城市路网体系急需调整。

(3) 旧城改造滞后，老城区恶性膨胀，城市中心不显著

1992 年之前因受交通条件和河流门槛的制约，城市大部分建设项目都挤插在中心区（新老通扬运河之间的老城区），由人口密度和建筑密度过大引发的各种矛盾相当突出。1992 年南部新区（经济开发区）的规划建设在一定程度和时限内缓解了中心区的压力，但随着城市人口的扩张和用地需求的增加，出现城市建设用地性质交叉混乱的弊端。此外，由于新开发地区建设速度缓慢，难以带动城市的大型公共设施的搬迁，而仍然散布在旧城，这些公共设施的用地也大多都严重不足，致使旧城承担的功能过多，用地拥挤，公共设施分散，虽然到处都像城市中心，而没有形成一处城市中心，需及早有序地拓展城市发展建设空间。

(4) 行政中心迁址带动相关用地布局的调整

江都市现有行政中心始建于 20 世纪 60 年代中期，政府各部门的办公场所分散于老城区之中，不能满足高效益的现代办公需求。因此，必须在分析、研究城市发展方向和用地布局的基础上，及早确定行政中心选址问题，从而实现以行政中心的迁移，疏解旧城区部分职能，促进新市区的各项建设，提高综合开发效益的目标。

(5) 四个片区发展不均衡，管理难度大

中心区人口密度和建筑密度偏高，城市功能混杂；西区和北区发展缓慢，城市功能单一；南区工业布局构架形成，土地集约利用效益偏低，全市没有形成合理的组团式布局，不符合生态城市建设的目标。南部分区建设略显混乱，原定功能发挥不畅。由于新开发地区的吸引力不强，对入区建设的项目设置的门槛降低，致使建设用地的使用并没有按照原来的规划进行，突出的表现是规划区内村镇建设仍然非常分散，非工业类项目占用了开发区规划的工业用地，二类工业占用一类工业用地或者其他用地，开发区的发展用地严重不足。

(6) 居住用地缺乏统筹规划，工业用地布局局部欠合理

城市建设中，零星开发建设的住宅组团比例较大，配套项目不齐全，档次偏低，不利于土地的升值，难以带动相关行业的发展。此外，从现状上看南区和北区村镇数量较多，且分布密集，尤其是南区村镇规模较大，在新版总体规划修编的同时，应及早将其规划建设纳入市区全盘考虑，避免其自行盲目建设，造成村镇用地规模扩大，抑制城市合理拓展，甚

至形成“城中村”的不利现象。工业用地与其他用地混杂，既影响环境和景观，又没有能充分发挥土地的潜在价值，南区和北区分居高水河的上、下游区域，但两区工业性质的分类并不显著，而且工业分布表现出遍地开花，并将生活用地包围在中间，不利于城市组团式生长。

（7）城市形象缺乏特色

以江都市水利枢纽为中心形成一心四射的水轴景观体系，而分布于江都的六条河岸的文章并没有做足。此外，江都水乡特色突出，水网密布，但城市建设中没有形成以水为主题的景观节点，不利于城市品牌的塑造。

江都市水的特色突出，水和绿相结合成为绿化体系的主轴。但是，城市各分区中应以相关联的绿化交汇点呼应，形成完整的绿化格局，而江都市现有绿化主题主要集中在沿河轴线上和中心区的部分广场节点上，缺乏全市绿化体系的统一布局。

（8）文化功能发挥不够，旅游资源挖潜不足

龙川是江都的古称，龙川文化标志着江都浓厚的历史渊源，无论是江淮锁钥，还是临江都会，都是水文化和商贸文化的精髓。江都市文化品牌打造不足，新版城市总规的修编应沿着城市文脉，深层次挖掘城市历史和民俗的文化内涵。旅游、文化是现代第三产业的新兴产业，发展潜力巨大，带动相关产业的作用也较强，但江都市对南水北调大型水利枢纽的旅游和文化价值缺乏深入论证。

（9）行政区划调整后，城乡规划建设目标不清

按照《城镇体系规划编制审批办法》的要求，县级城市不单独报批市域城镇体系规划，而应将城镇体系规划的相关内容纳入城市总体规划之中。2000 年初江都市乡镇行政区划已经大幅度调整，乡镇总数从原来的 40 个减少到 23 个，原总体规划对各乡镇规划建设已不具备指导作用。其次，并入市区范围的砖桥和张纲镇已不能作为独立的城镇来对待，其用地布局和主要建设项目必须纳入市区范围统筹安排。此外，市区发展也要与城市规划区范围的张纲、双沟两集镇做好协调和衔接。因此，需要对市域范围内各城镇的等级规模、职能类型、重大基础设施布局等方面重新定位。

综合解决协调上述城市问题，在规划布局中一一答复，主要结论如下：

（1）城市规模问题

运用不同预测方法，最终明确江都城市人口规模分别为 2005 年 22 万人，2010 年 26 万人，2020 年 36 万人；综合考虑现状建设用地指标特征和规划用地规模合理性要求，根据建设用地国家标准、江苏省住建部门的要求、省内外相似城市用地的比较以及江都滨江生态园林组团式城市的特点，规划用地指标的确定初步按人均 119.5 m^2计算，规划总建设用地规模为 43.02 km^2。

（2）城市道路交通问题

主要包括道路系统规划和城市道路交通设施规划。

① 道路系统规划。规划七纵十横的城市主干路网，其中由西区待建路、南区规划路以及改线后的 216 国道（江平公路）形成城市环路，解决城市过境交通对市内道路系统的干扰。建立以公路、主干路为骨架、发展轴向分明、次级道路健全的城市道路网络系统，形成以方格网为主、放射式发展为辅的城市道路结构。从功能上来说，公路是对外交通的骨架，主干路是贯穿各组团、片区的内外交通骨架，从而保证城市各组团间便利的联系和组团间交通流的

均衡性。主干路、次干路是承担交通流的集散功能型网状体系。规划沿江主干路网，并与主城区衔接。规划期内将过境公路216国道全部引出城外，提高双仙路、江淮路、利民路等老城区道路等级。规划和现状相结合，在主城区形成六纵九横的交通性主干路，1条生活性主干路(龙川路)。交通性主干路分别为北区的北侧规划道路、原216国道北一段，行政中心北侧路，行政大道、江淮路、扬泰路—龙城路、328国道城区段、浦江路、舜天路以及南区规划路、双仙路等。在本次规划编制当中，将江都市域内道路系统大致分为六个等级，分别为高速公路、公路、生活性主干路、交通性主干路、次干路以及支路，在城区内形成以主干路为主骨架，次干路、支路为辅的三级路网模式，串联各区，形成便捷的交通体系。除了江都市原有的龙川广场外，本次规划又增设了大小九处绿化为主的开敞空间，结合道路布局和河流水道尽可能利用不规则的地块，分布在各个片区，基本能够满足市民生活需求。此外，对道路红线宽度、断面形式、主要交叉口等做出了明确规定。

② 城市道路交通设施规划。主要包括停车场、枢纽站和加油站等设施的规划。在主要商业街区、大型市场、货物流通、繁华地带等公共场合依据合理的停车车位指标，规划了不同等级大小共十余个停车场，基本满足了社会停车需求。中心区外围主要出入口建设容量适当的公共停车设施，抑制中心区车流过度集中带来的交通问题。结合现状，在西区、砖桥分别新设置一处加油站，这样在每个对外公路的出口以及城区内部主要干路，每隔一定距离就可以见到一个加油服务站，形成了系统合理的交通服务设施。公交枢纽站是多条公交线路首末站的汇集点，它往往与其他交通方式的站场结合建设，如火车站、长途汽车站、地铁或轻轨车站，并且常常包含出租车站及公共停车场，成为多种交通方式的换乘枢纽。结合江都市长途汽车站和江都市客运中心的位置，规划两个公交枢纽站，面积不宜超过3 000 m^2。

(3) 旧城改造问题

在现状的基础上，适度扩大规模，加快老城区改造，提高居住质量；沿引江路、江淮路和东方红路以及工农路形成服务于中区的次级公共设施中心；城市结构为一四三格局，即一个城市中心，四个小片区和三个居住组团，由两条发展轴和一条联系轴联结为一个具备强大内聚力的发展实体。中心区以旧城改造为主，通过对目前的工业、居住、商业和文化设施调整与再分配，形成具有地方传统特色的商贸、金融和生活片区；现状居住用地通过组织综合性居住片区，逐步改善其居住环境。规划建设十二个居住区，其中改造五个综合性居住片区，结合村镇改造四个居住区。配套中小学等公建设施用地规划按人口规模配置。规划建成区内乡村居民点实行城镇化安排布局。产业布局在市区范围内统一考虑，今后物流、能耗高的重污染工业项目严格控制不再安排在中心城区。西片区和中心片区以发展三产为主，实行“退二进三”的战略部署，有计划地搬迁对城市生活居住有污染、有干扰的工业企业。规划现状工业企业用地调整方向分别说明。

(4) 行政中心选址问题

江都城区现有行政办公用地为45.44 hm^2，占现有城市建设总用地的2.34%，人均指标为2.36 m^2。目前城市行政中心位于老城区，布局比较分散，为优化城市结构、满足现代办公需求，规划拟在北片区另外建设行政中心。规划建设新的行政办公中心，其用地面积为84.9 hm^2，占城市建设总用地的1.97%，人均用地为2.36 m^2，同时对现有办公用地进行整治和功能置换。北区行政中心占地约37.4 hm^2，其中，部委办局占38.7%，市政广场占8.6%，公共绿地占19%，会展用地占9.6%。

(5) 城市分区功能划定

四个小片区是组成城市核心的四个组成部分，延续94版规划确定的城市四个片区结构，即北片区(城市主中心)、中心片区(片区中心)、西片区(片区中心)和南片区(城市辅助中心)。

① 北片区。以新区开发为主，旧城改造为辅的综合片区，有生产用地，但主要安排生活用地，结合行政中心的迁移，增强行政办公职能，配建相应的公共设施用地，重点建设城市的主中心。

② 南片区。以经济技术开发区为主，城市的工业用地集中布置在这里，由于地处城市的上风向，工业项目完全引进无污染及科技含量较高的项目，同时通过对新通扬运河南岸居住区的调整，配建片区性公共设施用地，重点建设承担城市辅助职能的综合性片区。

③ 中心片区。以旧城改造为主，通过对目前的工业、居住、商业和文化设施调整与再分配，形成具有地方传统特色的商贸、金融和生活片区。

④ 西片区。将作为江都市主要的科研文教区，除安排大量的教育科研用地外，考虑到江都和扬州市区的社会需求，还规划了部分文化娱乐用地和一类居住用地，西区被四水环绕，自然条件良好，拟规划部分一类居住用地，提升居住和环境质量，此外，江都市伴水而生，水利历史悠久，造船业也具备一定基础，拟修建以水利、运输为主题的博物馆，与江都水利枢纽风景区相呼应。

(6) 居住与工业用地布局

① 居住用地规划要点。根据江都实际发展情况，规划居住用地以二类居住用地为主，适当布置少量一类居住用地(图6-1，表6-1)。

一类居住用地：人口密度低，市政公用设施齐全、布局完整、环境良好，以低层住宅为主的用地，属高档居住标准。一类居住用地主要分布在滨河地带。

二类居住用地：人口密度较一类高，市政公用设施齐全、布局完整、环境较好，以多层住宅(4—6层)为主的用地，属中档居住标准。住宅建设以多层住宅为主，少量建设中高层和低层住宅。

第一，规划北片区参考居住人口为13.3万人，其中：居住区 I 为2.95万人，用地76.3 hm^2，结合双沟镇的改造，形成以中档标准为主的居住区；居住区 II 为4.13万人，用地116.6 hm^2，结合城市行政中心的建设、滨河地区村庄的改造以及沿河工业企业的搬迁，形成以中档标准为主，服务配套设施齐全的城市居住新区；居住区 III 为2.42万人，用地77.1 hm^2，配合城市行政中心及相关产业的落位，形成环境质量良好的居住新区；居住区 IV 为3.8万人，用地109.7 hm^2，在高水河沿岸工企外迁和老居住区改造的基础上建设现代化居住社区。

第二，规划中心片区参考居住人口为6.26万人，其中：居住区 VI 为4.06万人，用地115.1 hm^2，规划重点是在老城区功能疏解的基础上形成中档标准的居住区；居住区 VII 为2.2万人，用地74.8 hm^2，通过对低层棚户区的规划改造建设中档标准的居住区。

第三，规划西片区参考居住人口为1.81万人，其中：居住区 V 为1.81万人，用地124.8 hm^2，由高档住宅和普通住宅组成。

第四，规划南片区参考居住人口为12.63万人，其中：居住区 VIII 为2.01万人，用地90.8 hm^2，滨河形成环境良好的中档居住区；居住区 IX 为3.8万人，用地163.7 hm^2，规划基础设施齐全的南区最大的居住区，以中档标准为主；居住区 X 为2.14万人，用地

106.49 hm^2，沿新通扬运河规划中高档居住区；居住区 XI 为 1.39 万人，用地 39 hm^2，结合砖桥镇的改造，规划中档居住区；居住区 XII 为 3.29 万人，用地 75.3 hm^2，结合张纲镇的改造，规划中档居住区。

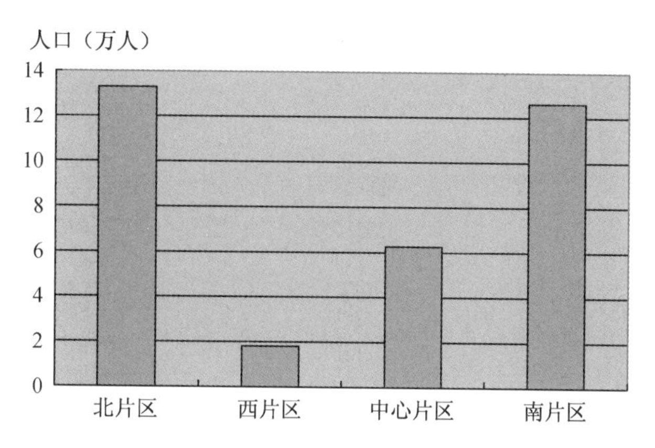

图 6-1　规划各片区居住人口分配图

表 6-1　规划各片区人口与用地统计表

居住片区	人口(万人)	规模(km^2)	人口密度(万人/km^2)
北片区			
I	2.95	0.763	3.866 3
II	4.13	1.166	3.542
III	2.42	0.771	3.138 8
IV	3.8	1.097	3.464
小计	13.3	3.797	3.502 8
西片区			
V	1.81	1.248	1.450 3
小计	1.81	1.248	1.450 3
中心片区			
VI	4.06	1.151	3.527 4
VII	2.2	0.748	2.941 2
小计	6.26	1.899	3.296 5
南片区			
VIII	2.01	0.908	2.213 7
IX	3.8	1.637	2.321 3
X	2.14	1.064 9	2.009 6
XI	1.39	0.39	3.564 1
XII	3.29	0.753	4.369 2
小计	12.63	4.752 9	2.657 3

② 工业用地规划要点：规划工业用地面积为 1 080 hm^2，占城市建设用地面积的25.1%，人均用地面积为 30 m^2。规划仓储用地面积为 79.27 hm^2，占城市建设用地面积的1.84%，人均用地面积为 2.20 m^2。

规划建设工业区三片，南区沿宁通高速公路两侧建设两片工业区，发挥交通优势，沿淮江公路东侧，宁启铁路南北两侧规划一处工业区，规划保留诚德钢管为中心的工业小区⑥和南区现状工业区，作为一类工业用地，沿江起步区规划一类和二类工业用地。

结合宁启铁路站场规划较集中的仓储用地，承担转运、存储和配送功能。改造芒稻河东岸邻宁通高速公路出入口处的油码头和危险品仓库，规划形成以堆放、转运砂石为主的码头和堆场，规模比较小。

(7) 城市形象问题

就江都市现状及自身特点，我们规划形成"一轴五廊、二心二洲、一环七园"的江都城市整体景观结构。形成"一条绿环，两河渊源；七座景园，点缀五江八岸"这样一种景观格局。

① 一轴五廊。"一轴五廊"指江都的一条绿化主轴线及五条生态廊。龙川路是江都市的一条主要道路，规划在道路两侧各设 10 m 宽的绿化带，形成一条绿化主轴，与此同时在规划地段有五条主要水系，在这五条水系两侧都设大面积的绿化，使之成为贯穿整个江都的五条生态走廊，创造江都独有的景观及生态环境。

② 二心二洲。在江都北区的城市主中心处以及五江交汇处的三角洲形成两个主要景观节点，此外，在江都的西区和中区的两个三角洲都是多面环水，规划此处为两个生态洲。规划的中心既是城市的中心又是整个城市的景观中心，而两个生态洲也会成为江都市的特色景观区。

③ 一环七园。指在江都城市外侧沿高速公路和高压带两侧规划一条绿色防护带在城市外侧形成一条绿环，与此同时在城市的内部设立七个各有特色的公园。其中，南区有观赏植物园、中老年活动中心和百花园；西区有金湾生态游园；北区有苗木养殖园地和中心花园；中区有仙女公园。"一环"不仅起到了对城市的防护作用，还把城市西侧的景观引入了城市创造了幽雅的环境。同时，七个公园和块状绿地分布在不同的地区，形成一个个点状景观，整个江都在环状的绿色防护带烘托下，以五条生态走廊为延伸方向，形成了景观由点到线以至到面的过渡，更加体现了江都的城市美景(表 6-2)。

表 6-2 江都市规划城市公园一览表(建议)

序号	公园名称	位置	面积(万 m^2)	类型	公园主题	备注
1	苗木种植园	北区高水河东侧	48.43	专类公园	游憩休闲、花卉种植为主的自然式园林	△
2	金湾生态游园	西区金湾闸东侧	5.83	专类公园	保护自然景观和进行生态教育为主式园林	□
3	仙女公园	中区七闸桥北高水河东侧	0.72	综合公园	融游憩休闲、历史纪念为一体的纪念类公园	○

⑥ "九五"期间的龙头产业。

续表 6-2

序号	公园名称	位置	面积（万 m^2）	类型	公园主题	备注
4	中心公园	北区江都桥东侧 300 m	5.19	专类公园	游憩休闲为主自然式园林	□
5	观赏植物园	芒稻河东岸、新通扬运河南岸	43.69	专类公园	植物观赏专类园	□
6	中老年活动中心	南区中心区，宁通高速北侧	4.03	专类公园	中老年娱乐活动专类公园	□
7	百花园	南区浦江路南侧	9.05	专类公园	游憩休闲、花卉水景为主的自然式园林	□

注：○原有公园；□新建公园；△扩（改）建公园。

(8) 打造文化和旅游两大品牌

本次规划按照国家有关标准规范，高起点、高标准、高档次地配套完善中心城区文化娱乐设施，使先进文化的发展得到充分的用地空间保障。在西片区规划市级大型文化娱乐中心，如博物馆、展览馆、科技馆和会展中心等。在其他区域改造现有的一些文化娱乐设施，并改善其周边环境，充分发挥已有设施的作用，在各居住区中心增加相应的中小型文化娱乐设施，缩小其服务半径，满足市民日常文化娱乐生活的需求。规划文化娱乐用地 48.7 hm^2，占城市建设总用地的 1.13%，人均 1.35 m^2（表 6-3）。

表 6-3　分区娱乐用地分析表

分区	北区	中区	西区	南区
地块(处)	4	7	1	3
占地比例(%)	3.6	35.3	42.2	18.9
布局模式	较集中	分散	分散	较集中

在市域提倡休闲旅游和生态旅游两种模式，休闲旅游服务是保障本地和周边居民的休闲旅游活动，生态旅游服务是保障本区域生态资源的完整。

(9) 城镇体系规划

综合区位和交通优势，确定江都市区域发展的基本思路为“三沿三重点”，即变区位优势为经济优势，实现沿水路、公路、铁路的全方位发展，建设沿江地区，沿京沪高速、淮江公路、京杭大运河地区，沿宁启铁路、通扬运河、328 国道地区的城镇和经济产业带，重点发展中心城市（市区）、长江港口城市、高速公路出入口及铁路站场地区。江都市城镇化水平近期确定为 45%，中期确定为 50%，远期确定为 60%；相应市域城镇人口为 45 万人、53 万人和 67 万人。根据规划预测到 2020 年，市域城镇化水平将达到 58%，约有 67 万城镇人口，人均建设用地降为 120 m^2，则需要约 8 040 hm^2 建设用地，农村居民点人均用地再减少到 110 m^2，48 万农业人口大概需要 5 280 hm^2，共需要建设用地 13 320 hm^2，可以保证 104.92 万亩一级基本农田不被占用，而且随着城镇化水平进一步提高还可以节约用地，扩大耕地及生态用地的比例。

为充分发展规模较大的中心城镇，提高聚集度，并与江苏省及扬州市的城镇体系规划相协调，江都市域保留 4—5 个中心城镇为宜，因此城镇等级结构基本划分为中心城市即市区、重点中心镇、一般建制镇，具体结构如下（表 6-4）：

表 6-4　市域城镇体系等级规模结构规划表

<table>
<tr><th>序号</th><th>镇名</th><th>规划镇域人口（万人）</th><th>规划镇区人口（万人）</th><th>规划镇区建设用地（hm^2）</th><th>等级</th><th>规模</th></tr>
<tr><td>1</td><td>江都镇（江都市区）</td><td>38.0</td><td>35.0—36.0</td><td>4 320</td><td>中心城市</td><td>35.0—36.0</td></tr>
<tr><td>2</td><td>大桥镇</td><td>9.80</td><td>5.00</td><td>600</td><td rowspan="4">重点中心镇</td><td rowspan="4">3.10—5.00</td></tr>
<tr><td>3</td><td>邵伯镇</td><td>8.10</td><td>4.20</td><td>504</td></tr>
<tr><td>4</td><td>小纪镇</td><td>6.80</td><td>3.50</td><td>420</td></tr>
<tr><td>5</td><td>宜陵镇</td><td>5.10</td><td>3.30</td><td>396</td></tr>
<tr><td>6</td><td>丁伙镇</td><td>4.80</td><td>3.10</td><td>372</td><td rowspan="9">一般镇</td><td rowspan="9">1.00—2.30</td></tr>
<tr><td>7</td><td>真武镇</td><td>5.30</td><td>1.50</td><td>180</td></tr>
<tr><td>8</td><td>吴桥镇</td><td>4.80</td><td>1.20</td><td>144</td></tr>
<tr><td>9</td><td>塘头＋郭村镇</td><td>7.80</td><td>2.20</td><td>264</td></tr>
<tr><td>10</td><td>吴堡＋周西南镇</td><td>2.90</td><td>1.00</td><td>120</td></tr>
<tr><td>11</td><td>丁沟＋麾村镇</td><td>5.20</td><td>1.30</td><td>156</td></tr>
<tr><td>12</td><td>樊川＋永安镇</td><td>6.00</td><td>2.00</td><td>240</td></tr>
<tr><td>13</td><td>武坚＋周西北镇</td><td>2.90</td><td>1.00</td><td>120</td></tr>
<tr><td>14</td><td>浦头＋嘶马镇</td><td>7.50</td><td>2.30</td><td>276</td></tr>
<tr><td colspan="2">小计</td><td>115.00</td><td>66.0—67.0</td><td>8 112</td><td>—</td><td>—</td></tr>
</table>

各级城镇主要职能如下：

① 中心城市。

江都城区，综合职能，是江都市域经济、文化、政治、商贸、金融、管理服务中心，发展中的新型工商城市和交通水利枢纽。

② 重点中心镇。

大桥镇：拥有发展临江工业产业带和港口的基础和优势，是片区经济文化中心，临江港口工业城镇。

邵伯镇：城镇历史古老，镇内人文资源丰富，适宜发展旅游业和为石油开发配套的工业项目和水运货物集散中心市场，是片区经济文化中心，工业贸易型及特色旅游型城镇。

小纪镇：是片区经济文化中心，近年工业发展迅速，拥有机械、化工、建材等项目，且具农业基础，是新兴工贸和农副产品加工集散型城镇。

宜陵镇：历史悠久，交通便利，经济基础好，是片区经济文化中心，工业型城镇。

③ 一般镇。

丁伙镇：以花木产业为支柱，建设沿京沪高速公路的绿化景观林带，是生态资源型城镇。

真武镇：拥有得天独厚的石油、天然气资源优势，并有为工业配套的加工业和电器制造业基础；同时拥有邻近京沪高速公路出入口的优势区位，可建设外向型工业企业和区域货物流通市场，发展服务型三产，是工业交通型城镇。

吴桥镇：历史条件好，有机械、包装、制鞋等工业基础，是工贸型城镇。

塘头＋郭村镇：经济活动受泰州影响强烈，可利用现有基础，发展为泰州规模企业配套的机电产品加工，并将传统加工业趋近成品化，是工贸集散型城镇。

吴堡＋周西镇南：发挥水产养殖加工优势，发展特色加工集散型城镇。

丁沟＋麾村镇：以工业发展为基础，发挥交通便利的优势，发展工贸型城镇。

樊川＋永安镇：拥有水域景观和商品流通两大优势，以商品贸易为主，发展冶金、化工、机械制造等主导产业，是工贸型城镇。

武坚＋周西镇北：结合江都市域产业总体布局，以工补农，发展农工贸一体化城镇。

浦头＋嘶马镇：邻接泰州市和沿江带，可利用区位优势发展工贸型城镇。

江都市是江苏省宁通城镇聚合轴和扬州市淮江城镇聚合轴的重要节点，其市域道路交叉纵横，水网密布，城镇布局及发展承接大区域的发展轴向，基本沿水路、公路、铁路构成的交通网络为轴线发展，形成了"一主一副"两条发展轴及其所围绕的弓形城镇聚合带。

① 沿江一级发展轴和沿线城镇聚合带。沿江城镇聚合轴是扬州市主要城镇发展轴之一，也是江苏省新宜城镇聚合轴的扬州部分。江都市及大桥和邵伯镇是其中重要节点，纵向延伸扩展，并进一步向东部腹地辐射。该片区有三江营港口和沿江水资源的优势，可以大桥镇为基地，重点加强港口建设和长江岸线的合理利用，发展临江工业。

② 通扬二级发展轴和沿江城镇聚合带。通扬运河城镇聚合轴是城镇发展轴的主线之一，江都市区为该轴的核心之一，是江都市域东部的一条主要发展轴，城镇空间节点有宜陵、塘头、吴桥和浦头等镇。该片区可利用宁启铁路、扬州北绕城线、老328国道和新老通扬运河等水路、公路、铁路，交通便利，是江都市域发展潜力较大的片区。以宜陵镇为节点，建设区内物资的周转运输货场，重点加强与扬州市及泰州市的交通运输联系与协调，在区域基础设施建设、原料加工、资金流转、技术等方面产生协和效应。

2）目标导向的设计理念

（1）对比分析借鉴法

① 所在区域比较。对比苏南和苏北的经济发展水平，核定测算江都所在苏中地区的经济发展目标，为明确城市的区域地位提供依据。

江都市在江苏省中心城市体系中列为三级二类中心城市，其作用是在不同等级的城市中承上启下，成为区域城镇体系的重要节点。江都市地处苏中，位于长江以北，其地理位置处于上海大都市圈的边缘，且由于上海及苏锡常等经济发达城市均位于长江以南，长江天堑影响了江都市接受发达城市经济辐射与带动的有效性，从经济发达程度上已落后于苏南等地的同级城市（表6-5、表6-6，图6-2、图6-3）。

表6-5　苏南、苏中、苏北主要经济指标比较表（2001年）

指标	苏南	苏中	苏北	全省
人均地区生产总值（元）	23 878	9 269	6 244	12 932
外贸依存度（%）	61.11	19.22	4.82	38.84

表 6-6　江都与苏南相近规模市(县)经济规模比较(2001 年)

城市	城区人口(万人)	人均地区生产总值(元)	外贸依存度(%)
张家港	24.69	35 917	61.6
常熟	27.08	29 283	42.0
江阴	23.90	31 665	32.6
宜兴	28.50	18 577	13.2
溧阳	20.42	11 564	7.0
金坛	15.80	13 392	32.1
江都	22.51	9 959	5.8

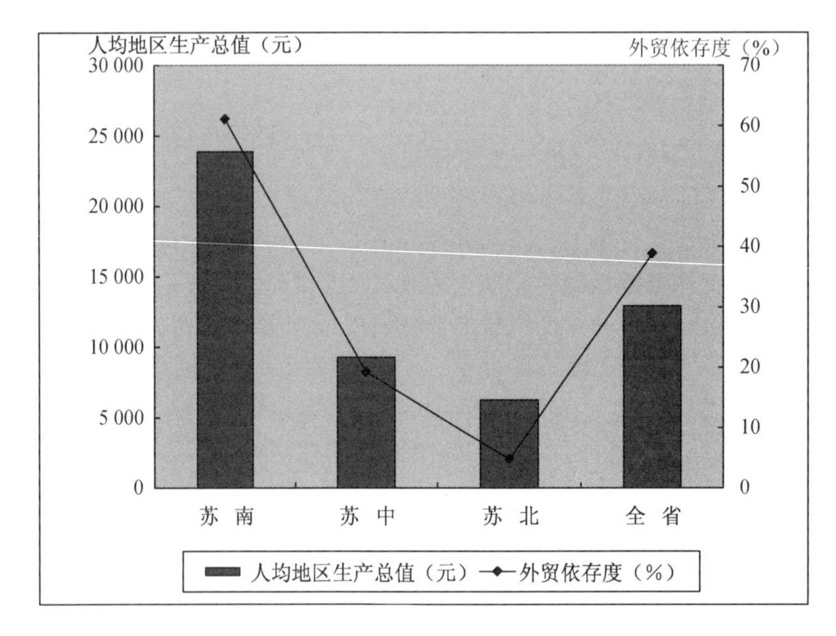

图 6-2　苏南、苏中、苏北主要经济指标比较图

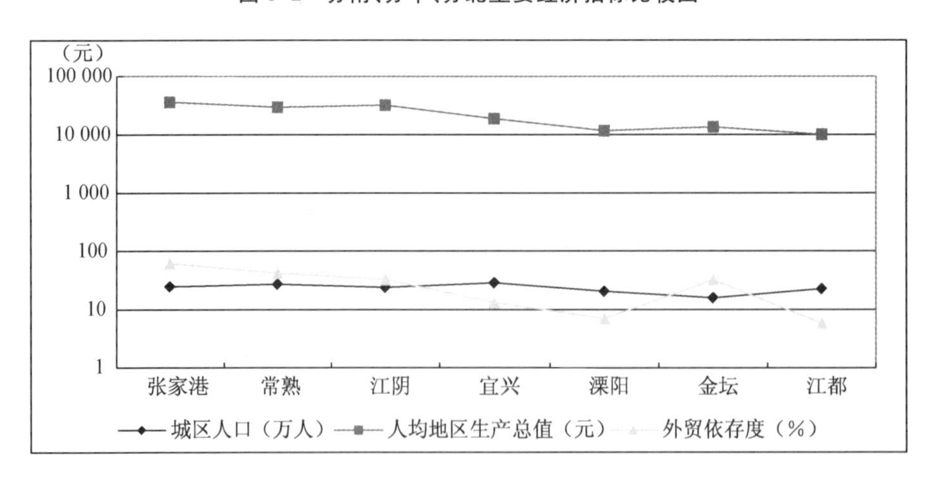

图 6-3　江都与苏南相近规模城市经济规模对数比较图

② 对比周边城市提供确立发展目标的依据。表 6-7、表 6-8 和图 6-4 列出了江都市与扬州其他县市的经济指标的对比情况。据 2001 年统计,江都市的人均地区生产总值和第三产业比重在扬州市域处于较高水平,外贸依存度较低。

表 6-7 2001 年扬州市域社会经济发展情况

地域	人均地区生产总值(元)	三次产业构成比	外贸依存度(%)	城市化水平(%)	每万人科技人员数(人)
扬州市	11 205	13.3∶48.7∶38	20.2	47.0	320
江都市	9 959	13.7∶47.2∶39	5.8	34.9	233
仪征市	9 391	11∶58.9∶30.1	58.0	37.7	260
高邮市	6 621	31∶34.7∶34.2	7.2	24.6	248
宝应县	5 910	33∶34.6∶32.4	7.7	29.3	195

表 6-8 扬州 4 县市在江苏省的经济地位(排位)比较(2001 年)

地域	城区人口(万人)	人均地区生产总值	第二产业增加值比重	第三产业增加值比重	人均进出口总额	外贸依存度
江都市	22.51	19	11	11	16	19
仪征市	18.42	10	1	21	3	4
高邮市	18.13	20	20	1	18	18
宝应县	15.83	26	30	33	24	27

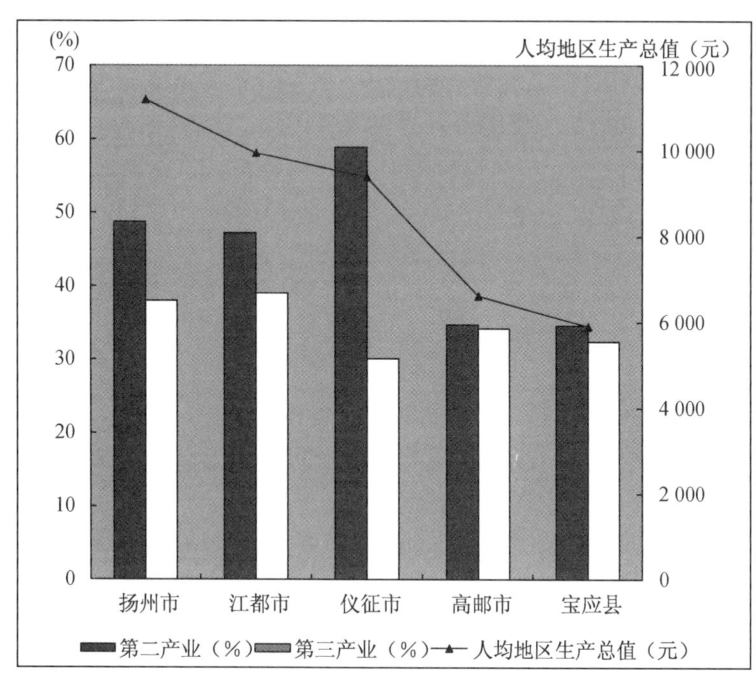

图 6-4 扬州 4 县市经济指标比较

作为苏中城市，与苏南发达地区的城市相比，江都市的综合经济发展水平仍有相当差距。在江苏全省49个县市中，扬州4县市的经济地位如表6-8所示。江都市的人均地区生产总值在扬州地区位居第一，在全省居19位，第二产业增加值、第三产业增加值、人均进出口总额和外贸依存度等指标在全省前20名，在扬州地区也名列前茅，但江都最大的缺陷是实际利用外资额仅排在江苏省的中下游水平，缺少了外资这种经济发展的主要催化剂，江都经济的发展将缺乏后劲，会逐渐拉大与苏南和苏中其他较发达城市的经济差距，并进一步影响到城市的建设和发展中。

上述多重的评价和比较的结果表明，尽管江都市的经济发展已经具备了一定的基础，但作为苏中地区的门户，江都的综合经济实力仍然偏低。江都市域人口与地区生产总值分别为107.48万人和107亿元(当年价)，扬州市域人口与地区生产总值分别为450.62万人和472.12亿元(当年价)。从人口来说江都是扬州的23.9%，从地区生产总值来说江都是扬州的22.7%。从产业结构来看，江都为15/46/39，扬州为13/49/38，江苏省为12/52/36(2000年)，江都尚处于工业化初期阶段，第二产业比重明显偏低。今后，江都市需要继续保持较快的经济增长速度，努力缩小与发达地区(尤其是苏南地区)城市经济发展水平的差距。从城镇的分布看，江苏省已形成以南京、苏锡常、徐州为中心的三个都市圈，徐连、宁通、沪宁、新宜和连通五条城镇聚合轴的雏形⑦。城镇布局以临水和依托交通网络为特色，并相对集中在沿江、沿铁路及大运河一线。江都市随着扬州北绕城线和宁启铁路的落成，将具备沿江、沿铁路、沿公路及大运河等多重交通线路的综合优势，为经济的发展必将带来新的契机。

③ 不同年代的纵向比较。“九五”期间，江都市科技水平发展较快，各项统计指标显示，无论是科技对于经济的贡献还是科技队伍本身的建设和发展，都取得了长足的进步。到2000年年底，江都市拥有科学技术人员24 082人，高新技术企业8家，城乡居民人均储蓄存款7 521元。不过，存在的不足也是很明显的，主要反映在科技队伍力量较为单薄，开发能力还十分有限，而且科研费用来源单一，力量分散，缺乏协作；同时，科技专业人才较为短缺，知识水平较低。“十五”期间，计划新建普通商品房100万m^2，期末城市居民人均住房使用面积预期达到18 m^2，农村人均住房使用面积达30 m^2以上。“十五”期间，过去一年的发展势头证明江都的前景是光明的，人民生活水平进一步提高，各类社会保障体系进一步完善，人居环境得到了改善。沿“十五”计划发展纲要的总体思路，随着各项规划的逐步完善，人民生活正走向新的发展层次。

江都市应借鉴相同规模、类似发展背景、发展条件好的地区的发展经验，主要借鉴苏南地区的发展经验，寻找自身发展的捷径。

(2) 优势分析法

通过挖掘分析自身的优势，确定城市适宜的发展模式。

江都市地处江苏省的中部，位于南北和东西向的交通要道上，是江苏的几何中心，是苏中的门户地位，优势显著，主要表现在以下几点：

① 优越的区位交通条件。江都南濒长江，在长江两岸的交通网络中，江都占据了较为有利的节点位置。首先，江都有数十公里的长江和夹江岸线，三江营港口正在规划建设中，成为与上海最直接的联系通道，且具备深水港口、充分的水源、宽裕的用地、充足的电力和良

⑦ 江苏省建设厅，江苏省统计局. 江苏省城镇发展报告[R]. 南京，2000.

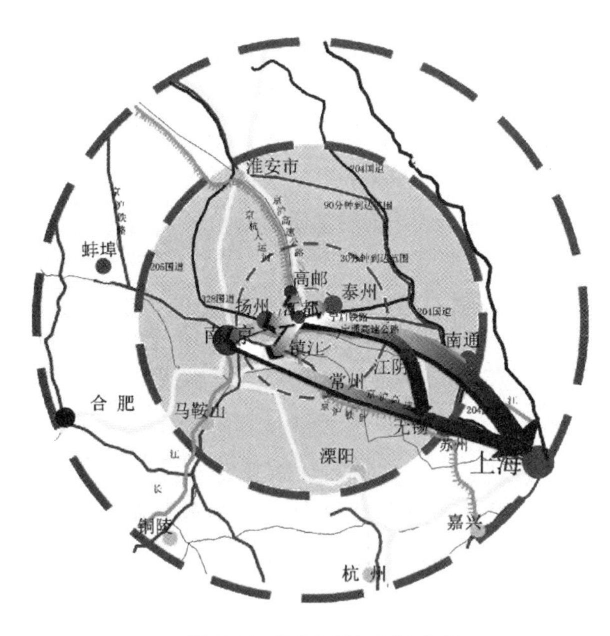

图 6-5　江都区位交通分析

好的城市依托这五个基本条件(江都是我国少有的五个条件都具备的地区之一),因而具备发展沿江城镇带的交通和资源优势。其次,江都目前有两条便捷的通道可连接上海,一条是江阴长江大桥开通后,沿京沪高速过江阴大桥至无锡上沪宁高速,至上海只需 3 小时;另一条是润扬大桥,通过扬州北绕城线连接沪宁高速公路。这两条长江大桥的修通,将进一步强化江都的交通优势,并加强与苏南经济区的联系(图 6-5)。

② 良好的经济基础。“九五”期间,江都市的国民经济和社会发展取得了较为显著的成效。国民经济持续增长,2000 年全市完成国内生产总值 97.02 亿元,人均 9 180 元,财政收入 6.49 亿元,“九五”期间年均递增率分别为 8.9%、9.1%和 13.2%,全市综合实力进一步增强。结构调整初见成效,粮经结构比由 1995 年的 7.6∶2.4 调整为 2000 年的 5.5∶4.5。第三产业比重显著上升,2000 年达到 39.3%,比 1995 年提高了 7.6 个百分点。基础设施建设成效显著,长期制约江都发展的交通、电力、通讯等“瓶颈”得到缓解。城市建设步伐加快,城镇面貌焕然一新。社会事业全面进步,科技、教育、文化、卫生、新闻、广播电视等各项工作取得了新的成效。各项改革不断深化,企业改制取得突破性进展。非公有制经济发展迅猛。社会保障体系逐步建立。人民生活水平不断提高,2000 年全市农民人均纯收入达 3 657 元,城镇在岗职工人均工资达到 7 680 元,比 1995 年分别增加 1 187 元和 2 323 元。城乡市场商品丰富,物价稳定,居民住房条件得到明显改善。党的建设,精神文明建设,民主法制建设进一步加强。全市提前两年全面实现小康目标,完成了由温饱转向小康的历史性跨越,开始向第三步战略目标迈进。

③ 相对较好的资源优势。江都市是苏中地区经济发展较有成效的区域。近年来,随着社会经济的迅速发展,市内大量高产稳产的优质耕地被占用,相对于全国耕地被占用的总量和年均占地量的平均水平而言,江都市耕地减少的幅度更大,仅“八五”期间,江都市非农建设⑧占用耕地和农业内部结构调整占用耕地总量共计 1 769.7 hm^2。通过国土部门的耕地增减变化趋势分析,到 2010 年,江都市通过土地复垦开发、土地整理等新增耕地 2 030.67 hm^2。到 2010 年江都市因各项建设、农业内部结构调整共减少耕地面积 1 965.53 hm^2。耕地增减相抵后,江都市到 2010 年净增耕地 65.14 hm^2。

在江都市域的野生动物已发现有鸟类 161 种,鱼类 90 余种,两栖类 8 种,爬行类 12 种,哺乳类 20 余种,另外还包括甲壳类、软体类和环节类;野生植物分属 65 科,约 205 种;江都市的矿物只有煤炭和石油,1993 年探明石油储藏量约为 3 000 万 t。

---

⑧ 包括城镇村建设、工矿建设、交通建设、水利设施建设等建设项目对耕地的占用。

历史文化资源是一个城市文化品位的主要表现，江都市历史文化源远流长，历代文人辈出，文字记载和著作很多，具备丰富的文化底蕴，唐代曹宪、李善，明代陆弼、汪懋鳞、董恂等，近现代李涵秋、王少堂等，都有不少传世之作。民间文艺丰富多彩，江都扬剧和江都民歌都很有名。

6.2.2 设计重点

根据城市发展的区域背景，江都的城市总体规划中主要的设计重点是建立一种合理的城市用地模式，以硬件形式支撑江都市经济的高速发展，遏止以往逐渐拉大的苏中与苏南城市间的差距。

1）确定城市发展经济目标

参考江都市国民经济和社会发展"十五"计划和2015年远景目标纲要，结合经济学原理和预测方法，按2005年、2010年、2020年三个时段的经济发展主要指标增长率如表6-9所示。

表6-9 江都市近中远期经济发展主要指标增长率 单位：%

指标	2000—2005年	2005—2010年	2010—2020年
地区生产总值	11.5	13.68	11.7
第一产业增加值	5.08	5.69	6
第二产业增加值	10.56	14.23	12.54
第三产业增加值	9.80	12.06	12.20
人均地区生产总值	11.6	13.80	12.8

江都市经济发展的阶段战略目标是基于带动苏中和苏北区域经济的振兴，减小江都与苏南经济发达地区城市经济水平的差距的战略原则而制定的。2001—2020年，将成为江都经济发展的关键时期，根据江都市"九五"和"十五"期间的发展态势和经济基础，江都近期将维持快速发展的经济增长模式，远期将在经济总量提高的基础上，稳定并维持较高的增长速度，逐步缩小与苏南地区在量、结构和发展能力上的差距，完成工业化和城镇化的相互促进的进程，发展成为一个现代化的中等城市。到规划期末，江都市的发展总体目标为：建立完善的市场经济体制，提高城市综合竞争力。

2）明确产业布局形态

（1）布局总体思路

面对江都市经济布局总体现状，反思过去，展望未来，跨世纪经济的空间布局总体思路应调整为"点、线、面"相结合的网络式发展模式，实行"突出重点，分步实施、逐渐推进"的方针。今后十五年，江都市区域经济发展要充分发挥区位、资源的优势，并与城镇体系建设紧密结合，促进工业与农业、城市与乡村的协调发展，应提高市区、强北促东，发挥各区域优势，促进生产要素向重点地区集中，以提高规模经济效益和产业的集聚度为中心，促进资源、资金、技术、人才和信息在空间上的合理流动，通过资源优化配置、产业和企业的重组、转移与升级，逐步形成以市区为中心，建制镇为重点，分工合理、协作性强、优势突出又各具特色的区域经济格局。

（2）农业产业布局

农业布局分为六大区域：

① 东北部里下河生态农业区。重点进行改造低产田，建设绿色食品原料生产基地，同时发展渔业、牧业及推广农产品深加工利用。

② 西北部沿运河渔粮林生态农业区。该区已经形成畜禽规模养殖、自然保护区的建设、高产鱼池、节能节水栽培四大特色。

③ 南部沿江粮林渔生态农业区。形成沿江防护林、家庭手工业、花卉水果带、特畜养殖四大特色。

④ 东南部高沙土林粮经济作物生态农业区。形成林果花卉、经济作物、(吨)粮田三大特色。

⑤ 中部高平桑林粮生态农业区。形成农田林网、农机化、桑蚕养殖加工、河堤复垦开发四大特色。

⑥ 中心城镇郊区生态农业区。发展大棚蔬菜，建立农副产品批发市场。

总的调整方向是：里下河地区缩粮扩渔，高沙土地区缩麦扩油，中部地区缩粮扩经，加快粮经二元结构向粮、经、饲、特多元结构转变；在种植方面稳定油菜、蔬菜等大宗经济作物的同时，适当扩大牧草、青玉米、四色豆、荞麦等饲用作物和特用粮生产。

（3）工业及第三产业发展布局

从县级经济区域来看，工业的合理布局是指将生产过程中与生产工艺、原料辅助材料、半成品和燃料有密切协作关系的企业合理地集中于一定区域，这不仅有利于共同利用区域性公用基础设施工程和城镇生活服务设施，有利于集中治理“三废”污染，而且也是降低工业产品生产成本和提高工业整体经济效益的有效途径，并已成为当今世界各国较为成熟的工业布局模式。

江都市40家重点工业企业主要分布在江都镇、高徐镇、丁伙镇、邵伯镇、双沟镇、浦头镇、小纪镇、宜陵镇、真武镇、周西镇、吴桥镇(图6-6)。机电工业主要布局在江都镇、邵伯镇、武坚镇。其中，化工医药工业主要布局在麾村镇、周西镇、丁沟镇、丁伙镇。轻纺工业主要布局在江都镇、郭村镇、塘头镇、小纪镇、高徐镇、真武镇、邵伯镇、丁伙镇、大桥镇、樊川镇、宜陵镇。

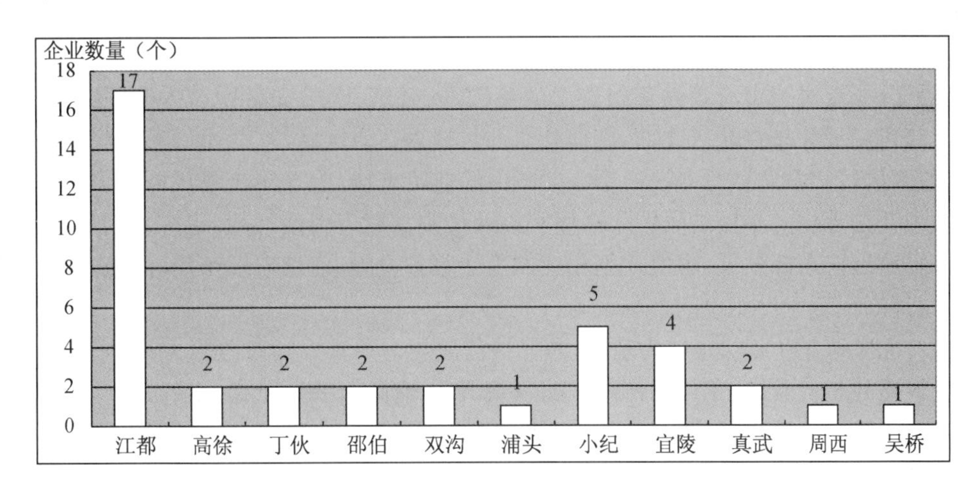

图6-6　江都市40家重点企业分布情况(2001年)

针对当前江都市工业布局中的分散和无序状态，今后全市工业总体布局应采取适当集中与分散相结合、按点—轴系统布局工业的模式。

根据全市经济发展的条件、特点和水平，以及今后发展的方向，江都市产业布局一是要强化市中心区的集聚功能，充分发挥“老江都”雄厚的经济技术基础等优势，通过加快这一地区的产业结构调整、重组和培育新兴产业，加快发展第三产业，不断增强市中心区的经济实力和集聚功能。二是要突出规模效应和空间集聚效应，经济布局应有重点地向交通主干线沿线靠拢，集聚发展产业，尤其利用高速公路开口处的有利交通区位，布局开发区、工业小区、大型专业批发市场和其他“三产”，形成串珠状产业带。三是要加速城镇化进程，重视各中心城镇和建制镇的发展。将小城镇作为所在区域经济发展的重要支撑点和各开发轴线的据点，为由“点轴开发”模式向今后的“网络开发”模式发展奠定基础。继续将区位条件优越、原有工业基础较好的江都镇（城区）作为全市工业布局的重点区域，主要发展无污染和轻度污染的劳动密集型与科技含量较高的机械、船舶、纺织服装、轻工等行业，最终建成为今后全市工业发展的“增长极”。工业企业沿“四纵四横”公路网络布点，形成工业走廊，逐步使乡镇工业集中到沿线的工业小区，形成工业发展轴线。沿京沪高速公路和宁通高速公路建设由真武镇至大桥镇、宜陵镇一线的一级产业发展走廊，形成一条产业经济带，培育这条产业经济带对促进全市经济发展具有重要影响。重点发展船舶、环保机械、电子电气、轻工业等无污染或轻度污染的工业行业。四是由小纪、高徐、武坚镇构成的东北部产业组团，与西南部以江都镇为中心的产业组团相呼应，重点发展塑料制品业、木业以及化工医药制造业等。五是对生态环境影响较大的水泥、农药等行业，宜集中布点。分布在各镇区的污染较严重的企业应一方面加大污染治理的力度，另一方面在布局上向镇区中的工业小区集中，既有利于管理又有利于污染的防治。

（4）城区产业布局

城区工业布局分为南北两个片区，北部为老工业区，发展重点是传统的化工、机械等重工业产业的升级换代，注意污染的防治；南部为经济技术开发区，今后的发展重点是高新技术产业以及无污染的生态工业。

（5）城区第三产业的布局

城区第三产业建设布局应采用“点、线、面”相结合的布局模式。

① 点状布局。主要包括现代化中小型商场和农村商业网点的建设布局。江都市可在市区建设 2—3 个对全市有较强辐射能力的集购物、展销、娱乐和餐饮为一体的中型现代化商场，比较均匀地分布在城区北部、南部和东部。规划在市区建设 15 个农贸市场，如在解放西路老城区居民集中居住区建设一个 4 000 m^2的农贸市场；为龙川广场周围的龙都花苑、龙城苑、城中花园等住宅小区的居民生活便利以及维护其周边生活环境，也应规划建设一个农贸市场；随城区向东部发展，也应规划相应的生活服务设施，建设农贸市场；南苑二村等新建的居民地都应规划建设相应的市场设施。

② 线状布局。以点状布局为基础，办好特色商业一条街。通过建设人民路风味小吃一条街、龙城路建材一条街、龙川路汽配摩配一条街、工农路服装一条街、引江路服装百货一条街等等，既规范美化城市环境，又有助于商贸业的发展。

③ 面状布局。不同行业分片集中发展，将老城区建设成为江都市的中心商务区，南部经济开发区建设一个商业核心区。

6.3 规划协调难点

6.3.1 规划协调原则

针对城市发展的前景，地方政府有赶超苏南地区的迫切心理，而在规划的落脚点上就出现了过分的工业用地要求与规范之间的矛盾。为保证该市城市总体规划的顺利批复和实施，应遵循以下原则：立足新世纪、新江都的规划思想，应具备高起点、高标准、高质量、高效率和可操作性的特征，实现新观念适应新形势，在21世纪的城市中充分融合。本次城市总体规划坚持规划要促进生产力发展的基本原则，坚持以人为本，以生态环境为基础，创造人与环境协调发展的空间，科学地驾驭好城市发展规律和经济发展规律之间的相互关系，为提高江都城市发展竞争力落实合理的发展空间。在延续、完善和深化上版规划思想的条件下与新形势、新情况充分结合。

(1) 坚持区域一体化的原则(城乡一体化协调)

坚持区域一体化的思想，把江都放在苏中和扬州市域中统一布局；结合江苏省城镇体系三圈五轴[⑨]的规划思路，充分考虑江都市在其中的定位。

(2) 贯彻江苏省缩小地区差异的指导思想

为贯彻江苏省缩小地区差异的目标，促使苏中地区尽快融入苏南的板 块，在江都本次总体规划中强化其南北枢纽的作用，重点解决南北向交通。

(3) 坚持生态环境与城市发展的平衡的原则

坚持生态环境与城市发展的平衡，作为国家引水工程的源头之一，生态环境的营造应居城市发展的首位，依此原则江都市工业区的安排应重点考虑其内容、性质与位置，城市性质确定为：国家水利枢纽，江苏省中部交通枢纽，发展中的工商城市。

(4) 重点考虑城市近期建设与远景发展的结合原则

城市用地布局中应重点考虑城市近期建设与远景发展的结合，按照时空顺序合理计划发展时序。

(5) 服从全球一体化和加入WTO后的新形势

完善城市综合功能与加强辐射能力的结合，紧密结合全球一体化和加入WTO后的新形势，以市场为引导企业发展的重心，淡化行政区划，强化市场关系，尤其是与国际市场的关系。

(6) 保护南水北调东线源头与树立现代化城市形象的结合

保护南水北调东线源头与树立现代化城市形象的结合，发挥优势产业的优势，结合城市建设，创造新的发展前景，塑造城市景观特色，进一步挖掘研究城市的观赏价值和旅游价值。

(7) 注重规划和管理相结合

强化规划和管理结合的原则。好的规划必须体现在实际建设和城市管制中。

(8) 结合产业发展战略，解决人口就业和交通组织问题

---

⑨ 五条城镇聚合轴由"三横二纵"构成，分别是：徐连城镇聚合轴、宁通城镇聚合轴、沪宁城镇聚合轴、新宜城镇聚合轴和连通城镇聚合轴；三个都市圈分别是：南京都市圈(江苏部分)、徐州都市圈(江苏部分)和苏锡常都市圈。

以合理的产业布局搭建城市发展的动力平台，以良好的交通组织保证城市的可持续运营。

(9) 加速城市发展与保护耕地、可持续发展的结合

节约土地，保护良田，高效整合城市用地。

6.3.2 整合多方利益

受地理位置的影响，在江都的各种利益群体中，对城市规划造成影响的主要有以下几种：

1) 与地方政府及各部门的协调

由于地方经济的快速发展，地方政府对投资环境中的硬件建设十分重视，追求工业用地的比例，以期大力发展工业集聚经济，而各个部门在这种良好的发展态势下都积极参与，不免出现一些事权纠纷和专项规划之间的冲突。城市总体规划既要解决产业用地要求超标与规范许可范围的矛盾，又要协调各个专项规划的矛盾，因此必须认真进行两项工作。

(1) 充分分析地方发展形势，在具备合理依据的情况下，可以适当调高工业用地比重，并出具充分的理由。如果发现有圈地之嫌，应首先整合现状工业用地，再规划发展用地，并开展人口和就业的测算。在江都城市总体规划中通过分析明确城市工业化处于中期，今后发展余地很大，应在城市用地中有所储备，因此，将现状工业用地 20%，适当调整到 2020 年的 25%。

(2) 寻找不同专业规划的矛盾焦点，以大多数利益为主，综合用地方案。例如，协调环保与工业用地的矛盾，通过科学分析大气、水和声环境污染源，调整能源结构，增强污染治理和绿化防护；协调用地安排与交通组织的矛盾，从人员通勤集聚优化的模式考虑道路系统，便于地方公交规划。

2) 与城市居民的协调

城市发展建设主要包括两方面内容：一是旧城改造；二是新区开发。两项城建内容直接导致拆迁和征地安置，相对破坏现有城区居民和郊区居民(农民)的生活方式、邻里关系以及地缘习惯。因此，不同教育程度和行业的居民会有不同的不满情绪，协调不好，甚至出现过激的抵制行为，给城市建设管理部门造成极大的工作压力。因此，总体规划阶段应及早解决这个问题，采用公示和问卷调查的形式针对大的变动做出合理解释并征求市民意见，通过媒体宣传变更可能带来的社会利益、环境利益和经济利益，说明这种利益的产生首先受益的是市民，并给予当事者合理的安置补偿。城市规划的受益者首先应该是城市居民，这是城市规划作为一项城市公共政策的重要体现。

3) 与地方上级建设管理部门的协调

地方上级主管城建的部门(省建设厅)对全省各市有一盘棋的考虑，有共同的发展规则，任何城市的违规都会造成管理的无序。因此，城市总体规划前期应及时体会地方的行业规范，并坚持融入到规划方案中，并最终使委托方、编制方和审批方达成一致，才能将城市总体规划的成果纳入合法渠道。

(1) 审批方评审意见汇总

在纲要成果汇报阶段，审批方提出以下修改意见和建议：

① 进一步贯彻落实江苏省城镇体系规划所确定的原则和要求，并注意与扬州市城镇体

系规划的衔接，合理确定城镇空间布局。

② 进一步研究江都的历史、现状和发展趋势，合理确定城市性质；在客观地总结市域城市化历程的基础上，科学预测与规划各级城镇人口规模。

③ 加强行政区划调整后城市空间布局的整合研究，结合江都实际，从集约利用土地和城市发展效益的角度出发，合理确定城市发展方向和建设时序，优化用地布局。

④ 结合江都的区位交通优势，加强与周边城市的交通衔接和区域综合运输网络的协调，并对城市路网结构进一步调整和优化。

⑤ 针对江都所处水环境特点，进一步加强防洪、排涝的规划；其他专业规划内容要进一步做好与相关部门专业规划的协调。

(2) 委托方列席意见汇总(以纲要成果评审为主)

根据审批方出具的比较有弹性的建议，委托方逐条细化，并将最终调整的建议提供给编制方，编制方以此为依据进行最终修改并交付成果，最后顺利通过评审。

规划实施后记：

2005 年 5 月 20 日，经过江苏省政府批准，江都市进行了乡镇行政区划调整：双沟镇与江都镇合并设立仙女镇，花荡镇、嘶马镇与大桥镇合并设立大桥镇，塘头镇与郭村镇合并设立郭村镇，高徐镇、吴堡镇与小纪镇合并设立小纪镇，周西镇与武坚镇合并设立武坚镇，永安镇与樊川镇合并设立樊川镇，麾村镇与丁沟镇合并设立丁沟镇，昭关镇与邵伯镇合并设立邵伯镇。2011 年 11 月 13 日，经国务院批准，正式撤市设区，称为扬州市江都区。入围“2013 年度中国市辖区综合实力百强”，列第 42 位。

2014 年 7 月，江都区镇域平均面积达 102.5 km^2，平均人口 8.15 万人。2016 年，全区实现地区生产总值 940 亿元、一般公共预算收入 55.15 亿元、全社会固定资产投资 708.8 亿元，五年年均分别增长 10.2%、9.9%、16.2%。

沿江地区也发展成滨江新城，规划总面积约 38.5 km^2，规划总人口 20 万人。滨江新城总体规划结构为一轴、两心、四廊、八片区。“一轴”即以新都路为轴心，将江都 55 km^2 建成区、38.5 km^2 的滨江新城和 100 km^2 沿江开发区连为一体；“两心”即以沪陕高速为界，把滨江新城分为两大区域，建设两个大型的文化、商贸核心区；“四廊”即沿江、沿河、沿路打造四条总长约 40 km 的绿色长廊，彰显生态、宜居特色。“八片区”即三大居住区、一个楼宇经济及研发产业集聚区、一个市场区、一个文化旅游度假区、一个中心区以及一个弹性预留片区。

江都区新版城市总体规划(2010—2030 年)规划城市性质为：国家水利枢纽，江苏省中部交通枢纽，沿江先进制造业基地，扬州东翼生态宜居城市。对上版城市总体规划进行了传承和提升。

7 宣城市城市总体规划修编要点分析(中部)

宣城地处安徽省东南部,人均地区生产总值不足1万元,属于中部欠发达地区,但东邻长三角地区,具有很大的发展机遇,编制宣城的总体规划要更加重视城市与区域的联系以及城市定位研究。

7.1 规划编制要求

由于安徽省不同于其他地区的省情,省建设厅与地方政府分别提出了不同于其他地区的规划编制要求。

7.1.1 城建部门要求

安徽省建设厅对省内各市提出了规划编制要求,其中对宣城有特定的要求,主要包括以下内容:

(1) 紧密结合安徽省的城市化纲要,合理确定宣城的城市化水平。

(2) 与安徽省域城镇体系规划内容相协调,与皖江城镇带规划纲要协调。

(3) 加深近期建设专项规划内容,并单独报批。

(4) 加强城市发展与"泛长三角"关系的研究。

与东部发达省份不同的是,省建设厅更注重城市发展机遇的研究,对城市总体规划的内容和深度不严格限制,参照城市规划编制办法进行。

7.1.2 地方政府要求

与省建设厅相比,地方政府更关注城市发展战略、城市基础设施和城市投资环境的研究。宣城市人民政府提出的城市总体规划编制要求包括总目标和近期建设目标两部分。

1) 总目标

(1) 整合各类专题研究和专项规划成果。

(2) 规划确定宣城市城市空间发展战略,以提升宣城在皖东南区域中的功能和作用为宗旨。

(3) 调整城市性质、规模和用地发展方向，确定城市布局形态和城市结构。

(4) 挖掘宣城文化内涵，结合自然地理特色，做好城市特色文章，重塑城市品位，重整城市格局。

(5) 遵循“城市发展，交通先行”的规划原则，建立现代化城市综合交通系统。

(6) 完善城市功能布局，提高城市效率，指导新一轮的城市建设，实现城市经营的目标。

(7) 为城市下一层次的详细规划做指导。

2) 城市近期建设规划的目标

(1) 制定宣城市近期建设规划中的强制性内容，主要包括城市近期建设重点和发展规模，以及近期建设用地的具体位置和范围。

(2) 根据城市近期建设重点，提出对外交通设施，城市主干道、大型停车场等城市交通设施的选址、规模和实施时序的意见。

(3) 完成近期城市环境的综合治理措施，提出自来水厂、污水处理厂、变电站、垃圾处理厂，以及相应的管网等公共设施的选址、规模和实施时序的意见。

(4) 根据城市近期建设重点，提出文化、教育、体育等重要公共服务设施的选址和实施时序。

(5) 提出城市绿化、城市广场等的治理和建设意见。

7.2 规划设计方法

7.2.1 设计方法

宣城市总体规划中主要的规划设计方法包括问题导向、区域定位和 GIS 地势分析等方法。此外，城市经济分析中也运用了对比法，与江都总规类似，这里不再赘述。

1) 问题导向法

从当时的发展条件来看，上版总体规划所确定的城市性质和城市职能比较准确，人口规模和用地规模基本切合当时实际，城区布局结构较好地结合了宣城的地形、地貌。随着社会经济和城市发展环境的变化，以及行政建制的变更，原版总体规划的某些方面已不能适应城市发展的要求，结合城市发展现状特征，突出表现在以下 8 个问题上：

(1) 中等城市的城市框架尚未形成

受原行政建制的限制，城市建设的框架没有拉开，以往城市建设集中在旧城进行，既不利于改善城市的环境(人口、建筑物和交通拥挤，建筑容积率高，配套设施水平差)，也使城市的建设缺乏可利用空间，人均城市建设用地偏小，不能满足各项用地需求。由于基础设施向外围拓展不足，城市的建设没有向外的拉动力。此外，城市建设起点低，档次不高，而投资成本攀升，致使供开发的地价高，从而比较优势下降。

(2) 中心城区用地功能分区不明晰

老城区内部功能混杂，商业区、住宅区和文教区以及行政办公用地等布局不集中，尤其是受原地市两级行政体制的影响，市委、市政府两套班子在地市合并后由于办公用地资源缺乏而依然分处两处，不利于现代化办公，降低了办公效率。此外，部分工业用地与生活用地之间缺乏隔离而相互干扰。

(3) 工业经济支撑体系乏力

按城市发展现状，比较集中的工业用地为北门工业区，只是靠为数不多的个别企业(纺织、酒厂等)支撑，难以发挥中心城区应有的集聚型工业经济规模效益，缺乏对市域范围经济的带动和辐射作用。工业用地与其他用地混杂，既影响环境和景观，又没能充分发挥土地的潜在价值。

(4) 居住用地分布不平衡，居住条件差距大

居住用地缺乏统筹规划，老城区居住人口密度大，道路、绿化等居住环境较差。除敬亭苑以外，新建居住区建设不成规模，生活服务配套设施跟不上，在大市政与小区之间出现市政的建设缝隙。城乡结合部住宅建设混乱，城边村现象日见端倪，抑制城市合理拓展，甚至形成“城中村”的不利现象。此外，排水、排污系统不完善，抑制了城市的发展。

(5) 公共设施不足，尤其是文、体、卫设施匮乏

公共设施配备不足，特别是象征城市文化水平和档次的大型标志性文化、体育设施、教育设施缺乏，大大降低了宣城市的城市吸引力和市民的城市自豪感。不仅代表城市历史的古文化建筑保护不足，而且象征现代的文化设施也十分匮乏，减少了城市的活力。宣城市文化品牌打造不足，新版城市总规的修编应沿着城市文脉，深层次挖掘城市历史和民俗的文化内涵。

(6) 城市景观基础较好，但城市绿地园林不成体系，城市形象欠佳

绿化用地利用不规范，荒地较多，缺乏管理，人均公共绿地较少。特别是城市中心区，远未达到人均公共绿地标准(7 m^2/人)。宣城市现有绿化主题不突出，缺乏全市绿化体系的统一布局。

(7) 道路交通功能混杂，系统整体性不强，利用率偏低

城市交通性干道和生活性干道不分，过境交通穿城而过，沿街铺面吸引的人流与交通流相混杂，城市交通效率不高。道路系统的设施建设欠账太多，路面差，没有市政集散广场(新建火车站广场远离市中心)，缺少停车场，公交站场较差。道路的交叉口处理不当，城市主要出入口与铁路的交叉立交桥过少，致使通行不畅。

(8) 城市中心不显著，城市特色不鲜明

宣城市没有形成高水平的中心区，城市缺乏明显而有特色的公共中心区，缺少大众化的市民广场和集散场所。城市中心区的定位和城市行政中心选择举足轻重，将会有利于引导城市的发展方向。虽然宣城的部分建筑秉承了徽派建筑的特点，但城市建筑景观比较单一，缺乏标志性建筑，街道和街区面貌平淡，对自然环境借鉴利用不够，人文、自然景观发掘开发不足，对历史文化地段保护力度不够，对城区段水系、支流保护不够，旅游开发力度尚小。此外，宣城市原有的文化底蕴破坏严重，古城风貌难成体系。

此外，城市发展面临着以下三种新形势：

① 省辖宣城市的成立，既为城市发展带来机遇，又为总体规划及城市建设带来新的要求。设立一市一区的行政建制撤销了原来的县级宣州市的行政机制，规划区内乡级行政区划调整等，均改变了原有经济机构模式。

② 水阳江上游骨干控制工程港口湾水库的建成，改善了原有的城市防洪体系，相应提高了城市防洪标准。因此，原规划中的用地评价结果发生变化，对城市发展方向将发生一定

影响。

③ 市域城镇发展出现了新的机遇。省委、省政府制定了全省城镇化发展纲要，对宣城市的城镇化发展提出了新要求；市委、市政府做出了加快宣城经济融入苏浙沪经济圈的战略决策，宣城工业化、城镇化的发展速度必将进一步加快；市委、市政府确定的经营城市的理念，首宗城市土地的拍卖成功，都将为未来宣城市的城市建设注入新的活力；市域各县、市、区都大规模地开展了撤乡并镇工作，改变了原来乡镇的职能结构、规模结构及空间序列。这些都将为宣城市的城市发展带来积极的影响。

2）区域定位法

区域定位法即通过区域位置分析明确发展目标和发展方向。宣城地处上海市经济辐射圈西部边缘，距上海市仅 280 km，随着宣（兴）—黄（山）高等级公路的建设，两地的空间距离将进一步缩短，宣城市将成为上海市经济辐射的直接腹地。宣城市东部与浙江省经济最为发达的杭嘉湖地区接壤，北部同江苏省经济最为发达的苏锡常地区相连。同时，通过皖赣铁路、宣杭铁路、318 国道、205 省道、宣广高速公路把整个市域与上海、南京、杭州、宁波、嘉兴、湖州、苏州、无锡、常州等各级各类中心城市紧密地联系在一起。由阜淮铁路、淮南铁路、皖赣铁路、皖浙铁路和杭甬铁路组成了华东第二通道，宣城市是皖赣和宣杭两条铁路的交汇枢纽。东部经济对西部地区的梯次推进，使得宣城市处于第一过渡的经济地带，成为承接经济发达地区辐射的第一站。宣城市地处安徽、江苏、浙江三省交界处，省际边境贸易向来繁荣（图 7-1）。

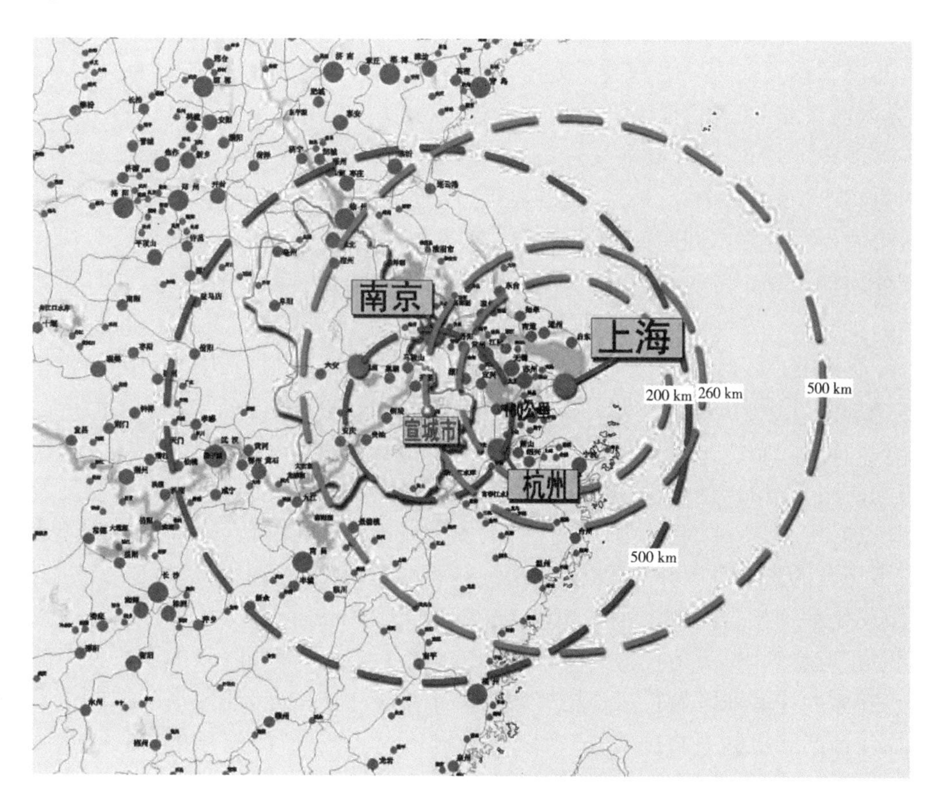

图 7-1　宣城区位示意分析图

（1）融入“泛长三角”的战略目标

2003年9月中旬，一个规模庞大的区域合作会议在南京举行。安徽的合肥、淮北、宣城、马鞍山等9市，与江苏的南京、徐州等6市达成5项行动要领，主要内容是进一步打破行政区划限制，支持和鼓励城市经济圈形成。同时，皖苏两省企业签订了36个合作协议，总投资17.5亿元。安徽正以前所未有的力度，全力融入长三角经济圈。而这无论对安徽还是对长三角，都可能带来一次新变革。2004年4月，安徽省委七届四次会议做出加速融入长三角经济圈的重要决策。高规格访问沪苏，则是全省“融入战略”的第一个大动作。在华东，安徽向称资源大省。安徽煤炭资源总量约占华东地区的一半。安徽电网在华东电网中担负着重要的能源输出任务。今年，安徽省政府再次明确，要依托富集的煤炭资源优势，加快改造、新建一批高效的现代化大型矿井，积极推进煤电联产，实施“小西电东送”计划，加速建成重要的能源重化工基地。从长远看，资源依然是安徽最重要的资本之一。在融入长三角的进程中，应逐步发挥好这一明显的互补性优势，把安徽建成长三角加工制造业承接基地、煤炭能源基地、农副产品供应基地、劳动力供应基地和旅游观光休闲基地等“五大基地”。安徽通过融入长三角，能更好地发挥资源优势，进一步扩大招商引资，提高对外开放水平，主动承接产业梯度转移，把握当前加快发展的重要战略机遇期，并通过与长三角观念、机制方面的对接，实现全省产业结构的调整与升级。

作为安徽唯一人均地区生产总值超过1 000美元、工业化和城市化水平接近长三角的经济区，马芜铜地区“泛长三角”面临新机遇，打破马芜铜的行政区划束缚，鼓励尽快融入长三角。同时，引导三市加强经济联系，实现资源的共同开发和产业的优化重组，形成整体优势，成为全省乃至整个长江流域中具有重要影响力的经济增长点和较强竞争力的现代城市群。构建“马芜铜经济圈”成为安徽大开放的重要议事日程。

马芜铜的突进，标志着安徽与长三角的区域经济合作进入新阶段，也表明长三角经济圈开始向周边省市扩展，一个“泛长三角”的雏形逐步显现。对于宣城而言，融入长三角的战略其实是城市发展实现根本性跨越的基本点。宣城的定位是长三角的“后花园”，保护环境将决定宣城今后能否真正融入长三角，只有融入长三角，全面融入苏浙沪经济圈，宣城才会有持续发展的动力。近两年，宣城招商引资取得重大突破，吸引内外资金分别达到40多亿元和5 000多万美元。2004年1至7月，引进省外投资项目558个，其中来自苏浙沪的项目达497个，占九成以上，引进项目实际到位资金15.78亿元，进度居全省第一，总量居全省第三。对安徽来说，宣城的做法无疑具有探路与示范的价值。

从长远看，长三角越是封闭，就越不利于发展。一些新城市的加入，就好比新鲜血液注入长三角。如果拥有资源、劳动力成本优势的安徽城市加入，无疑会使商务成本不断攀升的长三角有了更大的腹地资源和竞争优势，让一些劳动力密集型产业有了进一步转移的余地。同时，安徽还是一个相当广阔的消费市场，这对于长三角更多地吸引外资也是一大有利因素。但同时也应看到，长三角在得到关系密切的腹地后，也可能面临新的不平衡。在经济发展状况上，安徽的许多地区与长三角还有较大差距。更重要的是，还要消除体制上和观念上的落差，加快体制和机制上的接轨，培育融入的软环境。一旦“泛长三角”加速成形，对上海的城市功能也将是一个新的考验。作为长三角的核心城市，上海的城市功能已发生重要转折。而长三角不论是“有形扩容”还是“无形扩容”，都会对上海的城市服务功能提出更高要求，要求这座城市全面加快向国际经济、金融、贸易和航运中心迈进的步伐，与之相匹配的交通、通信、信息、物流、研发等诸多服务功能也都要有大的突破。不过，这对于上海又是一种推力和一次机会。

(2) 省域城镇体系提出的全省战略目标

安徽省省属近海区，东面距海岸线仅 300 km 左右，主要通过长江、京沪铁路和陇海铁路直通上海、连云港等出海口；还可通过京九线、皖赣线直通南部的广东和福建沿海地带，这将十分有利于安徽省现在和将来对外开放和对外贸易的发展。安徽省位于我国生产力布局的中部地带，地处沿江内陆省份的最东端。2000 年以来随着我国对外开放由沿海向长江流域和内陆腹地推进，安徽省在我国三大地带的经济发展中具有承东启西的战略地位，既可较快地接受沿海经济的辐射，又可享受国家对沿江地区和中西部省份的政策优势，区位优势日益突出。

安徽省现已初步形成“一带、一区、一中心”的空间格局的轮廓。“一带”即长江城镇带；“一区”即皖北城镇密集区；“一中心”即以合肥为中心的大城市地区。根据发展趋势预测，安徽省长江城镇带是沪宁杭城市带的延伸和发展，应纳入沪宁杭城市带统一规划建设。长江三角洲地区是全国最大的经济核心区，是 20 世纪 90 年代中国对外开放的重要领航地区。区内，上海市是中国最大的中心、综合性工业基地和最大的外贸口岸，也是华东地区的首位城市；浦东新区将建成为“面向世界、面向 21 世纪、面向现代化”的领先地区；上海随之成为外向型、多功能、产业结构合理、科学技术先进、具有高度文明的远东现代化国际城市。这对临近长江三角洲的安徽省将产生强大的辐射力，特别对皖江地带影响更大。安徽省城镇向来与上海市保持密切的社会经济联系，今后更应主动迎接辐射。

皖江协作区是以芜湖为中心，安庆、马鞍山、宣城、铜陵、池州等四市为次中心的长江沿岸地区，充分发挥区位和“黄金水道”的地理优势，构筑优势突出、协调互补、外向带动的产业体系，形成高密度沿江产业带，在全省率先实现工业化、城镇化和农业现代化。其中，对于芜湖—宣城经济区有如下定位：发挥造船及其他制造业优势，改造、提高纺织、冶金等工业部门，努力把芜湖市建成沿江综合性加工工业城市；继续加强宣城、宁国、繁昌等市县的机械、建材和加工工业和各县乡镇企业；芜湖市和宣城市经济技术开发区要积极引进、发展科技含量高、附加值高的新兴产业；加强芜湖港口建设，加快芜湖长江大桥建设步伐，使该市成为长江中下游重要交通枢纽；利用芜湖市外贸港口有利条件，把芜湖发展成我省外贸出口基地，并巩固芜湖商城的地位，建好米市、茶市，使之成为全国性的批发市场；建设宣州敬亭山—广德太极洞和泾县皖南烈士陵园、云岭新四军军部等皖东南旅游专线，并同黄山旅游区和九华山旅游区联合组成游览线；在发展沿江平原、江南丘陵“二高一优”农业同时，建立宁国、广德、泾县等山区竹笋、山核桃、香菇、木耳等特产基地。

(3) 融入“皖江城镇带”的战略目标

皖江城镇带处于长江经济带的中下游，位于东部沿海发达地区与西部地区之间，为安徽省的经济核心区，承东启西的地理位置将使本区在连接东部、西部的资源与市场上大有作为，很有可能成为东部发达地区的加工基地，在建的西气东输工程经过本区，将会给皖江地区经济与城市的发展提供充足的能源保障，并为改善能源结构提供一个良好的契机。宣城作为皖江城镇带建设中有分量的一员，应遵循皖江城镇带建设的措施与建议。

① 提高工业化水平，促进城镇化进程；② 大力发展第三产业，促进城镇发展；③ 尽力实现基础设施的现代化和区域共建共享；④ 多元化投资融资，广开财源，加速城镇建设步伐；

⑤ 进一步改革城镇户籍制度,引导农村人口向城镇集聚;⑥ 规范土地市场,强化土地管理,优化城镇布局;⑦ 坚持可持续发展战略,以人为本,改善环境。

3) 地势分析

宣城市现代地貌格局基本上受地质构造控制,地势南高北低,地貌复杂多样,大致可分为山地、丘陵、山间盆地、岗地、平原等五种类型。南部山地、丘陵和盆谷交错,海拔高度一般为 200—1 000 m;中部丘陵岗冲起伏,高度一般为 15—100 m;北部除一部分破碎的丘陵外,绝大部分为广阔的平原和星罗棋布的河湖港汊,圩区地面高度一般为 7—12 m。

(1) 地貌分区

根据宣城市地貌特征,主要分为三个分区:

① 宣郎岗地、平原区。包括宣城市中部、北部和郎溪全部。区内以网纹红土和棕黄色黏土组成的南北向岗地,水阳江、郎川河主支流沿岸的冲积平原,南漪、固城湖的湖滨平原为主要地貌轮廓。地势由南向北倾斜,南部多岗地,北部以平原圩区为主,是宣城市的主要粮产区。

② 广宁低山、丘陵、山间盆地区。包括广德县的全部,宁国县的东部、中部和宣州市南部边缘与宁国县接壤处。区内以低山为主,各地高度不一,南部海拔高度为 600—700 m,中部、北部降至 400—500 m。丘陵广布区内,主要分布于北部以及山间盆地的边缘和内部,相对高度多在 100 m 左右。山间盆地山岗地和冲积平原构成盆底,属多种经营和粮产区。

③ 宁、泾中山,低山,丘陵和山间盆地区。包括宁国县的西南部、泾县的全部和中心城区的西部。区内中山面积不大,主要分布在宣宁交界处和泾县的局部地区。低山和丘陵构成重要地貌单元,具有南部、西部高,北部、东部低的特征。丘陵分布在山区与山间盆地的过渡区,以高丘陵为主。山间盆地分布在青弋江、水阳江主支流沿岸地带,在盆地内部有一定的岗地分布,是林、茶重要产区。利用 GIS 技术,根据用地坡度分析,如图 7-2 所示。

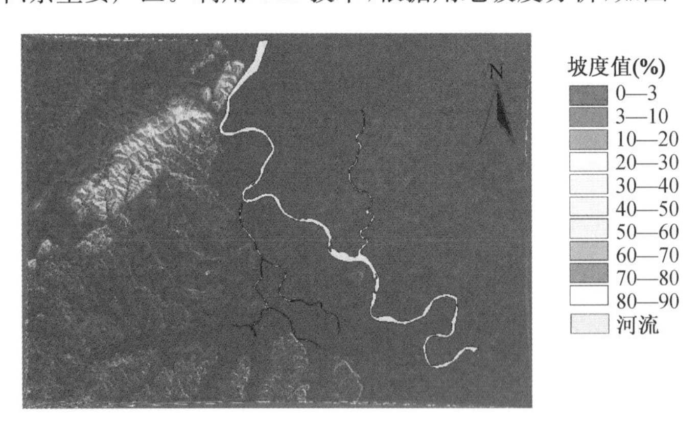

图 7-2　主城区坡度分析图

(2) 宣城市区域活动断裂

据地震地质和地震活动性分析,宣城市及邻区地壳结构相对简单,莫霍面埋深约 37—38 km。燕山晚期以来,受地壳断裂活动影响,形成著名的宣城——南陵盆地。区域构造线以北东方向为主,其中,对宣城市地震危险性判定有重要意义的区域活动断裂有:

① 石台——宣城断裂。为区域性深大断裂,走向北东,自北而南经宣城、泾县,北延至江苏溧阳一带;南处室内江西修水。它控制了下古生代部分时代岩石的沉积,断裂两侧奥陶

系—志留系岩相截然不同，章渡和广阳晚白垩系盆地沿断裂呈串珠状排列，并控制青弋江河道。在泾县陈村，中更新世网纹红土中见断层活动迹象。1743 年泾县城北 5.0 级地震可能与该断裂的活动有关。

② 江南断裂。为一条横亘皖南山区北麓的重要断裂。此断裂沿山脉与盆地为走向，走向近东西，是一条重要的地貌特征线。断裂以北即为著名的宣南盆地，以南为黄山隆起。该断裂重力、磁异常突变明显，莫霍面深度在断裂两侧也有较大变化（南浅北深），故是一条切割较深的断裂。该断裂构成宣南盆地的南界，1971 年以来，沿断裂有弱震活动，1979 年 3 月广德发生 3.3 级地震可能与该断裂活动有关。

③ 茅山断裂。指茅山断裂本身及两侧地区，它是几条北北东向以压扭性为主的活动性断裂。南经溧阳、郎溪、宣城一线，向北可能越过长江经宣城宜陵延至兴化，直至盐城一带，长约 200 km。沿断裂在溧阳上沛于 1974 年、1979 年分别发生 5.5 级、6.0 级两次地震。

（3）宣城市不同时期地震烈度标准

① 1978 年《中国地震烈度区划图》：宣城基本烈度为 6 度，泾县为 7 度。

② 1990 年《中国地震烈度区划图》（国家地震局、建设部震发办〔1992〕160 号）：宣城市基本烈度小于 6 度，郎溪部分地区为 6 度。

③ 2001 年《中国地震动参数区别图》：宣城市地震动峰值加速度为 0.05（无量纲），其中宁国、旌德、绩溪部分地区为 0.10。根据与地震基本烈度对照，宣城市的宣州、郎溪、广德、泾县基本烈度为 6 度；宁国、旌德、绩溪小于 6 度；郎溪部分地区为 7 度。

根据中国地震动反应谱特征周期区划图，宣城中心城区属中硬场地类型。

（4）中心城区用地条件分析

据地震地质和地震活动性分析，在距宣城市城区 200 km 范围段潜在震源区，沿江潜在震源区，溧阳潜在震源区和泾县潜在震源区等。20 世纪 90 年代以来，依据中国地震烈度区划图划分，宣城市基本烈度小于 6 度，不设防。由于地震烈度 6 度以下不设防，宣城有关部门一直也未进行防震抗震规划方面的工作，《城市地质勘察报告》《地质区划报告》等基础资料欠缺，所以本次城市规划中，中心城区用地条件的评价主要依据宣城市基本地理情况，参照区域断裂地质构造特征进行识别。通过多因素分析，宣城市区及城市发展用地范围共分三类用地类型，即适宜、较适宜和不适宜用地三类。

不适宜建设用地包括风景区、主要河流、滩涂、泥沼地带及地质复杂地带；较适宜建设用地包括丘陵密集地带、地形地势复杂区域、低于 20 年一遇的洪水淹没区及水系发达地带，改造需要一定工程技术，并有一定难度；适宜建设用地包括除以上两类用地之外的规划发展用地。因为宣城市地势复杂，按安徽省地震断裂分布，中心城区没有断裂带和潜在断裂带通过，随着防洪标准由 20 年提高为 50 年一遇，南水北调工程的落成，抑制中心城区东部发展的主要障碍（洪水淹没区）减弱。因此用地类型的划分较多考虑地形地势和洪涝灾害对建设活动的影响。随着防洪标准的提高和排水设施的改善，城市用地条件相应改善，因此，说明书中的用地评价是相对现状条件而言的。

① 适宜建设用地。适宜建设用地即不经改造就可以开展建设活动的地段。该地块地势相对平坦，无断裂带和预测断裂带通过，较大范围主要集中在旧城区周边。规划发展区域内大部分用地属此类，占总用地的 30%左右。

② 较适宜建设用地。较适宜建设用地即经过适当改造便可开展建设活动的地段。较

适宜建设用地主要分布在滨河部分地带、低于坝顶高度以及地势较复杂的丘陵地区，主要分布在中心城区以西地区。该类用地较少，大约占总用地的55%左右。

③ 不适宜建设用地。在现有条件下无法改造或改造难度过大的地段属于不适宜建设用地。主要河流滩涂及河岸区域具有调节城市生态平衡的功能，除非特殊原因进行改造的均避免进行各项建设活动；部分低洼、水网地带改造难度极大，可作景观绿化等用途，强化生态功能，不宜进行建设活动；风景区和湖区范围是中心城区的主要景观资源，不宜进行建设活动。该项用地数量较大，大约占到总用地的15%左右(图7-3)。

如果充分考虑专项规划内容，即防洪标准提高和排水设施改善后，较适宜建设用地将转化为适宜建设用地，但届时的开发建设要充分考虑对耕地、草地和林地的保护，以珍惜土地的原则予以开发。

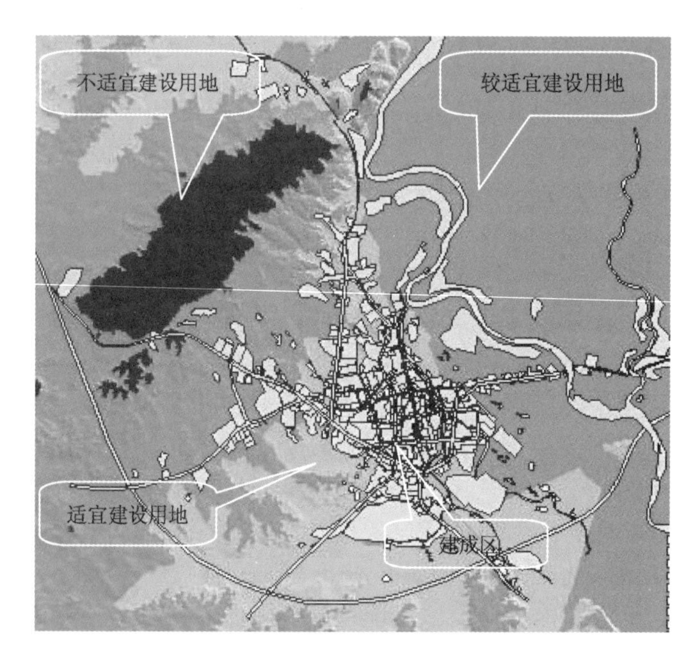

图7-3　建设用地条件适宜性分区图

7.2.2　设计重点

受复杂地势和城市发展面临问题的双重影响，宣城的设计重点主要是城市发展方向、城市发展时序、城市性质和城市用地布局等内容。

1) 城市性质

(1) 历版总规确定的宣城城市性质

综合分析历版总规对城市性质的定位，有利于理解宣城历来发展愿望和今后发展道路，从而在现实基础上确定本版总规的城市性质。

① 80版确定的城市性质：宣城地区政治、文化中心，皖南旅游区的旅游点，以轻纺工业和农副产品加工为主的城市。

② 85版确定的城市性质：宣城地区及宣州市的政治、经济、文化中心；按照历史文化名城风貌，建成以轻纺工业、农副产品加工工业和旅游业为主的中等城市。

③ 88 版确定的城市性质:宣州是安徽的历史文化名城,皖南旅游风景区的旅游点,地区的政治、经济中心。

④ 92 版确定的城市性质:皖东南中心城市和铁路枢纽。

⑤ 98 版确定的城市性质:宣州市是皖东南地区的中心城市和交通枢纽,省级历史文化名城,是以发展工贸旅游和扬子鳄产业为主的山水园林城市。

从历版总规对宣城城市性质的定位可以看出,宣城的发展一直以历史文化、旅游和工贸为主要城市发展方向,城市的发展在没有偏离这种理念的过程中,又伴随着行政建制变更的不确定性,因此在历版总规中都对各自时期的宣城地位有所表述,其主流相同,但内涵略有不断演进的差别。

(2) 本版总规调整确定的宣城城市性质

宣城城市性质在延续历版总规发展的基础上,考虑当前区域条件,应当从以下几个方面来把握:

① 宣城市是皖东南地区的经济中心,承担了皖东南地区部分经济和社会文化职能,这是宣城市最根本的区域特性。

② 宣城市是安徽东部地区重要的交通枢纽,境内 318 国道、芜宣高速以及多条省级公路交汇,连通市域范围的支线公路连成网络,宣城铁路共有皖赣、皖浙两条线路,它们承担了绝大部分中长运距客运、货运,大大促进了宣城的社会经济发展。宣城毗邻江浙,是安徽省东南部的门户,交通条件充分发挥了地理位置的比较优势。随着宣城城市经济实力的增强和城市建设现代化水平的提高,宣城区域经济开发中的区位优势将得到充分的发挥,其城市地位将有明显的提升,这是宣城城市未来发展的趋势。

③ 宣城生态环境优越,境内不仅有水阳江、郎川河、青弋江、南漪湖、梅渚河、胥溪河等河道,还以起伏的地形为地貌特征,以城中敬亭山为城市标志,保障宣城的水质和生态环境,对于城市环境的整体保护十分重要,也有助于突出城市山水特征。

④ 宣城是安徽省级历史文化名城,历史文化特色突出,历史遗存有待挖掘,这是宣城宝贵的文化财富,在旅游产业中占有很重的一部分。

⑤ 宣城市现有 58 家重点工业企业,主要分布在宣城经济技术开发区、北门工业区以及周边的宁国、郎溪、泾县。其中,化工医药工业主要布局在宣城市区北部,较有影响的有皖南制药厂、市化肥厂等企业。轻纺工业主要布局在北门工业区,形成了以纺织厂为中心的纺织工业园。宣城经济技术开发区侧重发展农用车、汽车零部件等机械加工工业。近两年,宣城招商引资取得重大突破,吸引内外资金分别达到 40 多亿元和 5 000 多万美元,进度居全省第一,总量居全省第三。工贸发展基础和前景看好。

综合上述分析,宣城市城市性质确定为:皖东南地区中心城市,省级历史文化名城,工贸、旅游、山水城市。

2) 城市发展方向

综合考虑宣城的发展现状、用地条件、洪水制约因素和经济发展水平,规划期内宣城已经具备了向东发展的动机和可能。但是,向东发展的最大门槛是南北流向的水阳江和京福铁路线,跨越这两个门槛发展,必须大量追加城市开发的投入,而目前水阳江东西两岸地势高差较大,西高东低的自然地势特征制约着城市一直没有向东跨过水阳江发展,尤其是水阳江以东地区经常受到暴雨影响而出现水淹现象,虽然该区域用地平整,但开发前景不被看好;而水阳江以西地区受堤坝影响地势较高,但被南北走向的京福铁路切割成东西两片,在京福铁路和水阳江之间尚保留大片未开发用地;鳌城(宣城老城池)以西地势较高,且局部有起伏,在现状开发条件日趋成熟的影响(交通和公共设施条件相对成熟)下,具有首先利用的优势,但土地尚需平整和适当的工程改造。因此,城市的发展方向在规划期内确定为:东西向发展,并表现为西向延伸,东向跳跃的发展模式。

3) 城市发展时序

接近 2005 年的近期仅有两年时间,是为城市的规划格局作准备阶段。近期建设以工业区的启动与建设为主,结合工业区开发中的拆迁安置工作,启动部分居住小区项目,相应配套少量的公共设施项目。同时,完成昭亭南路的建设及部分工业区的道路。

2005—2010 年中期阶段,城市的工业区形成一定规模,按常规估计,滚动效益可以带动新中心和配套设施的建设,同时着手进行水阳江组团中市场的建设,以其滚动效益带动铁路以东的发展。

2010—2020 年远期阶段,城市具备一定实力的经济基础,处于全面旧城改造阶段,完善城市路网结构,搬迁北部工业区,形成以工业为主的巷口桥组团,以旅游休闲为主的夏渡组团,以及综合的双溪组团。

4) 城市用地布局

(1) 城市结构

按照城市用地布局和功能分区,根据不同类型用地关联程度,城市结构调整为两区四组团,分别为:

① 两区。两区为铁路以西昭亭南区和昭亭北区(以下按城市功能简称生产区和生活区),环城路和宣杭高速公路之间,敬亭南路以西围合的用地区以工业生产为主。宣城工业技术层次整体较低、环境污染严重,工业必须集聚发展,只有资源节约,上马关联度高和集约化程度高的项目,才能突出规模经济效益。自发进驻城市边缘区的城市个体工业、集体工业以及乡镇工业,则几乎完全是市场经济催生的。因此,城市政府势必要承担起调整和优化城市生产区工业结构的职责。而敬亭山和皖赣铁路之间为围绕老城和新区集聚的生活区,配套设施齐全,成为城市的综合中心。生活区与生产区之间由环城大道两侧隔离绿带分隔,减少干扰。

② 四组团。主要包括水阳组团、巷口桥组团、双溪组团和夏渡组团。其中,水阳组团位于皖赣铁路和水阳江之间,是城市跨过铁路向东发展的准备,巷口桥组团、双溪组团和夏渡组团为宣城北、东和南向的三个依托镇发展形成的组团。原下团山组团取消,保持自然山丘景观。

新调整的城市结构旨在强调城市的集聚发展和发展的增长点所在,以两区形成城市的主体框架和核心,以四组团引导城市不同用地的发展方向。

(2) 对外交通与道路系统

① 对外交通。对外交通体系主骨架保持不变,为了保证对外交通的通畅及对城市交通的不干扰,芜屯路(梅溪路)南迁,与宣杭高速公路平行分布,从长远解决一个中等城市的对外交通和道路系统问题。过境路南移与高速公路之间尽量靠近,节约用地,根据对外交通与外迁的过境路之间交叉口的需要,两条路之间的间距保持 100—300 m,全部以防护林形式保存,不得违法占用。

② 道路系统。城市道路系统的规划本着合理性、节约性和实施性原则进行了调整，在主体路网的结构上保留了正在施工的敬亭南路，并以景观和立交的处理改变“X”交叉的不良形态，形成城市的景观节点，呼应对峙敬亭山的景观轴，实现自然特色突出的城市中心节点。结合98版总规和已有的道路现状，调整水阳组团的路网，适当增加5个广场，共规划8个不同等级和形式的广场。

(3) 工业与居住用地

① 工业用地。结合工业分布现状，按照市场需求保留两处工业区，北门工业区搬迁，无污染和轻度污染的搬迁至生产区；有一定污染的工业企业搬迁至巷口桥处，减少对城市的污染干扰；飞彩集团产品效益较好，中远期搬迁难度大，远景则应搬离生活区，另行择址建设。宣城以往的发展比较缓慢，主要是工业体系薄弱造成经济不景气，从而影响城市的整体发展质量。本版规划中突出工业用地的集聚布局，目的是扩大工业规模，扶植地方工业体系，培育工业载体——企业，解决城市化过程中的大量就业需求问题。

② 居住用地。除保留和新开发的四个组团居住用地以外，在生活区增加适当居住用地，满足城市发展中对生活居住的需求，主要集中在环城道路内侧，并在工业区内适当保留部分居住以减少通勤活动。充分发挥鳄鱼湖风景资源的优势，在市场体制的保障下可控制部分一类居住，满足高收入群体的居住需求。

居住和工业用地之间以绿化隔离带隔离(30—50 m)，保证生活居住质量。工业用地的安排应处理好城边村问题，争取一步到位，而不是采取以往就近暂时安置的办法。从长远的角度规划工业用地，安置居民，解决就业，有助于城市的可持续发展和良性积累。

(4) 公共设施用地

公共设施用地根据微地形和实际投资情况进行了局部调整，政务中心调到景观轴和昭亭路之间，水阳组团增加部分办公和其他公共设施用地，按居住分区增加三处大型体育用地，分别分布在敬亭组团、生活区和水阳组团内；医疗卫生用地的调整主要是将梅溪路边一处调整到景观轴以西靠近环城大道附近，昭亭南路两侧及宣泾路两侧增加部分公共设施。高教区分布在梅溪路两侧，梅溪路以北高教用地区(图7-4)已经批地，并正在施工中，本版总规保留了其用途。梅溪路以南一处用地(图7-5)地势较高，但坡度较缓，而且微地形丰富，又地处敬亭山和工业区之间，适宜作过渡用地考虑。宣城作为一个中等城市，科教力量严重不足，极缺高等教育，因此，应保留该处用地以为高教用地待用。

图7-4 梅溪路以北高教用地区

图7-5 梅溪路以南一处用地

（5）绿地与景观用地

景观轴中段与东侧水系以绿地相接，其中保留一处水面预留作水库；景观轴南段在绿轴中根据地形保留一处水面作为调蓄水库。沿河设置带状绿地，沿城市主干路设置绿带，市区公园保留十几处。原受地势影响而形成的城市不良形态“X”形交叉口地势错落有致，局部落差较大，稍做设计和调整将形成富含自然风光和多处观景点的游览休闲用地，是城市中心北观山，南望湖的核心，也是城市特色体现的焦点，结合广场和水系的布置，规划该处为城市居民休憩用地，形成城市大型公园区。

（6）中心城区城乡协调发展规划

构造和完善城乡空间布局结构，珍惜与保护中心城区内的土地资源，实现城市与农村各类资源的优化配置和生态环境的改善，促进城乡可持续发展。对于乡村空间建设，应积极推进农村城镇化和城乡一体化进程，加快农村经济发展，努力缩小城乡差别。以发展新型农业为重点，加快农村结构调整和农业产业园区建设，推动农业产业化发展的进程，培植农业主导产业，引导工业项目向重点乡镇工业园区集中。本版规划通过城市内部用地的挖潜，旧城改造和新区开发，拉开了城市框架，逐步建设中等城市。通过简约用地功能分区，合理安排生产和生活，疏理交通组织，健全公共设施，提高绿地率和绿地质量，改善城市居住环境，突出城市中心，提升城市形象，突出城市特色。

（7）工程专项规划

① 给水工程规划。至 2020 年，城市公共供水量达到 31 万 m^3/d。以水阳江地表水为城市水源，取水口位于水阳江玉山段，应按饮用水源保护区严格保护。

宣城市给水管网分中心城区和巷口桥、双桥和夏渡四部分。给水管道沿市政道路敷设，形成环状管网，并在地势较高及供水距离较远处增建四座加压泵站。保留现状一水厂，供水能力维持 6 万 m^3/d；二水厂原址扩建，供水能力达到 15 万 m^3/d，占地 10 hm^2；在市区南部新建 10 万 m^3/d 的三水厂，占地 8 hm^2。

② 排水工程规划。新建城市排水系统实行雨污分流体制，现状直排式合流制改为截流式合流制。根据宣城市水系及地形特点，将宣城市划分为青溪河、梅溪河、道叉河、敬亭圩、城东联圩及巷口桥、双桥、夏渡八个排水分区，雨水管网在各分区内自成体系，就近排入自然水体。预测城区生活污水和工业废水排放量为 20 万 m^3/d。规划建设污水处理厂 2 座，即敬亭圩污水处理厂，规模 15 万 m^3/d，占地 15 hm^2；双桥污水处理厂，规模 5 万 m^3/d，占地 10 hm^2。在污水干管跨越排水分区翻越山脊及圩内管道埋设过深时设置污水提升泵站，规划共布置 7 座污水泵站；在内河出口及地势较低处设置排涝泵站，规划共布置 8 座雨水泵站。

③ 供电工程规划。预测规划期末城区用电总负荷将达到 44.13 万 kW。保留现状220 kV 莲塘变，主变容量扩至 2×180 MV・A。新建 220 kV 宣城二变，主变容量达到 2×180 MV・A，占地 1.8 hm^2。至 2020 年，220 kV 主变容量达到 720 MV・A。220 kV 变电站电源主要引自 500 kV 宣城变和宣城发电厂。规划新建 110 kV 变电站 7 座，分别是经济园变、巷口桥变、开发区变、城市中心变、双溪变、城东变、宛陵变，每座容量 2×50 MV・A，双电源供电。变电站占地规划预留户外布置为 4 500 m^2，户内变电站为 1 500 m^2。扩建 110 kV 玉山变和养贤变，容量为 2×50 MV・A。至 2020 年，110 kV 变电站主变容量接近 1 000 MV・A。220 kV 和 110 kV 线路主要采用架空线，城市内部线路应与用地布局相协调，原则上沿道路或绿化用地布置，

并与两侧建筑物保持足够的安全距离。城市中心区 10 kV 线路全部采用电缆线路。远郊采用架空线路时，建筑物与边导线的最大风偏不得小于 1.5 m。

④ 电信工程规划。建立全市统一的由光缆组成的综合电信为主体的接入网，城市的电信、电视、广播、环保、消防、交通、救灾、金融、商贸等各类信息传递一律纳入城市接入网。城市接入网要随着信息产业的发展，逐步过渡成为宽带网。至 2020 年，建立以市区为中心的光缆环型接入网络，通过与合肥局汇接，进入全国长途自动化通信网系统。城区市话主线普及率达到 80 线/百人；有线电视户普及率达到 100%；邮政局所服务半径约为 0.8 km。新建电信分局 9 个；新增交换容量 27 万门；新建邮政局 11 个。

⑤ 燃气工程规划。城市燃气采用天然气，供气对象为居民生活、公共建筑、工业用气及其他用气，居民生活用气普及率到 2005 年达到 50%，2020 年达到 100%。在天然气到来之前，维持液化石油气供应现状。预测城市天然气用量到 2005 年为 2 537 万 m^3，2020 年 11 600 万 m^3。天然气门站布置在城区西南侧，城区配气管网采用中压一级压力级制。

⑥ 环境保护。完善城市排水系统，加强污水的收集与处理，在城市北部郊区建设城市污水处理厂。注重城市绿地和水面的兴建与保护，城市绿化覆盖率和人均公共绿地指标值超过全国同类城市标准，改善城市空气环境质量。对现有污染企业进行布局调整，严格控制新污染的产生，坚决推行排污达标排放和排污总量控制制度，有效控制和大力消减区域的排污总量。继续加大城市环境综合整治控制改造力度，提高城市燃气率，控制汽车尾气超标排放，严格控制有毒化学品的生产、使用、贮存和运输，建立管理有毒有害废弃物由生产直至最终处理的管理机构。

⑦ 环卫工程规划。近期 2005 年城市生活垃圾产生量为 270 t/d，远期 2020 年城市生活垃圾产生量为 540 t/d。城市生活垃圾实行袋装化、分类化，由各小区、居民区、社区清洁员用平推板车定时、定点流动上门收集，避免垃圾出门二次着地造成污染，再由社区各清洁员工集中送至生活垃圾转运站，由封闭式垃圾运输装卸车集装清运至城市垃圾卫生填埋厂。城市生活垃圾转运站为中、小型，按城市用地 1 km^2 设一座，每座垃圾转运站用地面积控制在 500—600 m^2。规划在古泉屠村建设日处理能力达 400 t 的生活垃圾卫生填埋厂，采用无害化分层碾压卫生填埋方式进行处理，服务年限 40—50 年。对夏渡七里岗垃圾处理厂进行改造，结合垃圾的分类收集方式的普及，恢复其垃圾焚烧处理能力，处理能力达到 150—200 t/d，服务年限 40—50 年。城市道路清扫保洁按一、二、三级划分，清扫率达 95%。城市公厕旧城区按 2 500 人/个，新城区按 3 000 人/个的标准配置。环卫车辆按城市人口 2 辆/万人配置，环卫职工人数按 1.5—2 人/万人配置。加快环卫机构体制改革，实行环卫管理与环卫作业分开的原则，使城市生活垃圾处理达到减量化、无害化、资源化和产业化。

⑧ 综合防灾规划。城市防洪标准：2010 年防洪标准达 50 年一遇，2020 年防洪标准达 100 年一遇。加高加固宛溪河两岸防洪墙和敬亭圩、城东联圩、双桥联圩堤防，按防洪标准确保近、远期城区安全。为防止西北山洪对城区威胁，新建殷村水库（上、下两库），拓宽改造敬亭山撇洪沟。在宛溪河或清溪河口建闸控制，防止江水倒流，满足扬子鳄湖景观建设需要。对道叉河、梅溪河、泥河、宛溪河进行清淤清障拓宽整治，保证汛期行洪、排水需要。依据长江水利委员会编制的《水阳江、青弋江、漳河流域防洪规划报告》（2001 年修订稿），遇超标准洪水，为保证主城区防洪安全，在孙埠以上设分洪口门，兴建隔堤，将洪水导入南漪湖。

排涝工程规划原则：高水高排、低水低排，自排为主、强排为辅。按天然分水线将城市分成8个雨水分区:青溪河区、梅溪河区、道叉河区、敬亭区、夏渡区、城东区、双桥区和巷口桥区。

城市总体布局的消防安全要求:新建的建筑应当按一、二级耐火等级进行建造,控制三级建筑,限制四级建筑。原有耐火等级低、相互毗连的建筑密集区应当纳入城市改造规划,改善消防条件。消防站布局:市区新规划8个消防站,保留原有的城市消防站。消防供水:新建道路严格按照120 m间距布置消火栓,道路宽度超过60 m时,宜在道路两边设置。沿城市主要河道设置天然水源取水口,以满足城市消防用水要求。消防通道:消防道路可和城市道路合用,街坊内部道路不应小于4 m,以利消防车辆通行。消防通讯:要充分利用无线和有线两种通信手段,不断完善消防通信系统。

抗震防灾规划:宛溪河以西丘岗地区为Ⅰ类场地土,局部的冲沟和山嘴为抗震不利地段。水阳江、宛溪河沿岸冲积平原为Ⅱ类场地土,河漫滩、故河道为抗震不利地段。加强道路交通、供电、供水、供气、医疗卫生、消防等生命线系统工程设施建设,提高设防等级,增强抗震防灾能力。加强重点次生灾害源安全防护工作,采取必要的隔离措施,防止和减轻次生灾害威胁。严格按规范要求,对现有建筑物、构筑物工程分阶段进行抗震加固,力争2005年以前完成生命线工程抗震加固,在2020年以前完成一般性工业与民用建筑加固。一般工程设防标准为6度,生命线工程和重要单位设防标准为7度。建立避震疏散的领导指挥体制,合理规划疏散路线和避震场所,人员就近疏散距离不大于300 m,中程疏散距离不大于2 km。加强全民抗震防灾意识,增强抗震救灾能力。

人防规划:坚持"疏散为主,隐蔽为辅"的原则,战时留城人员比例为20%,留城人口10万人,需要人防工程15万m^2。人防工程由掩蔽工事、指挥系统、给水系统、警报通信系统、供电系统、医疗救护系统、消防系统、人防仓库、工程抢救系统等构成,分别按照有关规定加强建设。城市重点地区必须按照规划要求,建设掩蔽工事。

7.3 规划协调难点

7.3.1 规划协调原则

(1) 坚持区域一体化的思想,把宣城放在安徽和江浙沪区域中统一布局,充分考虑宣城市在其中的定位。

(2) 坚持生态环境与城市发展的平衡,城市发展不应影响生态环境的营造。

(3) 为实现城市可持续发展的目标,科学建立长远的城市发展格局。

(4) 城市用地布局中应重点考虑城市近期建设与远景发展的结合,按照时空顺序合理计划发展时序。

(5) 完善城市综合功能与加强辐射能力的结合,紧密结合全球一体化和加入WTO后的新形势,以市场为引导企业发展的重心,淡化行政区划,强化市场关系。

(6) 发挥优势产业的优势,结合城市建设,创造新的发展前景,塑造城市景观特色,进一步挖掘研究城市的观赏价值和旅游价值。

(7) 因地制宜,既符合地方实际情况,又满足城市发展需求的原则。

(8) 强化规划和管理结合的原则,好的规划必须体现在实际建设和城市管制中。

7.3.2 整合多方利益

宣城总体规划成果的顺利完成得益于委托方的密切配合，不仅在资料的收集上十分翔实，在规划的协调上也起到了积极的作用。按规划程序，每个步骤都十分关键，通过协调整合决定了系列规划中的重大问题。

1）城市总体规划前期主要问题的解决

城市规划前期首先要明确的内容是规划期限、规划范围、规划依据、城市问题、规划目标、选择方案。

（1）规划期限

明确近期、中期、远期和远景的期限，近期的期限一般和城市发展的计划相一致，便于实施；中期一般以 10 年为限，远期以 20 年为期限，远景以 20 年以后若干年为期限。现阶段规划期限一般以 2005 年为近期，2010 年为中期，2020 年为远期，2020 年以后为远景，规划编制时间在 2003 年之后的也可以将近期和中期合并，统一以 2010 年为近期规划期限。

（2）规划范围

规划范围一般包括四类：一是规划研究范围以城市所在省份或更大区域范围为主；二是城镇体系规划范围，指全市域范围；三是城市规划区范围，一般由地方政府协助界定；四是中心城区规划范围。宣城总规的城镇体系规划范围是市域全境 12 323 km^2，城市规划区范围即城市市区、近郊区以及城市行政区域内其他因城市建设和发展需要实行规划控制的区域，总面积为 428 km^2。

（3）规划依据

规划依据一般包括四类：一是国家政策、法律等文件，如国家经济政策、国家其他有关法规与技术规范、《中华人民共和国城市规划法》等；二是部门法规类文件，如住建部《城市规划编制办法》、住建部《城镇体系规划编制审批办法》、住建部《近期建设规划工作暂行办法》、住建部《城市规划强制性内容暂行规定》、中华人民共和国住建部令 119 号《城市紫线管理办法》等；三是上级部门相关政策和规划，如省建设厅关于同意修编《X 市城市总体规划》的通知或相关规定，《最新版省域城镇体系规划》以及其他区域类规划成果等；四是地方已经报批的规划和计划，如《X 市国民经济和社会发展"十五"计划》以及其他专项规划成果等内容。宣城总规修编的依据如下：

①《中华人民共和国城市规划法》；② 住建部《城市规划编制办法》；③ 住建部《城镇体系规划编制审批办法》；④ 住建部《近期建设规划工作暂行办法》；⑤ 住建部《城市规划强制性内容暂行规定》；⑥ 中华人民共和国住建部令，第 119 号，《城市紫线管理办法》；⑦ 安徽省建设厅关于同意修编《宣城市城市总体规划》的函；⑧《宣城市国民经济和社会发展"十五"计划》；⑨《2000 版安徽省城镇体系规划》；⑩《1999版宣城市城镇体系规划》；⑪ 国家其他有关法规与技术规范。

（4）城市问题

确定城市问题在总体规划的前期工作中十分关键，直接影响后期的规划成果，解析城市问题不仅要从城市现状入手，还要分析历版解决和遗留的问题，以及城市发展中今后的隐患，并从城市经济基础、历史文化、城市特色出发寻找最佳处理方式，尽可能在总规中解决问题。

（5）规划目标

规划目标的协调主要指委托方较高的规划目标，审批方依据《规范》规定的规划目标，以及编制方调研提出的规划目标之间的协调。三个目标必须达成一致，总体规划工作才能顺利推进。

（6）选择方案

初步方案的分类可以有多种形式，如按不同规划目标分类，按不同城市结构分类，按不同城市发展方向分类，按不同发展时序分类，或按不同路网结构分类。选择哪种方式要看城市总体规划前期协调的难度所在，如规划目标不一致，可按不同规划目标确定方案内容。宣城总规在初步方案的选择上围绕城市最紧迫的问题，即确定城市未来发展方向展开了方案的比选与讨论。

2）城市总体规划与各行业专项规划的整合

城市发展到一定阶段，通常暴露出许多方面的不足，政府或城建部门会就当前迫切需要解决的问题展开研究或委托专项规划。如针对交通拥挤委托的交通专项规划，针对城市社会问题委托的城市社会发展长期规划，针对城市绿化体系委托的城市园林绿地规划或城市景观规划，针对城市历史文化名城委托的历史文化名城保护规划，此外还有相关的旅游规划、生态规划、河流整治规划、街道更新规划、城市产业发展研究、城市工业园区规划等，名目繁多。不论哪种专项规划只能从一定的角度解决局部的城市问题，但是，城市问题往往相互影响，成因也不是单因素促成，所以许多城市在尝试专项规划而难以解决日益激化的城市问题后，最终做出修编城市总体规划的决定。在这样的背景下，总体规划的修编必须以积极的态度与各行业专项规划成果进行吸收和整合，协调原则以保证全局利益为主，而不是绝对迁就部门利益。

在宣城总体规划中，协调整合的专项规划包括历史文化名城规划，旅游开发规划，城镇体系规划和供水、供电、环保、环卫和综合防灾等市政工程类专项规划内容。

（1）与历史文化名城规划的协调

充分吸收市域规划内容，补充完善中心城区相关历史文化保护内容。

（2）与旅游开发规划的协调

吸收了该规划对敬亭山旅游区的划定范围和保护规则，按总体规划构思修改了鳄鱼湖周边的旅游规划内容。

（3）与城镇体系规划

原宣城城镇体系规划是2000年批复的，但宣城市当时为县级市，所以在总体规划中充分提升了宣城的城市地位，补充了城市职能，并更新了数据，保留了市域空间结构和部分专项内容。

（4）与市政工程规划的协调

根据各部门的供应计划和预测标准，依据总体规划最终布局方案，充分配置各项市政设施选址和主干管线走向。

3）城市结构和用地布局的调整

城市结构和用地布局的调整一般根据综合的地方意见（政府、专业部门和公众）进行修改。

（1）城市结构

对城市中心、城市发展轴和城市分区等内容进行合理化完善。

(2) 用地布局

对工业、居住、仓储、公共设施、基础设施、综合交通、绿地等用地类型进行细部调整并现场核实，避免理想的构图化和不切实际的规划设计理念。

4) 城市各类用地规划的深化和细化

对城市各类用地规划的深化和细化，主要指对现状的把握和存在问题的分析、规划原则的确定，以及用地布局的合理建议，包括规模和选址等多项指标的深入论证并确定。

实施后记：

规划实施以来，宣城发生较大变化，城市框架拉开，基础设施不断完善，产业结构不断优化，经济快速发展。

截至 2012 年，人口达到 255.6 万人，用地 1 2340 km^2，地区生产总值 842.8 亿元，人均 33 272.8 元。三次产业结构为 147 : 52.2 : 33.1。全市工业增加值 333 亿元，高新技术产业达到 207 家，企业数位于全省第 5 位。

城市性质和发展在后续总体规划中得到延续。

8 巴彦淖尔市城市总体规划修编要点分析(西部)

8.1 规划编制要求

8.1.1 城建部门要求

在巴彦淖尔市展开规划工作时,与内蒙古建设厅多次交换意见,并获悉了地方城建部门的相关意见,主要是以下内容:

(1) 对城镇化水平提出的要求。要求与内蒙古自治区城镇化发展纲要相适应,分析城镇化发展的实质,并在城市市域范围内进行平衡,提出相应的对策和空间应对战略。

(2) 人口和用地规模。对人口规模要求按照实际预测数量确定,并因地制宜确定用地规模,按少数民族地区的规定适度放大用地标准。

(3) 开发区的建设。按内蒙古自治区批准的项目规划预留独立工矿或开发区用地,并按照减少与城市互相干扰的原则。

(4) 对于用地布局和城市结构尽可能与地方政府相协调。

8.1.2 地方政府要求

2004 年 4 月,巴彦淖尔盟受撤盟设市的影响,巴彦淖尔市城镇体系、城市性质、城市职能、城市规模等都发生了变化。为了更好地指导城市建设合理有序的发展,明确城市定位和发展方向,制定城市发展战略和发展目标,并切实落实在空间规划上,迫切需要对巴彦淖尔市城市总体规划进行修编。中国城市规划设计研究院受巴彦淖尔市城市规划管理办公室委托,承担了巴彦淖尔市城市总体规划修编及市域城镇体系规划工作。

1) 城镇体系规划

地方政府对城市市域城镇体系规划提出的要求主要包括以下三方面:

(1) 系统分析经济发展趋势,明确宏观经济发展战略。

(2) 系统分析城镇现状布局和发展状况,明确城镇发展战略。

(3) 统筹兼顾,完善各项专项规划。

2) 城市总体规划

地方政府对城市总体规划提出的要求主要包括以下四方面:

(1) 通过现状调查与资料分析,明确中心城区用地布局。

(2) 调整完善城市空间结构和功能分区。

(3) 衔接各个部门专项规划,并细化各类用地布局。

(4) 科学预测城市发展规模,确定城市性质。

(5) 划定城市规划区范围,按近期、远期、远景确定不同时期的用地布局方案。

(6) 突出城市特色,充分利用现有渠系,体现河套文化。

8.2 规划设计方法

8.2.1 设计方法

1) 对比法

(1) 横向比较

横向比较指不同地区因某项特征相似而选择对比的目标。对于城市而言,类似的发展历史、相近的经济发展模式和发展阶段、同等的自然地理环境等都可以作为比较对象的特征选择。因此,对于巴彦淖尔市而言,选择周边相邻地区作为对比对象,他们的经济发展背景、自然和人文环境、资源结构等都具有近似的特征。

与西部部分省份主要经济指标比较,内蒙古自治区具有土地面积广阔,人口密度低,地区生产总值相对较高等优势,第二产业比例较为合理,发展状况良好,发展前景较广阔(表 8-1)。

表 8-1 内蒙古自治区与西部部分省份主要经济指标比较(2002 年)

	内蒙古自治区	陕西	甘肃	青海	宁夏	新疆
土地面积(万 km^2)	118.30	20.60	45.40	72.10	5.20	166.00
年末总人口(万人)	2 378.59	3 673.70	2 592.58	528.60	571.54	1 905.19
人口密度(人/ km^2)	20.00	178.00	57.00	7.00	108.00	11.09
地区生产总值(亿元)	1 734.31	2 035.96	1 161.00	341.03	330.00	1 598.28
人均地区生产总值(元)	7 233	5 523	4 493	6 424	5 800	8 365
三产比例	21.5∶42.1∶36.4	—	—	—	—	—

总的来看,内蒙古自治区在全国省(区、市)中较为落后,但与西部部分省份相比,尚有一定比较优势,即毗邻京津经济区的区位优势。内蒙古的区域形势决定巴彦淖尔市应主动与发达地区,尤其是京津城市经济区加强经济联系,在大环境带动下快速发展,同时积极主动谋求自身发展,从而推动整个地区发展,搞好口岸贸易,利用蒙古国低成本资源,形成巴彦淖尔市市域内多层次的加工工业,从而推动整个地区的经济发展。

城市区域化和区域城市化的启示:作为区域系统的组成部分,城市不是孤立存在的,牵一发而动全身，一个城市在区域经济格局中地位的不断提高也必然伴随着其他城市的地位相对下降，因此每个城市都在寻找一切发展的可能力争上游。巴彦淖尔市必须清醒地看到自己所处的区域背景和相对地位，从中发现潜在的风险和可能的机遇。

有学者研究认为，不发达地区存在弱性发展态势的城镇群体结构，但假以各种有利条件，这些雏形状态或不完善的组合结构，必将质变并形成完善成熟的城镇群体组合结构。在这种理论支撑下形成了黄河上游带状城镇群空间结构组织构想，其组成部分可分为三个城市经济区。

西宁—兰州双核式城市经济区：特大城市、大城市、中等城市各1座，小城市及城镇24座，是青海、甘肃两省城镇分布最密集的地区。经济区的非农业人口、地区生产总值占两省黄河上游地区的63.33%和68.3%，该区域依托黄河及湟水谷地的优良自然条件，受历史上的人口集聚、交通区位优势及地区矿产资源开发等因素影响而成。

银川—吴忠—石嘴山组团式城市经济区：下辖11个县镇和2个县级市。这一地区是宁夏社会经济发展的精华所在。

蒙中双核中心城市经济区：是以呼和浩特、包头、东胜为中心形成的一个资源丰富、产业发展条件好、工业生产能力强、科技力量雄厚的区域，经济区面积约6万多km^2，人口500万，分别占内蒙古自治区的6%和21%。区内非农业人口为212.6万人，城市化水平达42.5%。2000年国内生产总值489亿元，占内蒙古的34.98%。该区域沿黄河上溯势必将临河所在的河套平原纳入。

在日趋白热化的城市竞争中取得超速度的进步就必须寻找新的着力点。将城市各种优势，如交通优势、资源优势、区位优势等对经济的促进作用发挥到极致。相对京津经济区内巴彦淖尔市位于区域边缘，如何变边缘化为边缘效益[⑩]，参与综合实力的竞争成为目前迫切需要解决的问题。

与周边城市比较分析，机遇与忧患并存。巴彦淖尔市与周边地区，主要是乌海、包头、银川、鄂尔多斯市和呼和浩特市，空间距离约2—4个小时车程，经济差距较大，空间发展并不存在靠拢和吸附现象，相关性较差，资源结构趋同，但受市场需大于供的影响，资源开发的合力优势取代了竞争的局面(表8-2，图8-1)。

表8-2 巴彦淖尔市与周边城市主要经济指标比较表(2002年)

	地区生产总值(亿元)	三产比例	人均地区生产总值(元)	农牧民人均纯收入(元)	社会消费品零售总额(万元)	地方财政收入(亿元)	固定资产投资(亿元)	城市居民人均可支配收入(元)
呼和浩特市	316.70	11.2∶41∶47.8	14 720	2 822.04	920 000	17.18	131.26	6 996
包头市	333.02	6.7∶54.2∶39.1	14 315	2 863.64	1 130 691	20	121.56	6 980
乌海市	51.40	2.6∶66.6∶30.8	12 512	2 678.40	159 003	2.81	30.83	5742
鄂尔多斯市	204.77	13.7∶58.3∶28	15 324	2 469.92	352 110	11.5	68.56	6 245

⑩ “边缘效应”的概念源于生态学：边缘区如同连接城市新陈代谢体各组成部分的关节与脉络，有明显可见的“关节”，有潜藏暗存的“脉络”。搁置、埋没边缘效应，甚至产生边缘负效应，就会使城市有机体的关节激活其脉络，促进城市有机代谢，并不断提高其代谢能力。

续表 8-2

	地区生产总值（亿元）	三产比例	人均地区生产总值(元)	农牧民人均纯收入（元）	社会消费品零售总额(万元)	地方财政收入（亿元）	固定资产投资（亿元）	城市居民人均可支配收入（元）
巴彦淖尔市	131.33	35.8∶26.7∶37.5	7 554	2 750.29	383 744	6.36	38.35	5 594
银川市	133.46	11.6∶44∶44.4	10 157	2 931	537 900	13.32	72.96	6 845

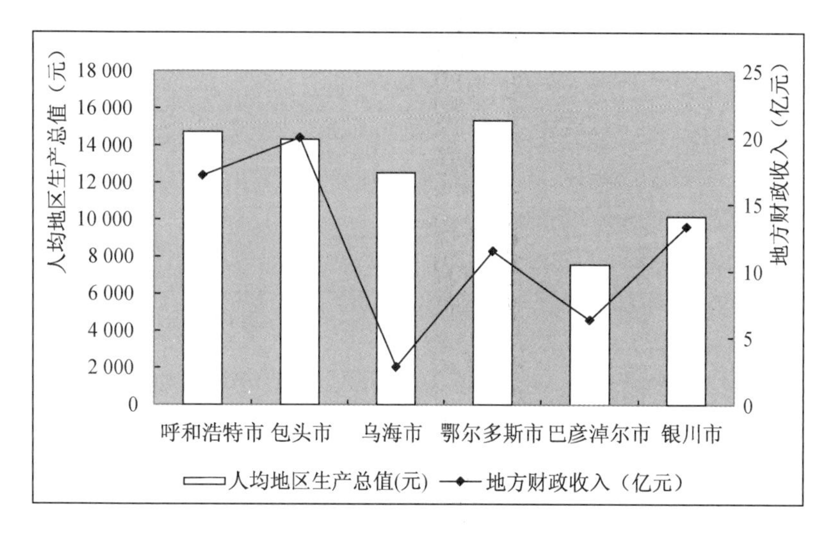

图 8-1　巴彦淖尔市与周边城市主要经济指标比较图(2002 年)

周边城市的资源结构和环境概况与巴彦淖尔市近似，但经济实力比巴彦淖尔市较强，有些城市甚至远远高出。造成这种局面的主要原因是巴彦淖尔市撤盟设市较晚，市域以县域经济为主导，各旗县之间各自发展，财政主体多元化，资源条块分割，经济交流受限，产业结构长期以一产为主，原始积累不足。未来城市的发展应立足于自谋出路借势发展，逐步缩小与周边城市间的差距，努力营造黄河脊背上的明珠城市、河套地区的中心城市。面临现状不利形势，城市发展的出路主要有两条：一是增强市域各旗县凝聚力，整合资源优势；二是实事求是合理启动工业计划，推动第二产业内部升级和外部发展。

(2) 纵向比较

纵向比较是指不同历史时期城市经济发展指标的比较(表 8-3)。按可比价格(1990 年价格，简称 1990 价)比较，巴彦淖尔市 2002 年地区生产总值为 84.9 亿元，人均地区生产总值为 4 878元，分别为 1980 年的 8.8 倍和 6.6 倍，22 年间分别翻了三番多和两番半多。按可比价格计算的工业总产值，2002 年比 1990 年翻了两番。按可比价格计算的农业总产值，2002 年比 1980 年翻了两番多。将现状与过去纵向比较，巴彦淖尔市有了很大的变化。

表 8-3　巴彦淖尔市若干经济指标历年比较

指标	地区生产总值	人均地区生产总值	工业总产值	农业总产值	财政收入
单位	亿元（1990 价）	元/人（1990 价）	亿元（1990 价）	亿元（1990 价）	亿元

续表 8-3

指标	地区生产总值	人均地区生产总值	工业总产值	农业总产值	财政收入
1980 年	9.7	739	11.9(1990 年)	8.0	0.23
2002 年	84.9	4 878	48.6	35.5	9.29
2002 年为 1980 年倍数	8.8	6.6	4.1	4.4	40.4
指标	城镇居民 可支配收入	农牧民 人均纯收入	城乡居民 存款余额	社会消费品 零售总额	公路 通车里程
单位	元/人	元/人	亿元	亿元	公里
1980 年	1 045(1990 年)	857(1990 年)	0.84	10(1992 年)	3 280
2002 年	5 594	2 750	79.70	38.4	5 250
2002 年为 1980 年倍数	5.4	3.2	94.9	3.8	1.6

① 巴彦淖尔市地区生产总值增长速度的变化趋势

根据“五年计划”的周期考察，可知巴彦淖尔市地区生产总值的增长速度曲线起伏不定。从“六五计划”时期到“十五计划”的前两年(共 22 年)，巴彦淖尔市地区生产总值 的增长速度变化呈“降—增—增—降”态势。从较长时期(22 年)看，巴彦淖尔市地区生产总值增长速度与自治区持平，都在 10%左右。但各个五年计划时期，巴彦淖尔市与内蒙古自治区地区生产总值增长速度相比也是时增时降，经济增长呈“降—增—降—增—降”波浪起伏的不稳定状态(表 8-4)。

表 8-4 内蒙古自治区与巴彦淖尔市“六五”计划以来地区生产总值增长速度比较 单位:%

时期	“六五”	“七五”	“八五”	“九五”	“十五”前两年	22 年平均
内蒙古自治区	14.5	7.0	9.7	10.0	10.9	10.4
巴彦淖尔市	12.8	7.8	8.6	11.9	10.1	10.3
巴彦淖尔市与 内蒙古自治区的比较	−1.7	+0.8	−1.1	+1.9	−0.8	−0.1
巴彦淖尔市两个五 年计划之间的比较		−5.0	+0.8	+3.3	−1.8	

考察近 13 年来的逐年增长情况，巴彦淖尔市地区生产总值的增长速度仍是起伏不定。以巴彦淖尔市与内蒙古自治区比较，前四年巴彦淖尔市比内蒙古自治区地区生产总值增长速度慢，中间六年比内蒙古自治区快，但近三年又比内蒙古自治区慢，呈“慢—快—慢”的“U”形态势。但 13 年来巴彦淖尔市与内蒙古自治区地区生产总值的增长速度总体上看还是基本持平的，均接近 10%(对照表 8-4 的 22 年平均增长速度)，虽略有降低，但差别并不大(表 8-5)。

表 8-5　内蒙古自治区与巴彦淖尔市近 13 年地区生产总值增长速度比较　　单位:%

	"八五"						"九五"					"十五"前两年		13 年平均
年份	1990	1991	1992	1993	1994	1995	1996	1997	1998	1999	2000	2001	2002	
内蒙古自治区	7.5	7.5	11.0	10.6	10.1	9.1	13.3	9.7	9.6	7.8	9.7	9.6	12.1	9.82
巴彦淖尔市	5.6	2.7	8.3	8.6	12.0	11.4	18.5	11.6	10.6	9.2	9.5	9.1	11.0	9.85
巴彦淖尔市与内蒙古自治区的比较	−1.9	−4.8	−2.7	−2.0	+1.9	+2.3	+5.2	+1.9	+1.0	+1.4	−0.2	−0.5	−1.1	+0.03
巴彦淖尔市与上一年的比较		−2.9	+5.6	+0.3	+3.4	−0.6	+7.1	−6.9	−1.0	−1.4	+0.3	−0.4	+1.9	

进一步考察巴彦淖尔市地区生产总值内部三次产业的增长速度变化(表 8-6)。无论是环比速度还是定基速度的比较都反映出两点:一是巴彦淖尔市第二、三产业的增长速度明显快于第一产业;二是各产业尤其是第二、三产业的增长速度均有减缓迹象。这是确定未来地区生产总值增长速度时应考虑的因素。

表 8-6　巴彦淖尔市近年三种产业增长速度比较表(可比价格)　　单位:%

	环比速度			定基速度		
	1991—1995 年	1996—2000 年	2001—2002 年	1990—2002 年	1995—2002 年	2000—2002 年
第一产业	3.6	5.8	4.0	4.5	5.2	4.0
第二产业	14.9	16.6	13.2	14.9	15.6	13.1
第三产业	15.5	16.7	14.2	15.7	15.9	14.2
地区生产总值	8.6	11.9	10.1	10.2	11.3	10.1

小结:分析巴彦淖尔市地区生产总值增长速度的变化趋势可知,巴彦淖尔市地区生产总值的变化规律性不明显,但无论是从长期还是中期看,巴彦淖尔市地区生产总值的年均增长速度均与内蒙古自治区基本保持同步,始终维持在 10%左右。地区生产总值内部,巴彦淖尔市二、三产业的增长速度明显快于第一产业。

② 国家有关机构对未来地区生产总值增长速度的宏观预测

据国家计委宏观经济研究院预测,"十五"期间我国经济增长速度为 7.5%左右,2006—2015 年间争取实现 7%。据国家国民经济研究所"中国经济增长的可持续性" 大型研究报告预测,下一个 20 年我国地区生产总值年均增长可达 6%。国家财政部财政科学研究所从六个方面分析,认为我国三大产业在未来时期地区生产总值增长率保持在 7%—8%左右是可能且科学的,个别年份出现 6%或 9%也属于正常情况。国家信息中心预测部在分析我国未来 50 年经济增长轨迹时指出,我国未来 50 年中的前 20 年中国经济将保持 7.5%和7.3%的增长速度,预计后 30 年平均增速为 5.5%、5.0%和 4.5%。根据以上多数国家权威机构的预测反映,在本规划期内(2001—2020 年)全国地区生产总值增长速度将在 7%—8%之间。从长远看，随着地区生产总值基数的提高，地区生产总值增长有逐渐下降的趋势。

③ 巴彦淖尔市地区生产总值预测

第一，按年均10%预测。

尽管巴彦淖尔市地区生产总值的增长速度在年度间起伏不定，但无论是从22年的长期尺度或近13年的中期尺度考察，巴彦淖尔市地区生产总值年均增长速度均维持在10%左右。从预测的角度分析还是比较平稳和正常的，因此以年均10%的增长速度预测巴彦淖尔市地区生产总值总量是应该可行的。

2002年巴彦淖尔市地区生产总值(当年价格)为131.33亿元，以此为基数预测2010年地区生产总值应为281.5亿元，2020年应为730亿元。2020年是2002年地区生产总值的5.6倍，相当18年内翻两番多。

本方案为稳速发展方案。

第二，按年均增加0.5个百分点预测。

巴彦淖尔市工业基础弱，第二、三产业增加值基数低，经济增长较易加速。加之巴彦淖尔市有一定资源，且又确定以“工业立市”，近年还将陆续上马一些新项目，因此在本规划期内，巴彦淖尔市经济尤其是第二产业有较快发展也是有可能的，故本规划在年均10%增速的基础上按逐年增加0.5个百分点预测地区生产总值。

以2002年的131.33亿元为基数，则2010年巴彦淖尔市地区生产总值将为319.5亿元，2020年将为1 438.7亿元。2020年是2002年地区生产总值的近11倍，18年内翻三番多，相当年均增长14%多。

本方案为均匀加速发展方案(表8-7)。

表8-7 巴彦淖尔市均匀加速发展方案

年份	增速(%)	地区生产总值(亿元)	年份	增速%	地区生产总值(亿元)
2002	—	131.33	2012	14.5	417.0
2003	10.0	144.5	2013	15.0	479.6
2004	10.5	159.7	2014	15.5	553.9
2005	11.0	177.3	2015	16.0	642.5
2006	11.5	197.7	2016	16.5	748.5
2007	12.0	221.4	2017	17.0	875.7
2008	12.5	249.1	2018	17.5	1 028.9
2009	13.0	281.5	2019	18.0	1 214.1
2010	13.5	319.5	2020	18.5	1 438.7
2011	14.0	364.2	—	—	—

第三，按专家预测7%—8%预测。

取前述专家预测的8%高限增速计算，则巴彦淖尔市2010年地区生产总值为243亿元，2020年为525亿元。2020年是2002年地区生产总值的4倍，相当18年内翻两番。

本规划推荐第一方案，即地区生产总值按年均10%的速度增长，2010年达到281.5亿元，2020年达到730亿元。

根据对巴彦淖尔市现有经济基础、所处经济发展阶段、资源状况、在宏观区域中的地位作用分析，本规划认为巴彦淖尔市在内蒙古自治区内的大区域分工中主要应承担绿色农牧业以及建立在绿色农牧业基础上的农畜产品加工业和区域生态环境保护的职能。据此确定巴彦淖尔市的宏观经济发展战略为：以生态环境保护和可持续发展为宗旨，以绿色农牧业为基础，走以农畜产品深加工工业为主导，有限制、有选择地发展矿山采掘与冶炼业的新型工业化道路。

2）指标分析法

（1）现状指标分析

由于统计口径和计算精度的差距，2004 年和 2000 年两组数据的差值并不完全与实际相符合，但用地的趋势出入不大，基本可以说明城市用地在最近几年的增长趋势。对照 2000 年现状用地分类，2004 年现状用地增幅较大，近 4 年年均用地增长 2 km^2 左右，城市空间拓展较快，增长最快的地类为居住用地、对外交通用地和市政公用设施用地，说明临河近几年增加了城市基础设施建设的投入，城市环境得到一定程度的改善(表 8-8)。

表 8-8　2004 年现状用地平衡及与 2000 年现状对比分析表

现状用地汇总表(2004)						2000 年用地状况(hm^2)	增幅
序号	用地名称	用地代号	现状人口	28.45(万人)			
			现状用地面积(hm^2)	比重(%)	人均用地面积(m^2/人)		
1	居住用地	R	1 475.25	47.6	51.85	1 479.4	−4.15
	二类住宅用地	R2	422.43	13.6	13.85		
	三类住宅用地	R3	1 052.82	34.0	37.01		
	四类住宅用地	R4	291.43	—	—		
2	公共设施用地	C	317.42	10.2	11.16	355.5	−38.08
	行政办公用地	C1	59.38	1.9	2.09		
	商业金融业用地	C2	105.27	3.4	3.70		
	文化娱乐用地	C3	18.19	0.6	0.64		
	体育用地	C4	2.56	0.1	0.09		
	医疗卫生用地	C5	14.99	0.5	0.53		
	教育科研设计用地	C6	114.42	3.7	4.02		
	其他公共设施用地	C9	2.61	0.1	0.09		
3	工业用地	M	246.12	7.9	8.65	288.5	−42.38
	一类工业用地	M1	21.29	0.7	0.75		
	二类工业用地	M2	148.31	4.8	5.21		
	三类工业用地	M3	76.52	2.5	2.69		
4	仓储用地	W	139.41	4.5	4.90	121.1	18.31

续表 8-8

现状用地汇总表(2004)						2000 年用地状况(hm^2)	增幅
5	对外交通用地	T	257.76	8.3	9.06	88.3	169.46
	铁路用地	T1	38.10	1.2	1.34		
	公路用地	T2	219.66	7.1	7.72		
6	道路广场用地	S	294.56	9.5	10.35	213.3	81.26
	道路用地	S1	285.52	9.2	10.04		
	广场用地	S2	5.13	0.2	0.18		
	社会停车场库用地	S3	3.91	0.1	0.14		
7	市政公用设施用地	U	181.92	5.9	6.39	12.2	169.72
	供应设施用地	U1	39.49	1.3	1.39		
	交通设施用地	U2	20.37	0.7	0.72		
	邮电设施用地	U3	1.48	0.0	0.05		
	环境卫生设施用地	U4	97.12	3.1	3.41		
	殡葬设施用地	U6	21.55	0.7	0.76		
	其他市政公用设施用地	U9	1.91	0.1	0.07		
8	绿地	G	142.24	4.6	5.00	385.4	−243.16
	公共绿地	G1	55.62	1.8	1.96		
	生产防护绿地	G2	86.62	2.8	3.04		
9	特殊用地	D	45.24	1.5	1.59	55.3	−10.06
10	其他用地	E	145.18	—	—	—	—
合计	城市建设用地	—	3 099.92	100.0	108.96	2 914.1	185.82

注:四类居住暂列为城市建成区周边村庄居住用地,不参与城市居住用地平衡。

据全市土地资源调查,全市总土地面积 65 551.5 km^2(9 832.7 万亩)。按利用现状分为七大类,即耕地、园地、林地、草地、非农业用地、水域、难利用土地。难利用土地面积为 3 021.25万亩,占总用地的 30.73%,比例较大,此外,土地沙化严重,难利用土地呈增长趋势(表 8-9,图 8-2)。

表 8-9 全盟土地面积分类表

土地类型	面积(万亩)	占总土地比例(%)	概况
耕地	717.036 2	7.29	主要分布于河套平原与东北部丘陵地区。其中水浇地面积 6 074 020 亩,占总耕地 84.7%,旱地 1 096 342 亩,占耕地 15.3%
园地	2.647 1	0.027	种植果树品种主要有苹果、梨、葡萄、李子、杏等。主要分布在临河市级杭锦后旗的西南部,五原县西部的巴彦特拉、城关乡,磴口县四坝、坝楞、公地乡等地

续表 8-9

土地类型	面积（万亩）	占总土地比例(%)	概况
林地	133.855 4	1.36	不包括未成林的林地及家庭和城镇村庄防护林等林地面积
草地	5 462.2	55.55	其中农区草地 383.6 万亩，牧区草地 5 078.6 万亩。乌中旗二、三、四等草场占 94%，乌后旗三、四等草场占 94.5%，属中质低产类型草场
非农业用地	181.57	1.85	城乡居民与工矿用地 105.9 万亩，占总土地面积 1.078%。交通用地 49.6 万亩，占总土地面积的 0.504%。特殊用地 26.07 万亩，占总土地面积 0.26%
水域	314.15	3.19	其中河流面积 98.34 万亩；湖泊面积 90.13 万亩；水库面积 2.2 万亩；沟渠占地面积 23.52 万亩
难利用土地	3 021.25	30.73	主要有盐碱地；流动风沙土；裸岩、石砾岩；沼泽地

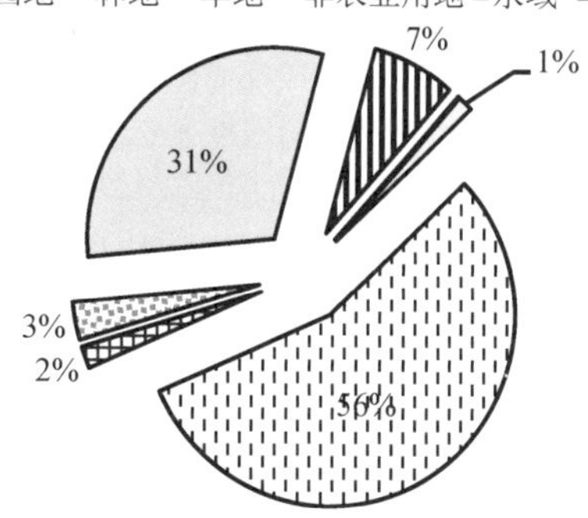

图 8-2　全市土地面积分类饼图

(2) 规划指标分析

现状城市建设用地规模为 35.5 km²，人均建设用地面积为 124.76 m²。综合考虑现状建设用地指标特征和规划用地规模合理性要求，本着节约土地资源的原则，根据建设用地国家标准、省内外相似城市用地的比较，以及巴彦淖尔市城市的特点，规划用地指标的确定分阶段按人均 100 m²左右计算，规划总建设用地规模为 49—52 km²。

根据《城市用地分类与规划建设用地标准》，现状人均建设用地指标为 124.76 m²/人，地形条件比较复杂，其中中心区用地条件相对紧张，整体上大于用地指标的 IV 级 105.1—120 m²/人之间，因用地条件较差采用的规划指标应调整为 III 级的 90.1—105.0 m²/人。根据国家节约土地和保护耕地的国策，充分考虑内蒙古自治区土地资源利用的省情，同时也考虑到处于快速增长时期由于经济建设造成巴彦淖尔市城市建设用地紧张的现实，以及自身城市现代化建设需要不断提高城市品位，改善城市形象，在绿地和基础设施等建设项目上均应采用较高标准，而中心旧城改造则是一个渐进的过程。因此，规划用地指标采用适当调整人均建设用地指标的选择，即以 90.1—105 m²/人这一档为宜，具体用地指标分阶段从低到高逐步取值。根据城市人口规模测算指标，规划城市建设用地规模为 50 km²左右，规划建设用地以外延扩展和内涵结构调整并重为原则。近期，110 m²/人左右，用地规模为 40 km²左右；远期，100 m²/人左右，用地规模为 50 km²左右。

3）问卷调查法

2000 年由临河城建局牵头曾对全市做过一个公众参与城市规划问卷调查，调查范围涉及临河市区机关、企事业单位和部队、个体工商户及私营企业干部职工，共计 285 个单位，10 200人，收回有效问卷 10 000 份。问卷内容中与城市规划相关的有九方面内容，问卷汇总的结果如下：

参与人群：18—50 岁占 94.28%，50 岁以上占 5.72%；男女比例 47 ∶ 53；大专以上参与者达到 63.57%(图 8-3)。

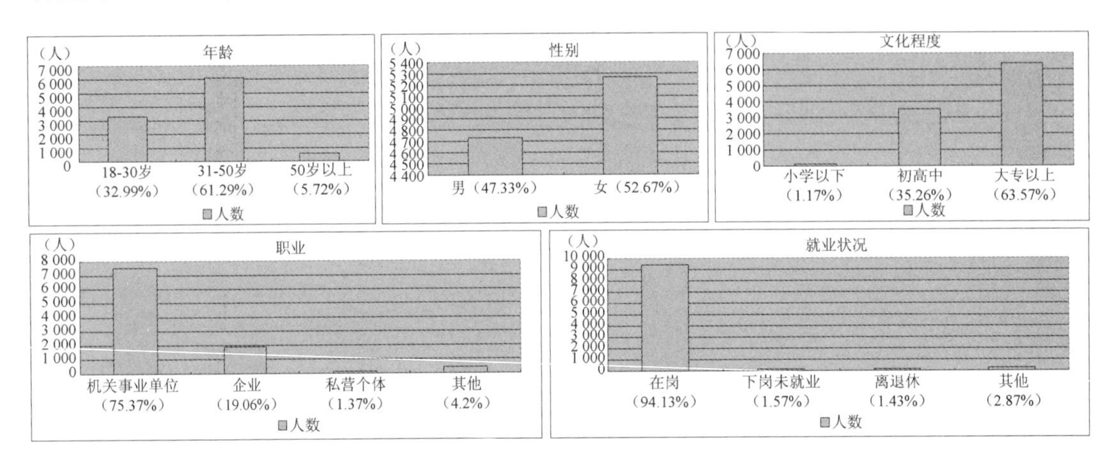

图 8-3 调查人群系列统计图(2000 年)

被调查人群对城市的总体印象：认为城市没特色或特色一般的占 87.3%；认为城市规模偏小的占 47.13%，认为规模适中的占 31.18%；认为城市布局不合理的占 37.86%，认为城市布局一般的占 46.83%；对以往城市规划建设不满意的达到 50%，感觉一般的为 40%；认为城市人口过多的占 44.73%(生活不舒适的心理感受)。公众对城市的总体印象是不满意的居多(图 8-4)。

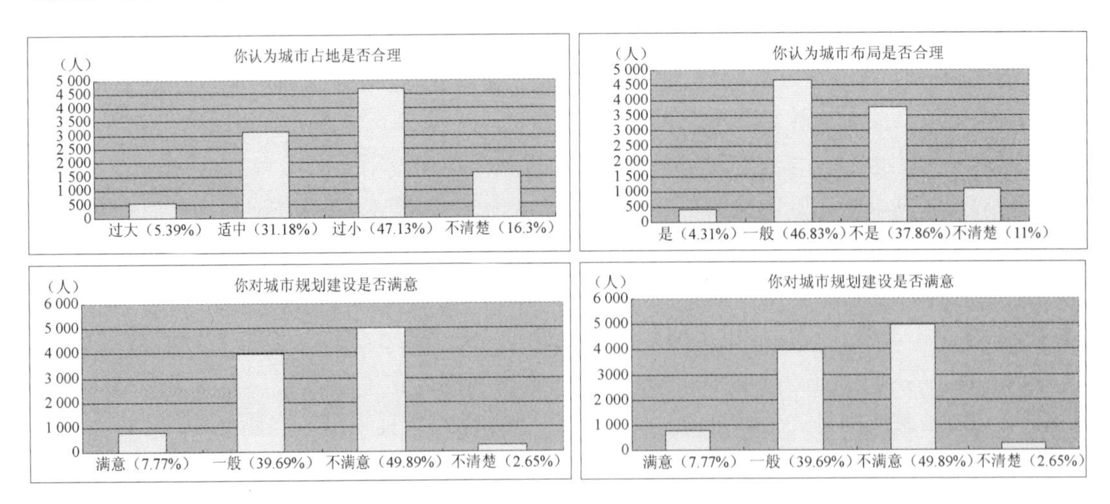

图 8-4 城市规划建设公众总体印象系列统计图(2000 年)

(1) 城市道路交通状况

对城市道路的绿化不满意的达到55%;对城市主次干道的宽度感觉不够的高达63%;认为城市的道路交通网络不便捷的达到35%,认为一般的为58%;对公共交通方便度和线路不满意或感觉一般的分别达到73%和66%;认为市区应该增设人行过街天桥的为67%;认为城市现有停车场不合理的为52%,认为一般的是28%;58.74%的人群希望将长途客运站迁出市中心。公众对城市道路交通状况的总体印象是:交通不便捷,交通设施缺乏,公交体系不完善,对外交通与城市道路衔接不利(图8-5)。

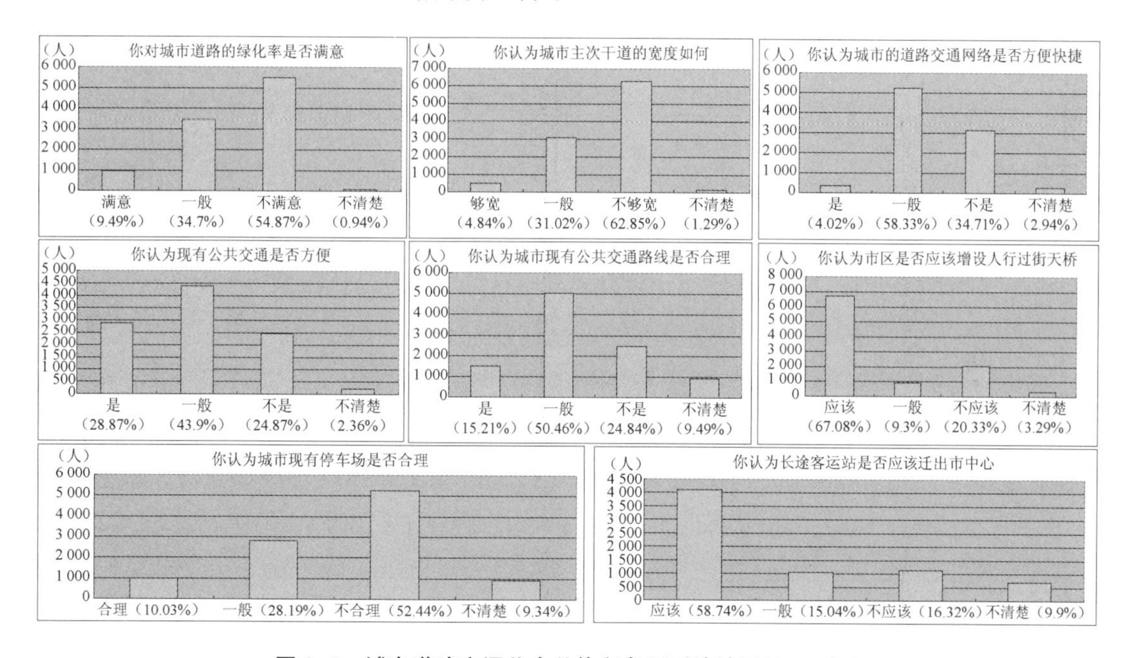

图8-5 城市道路交通公众总体印象系列统计图(2000年)

(2) 城市基础设施状况

对供排水系统满意的仅为10%左右;对城市市容和环卫设施满意的不足7%;对城市集中供热设施和供电设施不满意的为20%左右;居民对城市通信设施比较满意,不满意的只有14%;城市消防设施的满意度为17.87%;对城市广播电视的满意度为22%。公众对城市基础设施状况的总体印象是:供排水系统极不完善,供热、供电、环保、环卫和广播电视设施较不完善,城市通信设施比较合理(图8-6)。

(3) 城市园林绿化状况

认为城市各种绿地不能满足人们需要的高达76.21%;认为城市现有绿地为低档的为79%。公众对城市园林绿化状况的总体印象是:城市绿化质量和数量均偏低,对园林城市建设的渴望十分强烈(图8-7)。

(4) 城市公用服务设施状况

对城市文化设施满意的不足4%;认为体育活动场地能够满足人们需要的为4%;对学校和广场的布置满意的为17%左右;对城市医院的分布满意的为25%。公众对城市公用服务设施状况的总体印象是:城市文化设施和体育活动场所十分缺乏,学校、医院的分布较不合理,广场设施偏少,建设滞后(图8-8)。

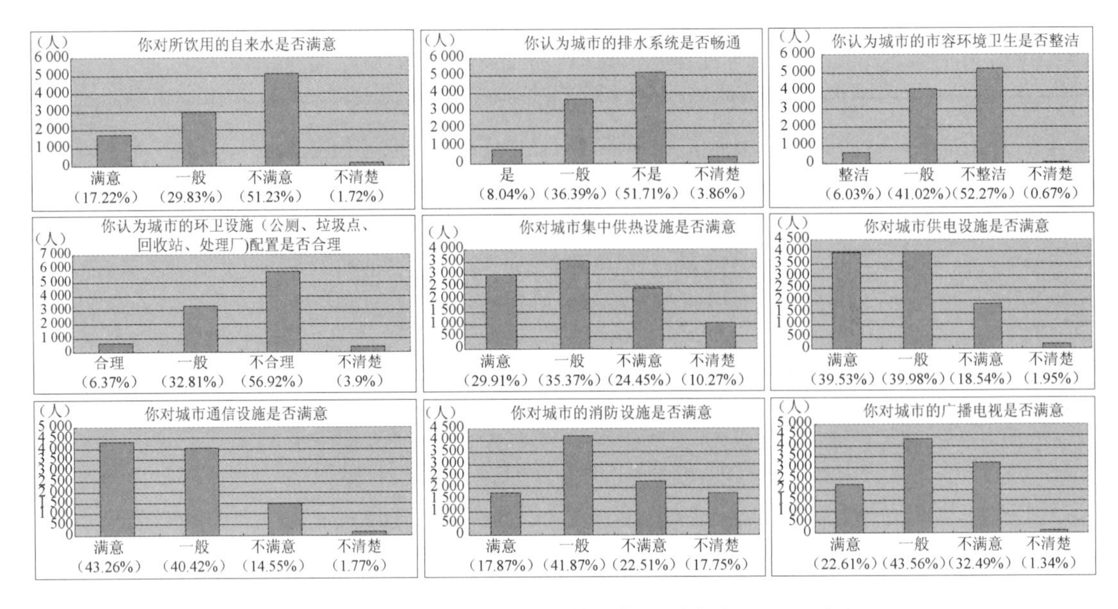

图 8-6　城市基础设施公众总体印象系列统计图(2000 年)

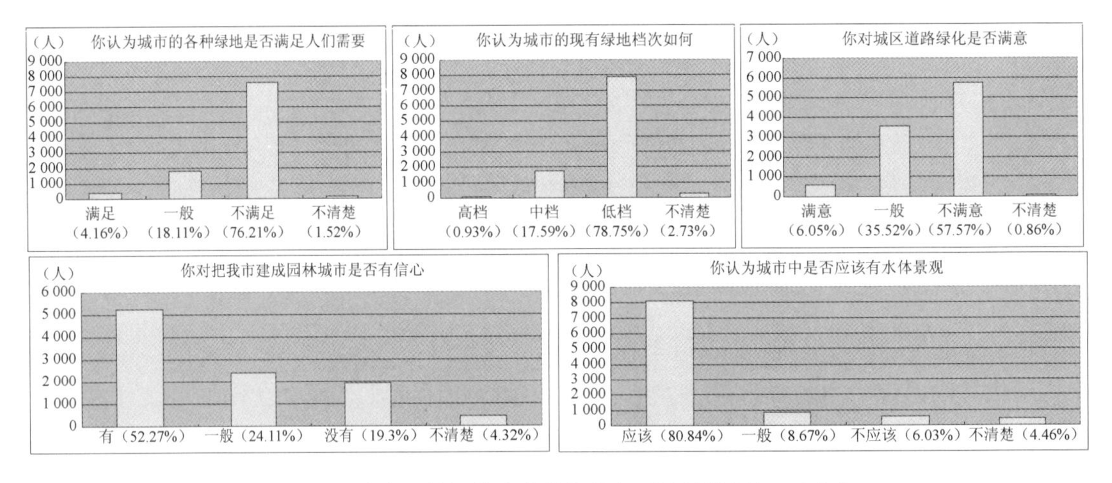

图 8-7　城市园林绿公公众总体印象系列统计图(2000 年)

(5) 城市旅游设施状况

对旅游设施满意的不足 3%；对城市近郊区规划建设旅游度假场持同意意见的仅为 4%。公众对城市旅游设施状况的总体印象是：对旅游资源的挖潜不足，设施有限，规划欠缺(图 8-9)。

(6) 城市形象问题

认为城市没特色的占 64.16%；对城市各类建筑造型不满意的占 80%以上；认为城市应该增设雕塑的占 67.57%。公众对城市形象总体印象是：城市无特色，建筑风格平淡，缺乏城市自豪感(图 8-10)。

(7) 城市人居环境状况

对城市居住状况不满意的近 60%；认为大气、水和噪音污染严重的为 60%—70%。公

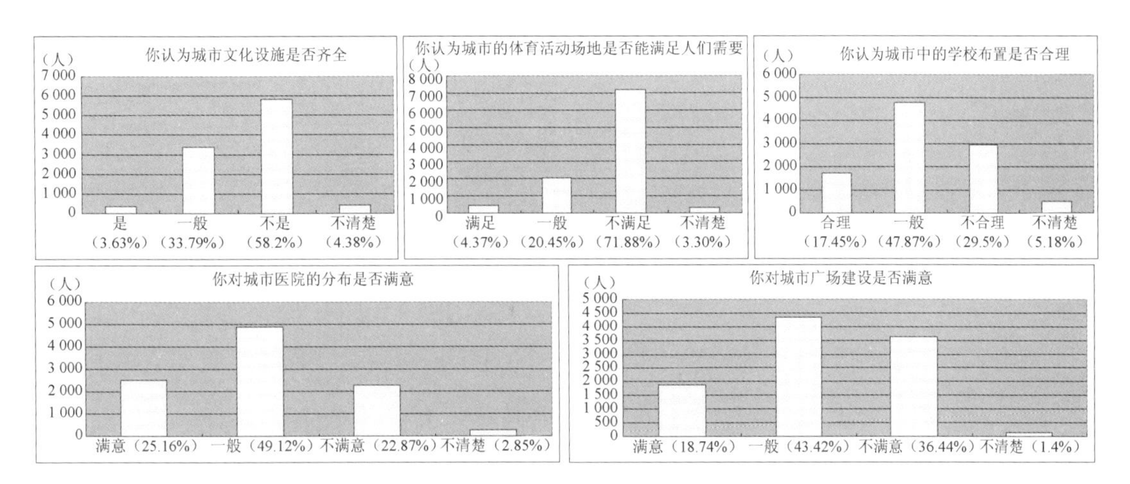

图 8-8　城市公用服务设施公众总体印象系列统计图(2000 年)

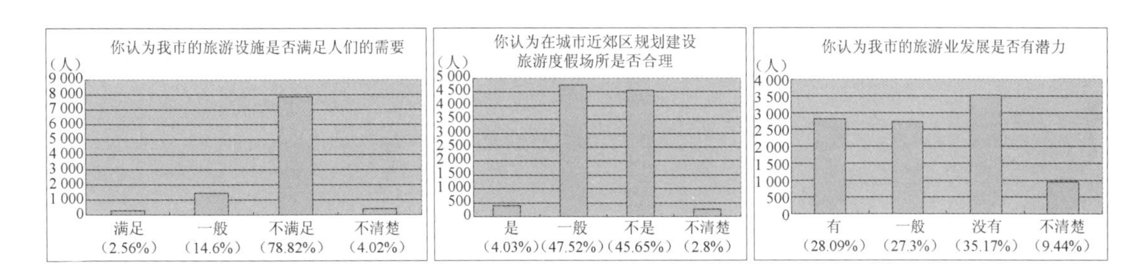

图 8-9　城市旅游设施公众总体印象系列统计图(2000 年)

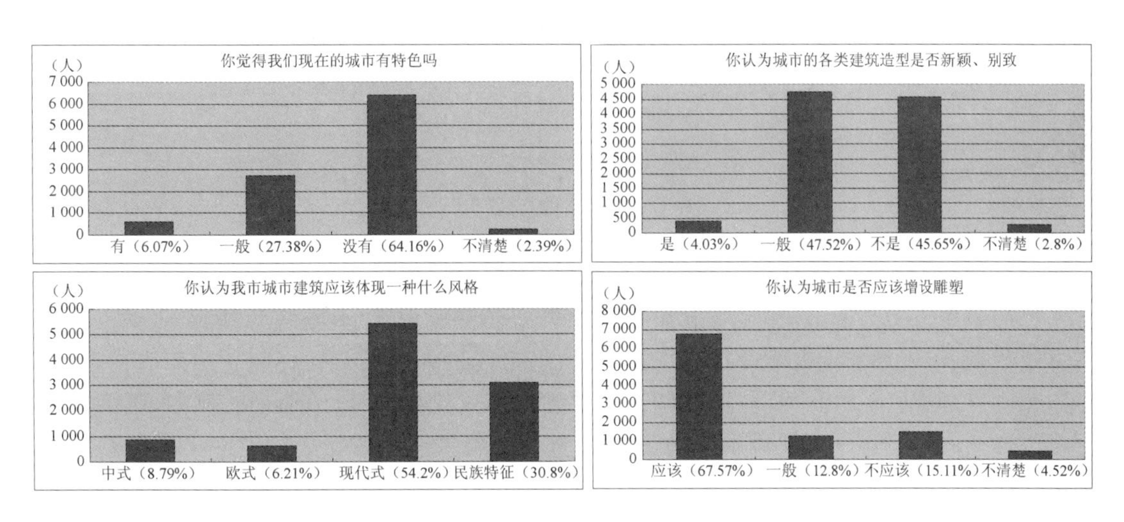

图 8-10　城市特色公众总体印象系列统计图(2000 年)

众对城市人居环境状况的总体印象是:城市人居环境恶劣,不适宜居住,环境改善成为城市急需解决的问题(图 8-11)。

公众最关心的其他问题是环保和绿化,大约 60%的居民认为临河应该建成园林城市,26%的居民认为应建设商贸城市,13.93%的居民认为应建设轻工业城市(图 8-12)。

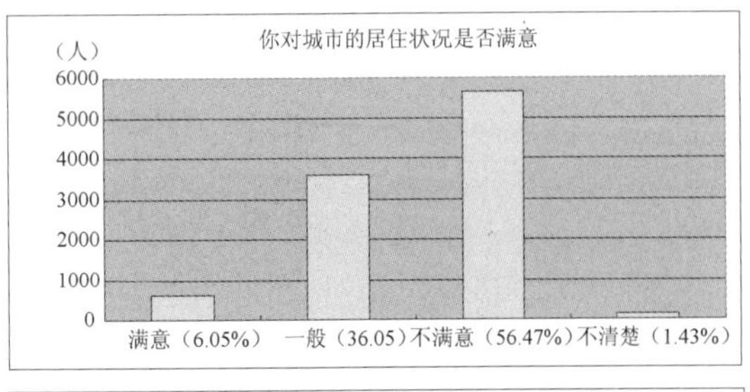

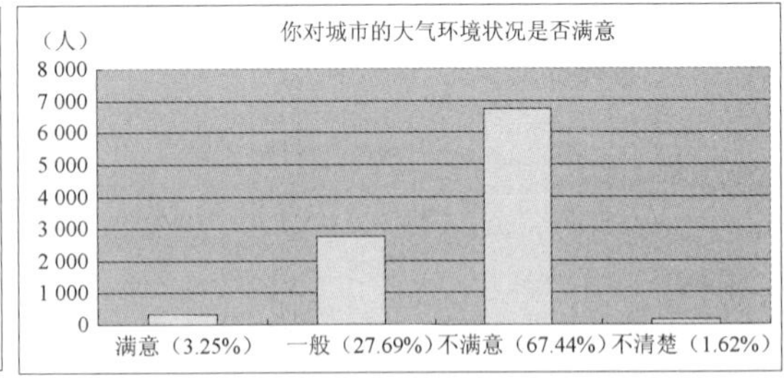

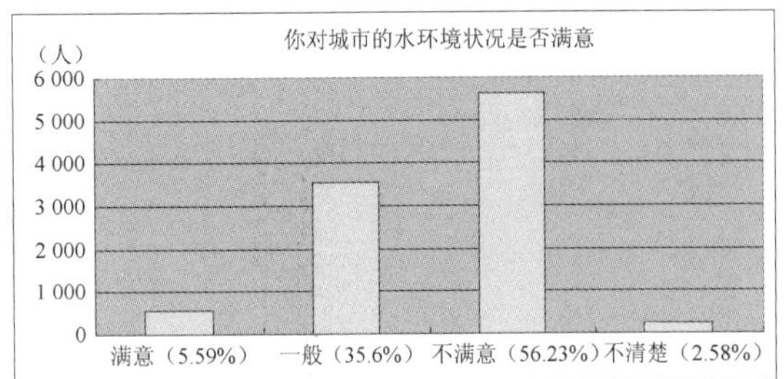

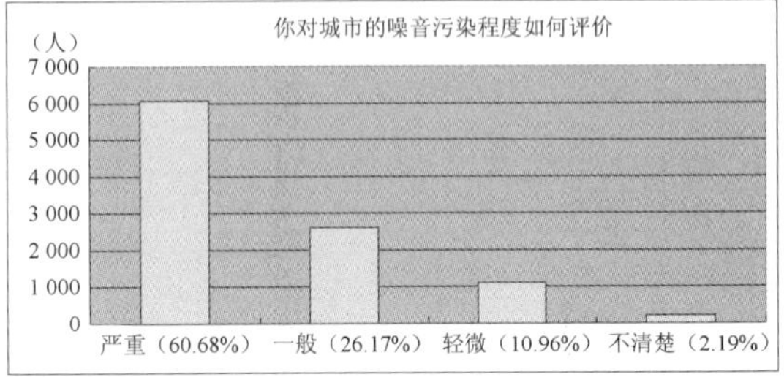

图 8-11　城市环境公众总体印象系列统计图(2000 年)

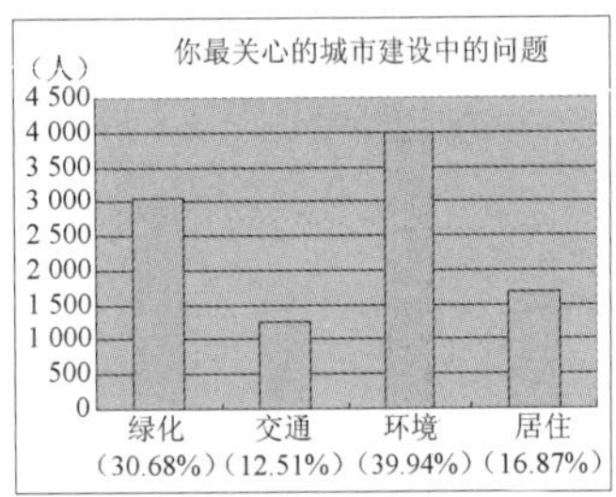

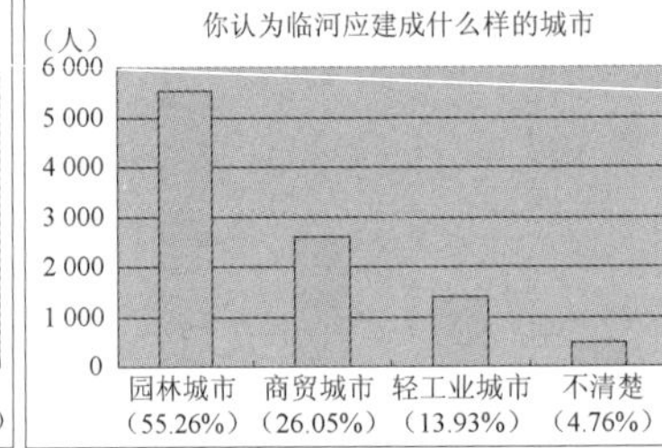

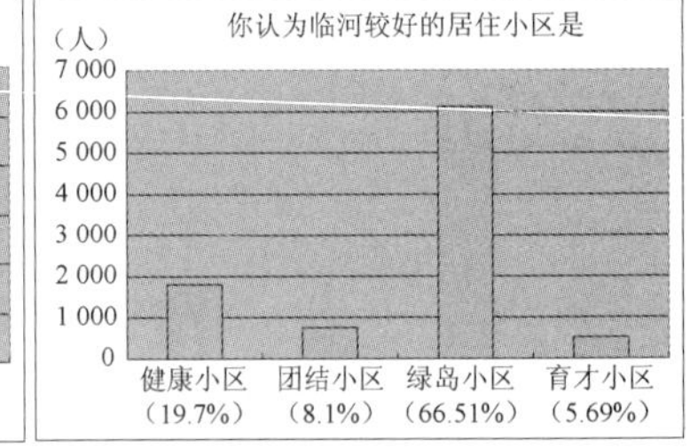

图 8-12　公众关注其他城市问题系列统计图(2000 年)

8.2.2　设计重点

1）城市主要问题解析

（1）城市经济基础薄弱，经济增长乏力，城市首位度不高

巴彦淖尔市撤盟设市较晚，城市首位度不高，经济辐射力不足，经济基础薄弱，城市建设资金短缺，城市规划与城市建设很难衔接，导致城市投资环境较差的局面。经济增长乏力，城市建设资金难以及时到位，征地补偿经常以实物形式代替，即以地换地。例如，以沿街两层商住楼换取道路建设所征用的土地已经成为巴彦淖尔市城市新区建设中十分普遍的方式。这样会促使城区内失业人员集聚，城市贫困严重，城市贫困问题在老城区内集中体现，直接导致社会不稳定因素增多，影响社会治安状况，社会问题严重。城区内失业人员主要包括下岗职工、农村剩余劳动力、城市建设征用土地后丧失劳作土地的农民等，该类人群激发了城市畸形低档的第三产业，如摩的、不法摊贩、赌博网点等不健康行业的发展，严重影响着城市环境和城市形象。

（2）城市用地性质相互干扰，局部矛盾突出，功能联系不足

居住与商业、居住与工业用地混杂，沿街铺面过多。工业用地遍地开花，工业企业档次

偏低，居住区的规划建设缺乏统一规范，城市居住环境质量普遍较差。土地开发出现无序状态，不仅表现在功能分区上，还表现在开发时序上，城中村问题严重。现状开发区与建设中的城市新中心和城市水源地矛盾突出，污水处理厂处理技术比较原始，空气污染严重，且坐落于城市上风向，与城市中心距离较近，严重影响城市居民的生产和生活。垃圾处理厂位于城市北部，距第二水源地选址较近，存在水污染隐患。火车站站前仓储用地权属置换频繁，利用率低，仓储用地小块多，成规模的用地少，难以适应高效率的物流组织活动。造成上述这种状况的主要原因是城市缺乏统一规划和管理，并且在催生经济的形势下过分迁就各类征地行为。

(3) 新区开发与旧城改造并举，内外“两张皮”的表现形式突出

尽管新区开发与旧城改造同时进行，但两方面的问题也同时暴露。在建的新区位于城市西南部，宏丰开发区以南，与解放街以北，及胜利路两侧的旧城之间间隔大片的空地、村庄，改造与协调比较困难，新区与旧城的衔接也受到阻碍。旧城改造过程中，重点清理部分破产企业，其土地性质由工业用地置换为居住用地，待就业人员被一次性安置，在新的企业尚未跟进的情况下出现就业困难的局面，甚至激发一些不合法的社会行为，尽管这是一种短期不良现象，但处理不当，将影响城市的发展进度。

(4) 中心城区城市形象欠佳，城市特色颇显平淡

城市开敞空间缺乏，公共活动空间不足，侵占公共设施用地情况严重，突出表现在乱占广场和绿化用地的现象严重。城市建设缺乏统一规范，中心城区城市建筑群包含不同时代的建筑风格，如低矮平房、二十世纪八九十年代砖混建筑、九十年代的瓷砖贴面建筑，以及现代的红屋顶白立面的房屋建筑，不融洽的建筑风格将城市围合成不规则、不通畅的城市空间形态，而且大部分建筑质量差、档次低、空置率较高。此外，建筑性质混杂，办公、居住和商业功能相互穿插，各类功能相互影响，处处背离“以人为本”的城市精神，普通的城市面貌使城市形象欠佳。中心城区地貌特征单一，城市轮廓线不丰富，城市历史和河套文化挖掘不足，在城市建设中缺乏文化价值的体现，城市灌溉水渠分布较密，但景观绿化功能未发挥，造成巴彦淖尔市城市特色不突出的局面。中心城区周边有一种特殊的湿地，当地人称“海子”，是河流冲积和地质演化的产物，环境优美，形态各异，但目前仅作为养殖利用，而旅游、观赏和休闲价值没有体现。

(5) 城市中心比较分散，公共设施不成系统

巴彦淖尔市的城市中心集中在南北向的胜利路上，大型的商业、金融、电信和餐饮等设施用地都集中在这里。但是作为近 30 万人口的一座中等城市，仅仅 8%的公共设施用地远远不足，即使在内陆经济不发达地区，公共设施比例也在 11%以上，而且各类公共设施用地中以文化娱乐用地、体育用地和医疗卫生用地为首严重缺乏，三项设施综合比例仅为 1%，综合人均用地仅 1.2 m^2，这种不完善的公共设施状况将严重制约城市经济的发展、城市文化的发扬以及城市档次的提高。公共设施用地不仅在数量上奇缺，在质量和系统上也难以满足城市居民的需求，市级和区级分级不明显。各类公共设施用地的分布突出表现在行政办公用地布局分散，降低办公效率；医疗卫生用地分布不均衡，配套设施落后，缺少专业化设施；大多中小学设施陈旧，布点不够且不均匀；商业金融业用地除部分购物中心外，大多体现在沿街铺面的零售业上，与交通系统不配套，相互干扰严重；现有文化娱乐设施档次偏低，且有向博彩业演化的不利趋势。公共设施落后将直接影响城市的投资环境。

(6) 城市道路系统化不强，断头路居多，四向流通不畅

城市道路网骨架尚未系统化，城市各类用地基本集中在十字街周围，对外交通条件有所改善，但与城市道路衔接不畅通，城市现有出入口五条，其中有两条路况较差(北、南两个方向)。拉丹高速公路的修建将有利于城市的对外联系，但与城市道路互通式立交的选址应有利于城市用地布局。受城市新区和老城的影响，两区断头路居多，主要体现在东西向的交通上。中心城区内东西贯通的道路只有新华街，南北贯通的道路只有胜利路，四个方向的流通皆不通畅。城市各个功能片区都存在不同的交通问题，不仅体现在道路的相互衔接上，还体现在道路的系统性和路况上，主次干道界定不合理，道路间距不均匀，柏油路、煤渣路和土路在城市中并存，交通管理设施也严重不足。

(7) 居住用地的分布呈现难以改造的多样化特征

旧城区居住用地中住宅类型混杂，平房房屋质量偏低，配套基础设施不完善，生活环境质量较差。楼房居住用地只占居住总用地的14.8%，住宅建设新旧穿插，新建小区多插建于旧城区中，形成“包包子”的现状，开发区新区尚未形成规模的居住小区，新区建设还处于起步阶段。城市建设引发的新类型居住不适宜可持续发展，城市发展到一定阶段，城市道路建设引起的农民安置成本以沿街商住楼体现出来，但受城市消费水平的限制，以及居住人口分布的不均匀，造成越远离老城区空置率越高的现象。受城市路网的倾斜走向，城市常年主导风向，以及受当地居民生活习惯等因素的影响，住宅朝向多元化(表8-10)。随着城市规模的扩大、城市职能的提升、现有工业区的调整以及开发区的建设，现有居住用地的数量和质量都不再适合发展的新需求。

表8-10　居住朝向比例表

朝向	占居住用地比例(%)
南—北	33.42
东北—西南	20.82
东南—西北	45.76

(8) 城市市政基础设施骨架拉开，建设滞后，隐患居多

巴彦淖尔市及周围地区是一个多地震地区，其中临河被认为是潜在震源区之一，城市受地震影响较大，基本地震烈度为7度，设防标准较高。现状水源地与开发区距离较近，部分水源井已在开发区内。目前市政给水管网未能全部覆盖已建城区，供水普及率较低，自来水公司供水普及率仅为51%，自备水量占总用水量比例较高，部分管网超期使用，跑、冒、滴、漏现象严重，急需更新改造。污水支管建设较干管建设缓慢，致使污水收集率偏低，污水处理厂利用自然地形采用氧化塘工艺，冬季处理效果较差；部分未达标的工业废水破坏了氧化塘内的生物活性，导致目前的处理效果较差；加之近几年风向的偏移，使污水处理厂的气味对城区南部形成一定影响。巴彦淖尔电网的总体发展水平较低，尚未形成220 kV的主干网络。城市通信基础设施的建设缺乏统一规划和总体协调，各电信商间为自己的利益竞争激烈，使有限的路由等资源没有得到合理利用。燃气气化率偏低为44%，管道气化率很低为1%。重要水域的水环境污染和城市的大气污染已成为当前的主要环境问题。在生态环境方面，土地沙化，水土流失，草场退化，生态环境不断恶化。城市垃圾处理厂的选址有待进一步研究论证，要综合各方面的因素，全面考虑，统筹安排。

本市与周边地区的资源结构、地缘、人缘和语言、文化相近，但经济差异较大，原因何在？巴彦淖尔市城市区域缺乏多种形式的经济协作组织，在能源、交通和通讯等基础设施建设方面，以及专业化市场和物流储运中心方面都存在着地域分割、城乡分割和条块分割的旧格

局，缺乏横向经济联系，更何谈产业协调发展？内陆城市因缺少开放的引擎，与沿海城市的差距逐渐加大，而巴彦淖尔市北面毗邻蒙古，有很大机遇，在热门话题“区域经济”基础上，我们也应该重视城乡一体化经济。问题表现于“边缘”，希望也同样在于“边缘”。促进城市经济增长的最重要手段是推动产业发展，适当合理拓展城市发展空间，解决就业问题成为当务之急。在目前城市工业化的初期阶段，巴彦淖尔市应主要依靠外力和外资，依靠低技术水平的人力资源，开发一批低加工度、低附加值和劳动密集型产业的发展空间，同时发动科研力量，发展一批新型朝阳产业。

2）规划设计重点

通过室外踏勘调研、室内座谈讨论和资料分析，以及问卷结论总结等方法，明确了城市发展的问题主要有两类：一类是规划师看出的问题；另一类是地方行政部门认定的问题。一般而言，这两类问题如果统一或偏差不大将有利于下一步规划工作的推进。但在巴彦淖尔市工作现场，项目组遇到了一个棘手的问题，就是双方的思路偏差很大，按项目阶段总结出的城市问题是上文所述，而地方政府提出的主要问题是通过城市水环境规划突出城市特色，改善城市环境，并为此专门委托水利相关专业的人员进行了城市水环境规划的预可行性研究报告。主要规划内容是利用灌溉剩余的水资源在中心城区规划建设景观河流系统，改善城市环境。但该项工程耗资巨大，除了本身的工程技术成本，还包括征地安置费用、房屋拆迁费用以及城市工程管线的破坏和重置费用。此外，河流建成后的维护费用也十分高昂。本地年降雨量为 200 mm，而年蒸发量为 2 000 mm，这种收支的强烈反差更显出了水资源的珍贵。在这种情况下，解决水环境问题和总规的衔接成为总体规划的设计重点。

（1）寻找依据

通过综合成本测算和预期效益分析积累依据，提供工程可行性建议，建立依据库。

① 据相关研究，年降雨量低于 600 mm，不宜开挖河道；② 水资源十分珍贵，地质条件不好，追加了开挖河道的成本；③ 河道选址切割多条道路和市政管网，增加多座桥梁，增加了市政成本；④ 地势平坦，建立循环水系需建立多处泵站，增加投资成本；⑤ 穿越建成区，投入大量拆迁成本；⑥ 预测的环境和生态效益无法量化，很难说明实际效果。

（2）规划方法

① 专项处理。景观风貌和绿地系统专项规划中通过利用现有渠系的滨水景观设计，结合沿路的绿化带设计突出小水系的系统设计。

② 规划时序分解。现有争论的工程项目加强研究，并遗留到远景解决。

（3）反复协调

① 专家讨论。聘请水利专家谈水环境规划的弊与利，与地方政府恳谈。

② 座谈会。汇同建设厅、地方政府和编制单位讨论规划方案。

8.3 规划协调难点

8.3.1 规划协调原则

（1）遵循科学发展观、可持续发展的指导原则。

（2）遵循群众利益主导城市发展的指导原则。

（3）坚持因地制宜，五统筹协调发展的原则。

（4）坚持目标统一，步调一致，方法多元化的原则。

8.3.2 规划协调

为解决地方政府坚持提出的水环境规划与总体规划之间的矛盾，除了进行各方面依据的准备外，还要提出化解这个问题的规划方案，即换个角度、换种方法完成这个“难以实现的目标”，主要目的是从实际操作中引导政府行为。因此，在对巴彦淖尔市总体规划中将景观规划和绿地系统规划深化。

1）城市绿地系统规划

绿地是城市环境建设的重要内容，对于城市，每一块绿地都非常珍贵，绿地不仅有减少噪音、灰尘等多种实用功能，更重要的是它在城市化过程中起到拉近人和自然之间的距离，起到反人工化、反城市化的作用。对于西方国家的城市，尤其是新建城市人均绿地面积与绿化率都较高，远远高于我国。对于巴彦淖尔市绿地建设，一方面要保护天然绿化系统，另一方面要建造人工绿化系统（如建造园林、种植草坪等）。在建造人工绿化系统时，应根据城市不同地点的景观要求确定规模和选择合适的绿花品种，并同时注意与人工景观的协调。绿地建设要符合多元化要求，以求生态型、福利型、经营型相结合，建立多层次的绿地系统和点、线、面及环型绿化相结合的绿化体系。

（1）规划原则

① 城市绿地体系化，创建城市一体化的绿色空间结构，建立规划、建设和管理的合理程序。

② 点、线、面相结合，形成立体的、完整的城市绿地系统，以统一化的城市环境维持城市生态系统的基本功能。

③ 合理布置城市公共绿地，提升城市公园的品质，为居民提供良好的生活休闲空间。

④ 结合城市对外出入口的城市景观塑造城市形象，重点规划重要节点景观。

⑤ 严格控制沿高速公路、铁路两侧建设，规划形成完整、延续的生产防护绿地，保证绿化带质量和数量要求，严格限制功能变更和乱搞建设。

⑥ 主次分明，规划内容丰富，实现城市绿地景观全覆盖的目标。

⑦ 因地制宜，选择地方植被，挖掘地方传统和原生特色，发挥独特性。

⑧ 突出优势，保护现状绿地资源，减少人工造景行为。

⑨ 留有弹性，城区绿地规划有张有弛，规模、性质和形式力求多样化。

（2）城市绿地系统规划

充分利用沟渠两侧进行水网绿化；将郊野公园、城市公园、滨河绿地和城市带状绿地连成大绿化网架；加强现有综合公园改造力度，提高道路绿化率，加快防护绿带建设；工业区与生活区之间、过境公路、对外交通重要节点及高压走廊布置绿化隔离带；实行近远结合，分阶段开发，逐步改善城市生活环境。其中，公共绿地以点为主，从综合型到主题型过渡；生产绿地以点、面为主，从菜地到苗圃转化；防护绿地以线、面为主，从行道树到防护林构筑防护网络；水源保护地以面为主，以污染控防为主，以林、灌丛结合为主多样式绿化形式。整个中心城区构筑绿色立体结构。

规划近期公共绿地用地为 50.51 hm^2，占城市建设总用地的 1.85%，人均用地 1.80 m^2；

规划远期公共绿地用地为 529.93 hm²，占城市建设总用地的 10.70%，人均用地 10.81 m²。规划近期防护绿地用地为 50.51 hm²；规划远期防护绿地用地为 356.1 hm²（图 8-13）。

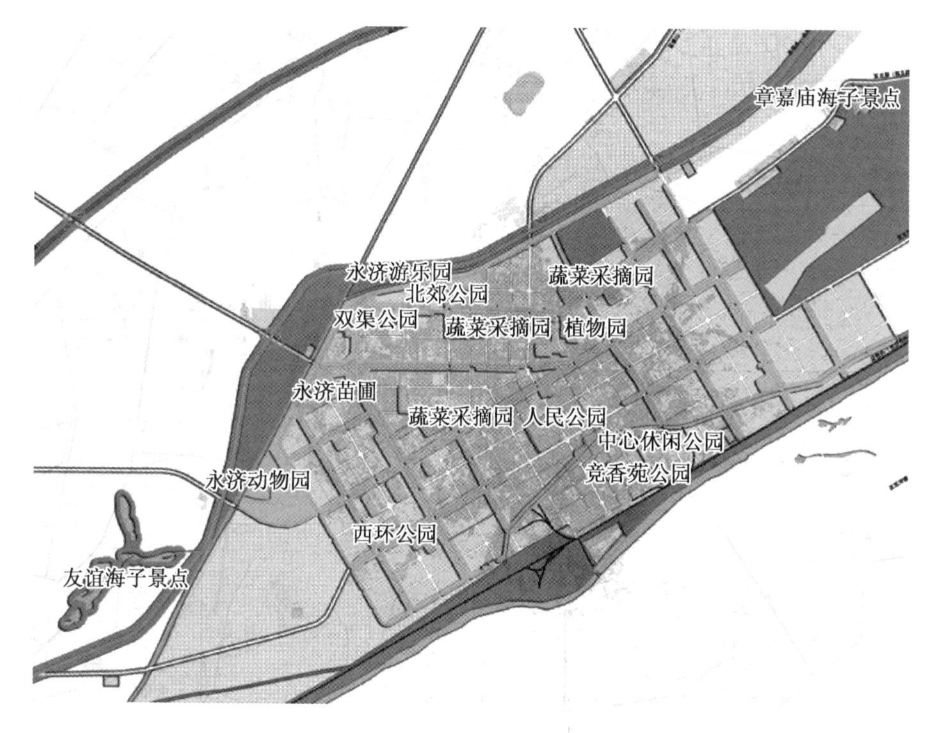

图 8-13　巴彦淖尔市绿地系统规划

2）城市景观风貌规划

（1）规划原则

① 超前性原则：景观规划要有明确的目标，面向未来，提出科学合理的城市建设标准和环境质量标准，使城市在建设过程中少走弯路。

② 实用性原则：景观规划首先要使城市满足功能要求，即满足城市居民的衣食住行，在具体土地利用规划、控制规划时要充分考虑功能要求。

③ 美学原则：景观规划不仅要使城市满足居住的功能，而且要使城市美观，审美要求是居民的高层次的需求。

④ 协调原则：城市是在有限的空间居住大量居民的居住点，而居民有工作、购物、居住、行走、交往、旅行等要求，景观建设应有相应的功能区，规划时要充分考虑建设各功能区并考虑各功能区的协调。

⑤ 可持续发展原则：保护资源是时代的要求，景观规划要考虑城市资源的可持续使用。

⑥ 生态原则：城市发展要严格保护生态系统，城市的发展本身是对自然的破坏，景观规划要使这种破坏减少到最小限度，保护生态环境就是保护城市中的居住群体。

（2）景观风貌规划

根据巴彦淖尔市自然现状及自身特点，规划形成“双轴并行，四水五岸水景廊道，两点一区休闲系统和两线一面防护系统”的整体城市景观风貌（图 8-14）。

① 双轴并行。依托胜利路的生活景观轴和西环路的文化景观轴形成城市中纵向的两

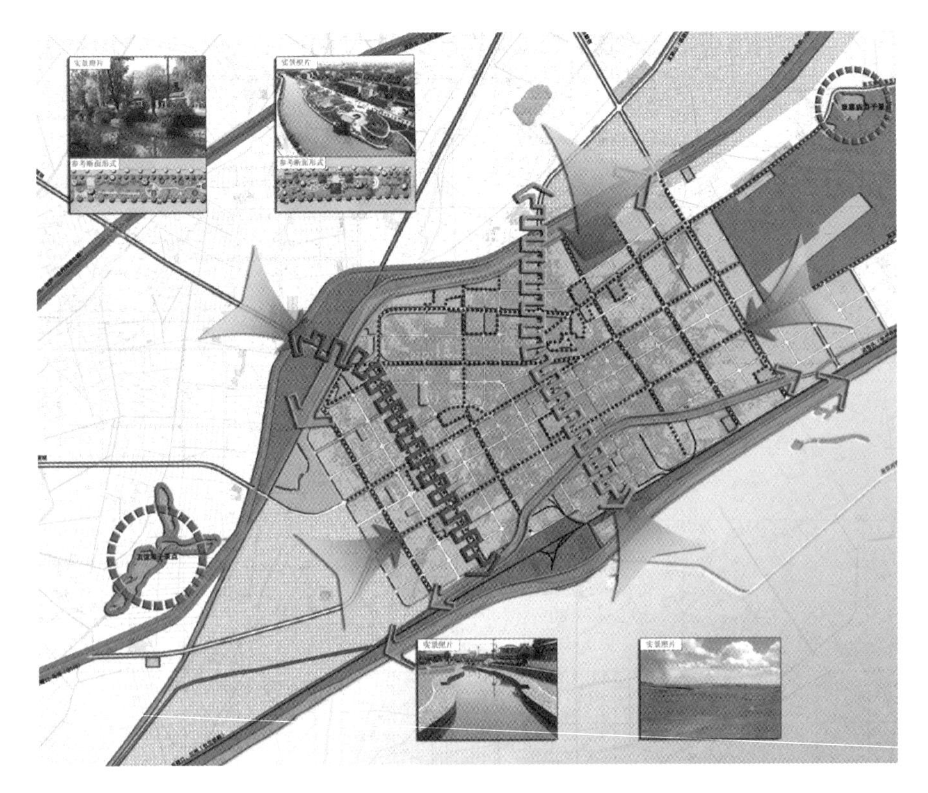

图 8-14　巴彦淖尔市景观风貌规划

条并行轴。其中,生活景观轴突出城市的传统生活气氛,体现城市风貌,应对沿路建筑形式统一整治,对沿路用地性质统一规划调整;文化景观轴体现城市的文化和民族特色,应对沿路的功能划分进行主次分明调整,创造文化主题,融合办公文化、生活文化、民族文化的河套综合文化,体现城市地位提升后的新气象。

② 四水五岸水景廊道。综合贯穿中心城区的四条水渠应综合利用,尤其是与城市用地紧密结合的五条滨水岸线应全力打造生活、休闲、生态和防护四位一体的水文化格局。其他滨水岸线构筑城市防护廊道。

第一,永济渠东岸。中心城区内包含了 4 125 m,规划生活休闲区,依托绿化、水系和少量游乐设施塑造良好的城市休闲娱乐空间,以生态为主题。

第二,永刚渠南岸。城市绿化走廊,依托滨水绿化、镶嵌的公共绿地、绿化广场和滨水路,该水轴横跨办公、生活、市场、公共设施用地,景观规划形式多样化,办公居住段 3 490 m,可以文化活动为主题,挖掘临河历史,其他段 2 498 m,可以观赏为主题。

第三,北边渠两岸。可以划分为一个中心、两个延伸的滨水风格。一个中心位于商贸区域(胜利路和新华街交叉口的东南角),结合新华街的改造,置换部分居住用地,全面设计城市特色突出的中心滨水广场,提升城市生活品质,西延伸段 4 631 m,贯穿生活居住区,重点跨越两个居住区,规划绿色步行走廊,以简洁的植物设计和少量地铺装形成步行观赏廊,东延伸段 4 299 m,贯穿工业区,规划绿色隔离区,保护水质和环境。

第四,二黄河北岸。中心城区段长 10 262 m,与包兰铁路并行形成大型防护林带,有助于调节城市气候。

③ 两点一区休闲系统。充分利用城市现有资源构造城市休闲系统，分别利用章嘉庙海子和友谊海子两个天然的小型湖泊形成城区景点，既有助于城市居民游憩活动，又有助于保护自然资源。黄河北岸地势平坦，风景独特，规划为生态保护区，保护母亲河。

④ 两线一面防护系统。包括北绕城线防护林、二黄河防护林和污水处理厂周边防护林，防护系统与城市绿化体系相结合形成多个方向的绿楔渗透到城市内部，与城市风貌成为一体，突出绿洲城市的风采。

(3) 城市主要节点处理

① 城市出入口。结合多样化绿化形式，适当设计突出地方文化特色的小品，展现独具特色的城市形象。重点抓好西、西南、南、东、东北、北等6个主要出入口的节点景观处理，以个性化不张扬为主要命题形式和设计理念。

② 大型交叉口。交通线路的交叉口噪音大，对周边环境的干扰较大，其环境设计十分重要，设计理念应突出多种树种搭配的形式，中心城区应重点进行两个交叉口的建设和改造：一是北绕城公路和临陕公路的交叉口；二是西环路和解放街的交叉口。

③ 对景区域。对景区域是扩大景观效应的重点区域，宏观上是不同景观的对应，微观上是对景点、观景处和大的景观平台的处理。中心城区的对景区域是胜利路和西环路两条轴的两侧。

(4) 城市滨水区的视点场选择

① 水流轴向景观。是一种顺着河水流动方向眺望河流的景物类型，看到的景物有纵深感，并很容易让人注意到护岸的平面形状，这是一种以桥为驻足点，顺河水流动方向眺望河流的类型，对桥和护岸的设计是观景的关键所在。

② 对岸景观。与河水流向大体垂直地望对岸看到的景物类型。全部景物容易被看成带状重叠的平板，也容易让人注意到护岸的规模。观察驻足点一般是堤防、护岸肩部和洪水河槽处。

③ 俯瞰景观。远眺河流及其周围的广阔区域而形成的景物的类型，可以观察到河流的整体形态及其与周围的关系，但无法看清护岸的规模和细部形态。

(5) 城市滨水区景观设计的原则

滨水地区是城市生态环境最敏感的部位，是城市空间最积极的区域，其亲水性满足现代人强烈的回归自然的愿望。

① 整体原则。以河流风景的整体取代单纯护岸的设计。

② 日常风景的原则。作为日常生活场景的设计，而不要只是考虑高水位时河水的流动状态。

③ 透视设计的原则。始终以透视图将设计对象空间确认成立体形态，不能仅凭平面图和截面图来进行护岸设计。

④ 场所性的原则。充分考虑要进行景观设计的场所的特性，不能原封不动地把另一条河流的景观设计搬过来采用。

⑤ 配角的原则。注意在护岸设计上不作过分渲染，避免让护岸成为风景的主角。

⑥ 突出主题的原则。在连续的护岸中，设计出重点的景观。

3) 城市用地布局规划

(1) 空间结构

为节约用地，珍惜利用土地资源，城市必须紧凑集聚发展，依据城市的功能划分，将巴彦淖尔市中心城区城市空间调整为三个片区，即西片区、中片区和东片区。其中，西片区为全市的行政、金融和文化中心，兼布局部分服务设施完善的居住用地；中片区为全市的商业零售基地、文化娱乐活动地区，兼有部分居住和无污染产业用地；东片区为全市的教育集中区域、商业集散区域、物质集散和贸易区域，无污染或轻度污染产业基地，兼布局部分居住和服务设施用地。三个片区由偏离东西向30度角的城市发展轴贯穿，南北平行分布三条城市水景廊道，纵向与城市发展轴垂直有两条景观轴：一条是贯穿西片区的城市文化景观轴，体现巴彦淖尔市的地方文化，包括历史文化、民族文化、建筑文化和民俗习惯；另一条是贯穿中片区的城市生活景观轴，体现城市的商贸活动、零售活动、休闲活动和各种交流活动的综合城市活动特征。城市主中心区位于西片区的文化景观轴上，商贸中心位于中片区的生活景观轴上。因此，城市结构基本可以概括为一个中心，一条发展轴，三个片区，两条景观轴和三条水景廊道，即一一三二三结构。

（2）发展方向

充分利用城市基础设施和公共设施的前期投入，在较低成本补充投入的基础上，城市的发展方向沿着城市发展轴向东西向延伸，依据前期基础设施投入状况，城市发展方向宜先西后东。

（3）发展时序

作为一个刚刚完成撤盟设市的城市，巴彦淖尔市的发展面临着新的发展机遇和挑战，中等城市的城市框架急需拉开，发展动力是推动城市经济发展的核心，而城市规划必须为城市发展动力搭建实施的平台，从而为繁荣城市经济提升城市综合竞争力做准备。因此，城市的发展按可持续发展原则可考虑分三步走：第一步，全面规划建设西片区，按市场需求启动东片区，以城市新区提升城市职能和城市知名度，以东片区工业和教育的开发改善城市投资环境，提高城市就业水平，增加财政收入，奠定城市经济基础，储备各种专业人才；第二步，重点建设城市东片区，全面完善城市各项基础设施和公共设施，以城市经营的理念加强东片区的建设，适度增加职业教育规模，构建产学研一体化的发展形式，全面推动工业项目的落位并保证其顺利运行，实现城市经济的大发展，增加城市就业岗位，加速城市化进程，通过完善城市各项基础设施和公共设施，改善城市环境，提高城市的生活和生产品质，巩固城市发展成绩；第三步，全面启动中片区整体改造，重点是用地置换和老城更新，通过市场行为实施，以土地经营的理念置换用地性质。

（4）用地布局

① 居住用地布局。不同片区依据不同的布局原则和建设标准，西片区以开发各项配套设施齐全的少量高层和多层为主的住宅小区为主，以新华西街为界限，分两片按不同阶段开发；中片区以低层和多层住宅为主，重点完善基础设施和服务设施，增加绿化率，改造破旧和危险房屋，保留建成期较短、质量较好的地区；东片区以少量高层、多层和低层相间综合开发，结合生产和研发功能规划设计居住区域，配套服务导向性的各类用地。不同产业人群的配置基本上是西三产东二产的格局，80％人口集中在西片区和中片区。

② 工业仓储用地布局。工业仓储用地布局分近期和远期两个阶段完成，逐步将西片区中靠近水源保护区的工业用地搬迁到东片区，形成规模集聚的工业园区。此外，城区范围内保留三处小型工业用地：一是位于团结路南段以西的现状工业用地；二是整合东部临五路两侧的产业用地，以适度发展为主；三是将临狼路两侧自发形成的肉食品加工行业整合到临狼路和工业路交叉口的东北部，并保证与水源保护地的合理间隔。工业用地的规划本着既发

挥现有优势，又培养新经济增长点的原则，为城市经济发展奠定动力基础。仓储用地保留三处：一处是建设路东侧北边渠以南，在现状基础上改造，增加通达性，并进行功能分类，关键是加强权属管理；第二处是工业路北段和永刚渠以南紧邻物资集散用地配置部分仓储用地，服务于生产和物资集散功能；第三处是工业路和临狼路交叉口处结合肉制品加工配置少量仓储用地。

③ 交通用地布局。延续原有的路网结构，按现有架构重点打通东西向交通，调整道路网密度，增加对外出入口，搭建远景路网格局。结合现状道路系统和用地情况，规划建设巴彦淖尔市路网形态为方格网状。道路网以四横七纵式主干路为主，次干路、支路为辅。规划横向主干路：北环路、解放街、八一街、新华街；规划纵向主干路：开源中路、西环路、规划路 1、胜利路、规划路 2、规划路 3、工业路。根据住建部《城市道路交通规划设计规范》，以及巴彦淖尔市现状道路条件和城市用地规划布局的特殊性，本次规划城市道路级别为：主干道、次干道、支路三个等级。鉴于总体规划的精度要求，规划重点是主干道和次干道，并酌情保留部分老区内的支路。

④ 公共设施用地布局。结合新的城市行政中心的建设，形成城市主中心，对各个片区功能完善后形成五个专项职能中心，即区中心、生产聚集中心、物资集散（市场流通）中心、教育科研中心和旧城商贸中心，分别发挥各自的专项功能。此外，在三个片区中分别配套合计六个组团中心，按组团标准配置相应的公共设施用地。规划期末，巴彦淖尔市将形成一个公共设施完善、设施均衡、功能各有侧重的崭新北方城市（图 8-15）。

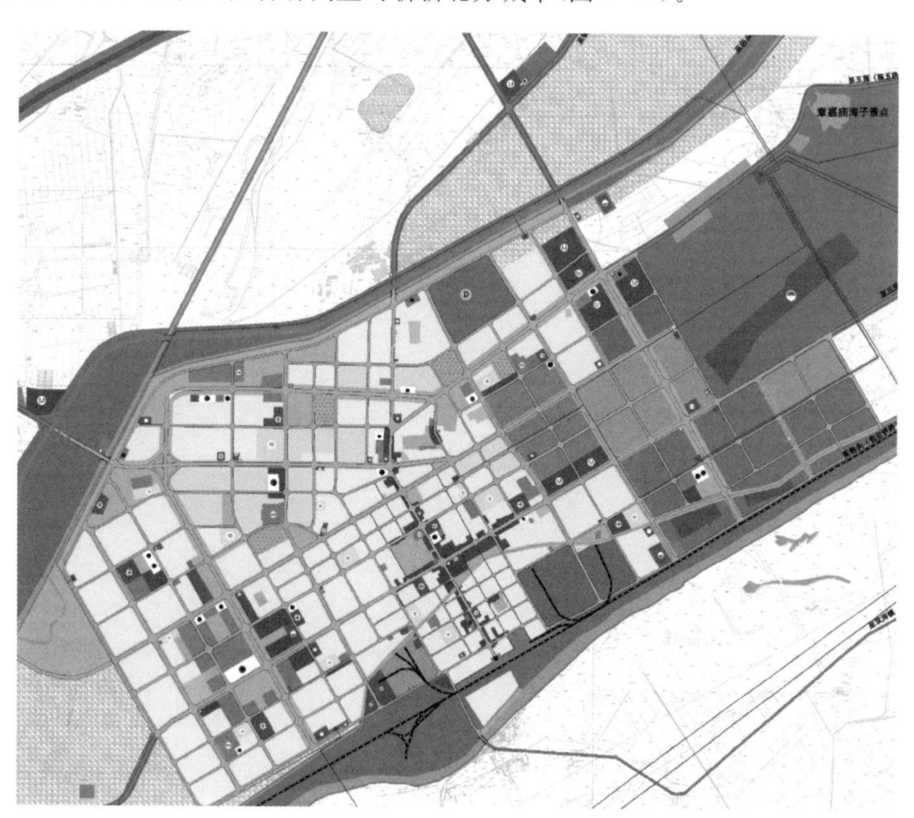

图 8-15　巴彦淖尔市用地布局规划

规划实施后记：

《巴彦淖尔市城市总体规划及市域城镇体系规划（2004—2020 年）》于 2005 年 11 月 11 日由内蒙古自治区人民政府批准实施，上轮总体规划同时废止。在 2004 版总体规划指导下，巴彦淖尔市遵循绿色发展理念，农畜产品加工业、冶金及矿产工业、化学工业、新能源等产业快速发展，工业化、城镇步伐加快，一批国内外知名企业落户，2013 年地区生产总值完成 852 亿元，固定资产投资完成 803.2 亿元，地方财政总收入完成 97.6 亿元，社会消费品零售总额完成 190 亿元，城镇居民人均可支配收入达到 20 301 元，农牧民人均纯收入达到 12 110 元。

9 “多规合一”规划探索

9.1 城市发展新常态

当诺贝尔经济学奖获得者斯蒂格利茨认为影响21世纪的两件最大的事，一归结于美国的高科技，二归结于中国的城市化，说明中国特色的新型城市化道路是世界瞩目的大问题。

依据《2015中国城市外贸竞争力报告》，深圳、苏州、上海、东莞、厦门、珠海、北京、大连、广州、天津等城市在城市外贸综合竞争力方面名列前十。这些城市都位于东部沿海区域。总的来看，入围2015我国外贸竞争力百强城市的整体水平降低，平均进出口规模在连续5年增长后转而下滑。外贸竞争力是经济发展实力和水平的一项重要因子，它的变化跟随经济新常态同步发展趋势。经济基础发生变化，城市发展步入所谓的新常态，主要表现在以下几方面特征：

9.1.1 发展目标发生转化

城市发展从追求“做大做强”到谋求区域“协同发展”。从城市外贸竞争力排名看，城市规模已经不是重要影响因素，而贸易水平、效益、发展、结构和潜力为特征的贸易指标成为更重要的影响因素。对于一些人口基数过大的城市，生态环境承载力严重超载，环境灾害频发，城市发展目标不得不调整。例如，北京市承载中国首都功能，发展成为巨型城市，环境负荷过重，人口与功能疏解和区域协同发展成为城市发展的新目标，即更注重力所能及和区域共赢发展。上海交通大学城市科学研究院发布的《中国都市化进程报告2016》中提出，中国城市发展呈现四大热点：“一带一路”“京津冀协同发展”“长江经济带”三大战略和特色小镇。2017年4月1日，中共中央国务院决定设立河北雄安新区，是继深圳特区、浦东新区后的一项重大战略决策，对京津冀乃至全国城市发展将影响深远。

对于中小城市而言，规模发展不是主要目标，应取决于产业的聚集、环境的优化、设施的完善以及城市的综合治理。此外，更应将城市群区域发展目标作为制定自身发展目标的主要依据，在区域大格局中谋求发展定位和功能分工，通过城市群区域平台，做好区域协同发展的支撑，并在协作中不断巩固城市发展成就，提升自身核心竞争力。

以河北省高碑店市为例，1981 年城镇人口 37 480 人，其中非农业人口 27 584 人，农业人口 9 896 人，建成区总面积 3.78 km^2。县城工业主要是化工、建材、食品加工、机械制造等。1983 年版高碑店镇总体规划提出的发展目标设想为：

(1) 将高碑店镇建成一个保北的经济中心，人口规模 10 万人左右。

(2) 把高碑店镇建成一个市政设施齐全、环境优美的首都卫星城，人口规模 20 万人左右。

(3) “作为京津两个特大城市人口发展的截流城，减缓中心吸引，高碑店建设成为京津依托的中等城市，旅游停留中转地，人口规模 30 万人左右。”

高碑店市城市人口规模 1992 年年底 7.4 万人，城市建成区发展到 8.46 km^2。1995 版总体规划是高碑店设市后第一次编制的城市总体规划，是按照城市的标准进行规划的，对指导城市建设起到了重要作用。根据编制规划要求，增加了市域城镇体系规划内容，从区域角度分析论证了高碑店市域内城镇的关系，对大型区域性基础设施提出了协调。明确城区的发展方向，划分了城市功能分区，确立了城市发展的框架，对各类用地作了适当安排，提出了 112 线过境交通解决办法。该版提出的发展目标是：将高碑店建设成为重要的现代装备制造和食品加工基地，保定北部地区的重要城市。

从 1994 年到 2006 年年底，在原规划的指导下，高碑店市城市面貌发生了巨大变化。根据城市发展对城市用地功能进行了调整，较好地控制了城市的功能分区，加强了城市改造力度，城市功能不断完善。城区人口达到了 17.18 万人，城市建成区用地达到 17.63 km^2。初步形成了“四纵四横”的主干道路系统，控制了城市道路红线，完成了科苑北路、五四东路的建设，扩建了 112 线与京广铁路、107 国道立交桥，解决了近期 112 线的过境交通问题。完成了新世纪大街的征地、拆迁以及路基建设。2008 版提出的高碑店发展目标为：京津冀城镇群重要城市之一，以发展机械制造、新型建材、食品加工及商贸服务为主要产业的宜居中等城市。

2012 年确定的高碑店市的发展目标为：重要的现代装备制造和食品加工基地，保定北部地区的重要城市。主要包含以下职能定位：

(1) 京津冀城镇群重要的产业基地，京津都市产业承接集聚高地和京津都市产业技术升级高地；(2) 京南门户型功能对接与创新服务基地，京津传统都市产业创新转化基地；(3) 京南交通枢纽和京南高铁经济的信息集散和商务活动中心，京津专业化的后方公共服务与信息平台和京津专业化的技术成果转化与展示平台；(4) 京南生态宜居与创新创业城与京南和谐社区应用管理示范城。

从历年的发展目标和城市性质的调整，可以看出高碑店的发展目标从规模向内涵转变，从唯产业到城市质量转变，从个体发展到区域融合转变。

9.1.2 发展模式发生变化

从“模仿模式”到“个性模式”。“文化短板”几乎成为中国城市发展的通病，改革开放以来，城市发展主要致力于经济增长和城市建设上，忽略了社会精神。不注重地域文化的保护与传承，追求形式上的体现，类似问题比比皆是。

所谓发展模式，即为中小城市在特定背景下，在一定时期内依托自身资源环境、社会人文、经济基础等条件，形成的发展方向。受到政策、体制、共识等方面的影响，发展模式表现出时空差异性，这种差异性直接影响城市发展的成果。因此，可将一定时期的发展模式看作发展战略。自改革开放以来，我国中小城市经历了工业园区引领、商业贸易跟进、土地财政拉动、基础设施推进、环境质量改善以及全面城市治理等发展历程。如今，进入了全新的"双修"时期，即生态修复和城市修复。

2016 年 12 月，《住房城乡建设部发布关于加强生态修复城市修补工作的指导意见(征求意见稿)》提出了六项内容，十八个方面。全文详见书末附录二。

发展模式的变化将直接影响城市发展成果。对于重点发展地区，如京津冀区域，规划要求构建世界级城市群，区域内的中小城市国际化要求提升，发展难度加大，创新能力要求提高。城乡统筹、新型城镇化、新型工业化都将与生态优先和经济、文化发展并行。城市总体规划的引领作用将加强，不仅表现为全域特征，还表现为顶层设计特征。对编制专业人员的要求更高，不仅需要规划专业人员，还应补充区域经济、环境保护、社会研究等方面的专业技术人员，才能从"双修"目标出发，探索合理的规划成果。

2014 年 2 月，习近平总书记在北京考察时指出："城市规划在城市发展中起着重要引领作用，考察一个城市首先看规划，规划科学是最大的效益，规划失误是最大的浪费，规划折腾是最大的忌讳。"对城市规划工作提出很多要求。一是突出前瞻性。二是突出协调性。推动经济发展、城乡建设、土地利用等规划"多规合一"，解决各类规划各自为政、目标抵触、内容重叠等问题，既充分发挥各规划的职能，又能相互协调，为城市发展服务。三是突出识别性。要把城市独特的生态资源与城市肌理有机融合，将"改造自然、征服自然，让高山低头、叫河流让路"的陈旧观念转变为"尊重自然、保护自然，与自然和谐共处、与生态相融相生"的科学思维，把厚重的文化底蕴与城市生态环境完美融合，将文化元素作为城市的特点渗透到城市规划环节，彰显属于本土文化和地域特色的城市个性。四是突出严肃性。严格落实城乡规划管理规定，保证硬制度刚性执行，坚决制止和严肃查处变更规划、少批多建、违法乱建等行为。要鼓励公众和社会各界参与城市规划的实施监督和管理。

9.1.3 发展路径发生变化

从"城市扩张"到"城市更新"，空间优化、环境改善、文脉传承、社会经济发展，从增量扩张到存量优化，从人地分离的城镇化发展路径到新型城镇化路径转变。

我国城镇化处于加速发展阶段，大城市病突出与小城镇发展乏力并存。如何协调好城市病和城镇发展问题，是新型城镇化需要探索的发展路径。参照发达地区成熟经验，可借鉴产业集群模式、特色小镇模式、产城融合模式、旧城改造复兴模式、新型农村社区模式。大城市可按不同区域差异化实施，而中小城市根据规模和发展特征可有所选择。

1）产业集群模式

以主导产业为核心，通过上下链条延伸，发展产业集群的横向模式或产业综合体(一二三产融合)模式。通过若干主题型综合体：如高效农业产业综合体、商贸产业综合体、旅游开发产业综合体、先进制造类产业综合体等，通过综合体解决三农问题、产业活力问题，通过产学研模式，助推创新发展。将研发成果、生产工艺、成果展示、创意设计、大数据信息平台、智能终端等内容融入集群或综合体，解决更多层面的就业。将产业集群或产业综合体做成集约、智能、绿色、高效和低碳的发展模式。因此，在有一定基础的中小城市中，应在总体规划中科学确立特色主导产业，培育产业核心竞争力。依据当地资源环境承载力和发展条件，合理设计产业战略、产业体系、产业结构和产业布局，充分挖掘独特或有比较优势的产业，以培育全产业链为重点。以产业集群或综合体模式带动中小城市的发展。在发展过程中，政府和企业需要发挥不同的作用。政府统筹谋划并起到顶层设计和引领作用，完善各项基础设施建设，提升城市综合服务功能，规范土地流转，妥善安置居民，统筹产业合理布局发展，形成产业集群或产业综合体发展的整体氛围。企业增加创新能力、附加研发成本、提高产品质量，承担必要的社会责任，可采用PPP模式（公共私营合作制 Public-Private-Partnership）构建资金平台和运营平台共同推进实现。

2）特色小镇模式

所谓特色小城镇是指以传统行政区划为单元、特色产业鲜明、具有一定人口和经济规模的建制镇。针对地方特色，依托自然资源，形成多种特色产业主题小城镇。

住房和城乡建设部、国家发改委、财政部2016年7月18日公布《关于开展特色小镇培育工作的通知》（以下简称《通知》），明确提出，到2020年，我国将培育1 000个左右各具特色、富有活力的休闲旅游、商贸物流、现代制造、教育科技、传统文化、美丽宜居等特色小镇。《通知》指出，培育特色小镇应当遵循因地制宜的基本原则，根据特色资源优势和发展潜力，科学确定培育对象，防止一哄而上与千镇一面；同时坚持以市场为主导，政府重在搭建平台、提供服务，防止大包大揽；并以产业发展为重点，依据产业发展确定建设规模，防止盲目造镇。《通知》明确，国家发改委等有关部门将支持符合条件的特色小镇建设项目申请专项建设基金，中央财政将对工作开展较好的特色小镇给予适当奖励。住建部根据《住房城乡建设部、国家发展改革委、财政部关于开展特色小镇培育工作的通知》（建村〔2016〕147号）精神和相关规定，在各地推荐的基础上，经专家复核，会签国家发展改革委、财政部，认定127个镇为第一批中国特色小镇。

随着首批特色小镇的确定，2016年10月31日，国家发展改革委发布了《关于加快美丽特色小（城）镇建设的指导意见》（下称《意见》），全文共四千余字，《意见》强调，建设特色小镇应建立在以产业为依托的基础上，从实际出发，防止照搬照抄。《意见》表示，要把加快建设美丽特色小（城）镇作为落实新型城镇化战略部署和推进供给侧结构性改革的重要抓手，借鉴浙江等地采取创建制培育特色小镇的经验，努力打造一批新兴产业集聚、传统产业升级、体制机制灵活、人文气息浓厚、生态环境优美的美丽特色小（城）镇。

2014年4月，浙江省政府率先出台了《浙江省人民政府关于加快特色小镇规划建设的指导意见》，提出重点培育和规划建设100个左右的特色小镇。2016年2月，国家发改委举行了新闻发布会，重推了浙江的特色小镇，浙江杭州的云栖小镇成为了特色小镇的典型案例。随后，广东、江苏、河北、贵州、福建等地方政府也相继出台推进特色小镇发展的相关指导意见。

此次意见要求坚持产业建镇。根据区域要素禀赋和比较优势，挖掘本地最有基础、最具潜力、最能成长的特色产业，做精做强主导特色产业，打造具有持续竞争力和可持续发展特征的独特产业生态，防止千镇一面。

3）产城融合模式

以往的城镇化发展路径中，不注重人地关系，突出土地的城镇化，而忽视了人的城镇化，积极推进城市增量土地的开发，造成了大片大片的工业区、开发区和新城区，由于增长模式单一，过度开发，造成开发区大量土地空置，土地浪费严重；大量城市新区由于缺乏必要的生活服务设施，距离就业地点远等问题而出现空城现象。形成单一开发区和“卧城”“鬼城”现象，造成有产无城或者有城无产的局面。

产城融合模式是解决以上问题的主要途径，即把产业和城市相结合，打造基础配套设施齐全，文化、娱乐、生活等服务设施健全的综合型功能区。把产业集聚区规划建设纳入城市整体建设序列，或者把城市服务功能纳入开发区或工业区。做到“产城互动”，优化产业结构和布局，逐步推进“四个一体化”，即新区建设要与相对集中的产业园区形成一体化；新建的产业园区要与城市产业转移及其重大项目建设产业布局一体化；产业园区培育要与小城镇建设、旧城区改造、城郊建设提升一体化；产城融合区要与本地资源和综合开发利用一体化。

产城融合就是通过“以产兴城”，提高城市发展竞争力，高效利用土地资源，以工业化和城镇化带动信息化和现代化；通过“以城促产”提高产业发展水平，促进全产业链培育，加速一、二、三产融合，提升产业竞争力。产城融合地区应注重吸纳城镇居民和失地农民就业的产业，要与产业布局、城区功能定位相结合，提升城镇化发展水平。不断完善商务贸易、文化教育、生活居住、休闲娱乐、创意创新等多元化功能。通过城镇基础设施的完善和服务设施的完备发展支柱产业和特色产业，鼓励、允许农民依法通过多种方式参与开发经营，促进多种产业交互发展，共同构建产城融合一体化发展格局。

4）旧城改造复兴模式

新型城镇化阶段，必然造成大面积的拆迁改造，一些具有文化特色的区域很容易受到破坏，丧失原有的场所精神和历史载体；同时，大量拆建可能会引发较多的社会问题，产生潜在的社会遗患和纠纷。旧城改造模式应划分几个阶段，分步有序进行。

一是系统评估。即准备评估旧城的历史和环境价值、社会现状以及各构成要素，如建筑、小品、街道肌理、绿植等内容。进行普及的居民问卷调查，详细分析，出具旧城调查评估报告。报告中明确哪些是保留的，哪些是修缮补充的，哪些是可以拆除的，充分解读居民的接受程度。

二是更新规划。城市更新不是对旧城的完全否定，而是在旧城的基础上不断发展、新建、扩建和完善。充分结合旧城环境风貌、人文特点和既有功能，协调周边城市建设环境，进行多方案比较，从社会构成、文化特征、环境肌理、主要业态和现实问题几个方面对比分析，最终选择既有个性特征，又有区域特征的最优方案。更新规划方案应有效吸收评估报告中的内容，并设计考核指标体系，贯彻规划建设全过程。方案讨论可吸纳居民代表参与，充分论证，不断磨合并谨慎提出规划设计方案。

三是确定复兴模式。旧城改造的初衷是提高居民生活居住水平，美化社区环境，完善城市设施，因此，更新规划实施过程中应充分讨论复兴模式，通过各类产业业态的提升、补充和培育创新，实现城市旧城在社会文化、经济发展、环境优化等多方面的复兴。在这个过程中可以选择经验丰富、资金雄厚的大企业积极参与城市改造与更新，进行综合社区的开发。通过 PPP 模式，保证项目顺利进行。通过政府监管，增加社区的人文关怀。

四是分期实施与可持续发展。要坚持城市可持续发展需求，体现以社会主体为本。在城市更新与改造过程中需要站在城市系统、城市生长、社区稳定发展的角度，关注社会、政治、经济和文化等问题，实现城市各部分在时间和空间上的不断协调。在各个实施阶段做好准备，战略性地解决保护和发展的冲突问题。对旧城区域各类宏观因素进行研究，确立包括社会构成、空间结构、经济产业构成、文化延续性、自然景观等社会、经济、文化、环境多元复合分步实现的城市更新复兴计划，指导城市有序发展完善。

5）新型农村社区模式

所谓新型农村社区，仿效城市街道办下设的城市社区，既有别于城市社区，又不同于传统的行政村。它可以一个或多个行政村组成，统一规划建设，形成统一的社区单元，组建成新的农民生产生活共同体，形成农村新的居住模式、服务管理模式和产业格局。通过比较完善的公共服务，例如医疗、文化、体育、科技等设施的集中建设，为农村居民营造全新的社会生活形态，加快缩小城乡差距。2009 年 10 月发布的《关于大力推进新型城镇化的意见》中明确提出："以新型农村社区建设为抓手，积极稳妥推进迁村并点，促进土地节约、资源共享，提高农村的基础设施和公共服务水平。"

新型农村社区，不仅以农业产业为基础，还将产业集聚、工业发展、服务业发展与农业农村发展衔接起来，是未来城镇体系的重要组成部分。其重点在于改变农民生活和生产方式，通过"就地城镇化"，提升农民生活质量，集约节约用地，调整优化产业结构，发展农村二、三产业，推进农业现代化，以农民利益为出发点，促进农民就地就近转移就业。结合乡村、地域文化特色的创造，建设配套完善的新型农村社区。

新型农村社区依据具体位置可划分为三种类型：一是由城郊村形成的市民化集中区，与城市发展一体化，统一规划、统一建设、统一实施，统一承担城市功能，是城市化最前沿地区；二是与开发区或工业区开发一体化区域，通过建设生活配套服务区，提升农村社区功能，完善工业区配套服务功能，吸纳农村劳动力就业；三是围绕中心村以群众自建为主，企业和社会帮建为辅。建成社区服务中心办公楼、医疗室、文化室、便民超市等，同时加强基础设施和公共服务设施建设，力求打造设施齐全、功能完备的宜居社区。

在政府的层面要制定相关优惠政策，设立新型农村社区建设专项资金，银行等金融部门，对新型农村社区优先提供贷款，从政策上和资金上为新型农村社区建设提供保障。

9.2　传统城市规划中的痼疾

城市规划是国家宏观调控手段、政策形成和实施的工具、未来城市空间构架。它不仅仅是作为一门学科或一门技术，更主要的是作为一种社会实践活动，本质上是通过土地、空间等资源的安排来进行利益分配。涉及利益，就会出现多方的博弈，博弈的结果影响最终的空间格局，甚至出现激烈的变局和恶性冲突。因此，破解中国城市规划的痼疾日益迫切。城市规划工作要经历编制、审批和实施管理等环节，每个环节的问题不同。

9.2.1　城市规划编制体系相对完整，与国土部门的土地规划协调有限

城市建设用地规模与土地规划分配的建设用地规模不一致，通常的做法是，在保护基本农田红线要求下，城市建设用地规模在 2020 年与土地规划分配的建设用地规模保持一致，而 2030 年的城市建设用地规模则有较大突破，相互协调的矛盾被人为后置。

作为城市总体规划上位依据的省域城镇体系较为宏观，城市群类法定规划缺失。下位的市域城镇体系规划中心性突出，城市间协调有限。各地表现为全省的发展突出直辖市，全

市的发展突出中心城区，以此类推，作为中国最基本的行政单元——镇的发展举步维艰，建设用地、项目、资金、人才多元要素缺乏，发展的推动力受到抑制。

城市建设用地规模在基本农田红线限制下，优先保障中心城区发展，而推动经济发展的工业园区要么因为坐落在郊外而不参与城市用地平衡，要么人为将城市边缘的工业园区用地单独划出。建设用地的矛盾依然向后拖延待解决，甚至造成与土地利用规划的冲突。

9.2.2 城市规划审批体制中的利益化造成城市规划成果的程序形式化

按照《中华人民共和国城乡规划法》，不同等级的城市有不同的审批程序，但在城市总体规划成果上报审批前都要一次或多次经历以下汇报及步骤：相关部门、主管城建副市长、市长、市委书记、市政府常务会议、市委常委会议、规委会、公示、人大。实际上市委书记或市长拥有城市规划决策所需要的最后决定权。因此，起决定推进作用的往往是市长或市委书记的“拍板”环节，只有通过了这个环节，才能走上报程序。作为城市规划最高决策者的城市领导人常常被面临的矛盾所困扰，决策者可能优选上级标准替代人民的标准，也可能受限于专业和管理经验而体现在决策能力不高。此外，城市规划把长远利益和近期利益相结合，是一项连续性极强的工作，但城市政府任期5年，每届政府总想在任期内做出一些政绩，实现任期目标是决策者的基本价值观。这种决策行为的短期性导致了一任领导搞一套规划的局面。如城市规划所确定的城市发展方向、重点和城市基础设施项目的有关政策需要稳定，经常性的变化将会给城市建设和经济发展带来严重危害，容易产生官僚主义现象和腐败问题。在这样的背景下，城市规划成为“短命规划”“指令规划”和“应景规划”在所难免。

城市规划决策过程中人大和政协有若干途径参与城市规划决策，但局限于专业性、政治导向，难于在关键时刻发挥最后决策作用。即使参与规划咨询和评审专家的选择受到随意控制，可能发表不同意见的专家不被邀请；最终规划师只能按照决策者的意图编制规划，在城市规划决策过程中的实际作用降低。尤其是在立项决策时，专家常常没有发言权。

即使在城市规划上报程序中，有群体决策的步骤，但作用被淡化。公众参与的形式化、城市规划行政部门的被动化、决策监督的表面化都造成了城市规划的问题。

9.2.3 城市规划实施后的所有问题暴露出城市规划管理体制中的弊端

城市规划不仅是技术行为，也是行政行为，同时还是政治行为、经济行为。规划失误往往不可避免，不仅仅是规划本身的失误，而更是规划后面政策及措施的失误。判定城市规划决策是否失误，总的来说必须回答如下两个方面的问题：城市规划决策导致：(1)城市资源，土地、空间、水、资金、人才、历史文化遗产的利用是否合理，社会物质财富是否浪费？(2)城市社会的公众利益是否得到保护，他人合法的利益是否受到侵犯？是否照顾弱势群体和多数人，城市居民是否有选择的权利、参与决策的权力，城市环境、城市资源的分配和享用是否公平？

此外，还会出现一系列衍生的问题，如城市空间格局不能满足城市发展需求，产业结构与布局不够完善；居住用地总体缺乏统一规划，学校、公共服务设施布局与城市发展不适应；绿地空间不足，城市环境有待提升；城市交通拥挤，交通结构和系统出现问题……

面临诸多城市规划的问题，城市管理体制面临困境，基本体现出有规不依、执法不严以及基于城市规划本身的问责不断。

规划行政主管部门不健全，有的挂在住建系统为二级局或一个科室，有的还是事业机构，执法力度远远不够；规划管理权力分权现象突出，很多政府都出现开发区和城市分设两个同级别的规划局，造成城市规划管理两个标准；城市规划变更频繁，被动修改规划，降低了城市规划的权威性。城市中违规、违建的处理也无统一标准，有的罚款后变更为不违规，有的历史遗留的违建问题又难于按现有标准强行施法。现行《中华人民共和国城市规划法》以及相关法律法规，没有赋予城市规划行政主管部门强制执行权，而具有执行权的城管又无法得知是否违规或违法，只能被动接受公众投诉并酌情受理，违规行为进入“民不告，官不究”的管理现状。

9.2.4 以一张蓝图将城市规划推向权威性更高的“神坛”

与土地开发相关的三类规划：土地利用规划、城市总体规划和社会经济发展规划，分属不同的部门管理，土地利用规划由国土部门组织，以保护基本农田为重点，规划期为 10 年；城市总体规划由住建部门组织，以促进城市发展、安排各项建设用地为重点，规划期一般为 20 年；社会经济发展规划由发改部门组织，以制定经济发展目标为依据，规划期为 5 年。依照目前的行政体制，城市政府按照特定的意愿完全可以在某一领域——主要是经济领域，即以经济为中心——通过强大的投入或倾向性园区规划促其飞跃。这种做法往往直接导致了与城市规划和土地规划的冲突。

三类规划的不统一，造成同样的土地资源，赋予了不同的开发理念，不得已地修改城市规划在所难免。通过规划的统一，将各个部门的规划融合在一张蓝图上，是解决城市规划痼疾的前提。彻底改变“规出多门、服务同一政府”的现象。只有制定同一守则，才能在部门间发挥相互监督和讨论的作用。

9.2.5 通过年度评估探讨城市规划与发展的主要问题

在住建部印发的《城市总体规划实施评估办法（试行）》中，提出城市人民政府应当按照政府组织、部门合作、公众参与的原则，建立相应的评估工作机制和工作程序，推进城市总体规划实施的定期评估工作。城市总体规划实施情况评估工作，原则上应当每 2 年进行一次。

城市规划编制成果的市场约束指的是规划成果编制与考核参与者，如城市规划项目策划者、城市规划设计部门，面临着随城市发展变化与城市规划的执行之间矛盾增加时而要承担责任的压力，通过部门讨论、专家咨询等来降低规划与实际的偏差。规划实施风险的大小及风险性质决定着市场约束是否存在和市场约束力的大小。无论是改变城市规划的技术上，还是管理上的痼疾，都需要严格的年度评估，并建立反馈修正程序。

9.2.6 强调法制化、公众化的监管程序

城市规划理论与实践之间存在的裂隙问题已经为大家意识到，这就要求建立和完善城市规划决策多方参与的机制。当然，要求官员和专家自己克服种种局限是不现实的，克服和消除官员和专家在城市规划决策中的局限性和矛盾的绝对有效的办法，也是不存在的。关键在于挑选参与城市规划决策的专家时，应充分考虑专家的类型、长处与短处，并用正确的方法组织专家参与城市规划决策。

必须健全、完善规划决策程序及制度。建议城市规划委员会隶属于城市人民代表大会。

由市民直接挑选(选举)或间接挑选(民意代表机关委派)的规划专家、学者、社会人士,人数所占比例要大于政府行政人员的比例。市民、民意代表机关(人民代表大会及其常务委员会)、司法机关、人民团体、新闻媒体等有权依法对城市委员会的审批决策实施全程监督。市民出于自己利益的关切,既可以把建议以书面形式呈交委员,也可以参与城市规划审批决策的各种听证与咨询活动。

专家委员会要广泛邀请各相关专业专家、学者,相关部门领导与技术专家、公众代表,组成真正意义上的委员会。会议纪要、规划采纳意见等情况要及时向公众公示,并作为提请规委会审议的相关附件。

进一步完善规划公示制度。抓好批前公示,在报批前将规划方案在新闻媒体、规划专栏、规划网站和建设项目所在地进行为期至少一周的公示,充分听取和吸纳群众的意见和建议,对规划方案进行修改、完善。对群众反映较大或者有争议的项目,应该及时召开听证会或座谈会,进一步征询意见,宣传解释有关规范要求,待大多数群众意见统一后再上报审批。

还要抓好批后公示。对批准实施的建设项目现场挂牌公示,公示项目名称、建设单位、项目位置、建筑层数、用地面积、建筑面积、建筑高度、间距、容积率、绿化率等主要技术指标,确保建设项目在公众监督下严格按规划实施。一些地区通过规划展示厅,向市民展示城市总体规划、近期建设规划和重点项目规划,展示城市规划成果,畅通公众参与城市规划的渠道。

实行"三制",提高规划的审批质量。进一步强化工作人员"阳光操作"的责任意识,基本做到:分工负责制、相互监督制和责任追究制。严格实行分工负责制,进一步明确了项目承办人、负责人和分管领导的责任;每个项目规划审批的各个程序之间、分工不同的各部门之间要相互监督;凡是工作不负责任,不按规范要求,搞"人情规划"造成不良影响的,要严格追究经办人、部门和分管领导的责任,并视情节轻重给予批评或纪律处分,由此造成的赔偿或损失,个人必须承担相应的经济责任。

9.3 "多规合一"发展背景

近几年来,国家发改委、住建部、国土资源部、环保部四部委纷纷推广试点,各地区也自发开展试点工作,以此为主题的研究论文也越来越多。提法也从"三规""四规""五规"到多规演变。各个部委从各自开展试点到合一阶段,如2004年国家发改委在六个地区县(苏州市、安溪县、钦州市、宜宾市、宁波市和庄河市)试点"三规合一"。2008年国土资源部和城乡建设部在浙江召开"两规合一"推广会。江苏和浙江从区(县)着手,在地方政府的主导下逐步探索,进行了"三规合一"的规划和实施。2013年,中央城镇化会议强调可以走县(市)探索三规或者多规合一,形成一个县(市)一本规划一张蓝图。

国家发改委、国土资源部、环保部和住建部四部委2014年联合下发《关于开展市县"多规合一"试点工作的通知》(发改规划〔2014〕1971号,以下简称《通知》),提出在全国28个市县开展"多规合一"试点。所谓"多规合一"是指推动国民经济和社会发展规划、城乡规划、土地利用规划、生态环境保护规划等多个规划的相互融合,融合到一张蓝图上,实现一个市县一本规划,解决现有的这些规划自成体系、内容冲突、缺乏衔接协调等突出问题。

《通知》确定了28个试点,分别为辽宁省大连市旅顺口区、黑龙江省哈尔滨市阿城区、黑龙江省同江市、江苏省淮安市、江苏省句容市、江苏省泰州市姜堰区、浙江省开化县、浙江省嘉兴市、浙江省德清县、安徽省寿县、福建省厦门市、江西省于都县、山东省桓台县、河南省获嘉县、湖北省鄂州市、湖南省临湘市、广东省广州市增城区、广东省四会市、广东省佛山市南海区、广西壮族自治区贺州市、重庆市江津区、四川省宜宾市江津区、四川省绵竹市、云南省大理市、陕西省富平县、陕西省榆林市、甘肃省敦煌市、甘肃省玉门市。

这项试点如果广泛推进,有望强化政府空间管控能力,实现国土空间集约、高效、可持续利用,也是改革政府规划体制,建立统一衔接、功能互补、相互协调的空间规划体系的重要基础。《通知》部署以下四项试点任务:

首先,四部委要求合理确定规划期限。统筹考虑法律法规要求和各类规划的特点,探索确定统一协调的规划中期年限和目标年限,作为各类规划衔接任务的时间节点。以 2020 年作为规划的中期年限,研究探索将 2025 年和 2030 年作为规划中长期目标年限的可行性和合理性。目前国民经济和社会发展规划通常是五年规划,而城乡规划是 20 年,土地利用规划的规划时间是 10 年。生态环保规划目前处于试点阶段。

其次,《通知》提出要合理确定规划目标。把握市县所处大区域背景,按照市县的不同主体功能区定位以及上位规划的要求,统筹考虑国民经济和社会发展规划、城乡规划、土地利用规划和生态环境保护等相关规划目标,研究"多规合一"的核心目标,合理确定指标体系。

再次,《通知》要求按照资源环境承载能力,合理规划引导城市人口、产业、城镇、公共服务、基础设施、生态环境和社会管理等方面的发展方向与布局重点,探索整合相关规划的控制管制分区,划定城市开发边界、永久基本农田红线和生态保护红线,形成合力的城镇、农业和生态空间布局,探索完善经济社会、资源环境和控制管控措施。

最后,四部委还要求,构建市县空间规划衔接协调机制。从支撑市县空间规划有效实施的需求出发,提出完善市县空间规划的建议,探索整合各类规划以及衔接协调各类规划的工作机制。

9.4 "多规合一"试点工作的多方案比较分析

现有规划在行政关系上互不隶属,在制定中"规出多门",由于规划的目的有限制性和开发性两种,造成规划实施的主动性不同,因而在实施过程中常出现相互矛盾。十八大和十八届三中全会、中央经济工作会议、中央城镇化工作会议提出要积极推进实现规划体制改革,探索"多规合一",形成一个市县"一本规划、一张蓝图"。四部委联合下发"多规合一"的试点工作,本节结合试点的阶段推进工作,提出几点建议。

9.4.1 试点方案

1) 多规间存在的问题

针对多规实施效果,目前存在以下问题:

(1) 规划期限不一致

社会经济发展规划期限是 5 年,土地利用规划一般为 10 年期,城市总体规划一般为 20 年期,可根据编制时间将规划期限调整到 10—20 年不等,展望年限到 2030 年。城市环境总体规划开展试点工作 3 年，规划期限与城市总体规划一致。

(2) 规划目标不同，规划内容交叉重复

社会经济发展规划和城市总体规划是发展类综合型规划，以区域产业经济为主导，但也涵盖生态环境保护和支撑体系建设的内容；土地利用规划涵盖大量城镇和产业内容，但以基本农田的保护为主；环境总体规划中有诸多的空间环境容量限制和质量保障的内容；社会经济发展规划又极大强化了产业空间布局。四类规划对城乡建设用地的使用都提出了限制要求。

(3) 空间分区繁杂

不同规划都以空间管制为重点，但尺度和范围不同。城乡规划划分了三区：已建区、适建区、限建区；土地利用规划提出四区：允许建设区、有条件建设区、限制建设区、禁止建设区；环境总体规划提出以下分区：居住环境维护区、环境安全保障区、生态功能保育区、产业环境优化区。此外，发改部门提出的主体功能区规划也划分了优化开发区、重点开发区、限制开发区和禁止开发区四区。繁杂重复交叉的分区提高了各个部门的管理难度。

(4) 规划实效低

各项规划目标不一，指标不一，编制方法和管理手段不一，部门间缺乏协调，管理紊乱，规划交叉部分缺乏管理导向，降低成效。

(5) 规划管理不完善

各类规划分属不同部门管理，管理制度不统一，缺乏统领，造成开发类项目及用地、建设审批过程交叉等问题。

本该一张蓝图，却演变成多个方案的多个图纸，规划调整频繁，人力、物力、财力浪费，效率偏低。

2) 试点方案的不同类型

各个试点城市针对发展要求和现有问题，结合编制单位的技术背景，提出不同的方案构思。随着试点工作的推进，各种尝试不断，主要体现在三种情况：一是通过体制创新推进“多规合一”；二是修正规划内容达到合一；三是创新规划体系达到合一。

(1) 体制创新型

体制创新型以“十三五”规划为基础，形成统一规划时限的发展总体规划，确定全面化的规划总目标，并贯穿于其他规划中，通过发展总体规划的指导，推动“多规合一”(图 9-1)。

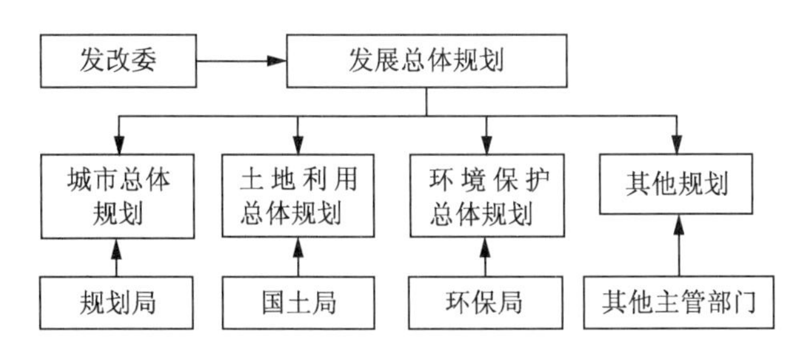

图 9-1　通过体制创新实施“多规合一”的实施路径图

发展总体规划按照主体功能区的要求，在国土空间分析评价基础上，以行政边界和自然边界相结合，划定城镇、农业和生态三大空间，落实三类控制线。发展总体规划为各类规划预留接口，通过接口设计，构建指标目标刚性，布局弹性的下位规划模式。

(2) 内容完善型

内容完善型主要针对发改、环保、住建和国土各类规划中的交叉和冲突内容，提升市域空间规划内容。主要完善方法包含三类：

一是强化资源环境承载力的指标约束性。对于资源利用效率指标加强约束，提升单位地区生产总值能耗、单位工业增加值能耗和水耗、基本农田保护面积、环境质量以及人均建设用地。

二是将冲突部分分类处理。对于现状建设用地占用基本农田和生态红线的限期恢复，对于规划中出现的用地冲突，依约束型规划调整发展型规划为主。

三是差异化调增策略。对于规划技术差异导致的冲突，通过建立统一的分类系统调整划一；对于基本农田和农用地的差异，依据土地利用规划调整；对于重大建设项目导致的规划差异，依资源环境承载力为基础。

（3）规划体系修正型

重新梳理各个规划的作用，以“四规”为主干，同时编制，同时调整，经济社会发展规划确定目标，土地利用总体规划确定指标，城市总体规划确定坐标，环境总体规划确定底线，统一构建空间体系，如图 9-2 所示。

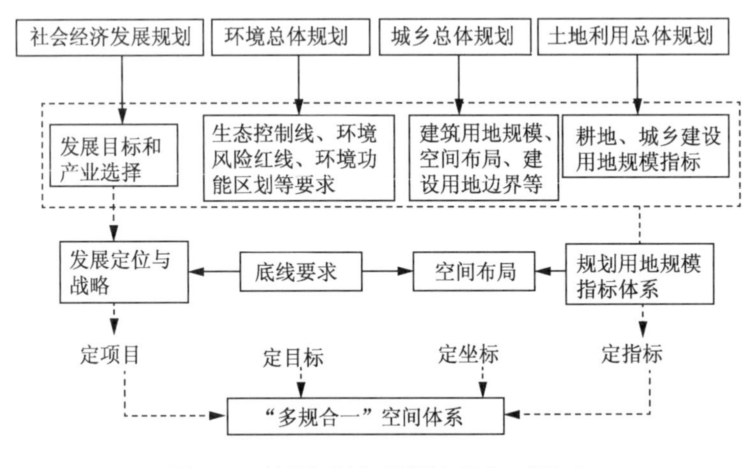

图 9-2　创新规划体系型“多规合一”模式

9.4.2　多方案比较

结合贺州、于都、姜堰、临湘、同江、旅顺、嘉兴、获嘉、玉门等各个试点阶段工作内容分析，普遍存在以下问题：

1）试点城市现状存在问题分析

（1）生态环境保护的执行力不足，生态空间减少，环境污染加强，环境质量下降。经济条件较好的市县（区）面临着建设用地土地利用模式粗放，开发强度接近警戒线，政府治理能力有限，生态赤字不断增大，城乡规划仍以外延式扩张为主；经济欠发达地区面临着经济发展落后，传统工业发展主导城市经济，工业用地布局受限于土地利用规划的建设用地选址。

（2）资源环境承载力估算不足，发展目标过高，产业结构有待调整。一些经济发达地区的市县（区）甚至超负荷发展，环境问题不断积累，潜在风险加大。

（3）城乡间要素流动缓慢，城乡统筹动力不足，一体化格局尚未形成，跨区域间环境缺乏协调。

（4）城镇建设用地布局不合理，相互干扰，使用效率偏低，环境保障不足。

可以看出，无论是经济发展较好地区，还是落后地区，环境管控都比较薄弱，城市的发展基本以经济发展为主导。

2）三方案比较

三类试点方案各有利弊，方案一可以加强调控力度，提升规划的执行力，强化城市管理；方案二可以摆出主要问题，提出改善规划内容的交叉重复以及相关问题；方案三强调不同规划分工，可以有效发挥各类规划的作用，构建统一的分区体系。

但是，针对“多规合一”本身的问题，以及市县（区）现状问题可以看出，方案一的缺点无法针对城市空间布局和城市环境保障之间进行选优或整合，还是各自为政的体现，虽然加强了三区三线的管控，但城市空间的环境问题难以解决。同时，弱化了行业管理，监管压力大。方案二的缺点是处理问题过于消极，没有从规划的源头解决问题，难于消解或规避更多的交叉问题。恰恰是规划周期的不同，另多规各得其所。而方案二无法根治这些问题。方案三类似于城市总体规划的再包装，将其他三类规划的相互制约作用弱化为某一个规划环节，无法从根本上进行“多规合一”。多规间协调压力大，各类规划责任难理清，实施有难度。

9.4.3 方案整合建议

“多规合一”既要解决现状市县（区）出现的问题，又要规避多规不合一的现象。因此，“多规合一”不是简单的叠合，也不仅仅是管理体制问题，应是相互制约、相互支撑、环环相扣的关系，多规中各自的规划环节应细化后相互融合。

1）规划目标的合一

多规中既有环保、土地等约束性指标又有经济、产业等发展型目标和设施型布局目标。而资源环境容量是发展的基础条件，应作为约束型和限制型目标。而社会经济发展目标应在资源环境容量许可范围内提出，并指导城乡建设用地规模。规模指标也应以提高使用效益为主，增加效率性目标。基本农田保护目标既受资源环境容量限制，又制约建设用地的发展目标。因此，规划目标应建立约束目标、中间目标和表象目标的流程体系（图 9-3）。

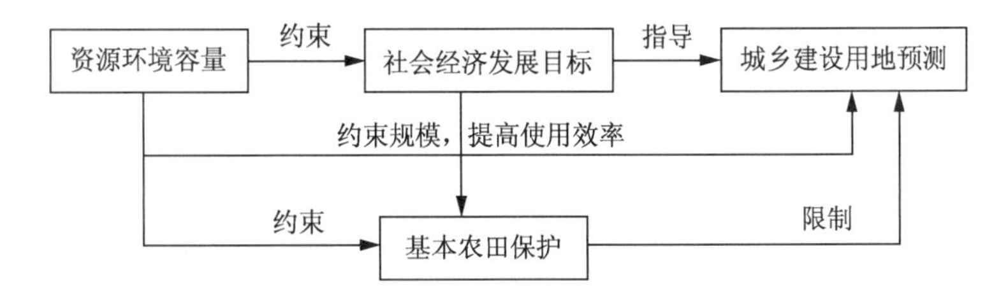

图 9-3　多规目标的相互制约关系图

2）规划指标的制约

空间规划的指标包含全域和城镇区两类，全域空间的划分大致有山、水、林、田、湿地等多种地貌类型。在试点方案中提出城镇、农业和生态三大空间，组成空间体系。若依此划定城市开发边界、基本农田保护线和生态红线控制线，并加强管控。是否有效解决上述问题，很难考证，但将形成对城镇发展最严格的限制。因此，建议将城镇的边界控制变更为规模控制，控制“量”，而放宽“形态”，当然，“形态”首先要受制于上述约束，这样有助于提高建设用地使用效率，并加强外延式用地的管控。

在城镇空间各类建设用地优化布局中，城市总体规划发挥了很大的指导作用，规划中不仅提出以环境保护、民生保障、公共服务为主的强制性指标，还落实了环保部门提出的大气、水、噪声、固体废物等环境保护类指标。但是，城市中环境问题日益积累，并频繁出现，主要原因是单位环境指标达标，但一定范围内环境排放总量超标。而污染排放类指标在规划指标体系中只有单位限制，缺乏空间排放总量有效限制。

建议实事求是，客观分析空间增量。对于城镇建设用地增量，可使用部分往往是依据土地利用规划给出的有条件建设用地，可用但未必适用所有土地性质。建设用地增量选址依据土地利用规划，使用性质依据城市总体规划，由于环境保护规划的缺位，造成不得已的、不合理的用地性质或用地选址，因此，规划建设用地增量部分应是环境保护规划的重点。

3）试点方案的整合

（1）统一目标和指标体系，杜绝规划间相互钻空子。不同的指标或标准容易造成就高或就低的选取方法，规划间容易出现偏差，无法精准落实到空间上。规划成果的审核程序主观性强，很难判断出偏差的存在。因此，以城市为单位，建立统一的目标和指标体系，是“多规合一”的工作基础。

（2）以规划内容交叉分歧为关键点和切入点，分阶段协调统一。不同规划间存在的分歧是多规偏差问题的关键，是城市发展中城市历任决策者寻租行为的体现和集中爆发。因此，历史遗留的规划交叉分歧点应逐一标示，城市未来的决策必须在科学指导下，在统一目标指引下予以取舍。现阶段实在有困难的可以分阶段实施，逐步制定统一蓝图。

（3）规划间相互监督，建立统一规划委员会，发挥阶段性动态调整的弹性功能，提升人性化管理。城市规划作为指导城市空间发展的前提手段。城市规划成果是人文科学、环境科学和经济科学的集中体现，它的形成过程有客观存在，也有主观判断，对于城市发展中的未来不确定性，城市规划成果难以完全吻合。因此，在提高城市规划蓝图严肃性的同时，应加强科学管理与弹性修正。以往横向各部门规划虽然有一定冲突，但也具有部门间相互监督和修正的优势，合一后的规划应发挥以往优势，设定合理的完善步骤。例如：提出问题—规划研究—修正目标—调整规划—审查审定—及时发布等一系列相关程序，做到公开、公正、合理。

（4）加强行业管理，发挥底线的约束性，加强规划监管，加强环境容量控制。伴随着可持续发展战略要求不断升级，城市面临的环境问题日益紧迫，资源承载压力持续加大，发生的环境污染事件不断累积，城市用地功能及产业布局屡受质疑，环境保护总体规划成为城镇化进程中环境保护的技术服务手段。环保部《关于开展城市环境总体规划编制试点工作的通知》（环办函〔2012〕1088 号），正式确定了首批城市环境总体规划编制试点城市，启动城市环境总体规划编制工作。为规范城市环境总体规划编制试点工作管理，环保部制定了《城市环境总体规划编制试点工作规程》（环办函〔2013〕449 号）作为规范试点工作的指导性文件，启动了包括福州、广州、成都、南京等 12 个城市的第一批城市环境总体规划试点。

城市环境总体规划开展近三年，试点城市的规划成果相继通过评审，规划实施在即，探讨一条更制度化的路径尤为重要(图 9-4)。城市规划一张蓝图,应积极与环境总体规划对接,方法上相互借鉴,内容上相互补充,目标上协调一致。

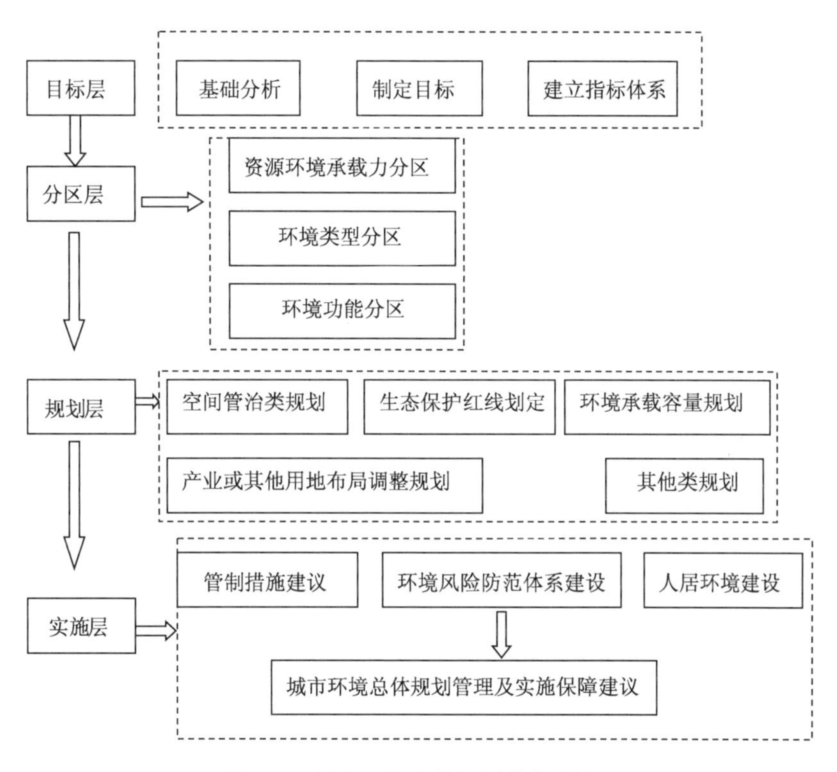

图 9-4 城市环境总体规划技术路线图

(5) 创新规划管理体制,先行先试,可分类试点方案,在一定周期内进行对比,最终整合更适合现阶段的"多规合一"体制。规划目标针对性加强,虚实结合,既要体现落实国家的相关政策,发挥合一规划的综合指引作用,加强与城市、土地、环境及其他相关规划的衔接,又要指引下位专项规划,健全规划体系,层层落实。在此基础上提出城市发展的阶段性目标。规划目标的构建、实施、跟踪评估以及执法决议的流程如下图所示,建立目标推进的严格修正程序,保障规划目标的权威性和不可替代性(图 9-5)。

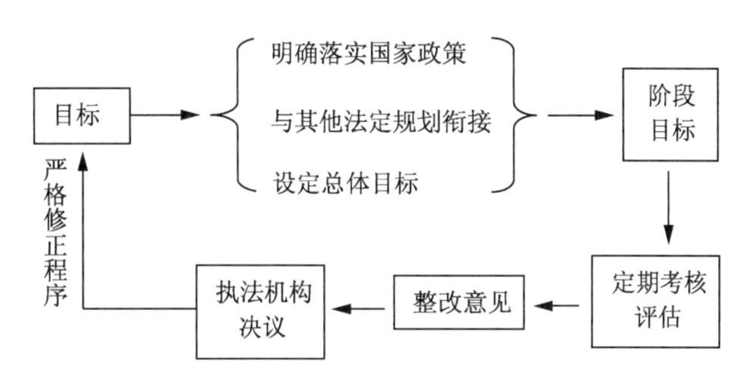

图 9-5 规划目标实施体系设计

10 全域规划探索

2007年6月7日，成都被批准设立全国统筹城乡综合配套改革试验区。“全域成都”概念首次提出，范围覆盖1.24万 km^2 的行政辖区。在《中共成都市委、成都市人民政府关于推进统筹城乡综合配套改革试验区建设的意见》的文件中，又进一步明确指出：“运用‘全域成都’的理念和‘三个集中’的原则，着眼于推动市域经济、政治、文化、社会建设一体发展，进一步加强经济和社会发展规划、城市总体规划及土地利用规划的有机衔接，完善市域城镇体系、土地利用规划、区（市）县域总体规划、乡镇和农村新型社区建设规划，以及市域一体的产业体系、交通体系、公共服务体系等规划，整体推进城市和农村的现代化，构建现代城市和现代农村和谐相融、历史文化与现代文明交相辉映的新型城市形态。”可见，“全域成都”理念是对传统规划区规划和城乡二元管理的一项创新性突破。

10.1 全域规划的提出

传统城市规划强调“规划区”概念，规划内容集中在规划区范围内，而对规划区之外则缺乏规划依据，长期处于无序发展，造成违章建设泛滥，管理依据缺位。随着城镇快速发展，规划区之外的开发严重影响了城镇的发展，全域规划的需求日益增强。

10.1.1 “全域化”城市实践

随着高速的城镇化发展，城乡一体化的持续推进，成都、广州等地率先提出“全域化城市空间格局”，对区域城乡统筹发展具有指导意义，对我国当前的城市规划体系和城市管理体制具有开拓性意义。

1）全域成都实践

成都是副省级行政单位，面积为1.24万 km^2，人口1 100万，成都市具有大城市带大农村的特征。2003—2006年，成都市在城乡统筹实践中总结出以“三个集中”为核心推进城乡一体化的基本方法，即在具备条件的地区，积极推进工业向集中发展区集中、农民向城镇集中、土地向规模经营集中。经过三年的努力，成绩斐然：工业集中度达60%，20个集中区发展初具规模；27万农民住进城镇和农村新型社区，农民向城镇集中形成梯度推进态势；土地规模经营在互利中产生增大效应，流转土地近10.67万 hm^2；农民人均纯收入近6 000元，城乡居民收入差距由2002年的2.7倍减小到2.6倍；农村中小学标准化建设全面竣工，城乡教育均衡发展格局初步形成；公共财政阳光普照农村，社保医保实现城乡全覆盖；城乡规划一盘棋，交通、水务及乡镇的整合撤并，建立起城乡对接的管理体制，基层民主政治建设全域推开等。“全域成都”理念逐步形成。

获批全国统筹城乡综合配套改革成都试验区以后，成都市经过详细论证，又提出了到2017年的目标任务：工业集中度达80%，城市化率达到70%，土地规模经营率达到75%；地区生产总值突破1万亿元，人均8.2万元，全口径财政收入突破3 000亿元；农民人均纯收入年均增长10%以上，城乡居民收入比缩小到2∶1。“全域成都”理念目前主要体现以下几个方面：

首先是城乡规划的“全域覆盖”。注重经济和社会发展规划、城市总体规划及土地利用规划的有机衔接，按照国际旅游枢纽城市，西南地区科技、金融、商贸中心和交通、通信枢纽，新型工业化基地的城市未来发展定位，规划建立大中小城市和小城镇协调发展的城市格局，即由“1个特大城市、8个中等城市、30个重点镇、60个新市镇、600个左右新型农村社区”组成。其产业布局坚持“一城、三圈、六走廊”式发展形态，即以中心区域的特大城市发展现代服务业为主，近郊区以发展现代工业为主，远郊区以发展现代农业为主，然后以轨道交通、高速公路、城市快速通道为载体形成各具特色的产业发展带，使之成为推动城乡一体化进程的主要承载。

然后是城乡交通的“全域畅通”。推进“五网”建设，即轨道交通网、市域高速公路网、市域快速通道网、中心城区快速路网、新市镇路网。在中心城市与外围8个城市之间，形成由轨道交通、高速公路、城市免费通行快速路及四车道以上干线道路共同组成的快速度、大容量、多方式交通走廊；30个小城市及60个新市镇与所在区域的中等城市实现以4车道以上干线道路连接。一般设计时速为60—100 km，大部分为双向六车道。两年内全部开工建设13条城市快速通道。这些硬件再加上城乡客运管理体制软件的改革，实现城乡客运一体化，促使城乡深度融合。

还有就是城乡社会公共服务的“全域均衡”。成都已建立起覆盖城乡的医疗保障和社会失业、救助、养老、低保等保障体系。如在城镇以职工基本医疗保险为主体，以补充医疗保险、失地农民医疗保险、农民工医疗保险和新型农村合作医疗、少儿医疗互助金、城镇居民基本医疗保险等制度为辅助，兼顾不同层次医疗需求的医疗保障体系，从而使成都成为全国首个实现医保制度满覆盖的省会城市。全市已完成192所乡镇公立卫生院、1 072所村卫生站、45所社区卫生服务中心的标准化建设，从服务设施上保证了农民“小病不出村、大病不出镇”。公平教育是社会起点公平的标志。成都着力构建城乡均衡的公共教育体系，明确要求在“全域成都”内，把9年义务教育延伸至12年。在硬件设施方面，已全面完成410所农村中小学标准化建设任务。优化城乡教育资源配置，尤其要更加重视“软件”建设，大力推进教育资源在“全域成都”范围流动，特别是引导优质教育资源向薄弱学校和薄弱地区流动。为实现教师区域流动，将教师的管理权限收回到区(市)县教育行政部门，实行“无校籍管理”，教师全部由单位人变成系统人，统一聘任、统一管理人事、工资，统一配置师资，实行“同城同酬”等，千方百计缩小城乡教育差距。

2）全域广州实践

2012年10月，《中共广州市委、广州市人民政府关于推进城乡一体工程的实施意见》中提出，未来广州将通过构建“全域广州”优化城乡空间布局，通过空间布局调整将现代文明延伸到乡村。推进城乡一体化发展是广州推进新型城市化战略的重点工程，也是广州市委十次党代会的八大工程之一而且是未来广州在探索新型城市化发展道路上破解城乡二元困局、推进城乡统筹发展的重要手段。

根据实施意见内容，“全域广州”将在“一个都会区、两个新城区、三个副中心”战略下，规划覆盖到村，实现“都会区—外围城区—重点镇——般镇—乡村社区”城乡规划体系。在这个总体布局下，不同的规划区域承担不同的功能定位。

都会区重点布局高端城市功能，营造岭南特色风貌和现代都市风貌，提升空间和环境品质；新城区注重完善综合配套，吸引人口集聚，推动产业和服务同步发展，实现居住、就业、基本公共服务设施均衡布局；副中心作为城乡一体化发展的重要载体，承载都会区人口、功能的疏解，同时辐射带动镇村服务功能，加快农村城市化进程。

重点镇（中心镇）、一般镇作为一体化发展的重要节点，通过完善其综合功能，提升服务能级和承载力。美丽乡村、转制社区作为城乡一体化发展的最基本单元，将通过加强村庄治理，改善其生产生活环境，实现居住、产业、土地相对集中。

按照实施意见，广州新型城市化战略下，三大城市副中心将打造成为广州区域性交通枢纽、综合服务高地和生态旅游示范区，但三大副中心各自的发展定位则不同。

其中，花都副中心规划形成“一心三极、绿野花城”的总体空间结构，建设集聚高端服务业、先进制造业和战略性新兴产业的现代空港新城。从化副中心则规划形成“一核两区三星”的空间结构，建设宜居宜业宜游的生态健康城。增城副中心规划形成“一核三区”的空间布局，建设城乡统筹综合示范区和现代产业新城。

实施意见还明确了广州将分“更新型”“引导型”“保育型”三类政策分区，引导村庄分类发展，逐步改变农民分散居住的生活方式。其中，更新型村庄将采取集中布局集中建房模式，与城市建成区系统完善的标准保持一致，实现城市之间的空间融合、管理一致。引导型村庄将要求实施资源整合、更新改造、集中居住；保育型村庄则要求完善市政基础设施，重点推进空心村改造、农民泥砖房改造、农村居民点整治和土地复垦。

自然村将逐步引导集聚，推进村庄尤其偏僻山区村庄的集约发展。按照公共资源服务和资源分配的合理化要求，未来预计每个村庄或社区将考虑人口规划为1万人左右。推进乡村集约化不会强迫村民迁移或“上楼”，将采取利益导向机制，引导散、小的村庄集中，形成人口布局与资源规划的合理分配与利用。

广州市率先完成了城市功能布局规划编制，通过全域空间功能引领，在优化配套方面，广州将继续优化公共服务设施和基础设施配套布局，促进“产城融合”。按照规划，将优先落实12类165项基础性民生设施，构建优质、均衡、与人口分布相适应的公共服务体系。鼓励引导中心城区教育、医疗、文化和体育等各类优质资源向2个新城区、3个副中心覆盖延伸。

在交通方面，按照“内三、外三”枢纽总体布局，广州将在都会区优化完善广州火车站、广州东站枢纽，在花都副中心加快建设北部空铁联运综合交通枢纽；在增城副中心建设东部综合交通枢纽；在南沙滨海新城建设南部综合交通枢纽。与此同时，广州还将建立以轨道交通为主导的公交系统，积极向绿色、低碳、环保、高品质化发展。

规划提出“生态保育，集约建设”，充分利用广州特有的山水林田海等自然资源，将市域面积69%划入禁建区和限建区，划定基本生态控制线，保护5 140 km^2 的非建设用地。同时还要构建三纵三横、宽度300—1 000 m、长度约1 000 km的生态廊道体系，限定1个都会区、2个新城区和3个副中心的增长边界，以构筑城市生态安全格局。另外，还将完善城市绿地系统、绿道网建设，提升人居环境质量。

在旧城改造方面，以“三旧”改造为重点，挖掘存量土地资源，提高土地资源的利用效率。合理提高轨道交通站点周边的开发强度，综合开发地下空间。

规划特别强调城乡统筹，要求协调发展，以构建新型城乡关系为主线，以三个副中心为主要载体，下一步广州将完善狮岭、新塘、鳌头等19个镇的综合服务功能，增强产业和人口集聚，促进城乡一体化发展。

在保持广州的特色方面，规划提出“岭南特色，山水格局”的策略，即建设兼具岭南特色与国际风貌、传统文化与现代文明交相辉映的世界文化名城是必由之路。按照新规划要求，广州将重点保护20.39 km^2 历史城区、46片历史文化街区以及相关历史文化名镇名村。继续坚持中西合璧、崇尚自然、以人为本的岭南建筑风格，打造百座岭南特色现代建筑精品和一大批能体现岭南风貌的展示区。

除了广州、成都以外，在该时期开展的大多数城市总体规划都提出了城乡协调、城乡一体的发展理念。全域覆盖的规划理念在全国各地生根实践，发展目标趋同。

10.1.2 全域规划理论研究

国际上对全域的研究主要体现在发展模式的不同，例如，英国强调城乡统筹规划，构建一体化的城乡规划体系，乡村与城市规划全覆盖；韩国通过新村运动，提升村庄发展水平，规划方法有差异，发展目标趋同；德国通过土地改革，大规模进行土地整理和规模化经营，增加农村就业，促使城市经济分散发展，有效带动乡村地区。

我国不少学者通过对城乡一体化、城乡统筹等方面的研究，相继提出通过环境改善、交通通达等手段，实现公共服务均等化和人地合一的城镇化等发展目标。在规划方法上，各地也推出了各类实践，台湾通过规划农业产业园和工业产业园，系统改变“三农”问题；珠三角通过产城融合模式推动乡村发展；成渝通过三级规划覆盖推进工业、农民、土地等三集中；苏南一直推行乡镇企业带动城乡统筹发展。

概括而言，城乡一体化规划实施的政策措施主要包含以下两方面：一是贯彻落实中央统筹城乡发展的方针与政策，包含遵守符合我国国情的最严格的土地管理制度，坚持农村的基本经济制度，建立覆盖城乡的公共财政制度、基本卫生保障制度和农村最低生活保障制度，农村社会养老保险和被征地农民社会保障制度，建立以工促农、以城带乡长效机制，形成城乡经济社会发展一体化新格局；二是结合地方实际进行改革创新，如成立城乡一体化领导机构、健全城乡一体化规划体系编制、发动广大群众积极参与城乡一体化建设，加强城乡建设管理，实施年度报告制度。

陆枭麟、张京祥等将以行政边界为规划区界限并着重解决区内城乡发展问题的规划统称为“全域城乡规划”，并提出在规划层次上，“全域城乡规划”既可以在一定意义上作为区域规划在宏观层面上指导市域甚至省域的城乡发展，也可以在中微观层次上作为专项规划研究，以解决地方城乡发展的实际问题。从字面理解，全域意味着某一区域的全部，即从更高的层次上将城镇与乡村作为一个一体的异质地区。

10.1.3 全域规划应用

以往城市规划与乡村规划各自为政，矛盾突出。2008 年城乡规划法提出城乡统筹规划，该规划关注的重心仍以城镇为主。全域规划的提出，有利于建立一种全新的覆盖观，实现空间全覆盖，规划不留白的发展目标。在国家和省域缺乏规划实施主体的前提下，宏观规划依据缺失，而在县市层面，从关注城市到关注农村，规划始终脱节，全域规划关注所有空间，打破只关注城镇、只关注建设用地、只关注发展等问题，增强环保意识、民生意识，在全国范围内广泛开展了全域规划工作的尝试。

各个部门对空间的管控不同，关注点有别。国土、住建和交通部门关注空间；环保部门更关注生态和环境容量；发改、经信部门关注经济发展；民政、社会事业部门关注各项服务设施；发改、财政关注资金和政策。不同行政单元关注点也各不相同。国家层面将城市群区域作为发展重点；省域层面讲省会地区和省域副中心地区作为发展重点；市县层面将中心城区作为发展重点；乡镇也重点关注集镇所在地以及乡镇企业，而农村很容易成为被规划、被归并、被集中和被拆除的地区。

因此，各地为落实城乡一体化的发展目标，纷纷尝试摸索全域规划，汇总起来，大约可分为三种形式：一是城镇化发展缓慢，城乡差距较大地区的全域规划，以宁夏回族自治区全域规划、海南省城乡总体规划（2015—2030 年）、甘肃省三规合一规划为代表，以选择区域副中心，创新大格局为突破点；二是大都市郊区化影响地区的全域规划，以全域成都、全域广州以及苏南地区一些全域规划为代表，以非均衡发展，设施均等化分布为特点；三是城乡差距较小地区或城市群密集分布地区的全域规划为代表，主要指浙江和苏南地区，以全要素、全领域的空间发展为主要特点。

10.2 全域规划方法的探索

不同地区的全域规划内容不同，规划方法和技术路线则不同，本节结合保定市顺平县开展的全域规划工作提出规划方法。

在《京津冀协同规划纲要》指导下，保定市政府提出“编制一个全县域规划”的要求，并发文指导这项工作，要求各县落实《关于各县（市、区）全域规划编制工作的指导意见》（保办字〔2015〕83 号）。意见提出两个突出和七个重点内容。两个突出是战略性和统筹性；七个重点包含京津保地区的功能定位、优化空间格局、全面推进生态文明建设、推进产业转型升级、统筹社会事业发展、美丽乡村建设指引研究、近期建设内容研究。根据这个指导意见，明确规划技术路线，包含五部分内容（图 10-1）。

10.2.1 战略引领

战略引领是通过对发展条件的解读，对空间发展的时机、方向、特点和趋势的判断。既有规划成果是不同部门、不同角度对空间发展的计划，在制定空间发展战略中应充分分析、

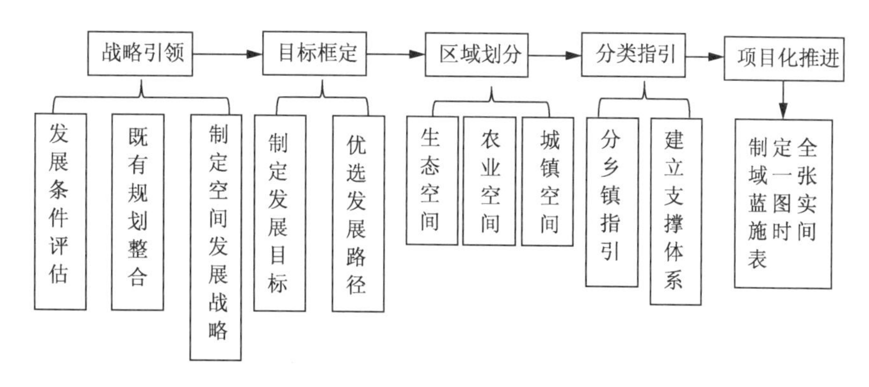

图 10-1　特定地区全域规划技术路线示意图

去粗取精，实现一张蓝图的空间发展战略。

1）发展条件评估

地区发展条件包括政策背景条件、发展中存在的关键问题以及未来功能定位。

(1) 政策背景解读。解读政策是规划师必备的分析能力，通过充分解读国家近期的大政方针，总结分析规划的指导思想。如何解读政策，重点包括以下三方面：

① 通过国内外形势判断政策的根源和目的。国内外形势决定政策的制定方向，通过政策引导形势向好发展。例如城市发展，通过土地财政筹集开发资金，如果开发过度，则收紧土地政策。城市寻求品质提升，则推进棚户区改造和旧城更新，改善生态和生活环境，同时出台积极的配套政策。

② 通过解读政策的核心内容，并结合实际情况良好运用。抓住政策发布的主要目的，提炼政策红利，运用合理的政策手段完善规划构思。

③ 既要结合政策，又要符合实际。通过政策解读全局性部署，深化落实各项政策，在具体实施方面结合地方发展条件，针对性选择发力点，切莫照本宣科。

(2) 关键问题分析。关键问题是实现总体目标过程中，一些关键的环节，如果破解这些环节，将出现显著提升。对于城市而言，研究发展的关键问题主要指暂时的、可以有效突破的、可以扭转的方面，而不是指难以改变的制约因素。关键问题一般不包含先天性不足，而是通过与周边比较，挖掘出不利于发挥比较优势的主要因素。

城市发展过程中往往会出现各种各样的问题，首先应分析什么是主要问题，什么是次要问题，只要主要问题解决了，次要问题会迎刃而解；其次分析哪些是阶段问题，哪些是长期存在，通过长远目标的制定，引导各阶段问题逐步解决；第三分析哪些问题可以解决，哪些问题难以解决，针对性提出方案。

(3) 明确功能定位。功能定位就是在区域层面突出城市的独特功能和实际地位，使其在同类城市中有明显区别，以增加其核心竞争力。功能定位以发展条件为基础，选择有别于同类城市的优势特点作为功能定位的重点。功能定位是根据城市自身区位、资源环境、竞争领域和综合竞争力、需求趋势等及其动态变化，在全面深刻分析有关城市发展的重大影响因素及其作用机制、综合效应的基础上，选择功能定位的基本组成要素，合理地确定功能定位的基础、特色和策略的过程。其手段是通过分析城市的主要职能，揭示某个城市区别于其他城市功能的差别，突出个性，抓住基本特征，引领发展目标、空间导向、区域担当、竞争能力。

2）既有规划整合

在传统规划体系中，依据规划效力及引导作用，既有规划可划分为目标型，支撑型和措施型三种类别。目标型规划主要包含住建系统的城市总体规划、国土系统的土地利用规划等，通过制定各类资源的指标体系，实现空间配置，最终实现城市发展目标。支撑型规划为目标导向下的实施型规划，主要包含城市环境类、产业类或者交通类规划。措施型规划为具体行动型规划，包含停车场、公共设施布点、重大基础设施走廊等具体的规划类别。

在城市发展过程中有四类规划会对传统规划体系产生重大影响，它们分别是发改系统主导的经济社会发展规划、国土部门主导土地利用规划、住建系统主导的城乡规划以及环保系统主导的生态环境类规划。长期以来也是这四种规划主导着城市的发展，而各自的规划自成体系，指导行业内的专项规划。部门间的政府规划受限于不同规划目标和体系相互矛盾，甚至相互掣肘。这就加大了政府的管理成本、降低了政府办事效率，既对城市的发展造成了一定的消极影响也严重损害了政府的权威性。因此，《国家新型城镇化规划（2014—2020年）》提出了要加强城市规划与经济社会发展、主体功能区建设、国土资源利用、生态环境保护、基础设施建设等规划的相互衔接；推动有条件地区的经济社会发展总体规划、城市规划、土地利用规划等“多规合一”；运用信息化等手段，强化对城市规划管控的技术支撑。然而目前的规划协调机制力度较弱，存在规划编制一家领衔、规划运作体系相互冲突、重规划轻管理的现象。部门与体系间的利益冲突削弱了规划的意义，降低了规划实施的效率。

国民经济和社会发展规划基本是以政府5年工作任期为准，规划期限到下一个5年。土地规划期限一般为10年，城市总体规划的规划期限一般为20年。这样，10年、20年的土地规划及城市总体规划，完全无法满足5年一制定的经济与社会发展规划的变动。因此，由于经济规划等多以目标为导向，强调最终目的的实现，忽略了行动的过程。正是由于经济规划的目标强势性，导致了城市总体规划甚至土地规划在某些程度上的妥协。从而导致了城市建设的“滞后和超前”共同状态。针对现实中多规冲突的问题，全域规划中明确以下技术要点：

（1）构建多规协调工作框架。以经济规划提出城市发展总目标、土地利用规划作为土地资源配置的基础、生态环境规划作为城市发展的约束，城市总体规划作为城市总体结构发展的总框架。将传统三规作为总规的融合核心，其余规划进行平等有效的协调。立足区域协同发展，全面统筹协调人口、产业、生态、交通、城乡五大发展要素。主抓近期建设，制定切合实际的多规协调工作框架。

（2）现状强调规划图纸的统一，以全域统领所有规划，逐步建立新型规划体系后再建立强化规划过程协调，探索贯穿编制、实施、评估全过程的协调工作机制。通过规划图纸的统一坐标系叠加，经过科学合理的取舍后，形成一张蓝图。在一张蓝图指引下分解专项类规划，在多规编制阶段，构建一主控、五主编、多协同“1＋5＋N”的跨部门编制制度，充分发挥全域规划统领的优势，明确主导部门管理，建立信息平台，以城建、发改、环保、交通、国土等部门为主任委员，以其他各个部门为委员，形成跨部门的多规编制协调制度。

在多规实施阶段，构建联合协调、公众监督、动态监管的实施制度；在多规评估阶段，构建及时高效、量化分析、资源共享的评价制度。

（3）探索跨区域协作方式，完善区域统筹，探索“项目库＋行动计划”的区域规划协调模式。“项目库”以项目为工作核心，实现对接，避免了行政机制之间难以沟通与操作难的问题，以项目建设为核心，清理和废除妨碍合作的政策性、体制性障碍，破除地方壁垒，形成区域联动协调的发展格局。以近期建设为核心的行动计划是实现有效协调的行动纲领，以实施项目清单为主导，使项目信息在区域平台上最快地进行传播。

（4）建立新技术支撑的工作平台，统一技术标准。建立从规划信息平台，实现数据标准化采集、定量云计算分析、多元数据存储、靶向信息输出、精准数据预测的全范围信息平台接口，作为多规实现的技术保障。此外，应当依托信息化平台梳理规划脉络，实现多规间的数据与指标的规整与统一，技术标准的统一，是实行多规协调的重要技术基础。

3）制定空间发展战略

在功能定位的指导下，结合多规图纸叠加后的交叉图斑问题，进行空间格局优化，制定空间发展战略。

（1）空间格局优化分析

从区域协调角度，研究开发的空间格局，通过相互联系、功能组织、产业特点、交通衔接等方向，确定城市发展方向。

着眼长远，确定空间格局。按照全域一个城市发展思路，从整体性、综合性、相关性等观点出发，重点对接区域重大战略，对城市整体发展定位、战略、产业、基础设施、生态环境等作出顶层设计、安排布局。

梳理优化，理顺规划体系。针对规划系统性差、重复交叉、落地率低等问题，重新梳理、整合各类规划，明确在一张蓝图统领下，制定空间管控和项目布局的空间规划体系。

突出问题导向。抓住制约长远发展目标的关键问题，找到解决问题的突破口，坚持问题导向，科学设计空间格局，对全域产业布局、城市功能定位、生态空间保护、城乡统筹发展等现实问题进行回应和解决。

坚持底线思维。一定空间内资源环境的承载能力是有限的，既要集约高效利用，又要保持合理限度，这样才能实现区域生产、生态、生活空间的和谐适宜。在空间发格局分析中，必须厘清“开发”与“保护”以及“限制”与“发展”的辩证关系，坚持底线思维，贯彻好生态红线、水体蓝线、文化紫线等具体要求，合理确定城市发展、生态环境、资源容量、人口规模等边界。

多方法比较，通过相关分析、比较分析、案例分析以及各类数据分析，不断探索科学合理的方法。

（2）制定空间发展战略

用区域和国际视野，着眼城市未来长远发展，着力优化空间布局、提升城市功能，提出空间发展的总体战略。

① 提出空间发展战略的核心内容，指导发展方向和发展路径，制定全域统筹发展目标。立足区域视野，在本地资源环境许可范围内，制定长远的空间发展战略，以核心发展战略指引发展方向和发展目标，并制定实施路径。所谓核心内容是指空间上的发展思路，不仅包含长远发展格局的设想，还要指出近期的布局安排。

② 确保实现空间发展战略的支撑体系和保障，包含产业空间配置、城镇空间组织、综合交通体系、重大项目布局等内容。其中，产业配置既要考虑自身比较优势，又要考虑发展预期和周边环境，对于国家政策导向不支持的产业门类及早整改，对于国家政策引导型项目，应积极量力争取。城镇空间组织应注重产城融合，有利于推进人地关系密切的城镇化。对于综合交通应结合周边地区的大型枢纽、节点一体化考虑，内部尽可能做到均衡化分布；对

于重大项目布局应充分考虑在设施支撑、环境允许、冲击最小、人文接受等多要素比较下选址。

③ 明确空间发展战略实施的时间表，制定时间导向的发展战略，部署重大发展计划；一般划分三个时期：近期、中期和远期。其中，按周期计分别为5年期、10年期和20年期，还可展望30年、40年、50年不等。由于规划实施背景的不确定性造成规划期越长，规划目标越粗线条或框架型。因此，一般在近期五年内应强调规划可操作性，可将具体实施内容按年度计划设计，罗列项目表；中期按发展趋势推算；远期或远景可考虑目标化、蓝图化设计。

④ 明确空间发展战略的执行主体，按既有的行政单元分解战略目标，落实到具体项目中。空间发展战略不是法定规划，是顶层设计，没有制定的实施部门。为统一贯彻实施，应将战略内容进行分解，一般按两种方式分解：一是按下级行政单元分解，例如：城市则以区、县为下级行政单元，县则以乡镇为下级行政单元，通过对各个下级行政单元分别进行规划指引落实战略内容；二是按行政管理部门分解，通过编制专项规划，分头实施战略内容。

10.2.2 目标框定

以科学发展观为指导，以发展提升为主线，以跨越发展为主攻方向，进行城市发展的目标框定。

1）制定发展目标

在空间发展战略构思的基础上，根据已经确定的城市区域定位、功能定位、发展定位和产业定位等，确定城市发展目标，制定具体目标时应考虑整个城市系统的支撑性，依靠多个层次传递，各个环节共同实现。

(1) 发展目标层次。城市发展目标是个综合目标，既要有总目标，又要有若干分目标和指标体系。分目标的内容叠加后必须可以有效保证总目标的统一性，不能过度超前，也不能极端滞后。分目标体系可通过各层面、各阶段和各部门体现。

(2) 城市发展目标的制定依靠多领域配套。城市发展总目标的制定，需要对各个领域确定标准，比如经济发展水平、科技创新能力、环境提升水平、城市管理效率、产业发展状况、各项设施完善程度等。各个领域的发展目标必须具体化和量化，才能有效支撑城市发展总目标的制定。

(3) 不同时间段上的目标分解。把城市发展总目标按若干时间段分解，各个时间节点目标的制定要循序渐进，依据实际条件，制定非均衡的发展速度。如果每个时间段总目标超额完成，城市发展目标将会提前完成，城市面临滞后于发展机遇；相反，每个时间段都拖延，城市发展目标无法实现，直接体现出目标制定的合理性问题。因此，在城市发展目标制定阶段要遵循“自下而上学习经验、自上而下修正发展目标”的原则，在实施过程中也应不断反馈，甚至修正目标内容。

2）优选发展路径

实现城市发展目标的路径应认真选择，从传统发展路径中吸取经验教训，结合国内外成功案例比对分析，优选新时期的发展路径。

(1) 传统发展路径特征

传统城镇化、工业化一直以来是推进城市发展的两种路径，一般而言，传统的城镇化具有六个特征：① 重视经济发展，热衷于高标准定位，忽视环境承载能力；② 重视城镇中心城区的发展，忽视乡村地区的发展；③ 重视土地的片面城镇化，大量建新城，依托土地财政支撑城市财政体系；④ 以政府为主导的城镇化，忽视城市化发展规律；⑤ 城镇化与工业化分离，出现部分新城和开发区大片区域闲置，造成极大的浪费；⑥ 重视住宅建设，忽视社会人文设施的供给和培育。

传统工业化具备五项基本特征：一是盲目招商拉项目，不考虑可行性和合理性，孤立片面地推进工业化；二是没有纳入可持续发展轨道，还是步入了先污染后治理的老路；三是大量推动了企业“俱乐部”的建设，缺乏产业集群的培育，缺乏全产业链的推广；四是注重眼前收益，科技创新能力、产品品牌建设、信息化手段普遍滞后；五是开发区泛滥，有的演变成城区，有的空置，造成极大的资源环境浪费。

(2) 新型发展路径选择

按照中共中央、国务院印发的《国家新型城镇化规划(2014—2020 年)》(以下简称《规划》)，新型城镇化是人口、经济、资源和环境相协调的城镇化。

《规划》提出了五大发展目标，一是城镇化水平和质量稳步提升。城镇化健康有序发展，常住人口城镇化率达到 60%左右，户籍人口城镇化率达到 45%左右，户籍人口城镇化率与常住人口城镇化率差距缩小 2 个百分点左右，努力实现 1 亿左右农业转移人口和其他常住人口在城镇落户。

二是城镇化格局更加优化。“两横三纵”为主体的城镇化战略格局基本形成，城市群集聚经济、人口能力明显增强，东部地区城市群一体化水平和国际竞争力明显提高，中西部地区城市群成为推动区域协调发展的新的重要增长极。城市规模结构更加完善，中心城市辐射带动作用更加突出，中小城市数量增加，小城镇服务功能增强。

三是城市发展模式科学合理。密度较高、功能混用和公交导向的集约紧凑型开发模式成为主导，人均城市建设用地严格控制在 100 m^2 以内，建成区人口密度逐步提高。绿色生产、绿色消费成为城市经济生活的主流，节能节水产品、再生利用产品和绿色建筑比例大幅提高，城市地下管网覆盖率明显提高。

四是城市生活和谐宜人。稳步推进义务教育、就业服务、基本养老、基本医疗卫生、保障性住房等城镇基本公共服务覆盖全部常住人口，基础设施和公共服务设施更加完善，消费环境更加便利，生态环境明显改善，空气质量逐步好转，饮用水安全得到保障。自然景观和文化特色得到有效保护，城市发展个性化，城市管理人性化、智能化。

五是城镇化体制机制不断完善。户籍管理、土地管理、社会保障、财税金融、行政管理、生态环境等制度改革取得重大进展，阻碍城镇化健康发展的体制机制障碍基本消除。

《规划》提出，要实施好有序推进农业转移人口市民化、优化城镇化布局和形态、提高城市可持续发展能力、推动城乡发展一体化四大战略任务。

新型城市发展路径的选择应摒弃传统城镇化和工业化中出现的问题，当然，新型城镇化是个长期的历史过程，不可能一蹴而就。根据《规划》，我国将有序推进农业转移人口市民化，按照尊重意愿、自主选择，因地制宜、分步推进，存量优先、带动增量的原则，以农业转移人口为重点，兼顾高校和职业技术院校毕业生、城镇间异地就业人员和城区城郊农业人口，统筹推进户籍制度改革和基本公共服务均等化。

为确保城市发展模式科学合理，《规划》提出城镇化要体现生态文明、绿色、低碳、节约集约等要求。

中国的地域差异化突出，新型发展路径也必定是多样性，具体路径选择应根据区域位置、基础水平、发展机遇、现实问题、未来预期综合制定。

10.2.3 区域划分

2014 年 12 月，国家发改委下发《关于“十三五”市县经济社会发展规划改革创新的指导意见》(下称《指导意见》)。《指导意见》提出了改革创新市县经济社会发展规划的八项具体措施：一要合理确定规划目标，既要体现政府职能转变的要求，更要体现不同主体功能定位和与相关规划衔接协调的需要；二要优化空间结构，要科学谋划总体布局，合理确定城镇、农业、生态三类空间比例，构建空间开发格局；三要引导产业发展方向和布局，加强产业发展方向的引导，强化产业布局的引导和约束；四要积极稳妥推进新型城镇化，明确城镇化发展方向，优化空间组织模式等；五要促进公共服务资源的均衡配置，要按人口流动趋势，合理配置资源，充分发挥中心辐射功能；六要增强交通等基础设施支撑引导能力；七要强化生态环境保护；八要完善空间调控政策。

在优化空间结构这项改革措施中，指导意见提出要按照主体功能区战略的要求，在国土空间分析评价基础上，与行政边界和自然边界相结合，将市县全域划分为城镇、农业、生态三类空间，通过三类空间的合理布局，形成统领市县发展全局的规划蓝图、布局总图。

发改委要求各地合理确定三类空间比例。要按照区域资源环境承载能力和未来发展方向，根据不同主体功能定位要求，合理确定三类空间的适度规模和比例结构。城镇空间占比，要按照优化开发区域、重点开发区域和农产品主产区、重点生态功能区依次递减；农业空间占比，在农产品主产区的市县应高于 50%；生态空间占比，在重点生态功能区的市县应高于 50%。

发改委期望，以城镇、农业、生态三类空间作为规划衔接的平台，为相关规划的编制提供依据和接口。其他相关空间规划的管制分区和边界划定，如城市增长边界、永久基本农田和生态保护三条红线，可在三类空间布局的框架下进一步细化，形成更具体的空间管制分区。通过三类空间和细化的管制分区，形成综合与专项相结合的空间管控体系。

10.2.4 分类指引

分类指引的主要目的是明确实施主体，突出全域规划的可操作性。针对县城而言，实施主体包含各个乡镇和各个部门。

1) 分乡镇指引

分乡镇指引包含以下八个方面内容：

(1) 主要问题剖析

主要从乡镇历年发展中的产业问题、设施配套情况、开发利用的基础，以及交通条件等方面的问题。系统梳理能通过规划解决的主要矛盾和关键问题。

(2) 制定发展目标，明确发展定位

从宏观、中观区域角度解析到微观区位，提出发展目标和定位，制定实施战略，指导乡镇长远发展。

(3) 空间布局优化

将城镇、生态和农业三大空间的范畴和范围分解到乡镇层面，为提高数据精度，以村庄的行政界线为分界线，既能保证乡镇现有空间的多样性特征，又能突出个性化特征。

(4) 镇村体系规划指引

制定村庄整合规划，制定合理的整合分类和基本原则，并分类进行村庄功能指引。

(5) 交通组织架构

明确交通发展战略，建立交通组织框架，突出近期目标，并标识具体项目和实施时间表。

(6) 公共服务设施规划产业发展指引

突出公众利益，制定公共服务设施布局原则，明确布局地点和配置标准。

(7) 产业发展规划指引

主要包含产业项目策划、发展指引、设计意向、分期计划和资金来源；明确重点项目选址落位；制作分期建设及投资收益估算表。

(8) 基础设施发展规划指引

主要包含电力、给水、排水、燃气、通信等市政设施配套标准和规划布局。

2) 建立支撑体系

各个部门的专项规划都是全域规划的支撑，本书重点介绍交通、产业和生态环境三方面内容。

(1) 交通全域规划要求

主要包含三部分内容：一是通过调查、评估现存问题，预测未来交通发展趋势，提出全域交通发展战略和政策；二是系统梳理公路、铁路、航空等交通组织，确定区域交通衔接方案，明确交通场站布局和规模；三是制定近期交通发展策略，提出近期重大交通基础设施安排和实施措施。

(2) 产业全域规划要求

一个地区发展经济，核心是产业，要解决做什么、为什么和怎么做三个问题。

通过研究地区发展条件、资源环境基础和发展目标，确定产业定位和产业体系，并落实到全域空间中，明确做什么的问题；通过对现有产业基础，发展优势和客观规律的解析，研究区域性产业分析，并协调好土地开发、生态保护、当地就业、基础设施建设等方面关系，解决为什么的问题；在明确区域整体发展目标基础上，对区域产业结构调整和当地产业布局优化，明确产业发展载体，做好空间规划部署，达到做什么的目的。

(3) 生态环境全域规划要求

主要包含三部分内容：一是客观研究地区生态环境肌理，提取山、水、河、湖等自然生态环境要素，总结生态环境特征；二是进行生态环境全域规划框架研究，结合城镇发展、产业布局和乡村布点，制定规划方案；三是结合生态框架的全域结构，划定生态空间，提出分区指引原则，对于已有的风景区、公园等绿地尽可能发挥生态经济价值，对于生态轴带、走廊地区，应注重生态价值，可适当结合休闲功能，对于城镇地区应考虑各类环境污染问题，推广生态型产业。

10.2.5 项目化推进

城市规划一定要落实到具体的项目上，具体项目更能够被地方直观理解，也易于被各个部门接受和分解，与各项政策也更容易挂钩。具体而言，应注重以下三个方面内容：

(1) 规划项目要全面，不仅包括城市建设类、产业布局类项目，还应包括基础设施类、公共服务类、环境保护类和乡村改造类项目。项目越全面，规划的积极作用越大，越易于被接受，越容易被接受，实施的效率越高和速度越快。

（2）规划项目要考虑可操作性，既不能天马行空自说自话，又不能不切实际盲目制定项目，避重就轻，顾此失彼，造成规划成果的假大空。要综合考虑当地实际条件，从项目可行性出发，可以适度拔高，通过项目的有序推进，实现城市长远发展目标。

（3）规划项目要考虑阶段性，重点放在近期，近期更有把握，目标比较明确，从中期到远期应循序渐进，依据发展速度预测发展目标实施的时间表，项目的具体化程度也随时间推移由高到低。

10.3 全域规划案例——以顺平县为例

顺平县地处保定市西部，北距北京 162 km，东距天津 210 km，距石家庄 102 km，距正定国际机场 90 km，距保定 32 km，占有明显区位优势。顺平县是保定市中心城区的西部拓展区域，编制全域规划为承接非首都功能转移、为未来县城战略发展打好基础。本次规划在顺平县人民政府统筹安排、规划局组织协调、各部门积极配合下，项目组调研足迹踏遍全域所有乡镇、街道，走访座谈多个部门，通过多次沟通交流形成全域规划的编制成果。

10.3.1 编制要求

全域规划是一种新型的城乡规划，规划强调对顺平县行政区划边界全域范围内实施全覆盖规划指导，横向规划内容包括产业、空间、人口、用地、生态、交通、基础设施等内容，纵向规划内容包括宏观的国家政策、中观的区域职能、中宏观的乡镇发展，微观的美丽乡村建设等内容。

1）基本要求

顺平县全域规划的着眼点和落脚点在于突出三个特性。

（1）突出战略性。全面落实新型城镇化和京津冀协同发展战略要求，注重对全域发展的研判分析，进一步明确在京津冀世界级城市群中的功能定位和发展方向，加强对影响城乡未来发展的重大战略性、宏观性和关键性问题的研究，突出规划的战略性、前瞻性和引领性。

（2）强化统筹性。规划编制要充分体现行政辖区全域覆盖，统筹布局城乡发展建设各领域各节点，统筹全域自然资源、空间布局、发展要素等内容；要积极探索经济社会发展规划、城乡建设规划、土地利用规划、生态环境保护修复规划“多规合一”工作，统一布局城乡空间体系，合理布局城镇、农业、生态三大空间。

（3）体现创新性。在京津冀协同发展大局中，努力构建非首都功能承接平台，精准承接非首都功能疏解和产业转移，在交通、生态、产业三大领域实现率先突破，要注重创新规划理念，创新编制方法，创新工作机制，创新管理方式。

2）研究范围和期限

本次规划范围为保定市顺平县的行政辖区范围，规划面积 714 km^2。

研究期限为 2015—2030 年。近期为 2016—2017 年，中期为 2018—2020 年，远景为 2021—2030 年。

3）规划重点

落实《保定市各县（市、区）全域规划编制工作指导意见》中提出的，编制全域规划要充分体现全域覆盖，统一布局城乡空间体系，合理发展城镇、农业、生态三大空间，全面优化和提升现行多规体系，形成一张蓝图。重点突出和完善以下七个方面的内容：

（1）明确在京津保地区的功能定位

坚持京津冀"一盘棋"思想，抓住京津保作为重点抓好非首都功能的疏解和承接工作，推动京津保地区率先联动发展的历史机遇，立足各自特色和比较优势，充分研究资源环境承载力，找准在京津冀世界城市群中的位置，明确顺平县功能定位和发展方向。

（2）优化空间格局

顺平县按照自身功能定位和发展方向，建立新型城镇结构，打造功能区平台，明确发展规模、产业结构与城乡布局等重大战略问题。按照城—镇（乡）—村三级城镇体系，规划一批不同层次的协同发展示范基地，各具特色的大中小城镇、精品园区（农业、工业）、重大项目平台等，做好承接准备。选择有条件的区域率先开展试点示范，发挥引领带动作用。依托现状城镇特色，实施小城镇大战略，规划一批各具特色小城镇，形成定位清晰、特色鲜明、功能完善、生态宜居的现代城镇体系。

（3）全面推进生态文明建设

以区域大气污染防治、水生态系统修复和净化土壤环境为基础，建立经济发展、资源利用和环境保护的协调机制。落实主体功能区制度，划定生态保护红线，核定基本农田控制线，提出生态空间有效保护的指标体系，把守住发展和生态两条底线作为核心要义，大力推动生态文明体制改革，建立系统完整的生态文明制度体系。建立国土空间开发保护制度，做好用途管控；建立空间规划体系，妥善处理好生产、生活与生态的关系，做到"多规合一"；完善资源总量管理和全面节约制度，加快转变资源利用方式，提高资源利用效率。

（4）推进产业转型升级，加强产业发展规划

按照顺平县在京津保地区的功能定位，合理规划产业布局，合理延伸产业链条，优化产业结构，与周边区域形成联动发展机制。推动产业转移对接，加快重大产业基地、特色产业园区等承接平台建设，加强区域产业协作。按照北京环境控制标准，严格执行产业政策和环保标准，切实提升发展层次和质量。

（5）统筹社会事业发展，加强基本公共服务均等化布局

促进基本公共服务均等化布局，建立规划实施方案，逐步提高公共服务均等化水平，提出优质公共服务资源均衡配置方案。结合地方特色，推动高等教育、职业教育的统筹发展与布局。建立与京津协作的医疗卫生联动发展方案，对接京津冀区域互联互通的医疗卫生信息平台。统筹规划养老机构，有条件承接北京养老需求。提升公共文化体育水平，建立文化设施标准，挖掘自有品牌，逐步缩小与京津地区差距。贫困地区提出明确的对口扶持规划方案，编制专项规划。

（6）全面加强美丽乡村的建设指引研究

加强美丽乡村建设指引研究，全力打造富有保定特色的精致美丽乡村。把美丽乡村建设与发展乡村旅游结合起来，依托交通区位、旅游景点、生态优势、成片连线地规划文化旅游村、休闲度假村、健康养老村；把美丽乡村建设与发展现代农业结合起来，依托农业基础好的村庄，统筹规划，建设多种形式规模化、专业化、标准化现代农业园区；坚持由点到面、逐步推

进，对片区空间布局、整体风貌控制、传统文化保护、村庄面貌提升等方面提出指引。

（7）全面深化近期建设内容研究

明确2017年和2020年两个时间节点承接建设平台规划，合理确定顺平县近期重点承接平台和载体，确定近期承接项目和重点工作，加快产业协同创新发展。明确地下管线、供水、排水防涝、垃圾处理等重点领域近期建设内容，提高城市基础设施水平；明确教育、医疗、绿地等公共服务设施的近期建设内容，提高城市公共服务水平。加强美丽乡村近期建设指引，制定分类规划指导和建设时间表。明确近期交通建设规划，根据城市近期建设及承接重点，提出铁路、高速公路等对外交通设施，城市主干道、轨道交通、大型停车场等城市交通设施，规模和实施时序的意见。

4）编制背景

2015年9月，中共中央、国务院印发了《生态文明体制改革总体方案》，其中提出构建以空间规划为基础、以用途管制为主要手段的国土空间开发保护制度，着力解决因无序开发、过度开发、分散开发导致的优质耕地和生态空间占用过多、生态破坏、环境污染等问题。落实完善主体功能区制度，统筹国家和省级主体功能区规划，健全基于主体功能区的区域政策，根据城市化地区、农产品主产区、重点生态功能区的不同定位，加快调整完善财政、产业、投资、人口流动、建设用地、资源开发、环境保护等政策。

中央城市工作会议2015年12月20日至21日在北京召开，这是时隔37年后，城市工作再次上升到中央层面进行专门研究部署，预示着我国城市工作将迎来重大变化。会议指出，要坚持集约发展，框定总量、限定容量、盘活存量、做优增量、提高质量，立足国情，尊重自然、顺应自然、保护自然，改善城市生态环境，在统筹上下功夫，在重点上求突破，着力提高城市发展持续性、宜居性。

2016年3月中共中央发布了《关于进一步加强城市规划建设管理工作的若干意见》，文件指出要依法制定规划、依法执行规划，塑造城市特色风貌、加强建筑设计管理、保护历史文化风貌、提升城市建筑水平、推进节能城市建设、完善城市公共服务、营造城市宜居环境、创新城市治理环境、切实加强组织领导。《中共中央关于制定国民经济和社会发展第十三个五年规划的建议》中提出全面建成小康社会的新目标要求。

2015年6月，《京津冀协同发展规划纲要》发布，指出推动京津冀协同发展是一个重大国家战略，核心是有序疏解北京非首都功能，要在京津冀交通一体化、生态环境保护、产业升级转移等重点领域率先取得突破。同时确定保定为中部核心功能区之一，区域中心城市之一，重点抓好非首都功能的疏解和承接工作，推动京津保地区率先联动发展，增强辐射带动能力。

2015年7月15日，河北省第八届委员会第十一次全体（扩大）会议审议通过了《河北省委、省政府关于贯彻落实〈京津冀协同发展规划纲要〉的实施意见》，确定保定为“首都公共服务功能副中心城市、‘京津保核心区’重要支点、全国新型城镇化和城乡统筹试点区、科技创新成果转化和战略性新兴产业基地”。

2015年7月22日，保定市第十届委员会召开第九次全体（扩大）会议审议通过了《中共保定市委、保定市人民政府关于加快推进京津冀协同发展的实施意见》，确定保定为非首都功能疏解集中承载地、先进制造业和战略性新兴产业基地、京津冀协同创新试验区、全国新型城镇化和城乡统筹示范区。

2015年9月7日，中共中央办公厅、国务院办公厅印发了《关于在部分区域系统推进全面创新改革试验的总体方案》，明确提出围绕推动京津冀协同发展等，选择京津冀等作为推进全面创新改革试验区。其中，河北依托石家庄、保定、廊坊率先开展先行先试。

2015 年 11 月 16 日，河北发布《中共河北省委关于制定河北省"十三五"规划的建议》，其中提出在按照主体功能区、环京津核心功能区、沿海率先发展区、冀中南功能拓展区、冀西北生态涵养区等五个功能区划分的基础上，对石家庄、唐山、保定、邯郸、张家口、承德、廊坊、秦皇岛、沧州、邢台、衡水在内的 11 个地级市，以及定州、辛集等特色功能节点城市，对其发展方向和功能定位做了详细规定。其中对保定提出支持保定加速提升创新能力，努力建成创新驱动发展示范区和京津保区域中心城市。

从上述密集频繁的文件中可以解读出以下内容：保定将承担区域性重任，顺平与保定中心城区紧密联系升级，轨道上的京津冀将使顺平的城镇发展面临全新要求。

10.3.2 战略引领

顺平县"十三五"规划提出生态友好型产业跨越发展，打造保西休闲旅游集散中心，提升新型城镇化建设水平，完善基础设施保障支撑力，大力加强生态文明建设，实现社会民生的新跨越等。同时深入实施精准扶贫，加强美丽乡村建设改造工程。随着保定建设区域性中心城市，京津保地区率先发展的要求，顺平应把握发展机遇，谋划大格局。

1）关键问题分析

（1）区域职能提升，经济发展滞后

京津冀协同发展持续推进，保定市建设区域性中心城市，顺平县成为保定市中心城区的功能拓展区，是保定市核心区的重要组成部分，未来在人口与经济发展上对保定市的区域职能起到重要的支撑作用。

① 城镇化潜力大，承载能力较强

2015 年，顺平县城镇人口 8.5 万人，其中中心城区人口 5.73 万人，城镇化水平为 27.72%，处于城镇化初级发展阶段。各镇的城镇化水平差异较大，表现出平原镇城镇化水平远远低于山区镇（表 10-1）。平原地区城镇化提升潜力巨大。

表 10-1　2015 年顺平县各乡镇城镇化水平

乡镇名称	城镇人口（人）	总人口（人）	城镇化率（%）
蒲阳镇	49 679	72 334	68.68
高于铺镇	19 498	53 192	36.66
腰山镇	2 694	37 131	7.26
蒲上镇	8 566	32 089	26.69
神南镇	7 119	12 735	55.90
县域	87 556	316 088	27.72

按照《保定市城乡统筹规划 2015—2030 年》，将人口按照保定市战略规划中提出的五大片区进行细分，再以现状人口规模作为基数，对保定市"5+2"区的城镇人口进行预测。顺平县作为保定市的城市拓展区，预测 2020 年城镇人口 20 万人，2030 年城镇人口达到 30 万人（表 10-2）。

表 10-2　区域各城区(县)人口预测一览表

<table>
<tr><th colspan="2" rowspan="2">名称</th><th>现状总人口(万人)</th><th colspan="2">城镇人口(万人)</th><th>总人口(万人)</th></tr>
<tr><th>2012 年</th><th>2020 年</th><th>2030 年</th><th>2030 年</th></tr>
<tr><td rowspan="2">城市核心区</td><td>竞秀区</td><td>43.2</td><td>75</td><td>130</td><td rowspan="2">300</td></tr>
<tr><td>莲池区</td><td>69.7</td><td>100</td><td>170</td></tr>
<tr><td rowspan="3">城市新区</td><td>满城区</td><td>39.28</td><td>40</td><td>60</td><td rowspan="3">210</td></tr>
<tr><td>清苑区</td><td>64.07</td><td>55</td><td>70</td></tr>
<tr><td>徐水区</td><td>56.93</td><td>40</td><td>80</td></tr>
<tr><td rowspan="2">城市拓展区</td><td>顺平县</td><td>29.91</td><td>20</td><td>30</td><td rowspan="2">90</td></tr>
<tr><td>安新县</td><td>43.55</td><td>40</td><td>60</td></tr>
<tr><td colspan="2">总人口</td><td>278</td><td>370</td><td>600</td><td>600</td></tr>
</table>

以顺平县目前水资源，在无污水回用的前提下，城市发展人口容量 35.39 万人，根据顺平县实际经济状况、人口分布及设施配置情况，规划近期污水回用率达到 15%，则人口容量可达到 40.22 万人；远期污水回用率达到 55%，则人口容量可达到 54.48 万人(表 10-3)。

表 10-3　顺平县水资源承载人口预测

	现状	近期	远期
综合用水指标[万 m^3/(万人・天)]	0.25	0.25	0.29
污水回用率	0.00	0.15	0.55
人口容量(万人)	35.39	40.22	54.48

② 经济发展滞后，预期目标较高，产业结构有待调整

2010—2014 年，顺平县地区生产总值由 33.3 亿元增长到 47.9 亿元，年平均增长率为 10.9%，但就顺平县每年的经济增长速度来看，呈现不稳定的增长，且增长速度有所下降。其中，第一产业主要以水果种植为主，生产产值由 11.6 亿元增长到 16.3 亿元，年平均增长速度为 8.9%，但是每年的增长速度波动较大，最低增长率为 −1.88%，最高增长率为 22.45%，波动十分显著。第二产业主要以食品加工、塑料制品以及肠衣加工为主导产业，生产产值由 13.5 亿元增至 19.7 亿元，年平均增长速度为 9.8%。第三产业主要以批发、运输以及公共事业为主，产值由 8.1 亿元增长到 11.8 亿元，年平均增长速度为 9.9%，其增长速度呈现下降的趋势。从顺平县 2010—2014 年的地区生产总值以及一、二、三次产业的产值以及增长速度来看，顺平县的三次产业同势增长，但是三次产业的增速均呈现下降的趋势。从产业结构来看，三产比例由 2010 年的 35∶40.8∶24.3 发展为 2014 年的 34.21∶41.13∶24.66。三产比例虽然有所调整，但是目前来看，第一产业比例仍然在 30%以上，其占比偏高，而第三产业占比较低。

除去直辖市，作为区域性中心城市，2016 年公共财政收入从 388 亿元到 1 560 亿元不等，发达地区区域性中心城市基本在 500 亿元以上。按照目标预设法，如果将保定财政收入

目标值定为市域500亿，按照5+2区域产业人口比例城区目标值将达到125亿元。核心区(竞秀区、莲池区)产业结构以三产为主。新区(满城区、清苑区、徐水区)以及拓展区(顺平县、安新县)要承担核心区综合功能扩散，二产为主，也是财政收入的主要支撑。顺平县需承担其中14亿元的财政压力，具体数据见表10-4。

表10-4 保定市市区及各城区目标门槛型经济指标测算表

地区	2013年人口(万人)	分担比例(%)	标准门槛算法(亿元)
保定市	1 022.0		500
城区	280.0	27.40	125
竞秀区	43.2	4.23	21
莲池区	69.7	6.82	34
清苑区	63.7	6.23	31
徐水区	58.0	5.68	28
满城区	39.5	3.86	19
顺平县	29.4	2.88	14
安新县	44.2	4.32	22

如果考虑发展速度，保定的赶超目标将会更高，为承担作为城市拓展区的功能，分担保定市财政收入的目标，顺平县需要实现跨越式的发展。按照目标预设的方法推导，预测到2020年，顺平县三产比例为24∶46∶30；到2030年顺平县三产比例为8∶55∶37，中远期二三产值将成为成为支撑顺平县财政收入的主要来源。

(2) 平原地区多规差距较大，叠合相对困难

顺平县现状工业用地规模为541.2 hm^2，城乡总规预测2020年工业用地面积为714 hm^2，2030年工业用地面积为2 000 hm^2。结合前面对顺平县经济规模的预测，通过地区平均地均产值水平推算，顺平县2020年工业用地面积为1 140 hm^2，2030年工业用地面积为2 300 hm^2。顺平县作为保定市的核心区的功能拓展区，总规预测的工业用地规模已不能满足顺平县经济发展的要求。

顺平县城规、产规与土规在空间上差距较大，总体有将近7 km^2 的差值。通过进一步分析发现，城规通过对村庄的迁并整合，共削减112个行政村(现状237个村)，共整理出建设用地21.25 km^2 用于中心城区、经济技术开发区以及腰山工业区的建设。但在此基础上仍然存在7 km^2 的差额，那么，后续通过村庄调整来获取土地指标的余量已经不大。顺平县现有经济开发区、高于铺塑业园区、腰山工业园区，土地利用规划2020年给出的可开发用地规模与产规(园区)2030所需用地规模(包括开发区、腰山工业园区、高于铺塑业园区)差距较大，产业用地规划需要的用地规模比土地利用规划多出28个 km^2。根据历年土地利用规划调整幅度估算，这个数值偏大，几乎不可能实现。

(3) 信息化建设与产业不同步

信息化建设落后于产业发展，顺平县信息化硬件设施条件落后，山区与平原地区发展不均，固话普及率9.86%，移动电话普及率71.01%(3G用户15.22%)，宽带入户率36.05%，设施建设主要体现在平原地区，而山区半山区无线基站及通信主光缆发展缓慢，通信设备

低、带宽不足，网速较慢。

① 信息化落后农业产业化

农业生产分为种植、批发、储存、分销等阶段，这其中需要的经济成本包括人工成本、储藏成本、运输成本等。目前顺平县在生产过程中主要以人工控制的传统农业为主，这种生产方法对农作物生存环境感知迟缓，且容易采取错误措施，而且成本较高。在销售阶段，新鲜果蔬对市场供需及价格信息的掌握有及时性要求，传统的分销方法容易造成产品滞销现象，进而给农民带来损失。

② 信息化与工业化发展脱节

顺平县现在的主导产业有塑料加工、造纸、汽车零配件和食品加工等，这些传统的加工制造业在生产模式上仍然采用规模化、批量化的生产，仍然以市场需求来判断生产规模，在从产品设计、生产到销售环节主要依托人工传达。在网络化的今天，这种生产方式已经无法再在国内甚至国际市场上站稳脚步，信息时代的工业革命要求产品生命周期变短，产品个性化生产，甚至要求整个生产线全自动化。可见，未来顺平县的产业体系应该充分与信息化、自动化融合，避免顺平县企业大而不强的时代结局。

(4) 对外交通衔接不畅，区域协调应加强

顺平县城与保定中心城区联系较弱，无法立足保定核心区。目前顺平县城仅有保阜高速及保阜路与保定市中心城区相连接，保阜路道路级别低且客货混行交通压力较大(图 10-2)，急需增加东部横向与保定中心城区的联系通道，以带动平原地区的发展。

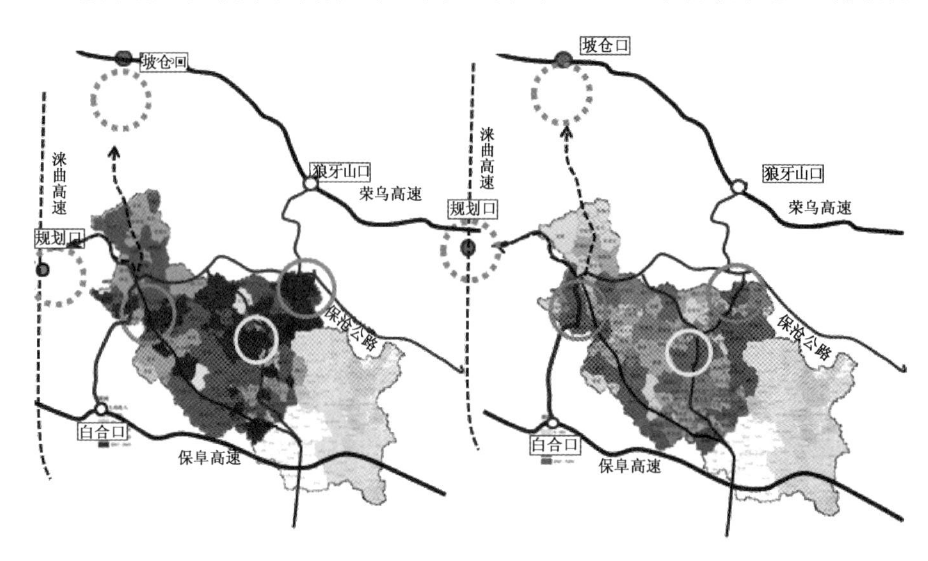

图 10-2　顺平县现状山区交通问题分析

西部山区对外交通衔接不畅，影响经济输出。从顺平县西部村庄的人口分布和人均年收入的情况来看，经济较好的村庄除了分布在与县城联系的交通沿线上之外，主要分布在整个县域的外围，究其原因主要有两点，第一，保阜高速的百合出入口临近顺平的大悲乡，带动了这片村庄的经济发展。第二，荣乌高速的狼牙山出入口通过县道连接保沧公路，有利于顺平县台鱼乡的农产品向外运输。由此可以看出，西部山区的经济发展与对外高速出入口衔接有重要的联系，这也是由山区的产业类型决定的，水果种植与旅游产业发展都对对外交通

联系有很高的要求。

而在顺平周围有多个高速出入口或规划的高速出口，如荣乌高速上的狼牙山口和坡仓口；规划建设的涞曲高速上的规划出口；保阜高速上的白合出口等距离顺平县界较近，应加强区域交通衔接。

2）功能定位

（1）承载功能

作为顶层设计，京津冀协同发展战略纲要已经明确了北京、天津、河北各自的定位和分工，那么顺平应该立足高平台，发展自身的优势产业，与中心城区交通、产业对接，园区建设和物流配套来构建顺平的先进制造业、化学纤维新材料、汽车及零部件产业、食品加工业、文化旅游业。通过打造保西生态屏障、休闲旅游新目的地、农产品供应基地、现代医养试点基地来立足京津保核心区。一系列重大项目已经在建，包括京津疏解的、河北疏解的以及顺平自己造血发展的项目。

① 承接京津功能

疏解北京非首都功能、推进京津冀协同发展，是一个巨大的系统工程。京津产业疏解的类型包括一般性制造业、区域性物流基地和区域性批发市场、部分教育医疗等公共服务功能以及部分行政性、事业性服务机构等4个领域。这四类疏解对象性质不同，疏解的手段也有所不同。第一类、第二类疏解对象是市场化主体，这些主体以营利为目的，他们对疏解的条件要求较高，比如方便快捷的区域交通体系、优质均等的区域公共服务等。对于这两类疏解对象，顺平县应更多地创造条件，通过鼓励政策和经济杠杆推动疏解。

② 承担保定功能

顺平县位于保定市西部，未来作为保西生态屏障、休闲旅游新目的地、农产品供应基地、现代医养试点基地等承载平台，为保定承担综合服务职能(图10-3)。

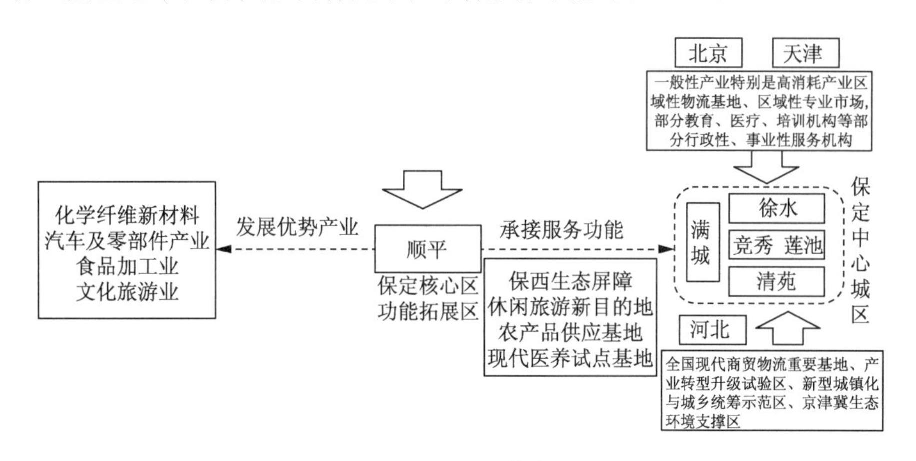

图10-3　顺平县承载功能分析

（2）自身优势

全县工业涉及肠衣制品、塑料、建材、食品、化工、造纸、医药等几个行业，尤其肠衣加工业为顺平县特色经济产业，是河北省政府命名的25个特色经济产业之一。亚洲最大肠衣加工企业华立肠衣厂坐落在顺平县，另有中型肠衣加工企业二十余家。旅游业是顺平极具潜力的新兴产业，近年来，顺平依托伊祁山、伊祁山、腰山王氏庄园、龙潭湖、白银坨风景区、唐河漂流、桃花节等旅游景点和旅游项目，旅游产业发展趋势较好。十几年来，全县景区累计接待游客超过500万人次，直接创收近2 000万元，产生间接社会经济效益逾亿元，在带动全县第三产业发展中逐步显示出其龙头作用(表10-5)。

表10-5 顺平县现状产业优势

类型	北京天津疏解	河北疏解	顺平项目
在建项目	—	中国恒天天鹅集团纤维素短纤维项目	省级园林城市创建
	—	天香投资控股中华老字号传统食品产业基地生态饮品产业园项目	保定市精工塑业有限公司系列塑料制品项目
	—	中兴汽车整车项目	佛光寺旅游开发项目
	—	立中集团高强汽车铝合金项目	黄土岭—白银坨旅游开发项目
	—	屹马汽车配件项目	享水溪旅游开发项目
	—	—	中教科保定(文化)产业项目
	—	—	昊成熟力集中供热项目
	—	—	龙昌塑料润滑油包装容器项目
	—	—	苏博金源顺电泳工程技术有限公司汽车零部件
谋划项目	北京晶冠能源科技有限公司	保定维尔铸造机械股份有限公司	成诚热力
	—	泽裕纸业	—

(3) 功能定位

保定将从一个紧邻首都的四线城市，成长为一座服务首都的、京津冀世界级城市群的区域中心城市之一。顺平作为保定市核心功能区的重要组成部分，应该率先转变城市职能，确定顺平为：服务京津保核心区的先进制造业基地，文化休闲旅游目的地，养生养老健康产业基地，保定市核心功能区的重要组成部分，保西生态经济核心区。

服务京津保核心区的先进制造业基地：依托现有汽车零部件、塑料制品加工等制造业，搭建一系列京津产业承接平台，规划产业园区综合服务及管理制度，吸引京津产业落户。

文化休闲旅游目的地：结合现有自然景观及人文景观，开发适合都市生活人群的旅游产品，建设旅游服务接待基地，规划旅游线路，打造保定的综合休闲基地。

养生养老健康产业基地：将养生融入到养老机构，将田园景观融入到养生体系，打造顺平县特有的大健康产业基地。

保西生态经济核心区：依托现有农业、林业养殖业等产业基础，以绿色工业为核心，发展食品加工、经济林种植等产业，服务京津保以及周边区县。

3) 制定发展战略

(1) 制定城镇发展思路

河北省贯彻落实十八大会议提出的会议精神，提出“四化同步”发展要求(图10-4)。保定市全面落实，并提出同步推进工业化、信息化、城镇化、农业现代化。

顺平县作为保定市中心城区的拓展区域，要坚持走特色新型工业化、信息化、城镇化、农业现代化道路，推动信息化和工业化深度融合、工业化和城镇化良性互动、城镇化和农业现代化相互协调，促进工业化、信息化、城镇化、农业现代化同步发展。其一，“信息化和工业化深度融合”，这既是提高经济效益的必由之路，即将顺平县的传统工业与信息化发展结合起来，也是提高工业经济和企业核心竞争力的重要手段。其二，“工业化和城镇化良性互动”，这是现代经济社会发展的显著特征。工业化是城镇化的经济支撑，城镇化是工业化的空间依托，推动工业化与城镇化良性互动，既为工业化创造了条件，也是城镇化发展的内在规律。其三，“城镇化和农业现代化相互协调”，这也是顺平美丽乡村发展的大势所趋。没有农业现代化，城镇化就会成为无源之水、无本之木，而没有城镇化，农业现代化也会失去依托目标。通过四化同步建设，实现顺平县全面建成小康社会的新目标。

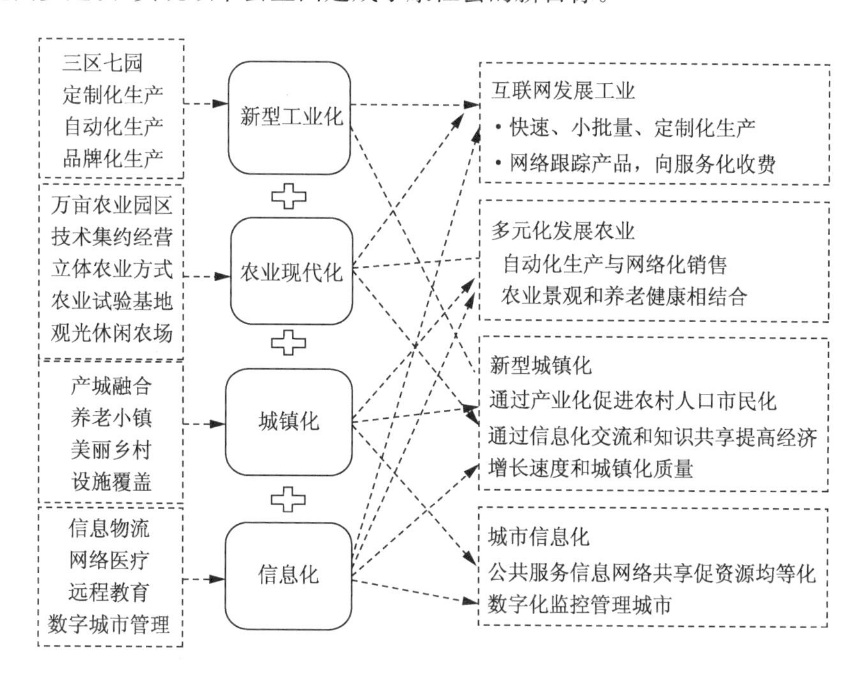

图 10-4 顺平“四化同步”发展思路

(2) 明确空间发展战略——向东筑城、向西阔谷

① 向东筑城：向东融入保定都市区的大空间格局，从保定都市区整体的空间结构重新审视顺平的空间布局，有序完成保定市整个都市区由城镇空间向生态空间的过渡。

保定都市区形成“一核两轴多点”的空间结构。其中：“一核”是指依托保定中心城区核心区(竞秀、莲池)构建的城市综合服务核心区；“两轴”是指依托七一路打造一条东西向的山水景观轴、依托朝阳大街打造一条联系都市区南北向的都市发展轴；多节点是指满城、清苑、徐水构成的城市新区，以及由顺平、安新构成的拓展区。

顺平县东部平原地区的空间布局应积极呼应都市区的东西向轴线，更好地实现保定市西山东水的十字格局。

② 向西阔谷：开阔山区的旅游资源，使生态涵养区与城区空间衔接。向西依托自然景观资源，拓展休闲度假空间，加强城镇与生态空间的联系，使顺平县真正发挥都市区的生态经济保障作用。

顺平县西部山区自然生态条件优越，分布大量自然景观资源及人文景观资源，通过与满城区、易县、望都县等旅游区县的区域协作，共同打造太行山前的生态旅游文化基地，通过加强交通联系，设置旅游接待服务中心，提升景区档次等方法，拓展顺平县山区的产业用地空间，进而带动整个西部地区的经济发展(图 10-5)。

图 10-5 顺平县西部山区建设空间分析

10.3.3 区域划分

按照主体功能区战略的要求，在国土空间分析评价基础上，与行政边界和自然边界相结合，将全域划分为城镇、农业、生态三类空间，通过三类空间的合理布局，形成统领顺平县发展全局的布局总图。

1) 生态空间

生态空间是指在保持区域生态平衡，防止和减轻自然灾害方面有重要作用，具有重要生态服务功能和保护价值，需要实施严格保护的自然地域。在全县域范围内，以现状的开发建设条件和土地生态适宜性评价、建设用地条件评价、环境保护、生态隔离、水源保护和资源保护等要求为基础，同时增加对重点发展区域和控制发展区域的判断，最终将全域内的生态极敏感区、高敏感区、水源地、河流、水库的缓冲区等划定为生态保护空间，实施强制性保护(图 10-6)。

本次划定的生态空间范围主要为县域西部的生态极敏感区和高敏感区、县域内的河流水系等，总面积约为 364.93 km^2，占县域总面积的 51%。

(1) 河流水域

河流：界河、蒲阳河、唐河、七节河、曲逆河、金线河等 6 条河流及两侧防护绿地构成；包括中心城区蒲阳河、七节河、曲逆河水源地周边生态防护绿地(图 10-7)。

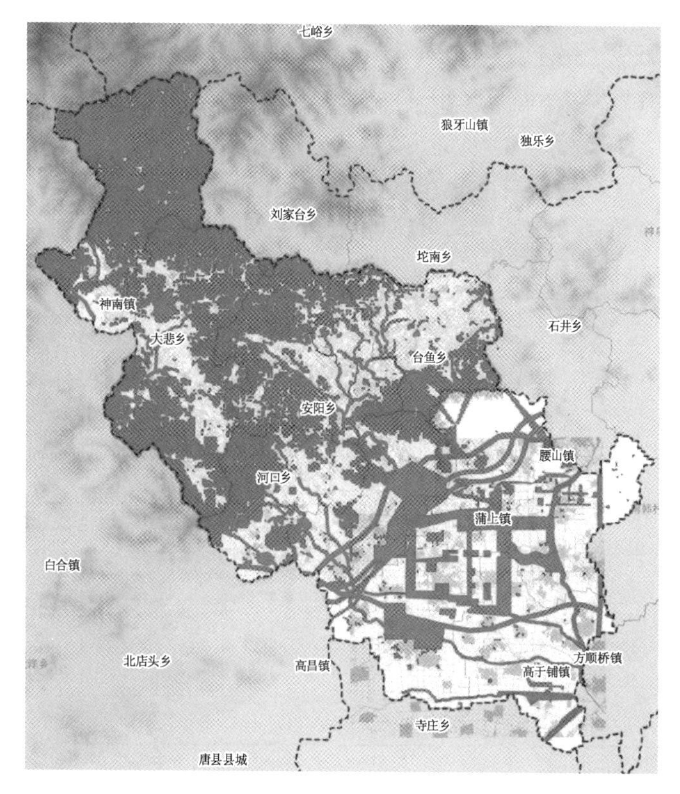

图 10-6　生态空间

图 10-7　水系

(2) 水源保护地

水库:龙潭水库、大悲水库、李各庄水库、荆尖水库、司仓水库及库区周边生态保护绿地。

水利工程:南水北调输水干渠及周边生态防护绿地。

生态廊道单侧绿化缓冲区宽度≥15 m,老城区部分的宽度应≥1.5 m,新城区部分的宽度≥3 m;通风廊道城镇部分两侧隔离带宽度应≥50 m(表 10-6)。

表 10-6　顺平县生态廊道防护要求

廊道	分级	两侧生态防护宽度(m)	生态缓冲区宽度(m)	生态防护区外侧生态缓冲区建筑高度控制(m)
南水北调中线总干渠生态防护廊道(中段)	南水北调生态廊道	≥100	—	—
唐河总干渠景观廊道	滨河景观廊道	≥50	—	—
曲逆河景观廊道	滨河景观廊道	≥50	—	—
界河	区域二级通风廊道	≥100	200—600	≤30
蒲阳河	滨河景观廊道	≥50	—	—
七节河	滨河景观廊道	≥50	—	—
唐河	滨河景观廊道	≥50	—	—

(3) 防护绿地

重要基础设施两侧预留 100—500 m 不等的防护绿地廊道。京昆高速、保阜高速、保忻城际、京广铁路、蒙西至天津南 1 000 kV 特高压线路、神保 500 kV 高压线路、中海油蒙西煤制气天然气管道两侧预留的防护绿地廊道(图 10-8)。

(4) 生态山体

西部山区的林地以及城区规划建设的顺平公园、花木兰生态园、迎宾公园、小城北尧风公园、西河公园、唐尧文化公园、太极公园、迎宾广场、滨河公园、和园等。

(5) 林地

林地面积为 126.38 km^2,主要分布在神南镇、大悲乡和河口乡的深山高山区。按照"严格保护、积极培育"的要求,以建设良好生态环境和可持续发展为目标,用好现有林地,加大造林力度,封山育林,坡度 25°以上的荒山全部绿化(图 10-9)。

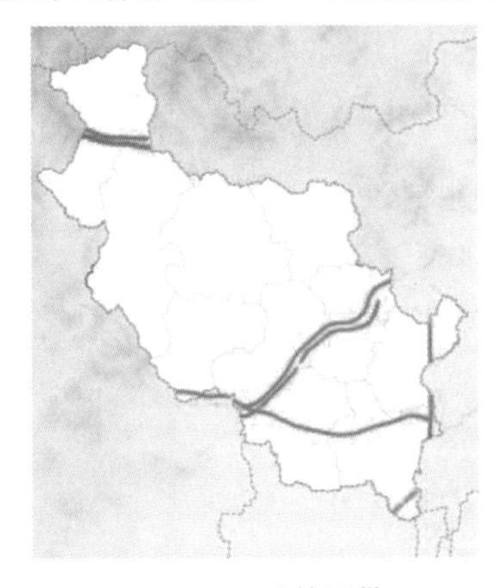

图 10-8　防护绿带

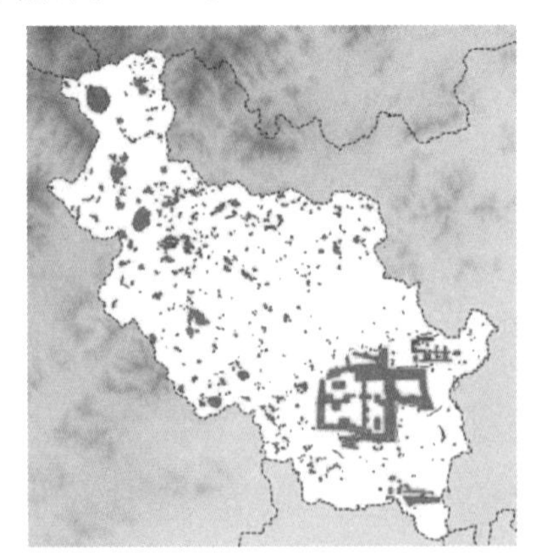

图 10-9　林地

2）城镇空间

城镇空间是指进行城镇建设和发展城镇经济的地域，包括已经形成或规划的城镇建成区、一定规模的产业园区以及旅游发展用地。严格划定城镇空间边界，明确开发与保护等要求，有计划地进行控制引导。通过划定城镇发展空间，控制工矿建设空间和各类开发用地，优化城镇发展格局，进一步控制开发强度，着力提高土地集约利用水平，促进产城融合和低效建设用地的再开发，着力促进存量空间的调整。创新推动旅游用地落实发展，充分考虑相关旅游项目、设施空间布局和建设用地要求，安排旅游用地的规模和布局，严格控制旅游设施建设占用耕地，改革完善旅游用地管理制度，推动土地差别化管理与引导旅游供给结构调整相结合。

城镇空间主要包括城市建设用地、镇建设用地、交通水利用地、其他建设用地，总面积约为 51.81 km^2，占全域总面积的 8%。城镇空间主要包括县城区、顺平经济开发区、高于铺产业园区及各乡镇政府驻地等。主要集中在主体功能区规划中的国家级重点发展区域（图 10-10）。

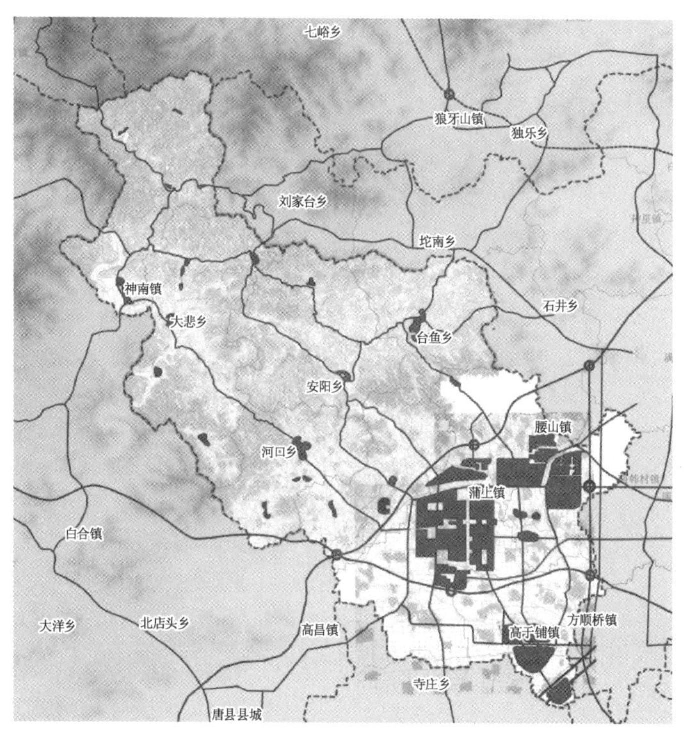

图 10-10　顺平县城镇空间

3）农业空间

农业空间是指承担农业生产和农村生活功能的地域，以田园风光为主，分布着一定数量的集镇和村庄。农业空间可分为农业生产空间和农业生活空间。农业生产空间主要承担农村生产活动，发展特色农产品，实现农业现代化；农业生活空间主要承担农村居住、生活、服务等功能活动，要严格建设用地管控，优化整合农村居民点，繁荣历史文化村落，保护农村田园景观，在国家级重点发展区域、省级重点生态功能区均有分布。本次划定的农业范围约为 295.26 km^2，占市域总面积的 41%。

依据河北省国土资源厅、省农业厅已制定的《永久基本农田划定工作方案》，划定永久基本农田，引导顺平走串联式、组团发展模式。土地利用总体规划2020年耕地保有量2.18万 hm^2（基本农田2.05万 hm^2）；农业局“十三五”规划：粮食播种面积稳定在2.47万 hm^2 左右，建设现代农业园区7个，园区面积达到0.47万 hm^2，主要粮食作物综合机械化水平达到90%以上；林业局“十三五”规划：全县果树总面积达到2.43万 hm^2，重点发展“三优”红富士苹果0.33万 hm^2；柿子保持在0.47万 hm^2（图10-11）。

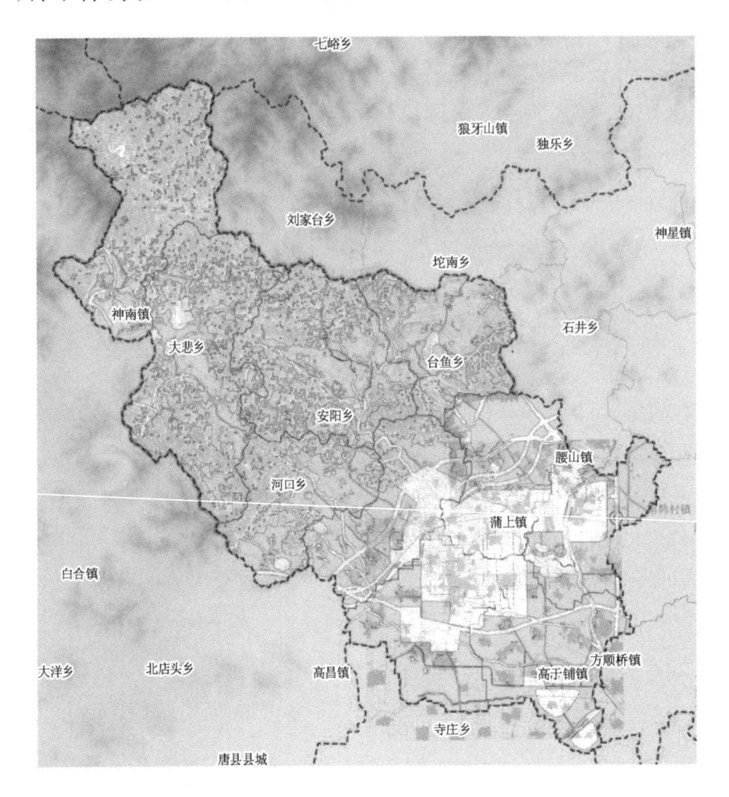

图10-11 农业空间

10.3.4 分类指引

分别按下级行政单元和行业部门进行指引。

1）分项指引

按照保定市全域规划的要求，分项指引包含交通、生态、产业、基础设施、美丽乡村、公共服务设施等六个分项内容。

（1）交通指引

首先，制定交通发展战略：对外延伸，构建区域同城化的交通网络；对内联通，加强县域内山区与城区的联系（图10-12、图10-13）。其次，构建“三横三纵”区域交通格局，三横：保阜路东延（对接七一路）、南外环东延（对接三丰路）、良顺线；三纵：顺神路、顺兴路北延、腰隘线。

东部城区：规划新建道路2条，规划向东延伸保阜公路城北段和城区南外环，对接保定中心城区西延的七一路、三丰路，加强中心城区、产业园区及平原乡镇与保定中心城区之间的联系。提升保涞公路、保阜公路为快速路，增加高速联络线连通京昆高速和京港澳高速，并加设七一路高速出入口。加强平原地区村镇之间的联系，规划东西向路，加强中心城区南

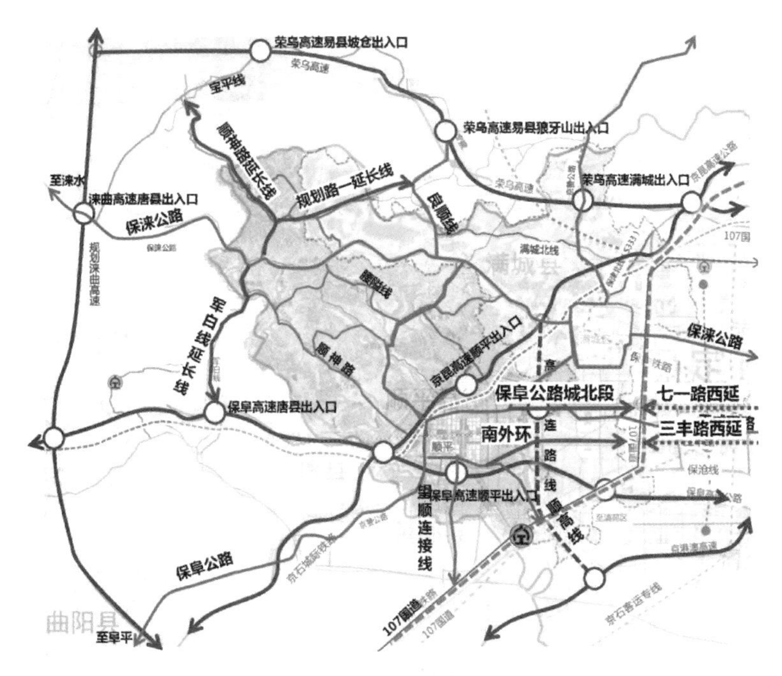

图 10-12　顺平县对外交通分析

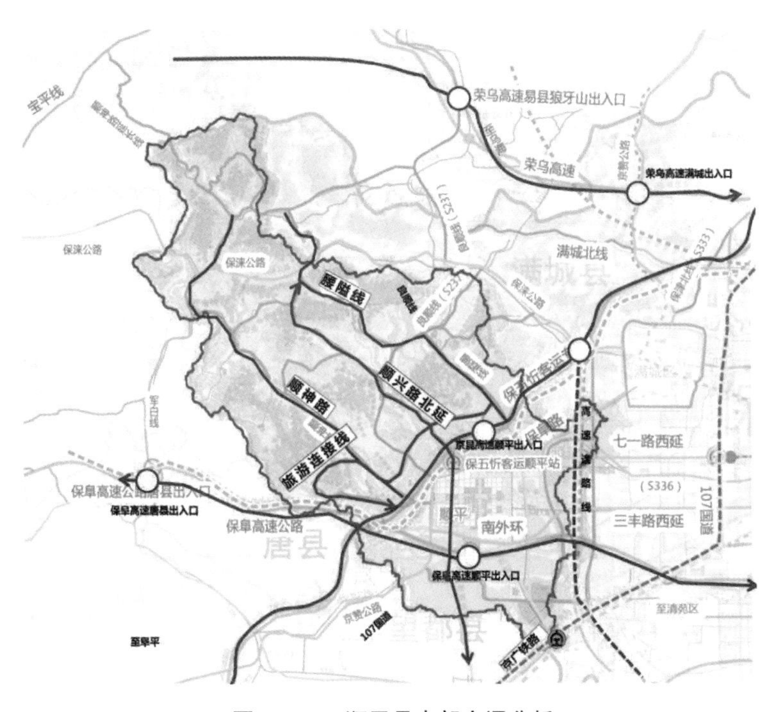

图 10-13　顺平县内部交通分析

部的村镇联系，东起保阜公路，西至满城的南北向新规划道路，途径蒲阳镇的尧城村、下叔村，高于铺镇的何家庄村、王各庄村、苏头村。规划南北向路，联系腰山镇与高于铺镇，北起满城新规划路，南至腰山规划路二，途径腰山的正童村、永旺村、韩童村、南营村、高于铺的北庄村、向阳村。

西部山区:规划提升道路 3 条,提升顺神路延长线等级并延伸至宝平线联通荣乌高速易县坡仓出入口,打通规划路一连通满城易县至良顺线至荣乌高速易县出入口,提升军白线并延伸至保阜高速唐县出入口。城区内部规划新建道路 2 条:顺兴路北延——延至安阳乡境内的腰隘线,旅游连接线——连接蒲上镇至安阳乡,加强西部山区旅游景点之间的联系,丰富旅游线路。

(2) 生态指引

综合分析,制定生态发展战略,即融蓝渗绿、引风控廊,从而构建顺平县“三核、五廊、多片区”的生态安全格局。

① 融蓝渗绿——生态廊道建设

根据顺平县生态本底和空间格局,结合界河、曲逆河、百草沟河以及蒲阳河等水系绿道建设,积极融入都市区整体生态安全格局,与满城、唐县、易县、竞秀区莲池等周边区域关系联动共建,构建 5 条区域生态滨河景观廊道:南水北调中线总干渠生态防护廊道、界河景观廊道、曲逆河、百草沟河景观廊道、蒲阳河景观廊道、唐河景观廊道(图 10-14)。

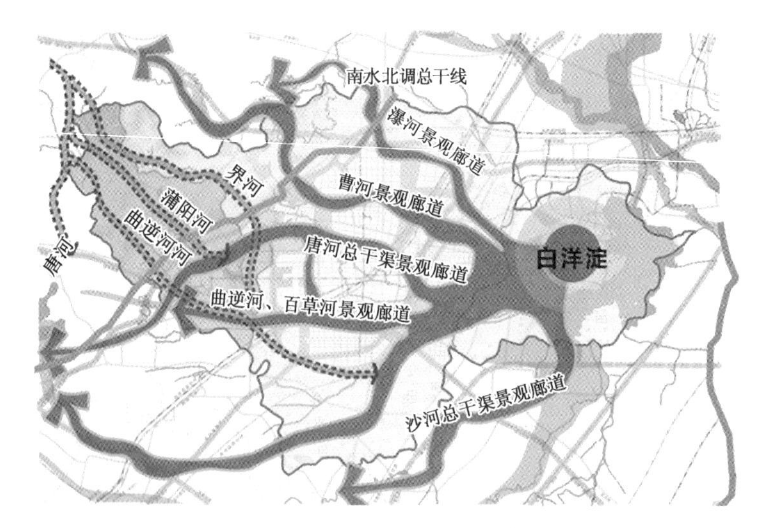

图 10-14　顺平县区域生态廊道图

② 引风控廊——城市设计引导通风廊道形成

根据顺平县的风向、风速、地形地貌等自然因素,结合城市规划布局,通过控制城市建筑形态与道路河流的关系来构建通风廊道,对顺平县部分节点的城市形态进行分区指引。划分四个分区:包括山谷—河流区域、道路河流与风向平行区域、山前平原区、河流拐点区域(图 10-15)。

第一,山谷—河流区域。采用“中间低两侧高,依山而建”的城市建筑形态(图 10-16)。主要包括神南镇、大悲镇区唐河两侧、台鱼镇区。

第二,道路、河流与风向平行区域。采用“中间低两边高”的城市建筑形态(图 10-17)。主要位于河口镇区曲逆河两侧、安阳镇区蒲阳河两侧、保忻城际、京昆保阜高速以及与主风向平行的城市主干道两侧。

第三,山前平原区。采用“西低东高”的城市建筑形态(图 10-18)。主要位于顺平城区、经济开发区等。

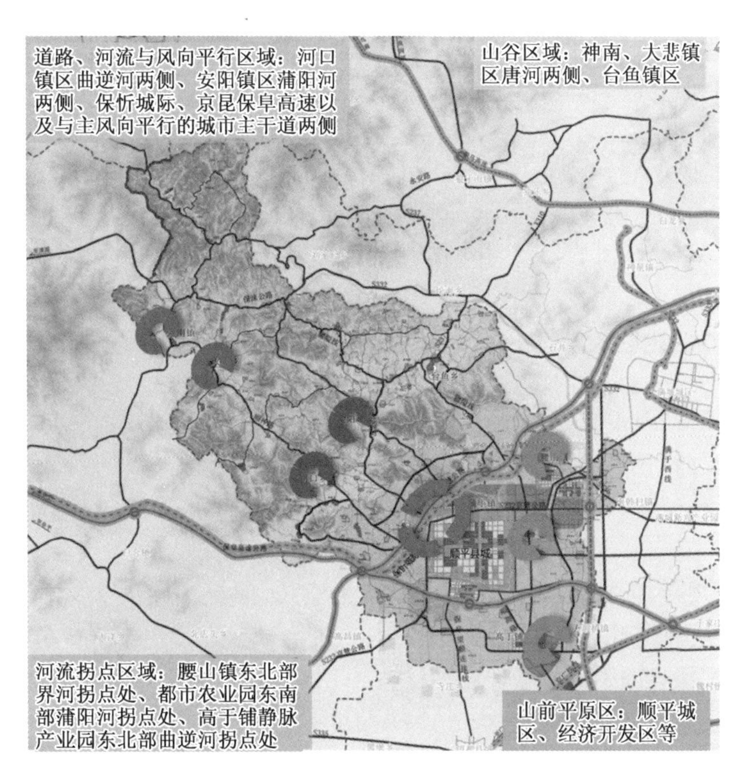

图 10-15　顺平县部分节点的城市形态与通风廊道建设指引

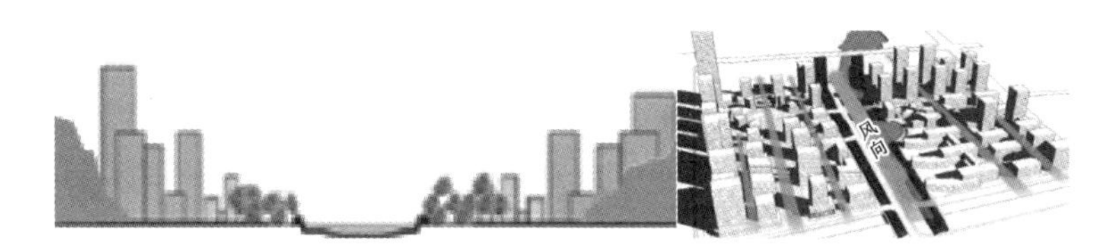

图 10-16　山谷—河流区域的城市建筑形态设计与通风廊道建设指引

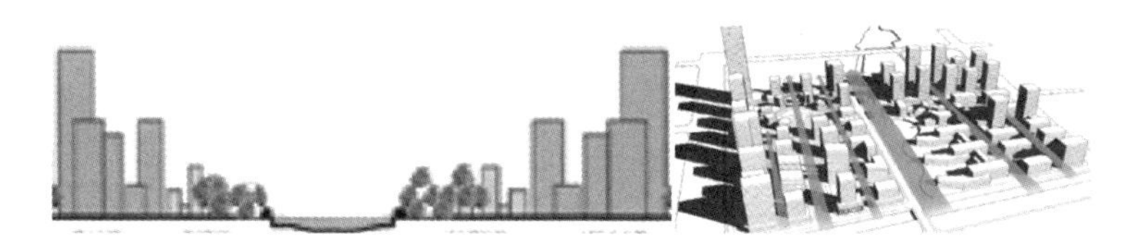

图 10-17　道路河流与风向平行区域的城市建筑形态设计与通风廊道建设指引

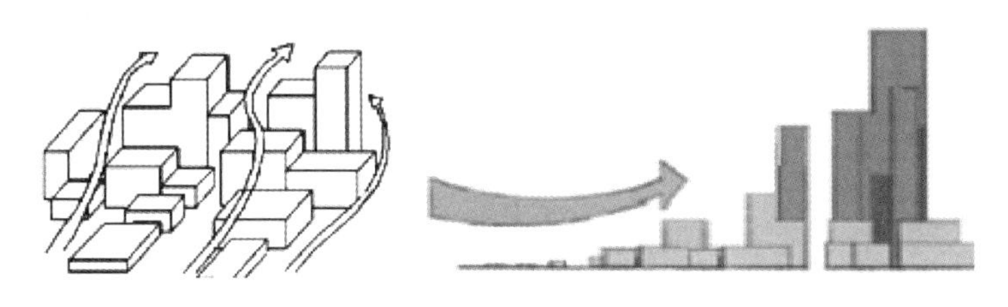

图 10-18　山前平原区的城市建筑形态设计与通风廊道建设指引

第四，河流拐点区域。建议规划郊野公园或河流湿地，同时控制建筑高度。主要位于腰山镇东北部界河拐点处、大健康产业园东南部蒲阳河拐点处、高于铺静脉产业园东北部曲逆河拐点处。

③ 生态格局构建

统筹顺平县山水林田湖生态基底，结合曲逆河、唐河、界河、南水北调中线总干渠生态防护廊道，积极对接城区生态廊道，构建顺平县“三核、五廊、多片区”的生态安全格局，缓解区域雾霾天气压力。

三核：依托顺平县水库、河流以及水资源保护区，打造3个区域生态绿核，即龙潭湖生态绿核、蒲阳河生态绿核、曲逆河生态绿核。

五廊：依托河流、南水北调中线总干渠等，构建唐河生态景观廊道、界河生态景观廊道、蒲阳河景观廊道、曲逆河景观廊道和南水北调干渠生态防护廊道。

为加快对接区域生态廊道，提升生态服务功能，在顺平县的5条廊道建设的基础上，打造4条生态景观带。

唐河活力景观带，依托唐河，打造一条集水上竞技（漂流、冲浪）以及山水观光为一体的活力景观带；曲逆河文化景观带，依托曲逆河，连接周边文化旅游资源，打造一条集文化旅游、休闲、观赏等功能为一体的生态绿道；界河生态休闲带，依托界河，与满城区联合打造集生态旅游、休闲娱乐、野外探险、农业观光、健康养老等功能为一体的西部生态休闲谷；滨水生活绿带，依托蒲阳河景观廊道，打造以“生态、休闲、健身”为主题的滨水城市生活绿道（图10-19）。

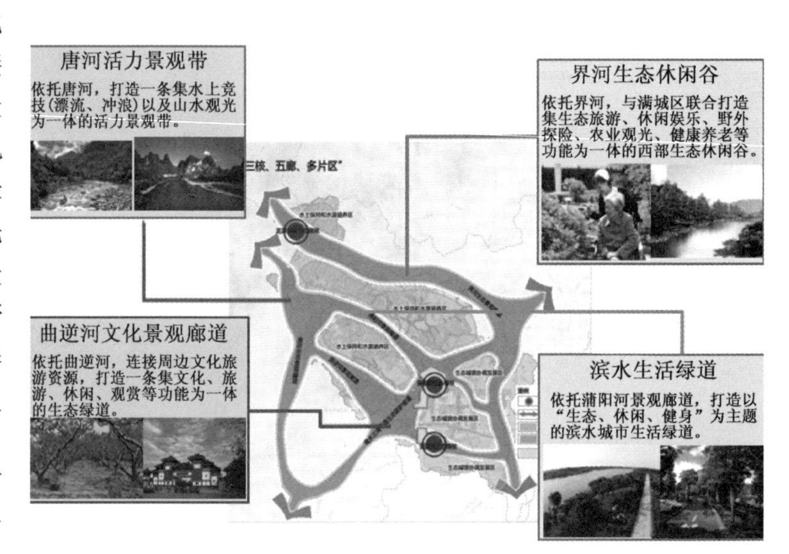

图10-19 滨水生活绿带

(3) 产业指引

延长横向链条，促进三产联动，就是要构建以都市农业、先进制造业和现代服务业联动发展、紧密配套的“新型产业发展格局”。升级传统产业，对传统产业包括肠衣、汽车零部件、塑料、食品加工等进行改造升级，通过扩大产品种类，改良生产技术等方法巩固顺平县传统产业在保定市以及国内市场的地位。

扶持疏解产业，以天鹅化纤为代表的化学纤维、以高于铺塑料加工为代表的静脉环保产业未来将成为顺平县承接京津保产业的重要类型。建设产业平台，加强招商引资宣传力度，培训专业技术人才，制定优惠利税政策，吸引更多的相关疏解产业落户顺平。

培育战略产业，依托顺平县得天独厚的自然资源，规划现代农业示范园、现代物流业、旅游服务业、医疗养老产业等为未来重点培育的新兴产业类型。对于战略产业的培育近期以项目策划、可行性研究为主。

① 一产＋二产＋三产

通过三产联动，用产业化发展的思路来打通链条的各个环节，横向的延伸产业链，一产企业化生产、二产深层次加工，三产优质化经营，提高整个农业供给体系的质量和效率。通过农业现代化与新型工业化、信息化衔接，保障农业产业体系（图 10-20）。

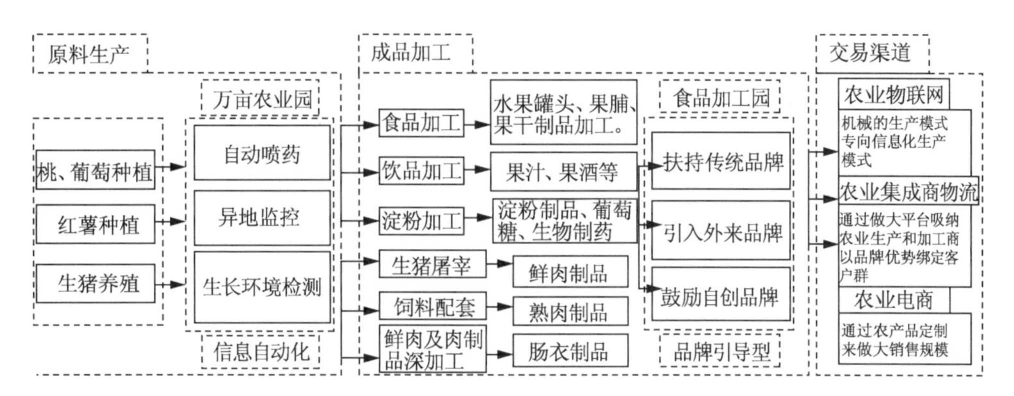

图 10-20 “一产＋二产＋三产”产业体系

② 一产＋三产

新型城镇化的重点在乡村，强调城乡互动，通过一产与三产的联合开发模式，发展养老产业，观光旅游业等，更有效地推进新型城镇化建设。促成技术、资本下乡，以产业化来支撑农业现代化（图 10-21、图 10-22）。

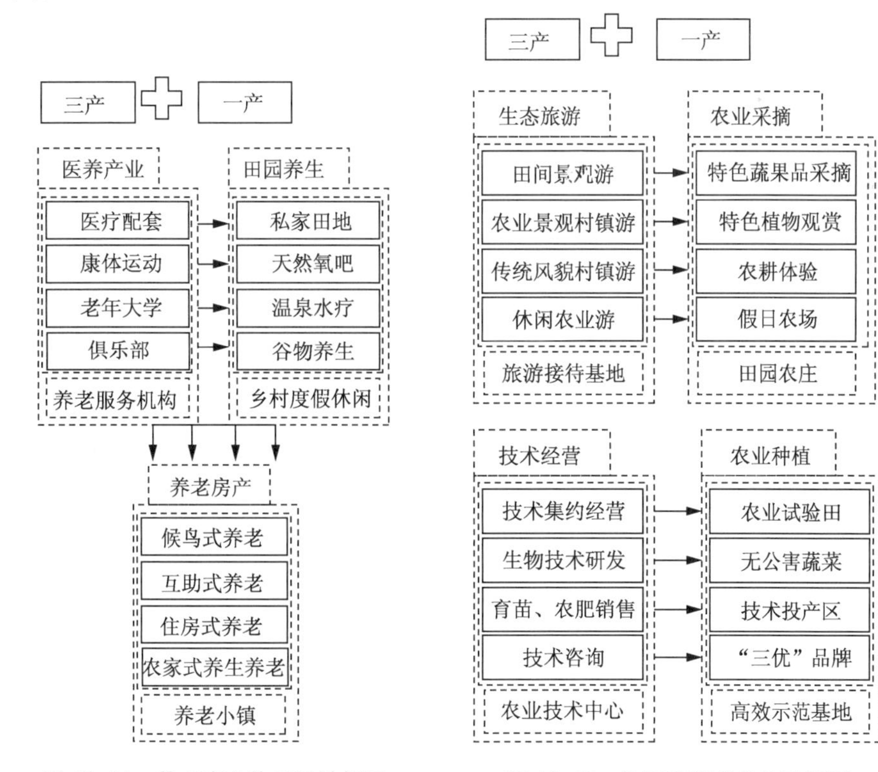

图 10-21 养老产业体系设计框图

图 10-22 休闲度假产业体系框图

③ 二产＋三产

通过提高商务服务和科技研发与产业生产体系的衔接程度，加快新型工业化与信息化的融合，推进新型城镇化建设(图 10-23)。

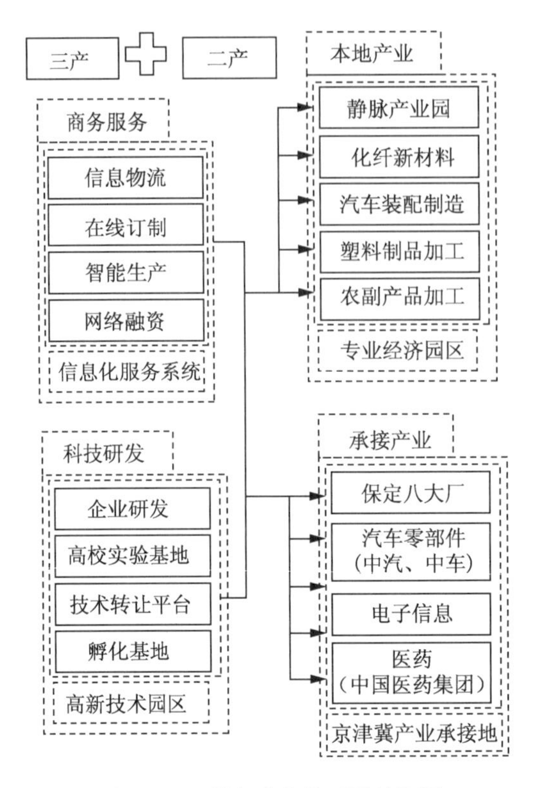

图 10-23　叠加产业体系设计框图

④ 旅游产业指引

构建区域“大旅游”环线、打造区域旅游品牌。规划立足顺平县自然旅游资源和文化资源的基础，坚持“开放旅游”的开发原则，整合不同类型资源，面向多重市场，实现多元化旅游消费。发挥精品景区的带动作用，充实完善自然生态游、系统开发历史文化游、做强特色红色教育游、规范提升休闲购物游、灵活开发地方节庆游，实现旅游多元化协调发展。整合顺平县自身旅游资源，统筹易县、唐县、望都、满城等旅游景点，通过公路、省道、县道的衔接，打破行政界线，共同跨区跨县打造保定市西部山区大旅游环线(图 10-24)。

打造四条跨区域旅游环线：第一，西南区域文化体验旅游环线。结合唐县、望都的旅游资源景点，包括：清虚山道教文化、倒马关古长城、晋察冀烈士陵园、白求恩—柯棣华纪念馆、庆都山灵源寺、九龙河文化、尧庙古柏等，提升腰隘线、S335、S241 等公路的道路等级和通行能力，共同打造保西文化体验旅游环线。通过旅游实现感知、了解、体察保定人文文化的艺术性、神秘性、多样性、互动性等特征。西南区域文化旅游环线主要体现保定的宗教文化、历史文化和民俗文化。

第二，东北区域文化休闲旅游环线。结合满城的柿子沟、木兰溶洞、龙门水库、秀兰山庄、满城汉墓，挖掘顺平自身的自然景观资源，包括：白银托景区、太行享水溪景区、龙潭水库、杏唐沟、伊祁山景区等，共同打造保定西部的休闲度假旅游环线。在还原乡土人家、打造

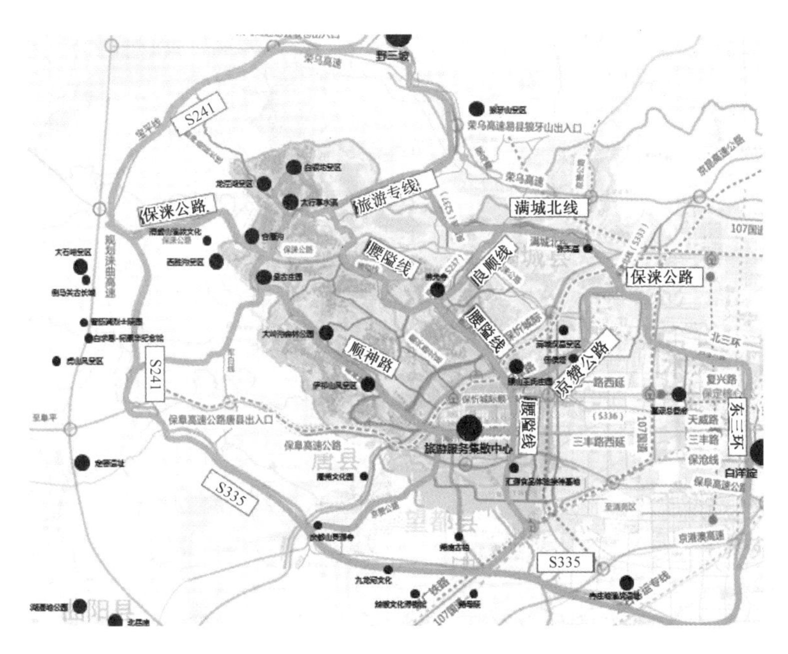

图 10-24　顺平县区域“大旅游”环线

休闲小镇、营造滨水休闲区、突显田园风情、开辟幽静度假等理念下，为城区生活的人提供近郊的周末休闲度假基地。

第三，西北区域自然山水旅游环线。结合狼牙山、野山坡景区，通过保涞公路、顺神路、腰隘线共同打造西北区域自然山水旅游环线，自然山水旅游环线涵盖顺平县域内的大部分景点，并以县城的旅游服务集散地为核心。以区域环线来打造自然山水游线，游客不仅仅可以观景区，而且能更好地享受舒适的住宿、特色的美食、悠闲的购物，甚至丰富的夜生活。

第四，东南区域历史文化旅游环线。整合保定都市区的文化旅游资源，包括：佛光寺、张柔墓、腰山王氏庄园、冉庄地道战遗址、尧母陵等历史遗迹景点，打造历史文化旅游环线，为游客展示各个历史时期保定市的城市文化和民族文化，同时留住城市发展的印记，保护城市未来发展风貌的延续性和一致性。

(5) 公共服务设施均等化分配

规划提出用“两圈”推进县域公共服务设施均等化。城乡一体，服务均等，缩小城市化地区和农村地区公共资源配置的差距，积极推进“两圈”建设，即“十分钟社区服务圈”和以一般乡镇和中心村为核心的“农村地区公共服务中心服务圈”，加强公共服务资源共享、共建、互联、互通(表 10-7)。

“十分钟社区服务圈”即步行 10 分钟到达社区服务配套，“圈”内配置日常生活所需的教育、医疗、文化、体育、商业金融等基本服务功能和公共活动空间。2020 年实现 70%—80% 的城市社区覆盖，远期全覆盖。

“农村地区公共服务中心圈”即结合顺平半山区的特征，推进以一般乡镇和中心村为核心的基础设施、公共服务设施和社会保障等基本公共服务均等化的建设。例如每个农村公服中心圈必须建设一个市民公园、小型足球篮球场、网络信息中心、农资超市、邮政快递中心等文体金融服务空间。

表 10-7　顺平县公共服务设施规划

类型	项目	重点镇		一般镇（包括中心村）		一般村	
		必配	适配	必配	适配	必配	适配
文化设施	文化活动中心	√					
	图书馆	√					
	文化站			√			
	文化活动室					√	
	多功能活动室					√	
	综合文化站						√
体育设施	体育活动中心（两馆一场）	√			√		
	足球篮球场			√			
	乒羽场				√		
	室外健身场					√	
	儿童活动场						√
卫生医疗	卫生院	√			√		
	老年护理站	√			√		
	妇幼保健中心	√			√		
	卫生服务点			√			
	医疗室					√	
教育设施	幼儿园	√		√		√	
	小学	√		√			√
	初中	√			√		
	特殊教育学校		√				
	职业技能培训机构		√				
福利设施	福利院（养老院）	√					
	日间服务照料中心		√		√		√
	老年活动室			√			
交通设施	城乡公交枢纽站	√			√		
	公共停车场	√			√		
	公交站点			√		√	

续表 10-7

类型	项目	重点镇		一般镇(包括中心村)		一般村	
		必配	适配	必配	适配	必配	适配
市政设施	垃圾中转站	√			√		
	垃圾收集站						√
	移动基站和公共无线局域网	√		√			√
	公共厕所	√		√			√
	邮政局所、快递中心	√			√		
	污水处理设施	√			√		
	消防站	√			√		
商业设施	农贸市场	√		√			
	便民商店	√			√		
	农资超市				√		√
	储蓄所	√		√			

具体的公共设施分配体现在分乡镇指引中。

(6) 美丽乡村风貌指引

按照村庄风貌特征,综合考虑未来村庄的产业功能对整体空间环境的影响,将整合后的110个村庄划分为7种类型进行美丽乡村指引。包括景区型、滨水型、交通型、古村落型、平原型、浅山型和山谷型。

① 景区型村庄

景区型村庄多分布在神南镇、大悲乡,与景区空间与交通等关系紧密。村庄包括:顺利村、胜利村、杨家台、向明村、百福台、娘娘宫(图 10-25)、龙潭村、官银堂、复兴村、永兴村、清醒村、解放村、大悲集镇、西大悲、富有村、南大悲、大岭后、四家庄、齐侯庄、李张庄、坛山村、荆尖村、陈侯村、寨坡村、寨子村、南台鱼、台鱼集镇、腰山镇区、五侯村。

发展指引:根据景区类型(山水型、古建型、历史型、禅宗型)不同,对景区型村庄在建筑形式上有着不同的影响,景区型村庄新建建筑应符合景区整体风格,现状建筑应尽可能对外立面进行相应改造。同时在村庄功能上加强旅游接待服务功能的提升,例如开办农家乐、打造星级标准农户、发展民宿等。在环境建设上增加方便游客需求的人性化设计,包括指示牌、景区介绍、体验项目等,体现景区及服务区特征的个性小品,街道家具等。

② 滨水型村庄

滨水型村庄临近河道两侧,应充分利用水体景观,选择环水而居,增加亲水公共空间,连通水系廊道,提升乡村生态景观品质。村庄包括:淋涧村、下庄村、塔坡村、西朝阳、北长丰(图 10-26)、南长丰、玉山店、王子庄、北城村。

发展指引:构建舒适的亲水空间,充分考虑村庄与水的关系,建设上首先保证自然环境

图 10-25　娘娘宫

不受损坏，在此前提上尽可能利用水体景观，构建亲水空间，作为村庄独特的景观风貌。村庄空间功能布局受生态廊道影响较大，既要考虑防洪要求又要考虑产业类型避免对生态环境的破坏，同时可引入水体改善村庄的整体生态环境。在建筑风貌上搭建不同层次建筑形式，村庄整体以低密度建筑群为主，近水部分建筑宜采用低层建筑，保证开敞空间的完整性。最后，建议滨水型村庄集中设置污水处理等设施。

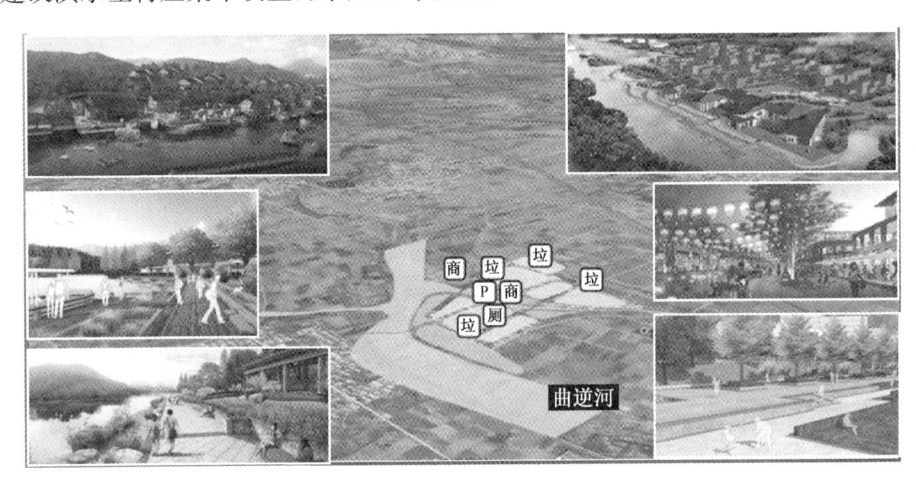

图 10-26　(曲逆河)北常丰

③ 交通型村庄

交通干路沿线及附近村庄在功能上主要以交通服务、商贸服务为主。在空间上注重展示顺平乡村整体风貌。该类村庄包括：神南镇区、刘家营、隘门口、永胜村、贾各庄、司仓村、西白司城、东白司城(图 10-27)、安阳集镇、黄岩村、井尔峪、团结村、河口集镇、北下邑、马家庄、辛庄村、阳各庄、蒲王庄、东于家、狼山村、朝阳村、白云集镇、新增庄、唐行店、正童村、北堡村、南辛村、东五里岗、尧城村、亭乡村、下叔村、坝子口、高于铺镇区。

发展指引：交通型村庄在功能上充分体现过境服务功能，便捷的交通条件，人员流动性增大，村庄的空间发展应为这些过境交通提供服务，例如穿梭餐馆、快捷旅店、便利店等服务型功能配套为主。加大交通配套设施建设，村庄道路建设等各项基础设施应符合村庄发展速度。加强村庄防护，避免过境交通对村庄的干扰。同时提升加油站、维修厂、检测场等交通配套设施能级。进行交通沿线环境整治，交通沿线通常被视为消极空间，存在管理缺位，造成了沿线村庄环境存在建筑风貌差、绿化不足、环境污染等问题。针对现状村庄环境存在的问题，制定面向实施的整治措施，形成便于操作、易于推广的方案，有效指导了村庄环境整治实施。最后，交通型村庄是对外展现顺平整体环境风貌形象的重要窗口，依据高速行进过程中，规划注重村庄远近、高低不同的空间组合带来的不同视觉感受，以及沿线不同地域的人文特质。

图 10-27　良顺线东白司城

④ 古村落型村庄

对于古村落型村庄要进行活态保护，恢复其固有的文化活性，让物质和非物质文化遗产动态融合。村庄包括：宁家庄、王家庄、龙王水、北湖村、峰泉村(图 10-28)、雅子村。

图 10-28　峰泉村

发展指引：保护民居原乡原貌，保留原有建筑风貌前提下，采取原来的特色建筑材料和传统的建筑工艺，对建筑进行适当修葺和改装，维持建筑原来的古朴外观和建筑装饰。保护文化产业资源，挖掘旧村的历史文化价值，开发旅游特色资源，利用规划、整治，为村民提供良好的居住环境，带动村民就业，推动可持续发展，同时要避免旅游功能与居民的居住功能之间的互相干扰，避免过度建设而破坏古村的古朴氛围。保护巷道特色，完善设施建设，以保护古村的整体风貌为前提，改善居住环境，古村内的麻石巷道是古村建筑特色的重要组成部分，应进行保护，完善路灯等照明设施，对排水系统的整治应以疏通渠道为主，以保留巷道特色；对供电线、网络线、电视信号线等应尽量埋底铺设；大力改善内部的生活设施，如厕所、水电、网络、照明等，满足现代日常生活、办公的需要。保护生态环境，融入山水格局，古村落作为一个保护相对完整的历史载体，是难能可贵的宝贵资源，充分利用自然环境资源，营造亲近自然的氛围，开辟生态旅游。

⑤ 浅山型村庄

浅山型村庄多分布在地形变化复杂的区域，村庄改造应全面注重与地形变化的有机结合。村庄包括：柴导村、小掌村、柏山村、东峪村、龙堂村、西于家、桑园村、马家台、柏山村、源头村、真理村、中下邑、南下邑（图 10-29）、杨辛庄、东安阳、麦旺村。

发展指引：形成错落有致的台地景观，浅山型村庄受地形变化影响，村庄建筑形式不能像平原地区村庄建筑形式一般整齐，多是依地势而建，采用平、坡交错的屋顶形式，形成起伏自然的建筑风貌。结合地形完善设施建设，道路交通、电力、信息网络及农业基础设施建设等，结合地形特点敷设管道，注重经济成本和维护费用，构筑实用性的基础设施系统。注重生态环境安全建设，村庄建设要加强生态安全建设，避免滑坡、泥石流、坍塌等地质灾害对村庄的破坏。

图 10-29　南下邑村

⑥ 山谷型村庄

山谷型村庄分布在两山之间的狭长地带，以带状居多，建设用地分散、交通联系不便、生态环境脆弱，呈现出相对封闭的状态。未来改造重点应该在加强改善人居环境的建设上，加强基础设施和公共服务设施建设。村庄包括：郭家庄、峦头村、新建村、南峪村、史家沟、小水村、葛庄子、宅仓村（图 10-30）。

发展指引：完善生活服务功能，以保障基本生活型服务为主，包括医院、学校等。利用生态屏障建设与旅游发展的关系。循序渐进解决设施不足，因地制宜，通村公路不能全部要求硬化，有条件的地方进行道路硬化，对于条件不允许的村庄先保证村村通道路，铺砂石，先解决人员车辆进出问题；对村庄内供水、供电等建设进行补充。延续现有村庄肌理，延续山谷型村庄布局特点，采取建筑体量宜小不宜大、建筑层数宜低不宜高、建筑布局宜疏不宜密的布局形式，使山地建筑融于自然山体环境之中。改善脏乱差生活环境，整治脏乱差现象，提升整体景观环境质量。利用可再生能源，优化村庄环境、治理农业污染。

图 10-30　宅仓村

⑦ 平原型村庄

平原地区村庄受县城辐射力强，发展速度快，而且以现代化风貌为主，与农田景观结合紧密，也方便村民将生产与生活。该类村庄包括：常北庄、常庄村、常南店、峨山村、魏村、董家庄、阎家村、邵家庄、永禄村(图 10-31)、南吕村、何家营村、吴村、石家庄、东韩童、苏家营。

发展指引：规整院落式布局，现有院落为对称布置与非对称布置两种布局形式，以房间组成“四合院”或“三合院”的形式，或以正房(北房)，配以东(或西)房，或只建一排正房的形式。新建民居逐渐采用楼房形式。鼓励新型农村社区建设，为工业化和城镇化腾出发展空间，新型农村社区集中连片进行规划建设做到科学、合理地使用土地，发挥土地的经济社会效益；同时对腾出的原旧村址进行整理复耕。推进“互联网＋”农业信息化，平原地区的村庄是受城市发展影响最大的地区，接受新事物的能力强，把“互联网＋”融入乡村基础设施建设，使农村信息化产生极大的经济效益和社会价值，将“村村通信息”提高到与“通水、通电、通路”的同等重视的高度来对待。提升村庄整体环境面貌，开展乡村环境综合整治，全面改善和美化农村整体环境面貌。适当建设生态景观和休闲健身场所。在环境建设上要与县城区同步标准，同时把环境整治向村民庭院延伸。

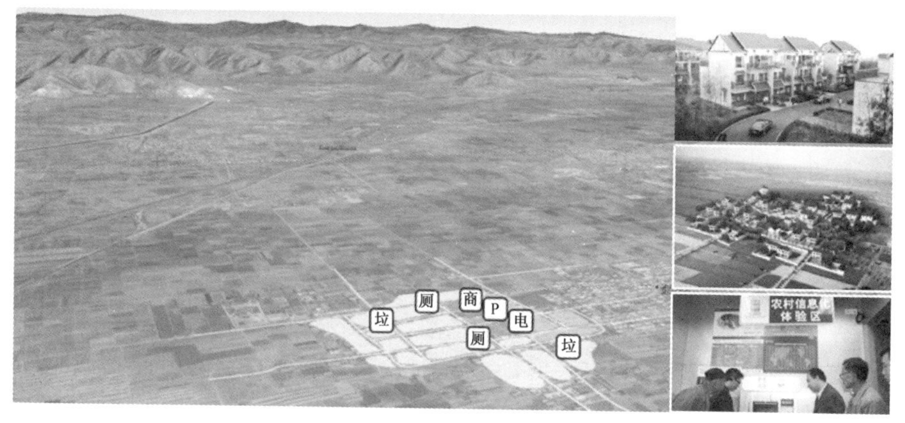

图 10-31　永禄村

(7) 近期建设指引

① 近期重点产业承接平台建设。根据顺平县各个乡镇产业发展基础和未来产业承接方向，分别规划了 2016—2017 年和 2017—2020 年产业平台建设重点(图 10-32)。

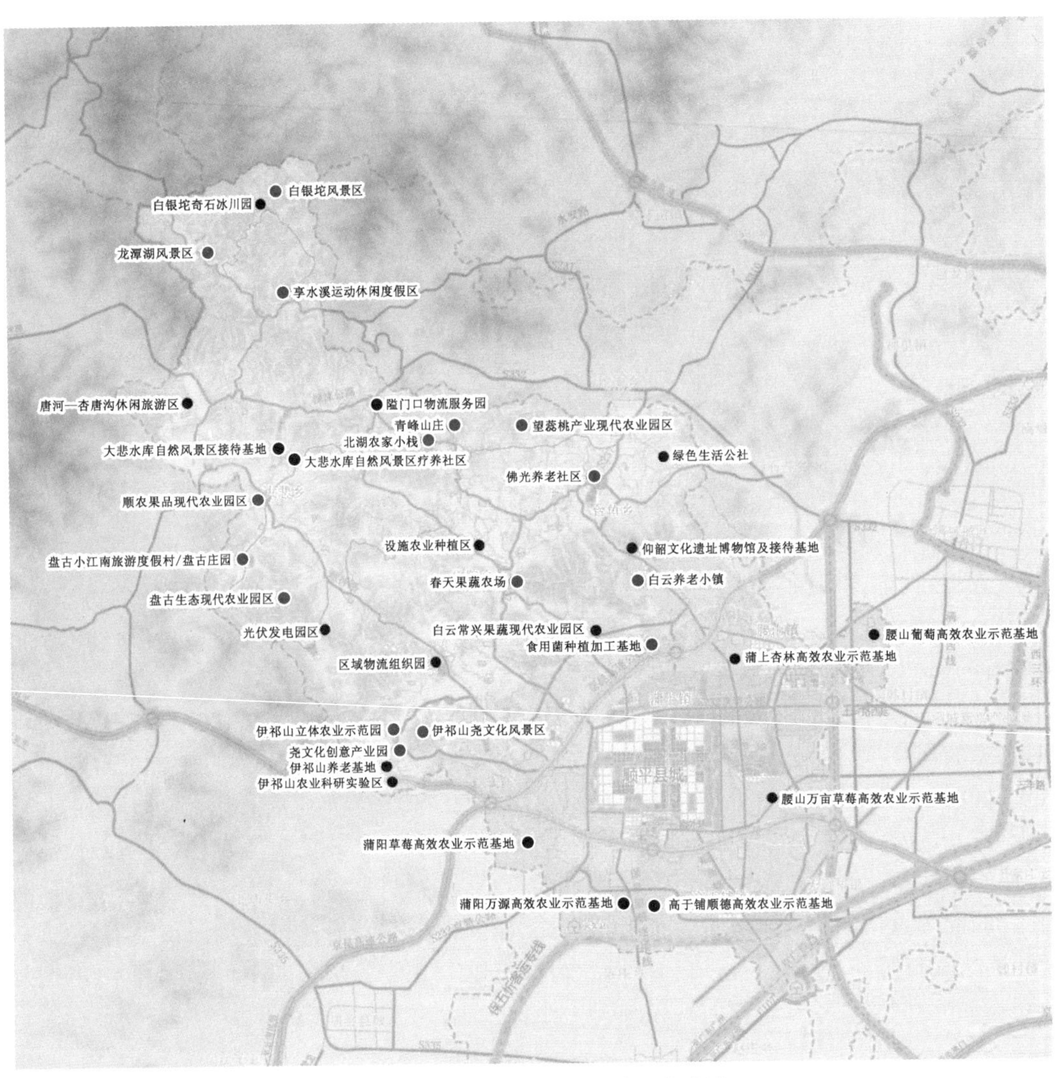

图 10-32　近期重点产业承接平台建设

② 近期公共服务设施建设。积极对接京津教育、医疗等优质资源，近期积极推荐县城中心区建设三甲、二甲医院两个、文化馆一处、体育馆一处（具体用地控制在城市总规和控规中予以落实）。

③ 近期重大设施建设。保阜公路城北段东延，对接保定市七一路西延，加强顺平县与保定市中心城区的联系。城区南外环东延，对接保定中心城区三丰路西延，加强中心城区、产业园区及平原乡镇与保定中心城区之间的联系。提升顺神路延长线等级并西延——延伸至宝平线联通荣乌高速易县坡仓出入口，加强西部山区与快速公路的衔接，为景区旅游产业的发展打下基础。

利用南水北调工程契机，加快地表水厂建设及投产，将地表水作为城区以及工业区的主水源，关闭自备井，恢复地下水水位。为控制污水废水点源、面源污染，近期加快城镇污水管网建设，城区现状污水处理厂进行二期扩建工程，对于成规模镇区及工业片区新建污水处理厂。为保护大气环境，有效消减雾霾天气，改变顺平县当地传统燃煤型能源结构，近期应加大输配电、采暖及燃气供应设施建设。近期建设工程主要包括蒲上 110 kV 变电站、李思庄 110 kV 变电站、尧山天然气门站及各乡镇 CNG 供气站、城区热电厂建设。

④ 近期美丽乡村建设。2016 年集中打造“享水溪”片区 8 个村庄、佛光寺片区的北康关、南台鱼，其他乡镇的 8 个扶贫村，共计 19 个美丽乡村建设，依托景区开发加快乡村的经济发展，改善乡村的人居环境；2017 年集中打造大悲、神南现代农业园区，台鱼古村落、腰山王氏庄园等为核心的美丽乡村片区，推进农村经济产业化发展，开发农产品加工、休闲农业等，促使农民能够更多的分享农业增值的经济效益，发展古村落、传统文化乡村旅游，将旅游接待功能与居民日常活动功能相结合，提倡民宿、农家乐等配套产业，打造传承传统地域文化的美丽乡村村落；2018 年重点打造伊祁山片区和高于铺塑料园区周边的美丽乡村；2019 年重点打造平原地区及腰山的美丽乡村，顺平县平原地区的美丽乡村建设要因村制宜、突出特色、示范带动、梯次推进，一村一特色，点线连片发展，突出新农村和新民居的现代风貌；2020 年重点打造安阳乡、京昆高速沿线及腰山南部的美丽乡村。京昆高速沿线村庄是顺平县对外展示美丽乡村风貌的重要窗口，在村庄风貌上重点加强传统文化元素符号的体现。安阳乡古村落相对集中，重点加强石头民房的改造工程，改善村庄卫生条件、饮水安全等实际问题。

2）分乡镇指引

顺平县包含五镇五乡，五镇分别为：神南镇、蒲阳镇、蒲上镇、腰山镇、高于铺镇；五乡分别为大悲乡、台鱼乡、河口乡、安阳乡、白云乡。分别选取神南镇和腰山镇作为山区和平原的两个实例指引。

（1）神南镇发展指引—悦山乐水，遨游神南

① 概况

神南镇地处顺平县城西北 27.8 km 处，镇域东部与满城区相邻，西与唐县相接，南部与大悲乡相连，北部与涞源县、易县接壤。辖区总面积 92 km^2。神南镇共辖 18 个行政村，36 个自然村，面积 92 km^2，总人口 12 252 人，3 373 户，耕地 585.07 hm^2，荒山面积6 000hm^2。2014 年镇域国民生产总值为 3 400 万元，人均收入 2 300 元。农村经济十分薄弱，发展极不平衡，相对较发达的是唐河流域的南神南、北神南、神北、胜利和顺利村，其他各村土地贫瘠，山高路陡、地理条件恶劣，以农业生产为主，无其他产业，村民居住分散，基础设施条件落后。

神南镇以林果和旅游业为主。目前在南神南村和北神南村形成了 133.33 hm^2 的三优红富士苹果基地。北神南村 26.67 hm^2 亩的薄皮核桃基地。神南镇处于太行山东麓，复杂的地质作用构成了丰富的地貌景观，具有很大的观赏价值。旅游开发主要集中在唐河流域和龙潭湖的周围，有一定的旅游基础。植被覆盖率高达 60%。工业基础薄弱，由于山区用地紧张，且神南镇属于太行山生态林区、水土保持涵养区，工业发展与生态保护要求相抵制，因此，工业发展受到抑制，后劲不足。

目前存在的主要问题是：特色产业规模较小、辐射力不强；设施配套不完善，基础设施建设跟不上旅游产业的发展；旅游项目停滞现象普遍，主体开发动力缺乏；对外交通联系薄弱，未能找到突破口。

② 发展目标和定位

依托区位优势，满足京、津、石地区短期旅游需求，打造京津冀地区观光休闲的旅游胜地；结合本地生态产业优势和紧临保定市的地理位置优势，建设生态观光旅游区、休闲度假区，满足保定和周边地区长期和短期休假需求，构建生态旅游示范点；联合顺平县丰富的旅

游资源，与周边旅游区形成协同联动的旅游关系，打造旅游观光示范区；充分利用神南镇的自然条件和山水风光，强化生态保护工作，适度开发旅游接待设施，同时注意人工建设同自然的结合。构建“全域旅游”的概念，各景区间相互配合，捆绑营销，旅游资源整体调配，打造“神南”旅游品牌。

立足于现状条件，充分利用区域优势和现有旅游资源的基础，积极克服不利因素制约的“瓶颈”，寻求准确的突破口，积极推进区域旅游资源整合、强化乡域经济支撑、内引外联、解放思想、调动各方面的积极因素，加快项目储备、资金融通、人才技术引进和专业市场培育，全力推进旅游配套服务业及相关产业的发展，增强综合实力和发展活力，搞好神南镇的建设。

③ 空间布局规划

将县域空间划分为城镇空间、农业空间和生态空间三大空间。其中，生态空间集中在乡域中部及北部，以林地、山地和果树种植为主，同时包括龙潭湖及白银坨景区（永兴村、官银堂村、复兴村、百福台、向明村）；农业空间为农村居民点、农田及村级道路（刘家营、胜利村、顺利村）；城镇空间包含乡集镇区、公路及依托白银坨等旅游区的服务设施用地（乡集镇区、龙潭村、杨家台）（图 10-33）。

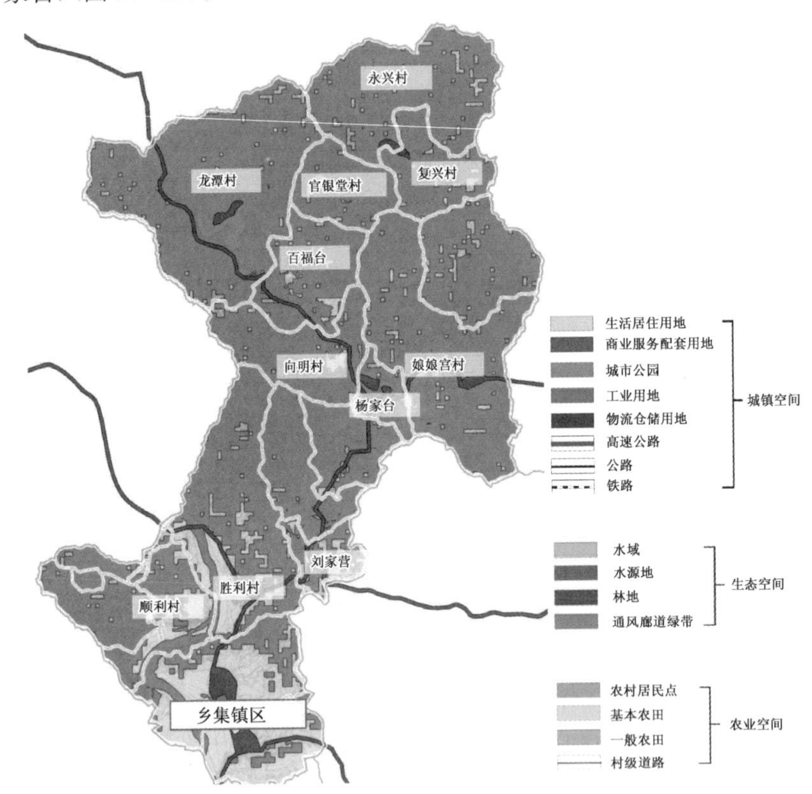

图 10-33　神南镇三大空间分布图

④ 镇村体系规划指引

依据《河北省顺平县城乡总体规划（2013—2030）》，将永兴村、复兴村、刘家营村等现状 18 个村庄迁并整合为 11 个村庄。神南镇主要功能类型包括 3 类，分别是旅游接待型（永兴村、官银堂村、复兴村、百福台村、向明村、娘娘宫村、顺利村）、旅游接待＋高效农业型（胜利村、乡集镇区、北部村庄）、高效农业示范型（刘家营村、乡集镇区、南部区域）。其中旅游接待

表 10-8　神南镇村庄整合情况列表

序号	名称	2030 拟整合情况	
		整合类型	整合后村名
1	永兴村	迁并	永兴村
2	青榆沟村		
3	官银堂村	保留	官银堂村
4	复兴村	迁并	复兴村
5	张家庄		
6	龙潭村	保留	龙潭村
7	刘家营	迁并	刘家营
8	新华村		
9	大黄峪		
10	娘娘宫	保留	娘娘宫
11	杨家台	保留	杨家台
12	百福台	保留	百福台
13	胜利村	保留	胜利村
14	顺利村	保留	顺利村
15	向明村	保留	向明村
16	南神南村	迁并村改居	镇区
17	北神南村		
18	神北村		
合计	18 个	11 个	

型占最大规模，神南镇的主导产业应是旅游观光体验和接待度假，以发展观光旅游和生态体验游为产业亮点(表 10-8)。

⑤ 交通组织架构

分乡镇指引交通系统规划包括省道、县道、一般道路 3 个等级。规划原则是在现状路网条件基础上，落实全域规划中新建和改造提升县道规划，依据产业发展增加和改造提升一般道路。神南镇域内有现状省道 S332 保涞公路，不进行调整。将现状 125 乡道改造提升为县道。改造提升一般道路 1 区段，为南盘村至安子村道路，总长约 3.8 km。

⑥ 公共服务设施规划

依据以下布局原则：公共设施的配置水平与村镇人口规模相适应，并优先建设；公共设施应集中布置，形成村镇公共活动中心；各类公共设施的规划应与各专业规划相衔接；公共设施布局规划着重加强对公益性公共设施的规划和引导；公共设施的选址应考虑合理的服务半径，并避免沿公路建设。

⑦ 产业区发展指引

产业区识别：神南镇主要产业区建设“四区一基地”。其中，四区包括白银坨康体养生度假区、龙潭湖国家级山水旅游景区、太行享水溪景区、唐河—杏唐沟漂流体验景区；一基地为神南果品高效农业示范基地。

神南镇在 5 大产业区(图 10-34)基础上，分布有 9 个先行项目，除了表 10-9 中的 8 个先

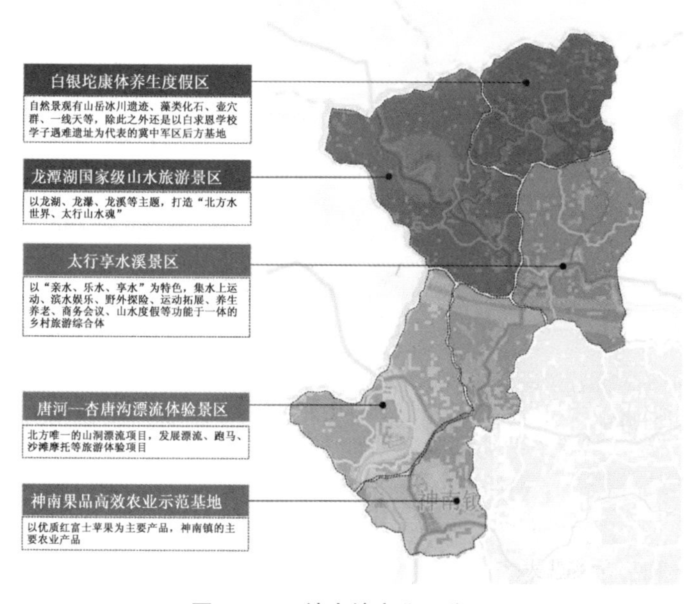

图 10-34　神南镇产业区分区图

行项目外，还包括选址南神南村九龙山的地面光伏电站项目，占地 266.67 hm^2 亩。其中重点项目 5 个，包括 4 个旅游景区和 1 个养老社区(图 10-35)。

表 10-9　神南镇重点项目指引表

项目名称	项目规模(hm^2)	项目类型	依托条件	涉及村庄
白银坨风景区	812	旅游观光	山岳冰川遗迹、藻类化石、壶穴群	永兴村
龙潭湖风景区	144	旅游观光	龙潭湖、康斑沟	龙潭村
唐河—杏唐沟休闲旅游区	528	旅游体验	元明时期西域寺遗址、宋代佛寺等、唐河	胜利村
享水溪运动休闲度假区	295	旅游体验	灰岭、享水溪	杨家台
白银坨山水度假养老社区	25	养老小镇	白银坨自然条件	永兴村
仙界峡景区	319	旅游观光	自然景观	龙潭村
梯子沟景区	357	旅游观光	自然景观，红色文化	龙潭村
神南三优红富士苹果基地	317	万亩园区	苹果种植	乡集镇区

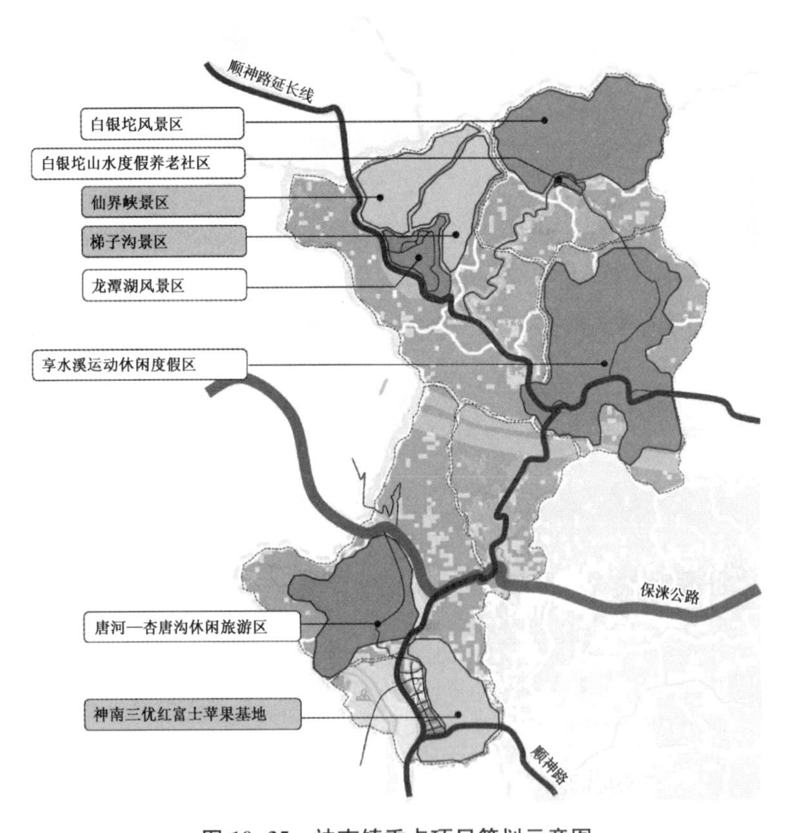

图 10-35　神南镇重点项目策划示意图

第一，重点项目指引。

项目一：白银坨风景区(图 10-36)

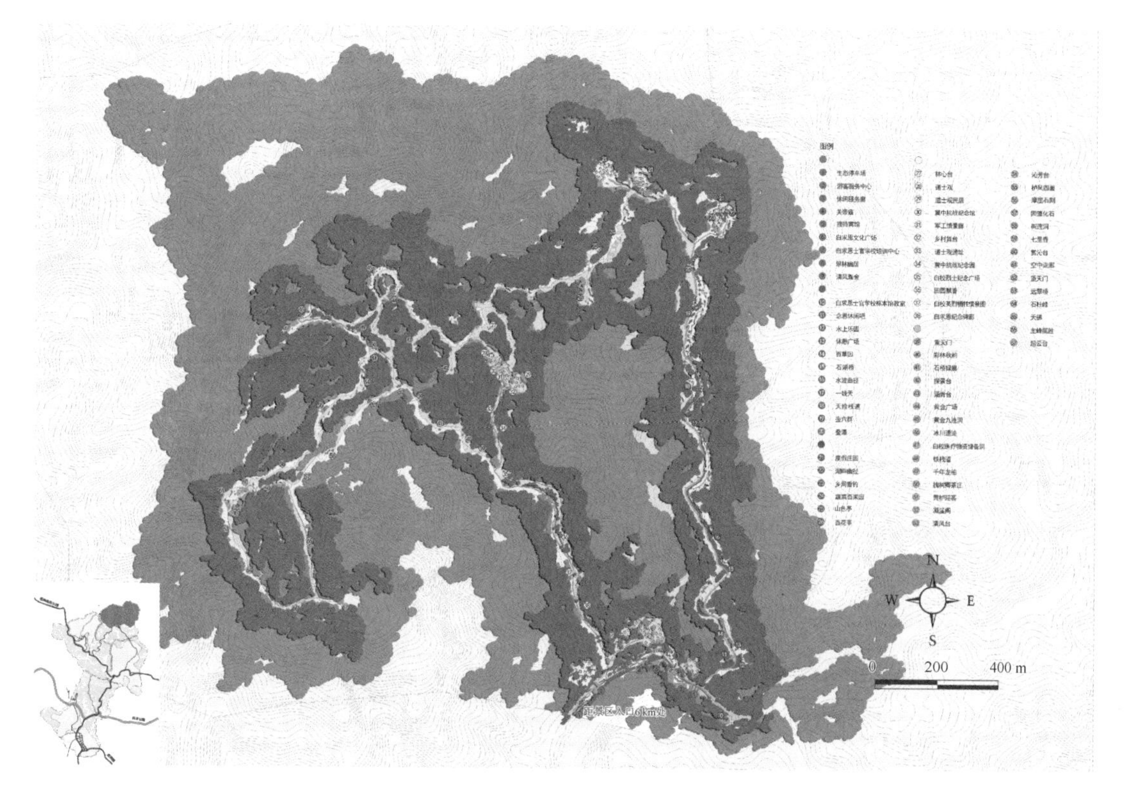

图 10-36　白银坨风景区设计指引

位置：神南镇永兴村、复兴村北部

规模：812.2 hm^2

具体项目：红叶观赏、红色文化旅游、自然地质奇观等

接待能力：12.5 万人/日

分期实施计划：一期(2016—2017 年)：建设游客服务中心、农家乐、商店以及移动信号等主要服务设施，重点开发生态观光区的新的项目节点，对现有的停车场、重天门、铁栈道等节点进行改造；二期(2018—2020 年)：继续完善生态观光区的观光节点；打造石湖峡的水景观，适当开发部分水上娱乐项目，完善公共服务设施、标识设施，积极申报 4A 级景区。

运营重点：发挥康体养生、旅游观光、爱国思想教育基地三方面功能，以构建成保定市西部山区具有影响力的旅游休闲度假产品为最终目标。

融资方式：财政拨款、银行贷款。

白银坨景区应向省、市发改委、财政和旅游部门申报，并争取列入“十三五”期间河北省旅游重点调度项目，积极争取国债资金、国家专项投资和旅游发展募金项目。

项目二：白银坨山水度假养老社区(图 10-37)

位置：神南镇永兴村

规模：24.7 hm^2

具体项目：慢养社区、老年社区、老年活动中心、理疗中心、生态氧吧、旅游服务中心节点、民俗商业街、民宿

分期实施计划：一期(2016—2017 年)：建设游客服务中心，建设理疗中心、老年活动中

心等主要服务设施，一期慢养社区和老年社区；二期(2018—2020年)：开发养生小镇民俗商业街项目节点和餐饮服务，完成慢养社区和老年社区建设，完成户外生态氧吧植被种植。

运营重点：通过政府、传统媒体、网络传播加大度假养老社区宣传力度，白银坨景区协同发展、相互促进、捆绑宣传。

融资方式：企业自筹、银行贷款。

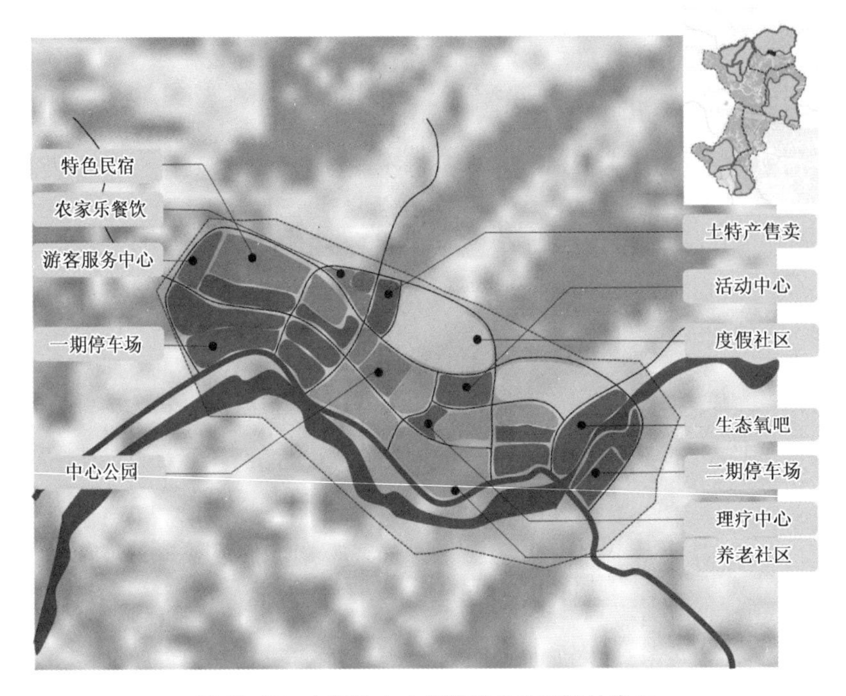

图10-37　白银坨山水度假养老社区设计意向

项目三：龙潭湖风景区(图10-38)

位置：神南镇龙潭村

规模：835.5 hm^2

接待能力：20万人次/年

具体项目：水上游乐区、凤凰岛度假山庄、龙潭渔家、彩虹花带接待能力

分期实施计划：一期(2016—2017年)：明确定位，设计开发，前期融资等，整修道路，完善公共基础设施建设；二期(2018—2020年)：重点开发旅游特色项目建设，完善核心湖区建设，开发旅游周边项目，农家乐，建设水上活动中心和滨水休闲区。

运营重点：坚持“市场开放、客源互送、优势互补、合作共赢”的原则，发挥西部山区旅游资源和“京津冀”都市圈区位优势，加强与周边县市的区域合作。通过旅游项目串联，打造精品旅游路线，联合推出旅游项目和线路，打造无障碍旅游区，实现区域旅游共同繁荣和发展。

融资方式：政府投资、企业自筹、银行贷款。

项目四：享水溪运动休闲度假区(图10-39)

位置：神南镇娘娘宫村、杨家台村

规模：1 341 hm^2(神南镇范围内)

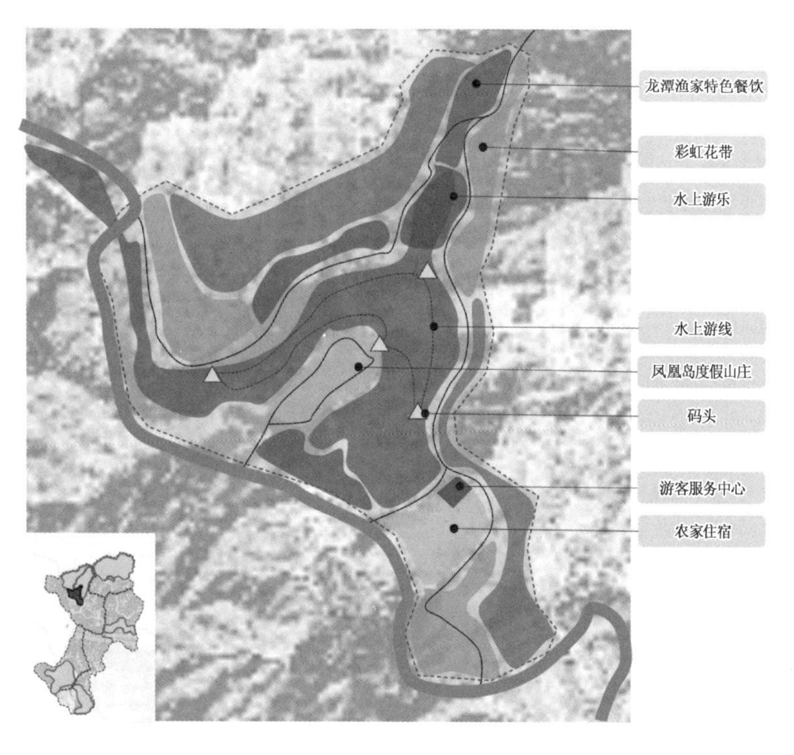

图 10-38　龙潭湖风景区设计意向

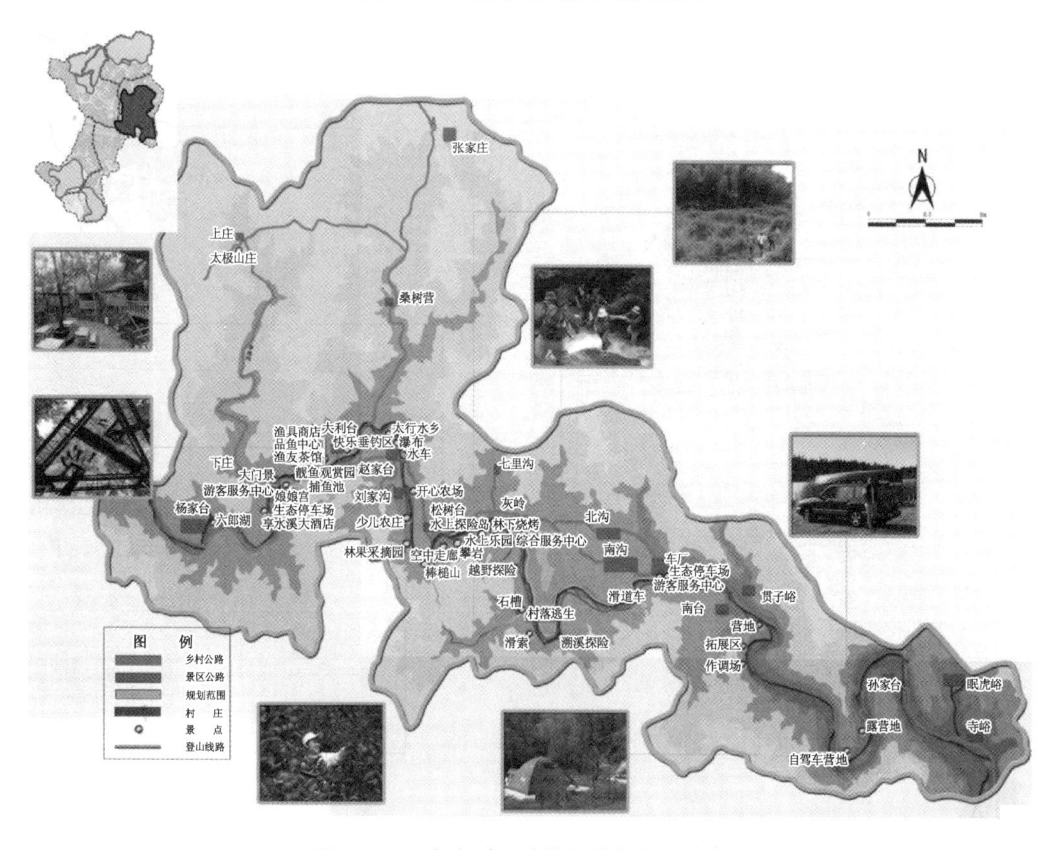

图 10-39　享水溪运动休闲度假村设计意向

具体项目：游客服务中心、享水溪会议中心、精品住宿、临溪垂钓区、水上乐园、溯溪运动区、山地拓展区

接待能力：30 万人次/年

分期实施计划：一期（2016—2017 年）：基础设施提升，度假区区主入口及次入口景观，游客服务中心及享水溪综合服务中心；购买水上游乐设施；二期（2018—2020 年）：建设休闲度假板块，太极山庄，太行水乡。

运营重点：利用现有自然资源规划编制观光路线，串联各服务游乐设施，全面推进景区向纵向发展。发展水上活动中心延伸功能，建设配套的休闲度假村。水域花海，梦境山乡。

融资方式：银行贷款、企业自筹。

项目五：唐河—杏唐沟休闲旅游区（图 10-40）

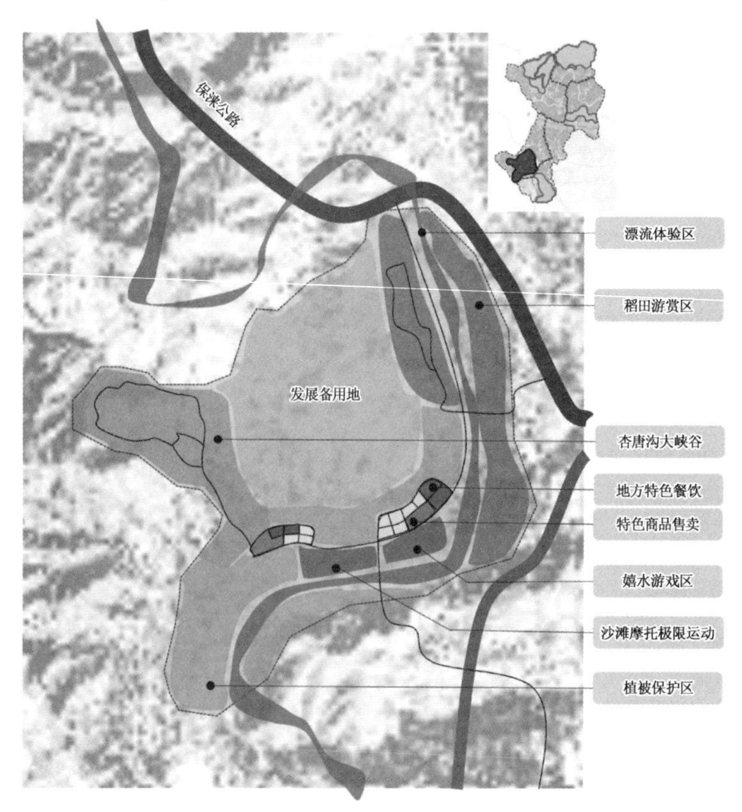

图 10-40　唐河—杏唐沟休闲旅游区设计意向

位置：神南镇胜利村、神北村

规模：528 hm^2

具体项目：杏唐沟大峡谷、华北第一洞漂、沙滩摩托、亲水嬉戏

接待能力：30 万人次/年

分期实施计划：一期（2018—2020 年）：新建大型生态停车场、沙滩摩托、跑马场、旅游厕所、停车场餐饮休闲接待区，对河道进行清理，修复洞漂声光电音响、旧电瓶车、吊桥、上下游码头；进行唐河漂流河道维修、环境绿化、电力改造工程，杏唐沟规划编制、步游路、竹楼维修改造和进出景区公园建设；二期（2021—2023 年）：完善景区重点景点建设，沙滩摩托极限运

动场、亲水嬉戏区，景区内便利商店及特色饭店。

运营重点：把握异质化景观资源，增加体验性项目，以“华北第一洞漂”为宣传亮点，打造体验旅游行程，形成神南镇旅游体系中同观赏式景区结合的重要体验式景区。

融资方式：银行贷款、企业自筹。

第二，分期建设及投资收益估算。

神南镇重点项目分期建设及投资收益估算参见表 10-10。

表 10-10　神南镇重点项目分期建设及投资收益估算表

	项目名称	预期投资	建设规模	内容	经济效益分析	项目名称	预期投资	建设规模	内容	经济效益分析
2016—2017 年	白银坨风景区（一期）	3 000 万元	占地 100 hm^2	前期规划建设、投资预算	投资时期	—	—	—	—	—
	享水溪运动休闲度假区（一期）	1.5 亿元	占地 216 hm^2	道路绿化及引导标示系统、灰岭综合服务中心	投资时期	—	—	—	—	—
	龙潭湖风景区（一期）	5 000 万元	占地 160 hm^2	前期融资等，整修道路，清理湖泊，修复河道	投资时期	—	—	—	—	—
2018—2020 年	白银坨石冰川园（二期）	4 000 万元	占地 373 hm^2	打造石湖峡的水景观；继续完善生态观光区的观光节点；开发部分水上娱乐项目	接待游客 300 万人次/年，期末基本收回成本	唐河—杏唐沟休闲旅游区（一期）	2 亿元	占地 2 000 hm^2	新建大型生态停车场、沙滩摩托、跑马场、旅游厕所、停车场餐饮休闲接待区，清理河道	投资时期
	享水溪运动休闲度假区（二期）	1.6 亿元	占地 100 hm^2	游客服务中心及灰岭综合服务中心、享水溪大酒店	接待游客 100 万人次/年，净利润 1 000 万元/年	白银坨山水度假养老社区（一期）	约1.2 亿元	占地 112 hm^2，建筑面积 4 万 m^2	建设游客服务中心、老年专属医院、老年活动中心等主要服务设施	安置异地养老60户、单身空巢老人200名，年净利润400万元
	龙潭湖景区（二期）	5 000 万元	占地 150 hm^2	完善丰富由龙门飞瀑—仙界峡湖区—奇峰异石观光园—情人谷组成的观光路线，开发旅游周边项目，农家乐，建设水上活动中心和滨水休闲区	实际收益每年增加3 000万元	—	—	—	—	—
2020—2023 年	白银坨奇石冰川园（运营）	通过营销手段打响园区品牌，成为全国最具影响力的旅游观光地。实现纯盈利 3 000 万元/年，逐年以 30%的增长速度增长				唐河—杏唐沟休闲旅游区（二期）	2 亿元	占地 1 000 hm^2	沙滩摩托极限运动场、亲水嬉戏区，景区内便利商店及特色饭店	客流量 20 万人次/年，年纯利润 8 000万元
	享水溪运动休闲度假区（运营）	完善服务投施，加强宣传，提高知名度，成为北方地区首选商务会议场所。实现年利润 3 000 万元起，逐年以 30%的增长速度增长				白银坨山水度假养老社区（二期）	8 000 万元	建筑面积 2 万 m^2	完善养生小镇内养老设施建设	安置异地养老 100 户、单身空巢老人 300 名，年净利润 600 万元
	龙潭湖景区（运营）	实现年利润 4 000 万元，逐年以 30%的增长速度增长				—	—	—	—	—
2024—2030 年	—	—				唐河休闲接待基地（运营）	实现纯盈利 8 000 元/年，逐年以 30%的增长速度增长			
	—	—				仙界峡景区（运营）	不断增加完善养老设施及服务，借鉴先进的管理经验，建成中国先进的养老小镇			

⑧ 基础设施发展规划指引

第一，电力规划。目前神南镇由大悲 35 kV 变电站供电，主变一台，总容量 3.15 MW。远期根据用电负荷的增长，对其进行扩容，达到 3.15+10 MW 以满足神南乡乡域用电需求。10 kV 供电线路距离不得超过 3 km，每回路 10 kV 线路负荷不得超过 3 000 kW。集镇区内的 10 kV 线路在繁华路段及主干道路上宜采用电缆敷设。10 kV 用户变压器容量一般应为 200—250 kVA。低压供电半径不得超过 500 m。现状 500 kV 电力线两侧各留 35 m 绿化防护带，此区域禁止任何与电力设施无关的建设活动。

第二，给水工程规划。集镇区水源地确定在唐河东侧。其他各村落亦逐步采用集中开采地下水，经消毒由管网向居民供水。采取多方面措施，节约用水，缓解用水供需矛盾：一是大力推行节水措施，采用先进节水技术；二是推广节水型农业灌溉技术，降低农田灌溉用水定额；三是充分挖掘拦蓄水工程潜力，提高水资源利用率；四是积极保护现有各类水资源不受污染，已经污染的水源要限期治理；五是重视雨水渗蓄工程建设，制定技术规范，推广雨洪利用技术。结合城镇建设、绿化和生态建设，广泛采用透水铺装、绿地渗蓄、修建蓄水池等措施，在满足防洪要求前提下，最大限度地将其就地截留利用或补给地下水。

第三，排水工程规划。集镇区以及重要的经济发达的村落，采用雨、污分流制。雨水就近排放河道沟渠。污水根据污水量设置小型生物膜工艺污水处理站达标排放。

第四，燃气工程规划。集镇区规划液化气储配站一座，气源采用瓶装液化气，为居民提供瓶装液化气。以满足居民用气需要。远离乡镇的自然村宜选用沼气、农作物秸秆制气等生物制气。

第五，通信设施规划。继续加大电话普及力度，2010 年达到 20 部/百人，2020 年达到 60 部/百人。规划期末在集镇区设通信支局。加快高速通信网的建设，将其建成高质量、高速率、宽带化的通信网，实现光纤到村、到楼、到路边。大力发展智能网数据通信、中国公用计算机互联网、中国公众多媒体通信网业务，普及到农村用户。同时发展可视电话，光纤宽带互联网，使通信和广播电视共同组成信息高速传输网，加强外界沟通交流，为全乡经济发展服务。

(2) 腰山镇发展指引

腰山镇与蒲阳镇、蒲上镇、高于铺镇等平原镇协调发展，共同指引。

① 概况

腰山镇位于顺平县城东北部，东部边界具保定市区较近，仅 10 km 路程，西接蒲上乡，南毗高于铺镇，北连满城县。地理位置优越，交通便利，保阜公路、顺满公路穿境而过。镇政府在南腰山村，全镇面积 52.27 km^2。

高于铺镇东临满城，西接唐县，南毗望都，北接顺平县城，东南与清苑接壤。

腰山镇下辖 33 个行政村，2009 年年底，镇域常住总户数 11 150 户，总人口 38 469 人，其中从业人员 18 415 人，外来从业人员 1 295 人，第二产业 5 019 人，第三产业 3 440 人。占总人口的 47.87%。腰山镇 2012 年农民人均纯收入 2 639 元，全社会固定资产投资 7 985 万元。

腰山镇农业资源丰富，林果业发展迅速。沿山区主要种植玉米、谷子、甘薯、豆类，平原区主要种植小麦和玉米。林果业发展较快，主要有苹果、葡萄、西瓜、草莓等，林果种植面积 826.67 万 hm^2，水果产量合计 30 715 t。丰富的果品资源为农副产品深加工业和食品业的发展创造了条件。

表 10-11 腰山镇镇村体系表

<table>
<tr><th rowspan="2">序号</th><th rowspan="2">现状村名</th><th colspan="2">2030 年拟整合情况</th></tr>
<tr><th>整合类型</th><th>整合后村名</th></tr>
<tr><td>1</td><td>西腰山</td><td rowspan="3">村改居</td><td rowspan="3">镇区</td></tr>
<tr><td>2</td><td>南腰山</td></tr>
<tr><td>3</td><td>北腰山</td></tr>
<tr><td>4</td><td>西后兴村</td><td rowspan="7">城镇化村改居</td><td rowspan="7">京津产业承接园区</td></tr>
<tr><td>5</td><td>东后兴村</td></tr>
<tr><td>6</td><td>南巷北</td></tr>
<tr><td>7</td><td>北巷北</td></tr>
<tr><td>8</td><td>永旺村</td></tr>
<tr><td>9</td><td>才良村</td></tr>
<tr><td>10</td><td>田家台村</td></tr>
<tr><td>11</td><td>六四庄</td><td rowspan="8">城镇化村改居</td><td rowspan="8">健康产业园区</td></tr>
<tr><td>12</td><td>韩新庄村</td></tr>
<tr><td>13</td><td>西韩童村</td></tr>
<tr><td>14</td><td>东新兴村</td></tr>
<tr><td>15</td><td>西新兴村</td></tr>
<tr><td>16</td><td>北新兴村</td></tr>
<tr><td>17</td><td>南新兴村</td></tr>
<tr><td>18</td><td>韩西庄村</td></tr>
<tr><td>19</td><td>南伍候</td><td rowspan="2">整合</td><td rowspan="2">伍候村</td></tr>
<tr><td>20</td><td>北伍候</td></tr>
<tr><td>21</td><td>东北堡</td><td rowspan="2">整合</td><td rowspan="2">北堡村</td></tr>
<tr><td>22</td><td>西北堡</td></tr>
<tr><td>23</td><td>南营</td><td rowspan="2">整合</td><td rowspan="2">南辛村</td></tr>
<tr><td>24</td><td>辛阳村</td></tr>
<tr><td>25</td><td>海家庄</td><td rowspan="3">迁并</td><td rowspan="3">邵家庄村</td></tr>
<tr><td>26</td><td>两分庄</td></tr>
<tr><td>27</td><td>召家庄村</td></tr>
<tr><td>28</td><td>正童村</td><td>保留</td><td>正童村</td></tr>
<tr><td>29</td><td>唐行店村</td><td>保留</td><td>唐行店村</td></tr>
<tr><td>30</td><td>新增庄村</td><td>保留</td><td>新增庄村</td></tr>
<tr><td>31</td><td>玉山店村</td><td>保留</td><td>玉山店村</td></tr>
<tr><td>32</td><td>东韩童村</td><td>保留</td><td>东韩童村</td></tr>
<tr><td>33</td><td>苏家营村</td><td>保留</td><td>苏家营村</td></tr>
<tr><td>合计</td><td>33 个</td><td colspan="2">10 个(村庄)</td></tr>
</table>

工业企业发展迅速,西部地区依托顺平县肠衣加工的传统特色经济产业优势,主要从事肠衣加工业,以小型乡镇企业为主。同时,借助毗邻保定市的区位优势与便捷的交通条件,保定市的一些大型企业集团在腰山镇也有较多投资。现有较大的中外合资加工企业两家,其他企业有小型水泥厂、白灰厂等。

顺平县腰山工业集中区:位于腰山镇东部,处于唐行店、正童、伍侯、北巷北、新增庄之间的平原地带,西部为界河。交通条件优越,依托保阜公路、顺满公路,与腰山镇、顺平县及保定市有便捷的交通联系。顺平腰山工业集中区处于河北省"一线两厢"区域经济布局和城镇发展的一线地区,已成为保定市向外转移企业的重要接纳地。

② 发展战略指引

提高发展速度在顺平县主要靠二产和三产增长,二产主要分布在平原地区的蒲阳镇、蒲上镇、腰山镇和高于铺镇,提升该地区建设力度,调整产业结构成为顺平未来经济发展的重要途径。

从区域角度制度协同发展战略:蒲阳镇、蒲上镇、腰山镇和高于铺镇应统筹协调用地、产业布局、功能分布等,协同发展优势产业,打造重点项目承载平台,成为顺平县乃至保定市重要的经济增长极。

从产业角度,实现服务京津保核心区的先进制造业基地、健康产业基地、保定核心功能区重要组成部分的定位目标的重要地区。加快新型工业化与信息化的融合,推进新型城镇化建设。

从空间上完成顺平县"向西阔谷,向东筑城"的大空间战略中"向东筑城"的战略环节。呼应七一路轴线和 107 国道产业带,结合交通节点设置新区,构成一城四区的空间结构。

从生态环境角度,保护生态廊道和生态绿核,划定严格绿线和蓝线。构造一城四区的生态基底,避免建设区无序发展,连绵成片。

③ 空间布局

在三大空间划分中,生态空间包括地下水源保护区、河流水系生态廊道和防护绿地廊道等;农业空间包括农村居民点、农田及村级道路,平原四镇农业空间较为连续,耕作条件好;城镇空间包括城区、镇区及产业区建设用地,平原四镇的城镇空间面积大,分布连续,城镇化程度高(图 10-41)。

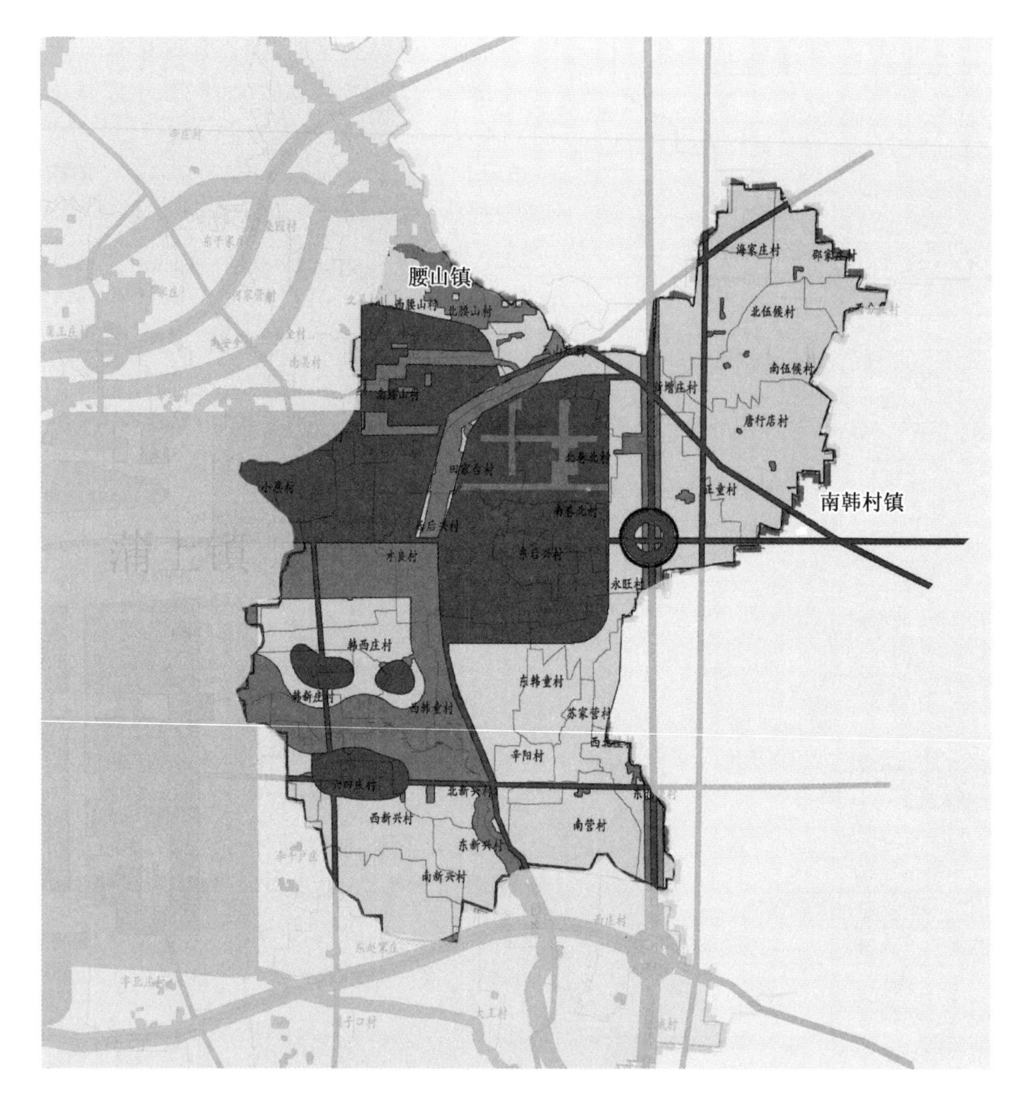

图 10-41　腰山镇三大空间划分意向

④ 镇村体系

腰山镇镇村体系参见表 10-11。

⑤ 交通

平原四镇交通系统规划主要延续《河北省顺平县城乡总体规划(2013—2030)》的规划成果。在总体规划交通规划的基础上,新增对外联系的保阜公路城北段和南外环外延,分别对应保定市七一路西延和三丰路西延。新增乡镇连接线,增强产业区间内部路网联系,活化产业区和各乡镇(图 10-42)。

⑥ 产业发展指引

综合平原四镇,统一部署重点项目,形成一产、二产、三产有机结合、全面发展、重点突破的产业格局(图 10-43)。

案例一:腰山京津产业承接区——影视文化小镇

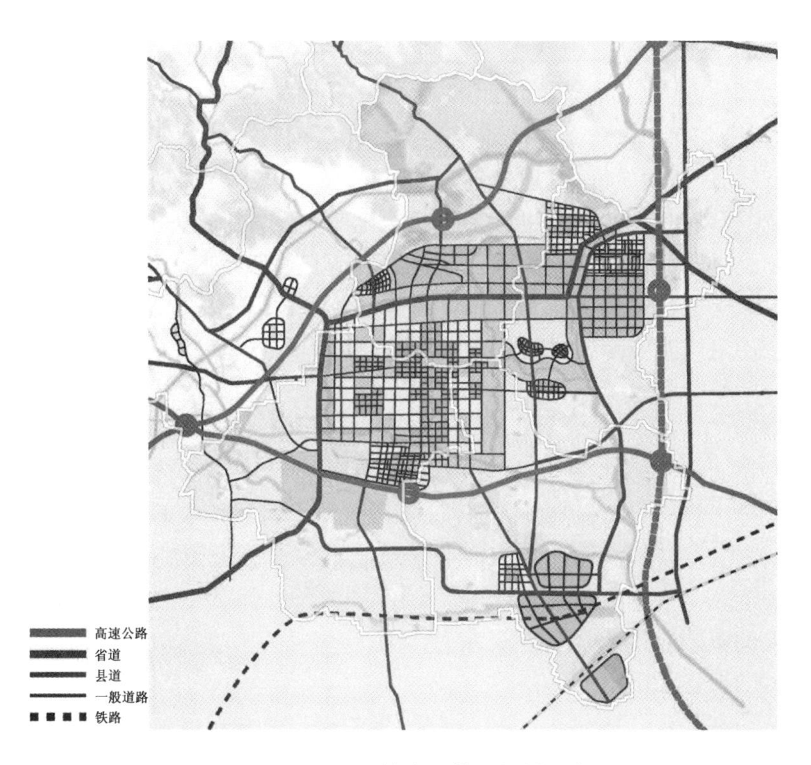

图 10-42　平原四镇交通体系规划示意图

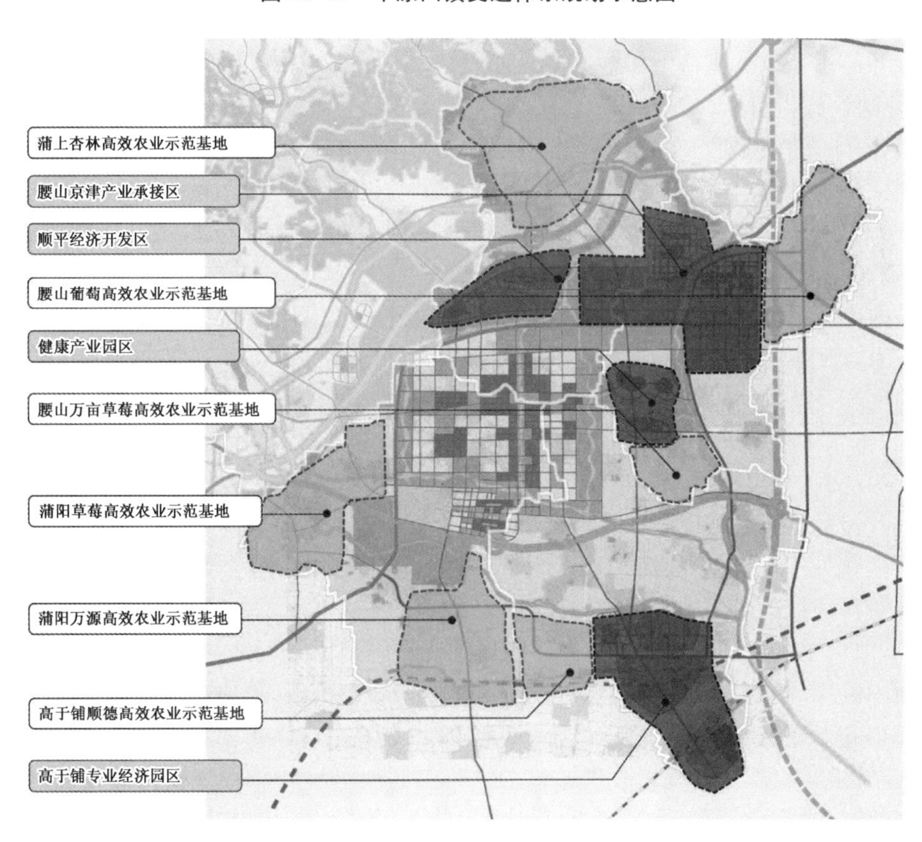

图 10-43　平原四镇重点项目指引

项目位置：顺平县腰山镇

规划面积：约 4 km^2

产业内容：按照“文化＋旅游＋产业”模式，依托全国重点文物保护单位腰山王氏庄园保存完整的明末清初民居建筑群，发展具有满族特色的庄园文化游，创建国家 5A 级景区，同时积极对接京津影视创作机构团体，将影视创意文化产业融入中国非物质文化的保护与利用、开发，打造中国北方非物质文化旅游体验地。催生新产业、新创意、新业态，促进文化产业发展繁荣。

案例二：腰山京津产业承接区——京津产业园

项目位置：顺平县腰山镇

规划面积：约 11 km^2

产业内容：按照《保定市关于贯彻落实京津冀协同发展战略的实施意见》中对顺平的要求，利用交通区位优势对接京保高校科研院所，重点建设高新技术孵化园。打造为腰山影视基地配套的相关先进制造业，构建京津产业转移承接平台。延续满城文体新城的文化产业脉络，丰富完善七一路百里山水文化长廊。

案例三：大健康产业园

项目位置：顺平县腰山镇

规划面积：约 2 km^2

产业内容：依托七一路、三丰路西延后与保定市主城区便捷快速的交通优势，发展大健康产业。主要包括健康咨询、健康体检、中医保健和康复护理等健康管理产业以及营养保健产品研发和高端医疗器械研发等健康产品研发。

⑦ 基础设施指引

第一，给水工程规划。在充分利用现状供水设施的基础上，随着经济的发展逐步完善供水系统。采用村镇供水“镇带村，多村联合”供水方式，逐步实现村镇供水区域共享。近远期结合，统一规划，统一调配水源。加强用水管理，限制高耗水企业发展。提高水的重复利用率，使水资源得到充分的利用。

镇域内生活用水、工业用水、牲畜用水水源为地下水，农业生产用水为地表水。镇区与其他各村庄为居民独立水井供水。镇区、伍侯村、新兴村建设集中供水厂，统一管网供水，供给周边村庄的生产、生活用水。其他各中心村、基层村再辅以采用深井为水源，统一管网供水。

第二，排水工程规划。镇区沿街道敷设排水管道，近期采用雨污合流制，远期采用雨污分流制。中心村、基层村沿主要道路设置排水管，采用雨污合流，重力自流排水。镇区污水排入规划建设的污水处理设施，经处理达标后排入镇区南部的界河。其他村庄污水采用化粪池进行消化处理，净化后的污水排入附近水体。工业污水由各企业自行处理，强化管理，达国家二级排放标准后排到附近水体。

第三，电力工程规划。根据经济发展需要逐步增容腰山变电站。规划新建变电所一个，调整镇域内的 10 kV 电力线，沿镇域主要道路架空敷设电力线，形成镇域电网全覆盖。高压走廊下不得布置建筑物，临近镇区和居民点地段，可布置生产性防护绿地。

第四，邮电工程规划。规划改建邮政、通信支局各一处，并扩大规模。继续加大电话普及力度，2015 年达到 30 部/百人，2030 年达到 40 部/百人。加快高速通信网的建设，为全镇经济发展服务。

第五，能源规划。按照“因地制宜，多元发展”的原则推广使用清洁能源，在继续加快农网建设的同时，大力发展适宜村镇、农户使用的生物智能、太阳能等可再生能源。到 2030 年，户用沼气池达到 80%以上。积极推广农村太阳能热水器。在农村发展集中供热，解决冬季取暖问题。

10.3.5 规划蓝图设计

1）一张蓝图

通过城镇空间、农业空间、生态空间所涉及的众多因素进行优化调整叠加，形成了顺平的全域规划一张蓝图，即三大空间划分图（图 10-44），以城镇、农业、生态三类空间作为规划衔接的平台，其他相关空间规划的管制分区和边界划定，如城市增长边界、永久基本农田和生态保护三条红线，可在三类空间布局的框架下进一步细化，形成更具体的空间管制分区。通过三类空间和细化的管制分区，形成综合与专项相结合的空间管控体系。

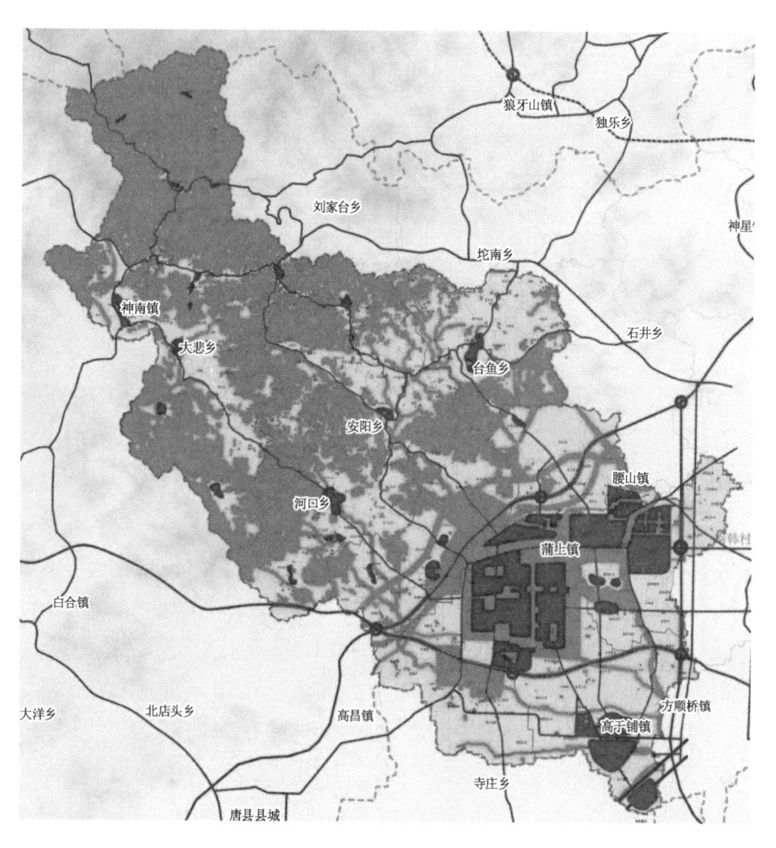

图 10-44　三大空间

2）细化蓝图设计

通过产业发展项目化细化蓝图设计。

（1）规划十三个“万亩园区”

① 蒲上镇杏林高效农业示范基地。园区面积 10 000 亩（1 亩≈666.67 m^2），包括蒲王庄、靠山庄、西于家庄、东于家庄、辛宅、何家营、辛庄、北安全、赵家铺、西南蒲、高胜蒲、郝家庄、苏家町、峨山，发展杏 6 000 亩，苹果 2 000 亩，桃、石榴、大枣、西瓜、甜瓜等 1 000 亩，甘薯 1 000 亩。

② 白云果蔬高效农业示范基地。园区面积 10 100 亩，采用一园多区的模式，分为设施蔬菜区、苹果种植区、桃种植区，其中设施蔬菜区包括常大村、南吕村、百大村、白西庄村、白北庄村等 5 个村发展大棚蔬菜面积 600 亩、食用菌 500 亩、杏树 1 000 亩；苹果区包括东杨各庄、淋涧、阳辛庄、下庄五个村发展苹果 2 000 亩；鲜桃区包括塔坡、狼山、南陈侯、北陈侯、东荆尖、西荆尖、宅坡庄、真理 8 个村发展鲜桃 6 000 亩。

③ 神南果品高效农业示范基地。规划面积 10 000 亩，包含神南镇南神南村、北神南村、西窑、胜利村、神北村、刘家营、新华村、李家庄，主要发展三优红富士，兼有日本甜柿、薄皮核桃。

④ 大悲果品高效农业示范基地。规划面积 10 000 亩，包含大悲乡北大悲村、野场村、峦头村、南清醒村、解放村、龙旺村、郭家村、西大悲村、南大悲村、黄岩村、井尔峪村，重点发展三优红富士苹果，兼有薄皮核桃、日本甜柿。经营模式科研院校＋农户（基地），做大园区规模，与河北农大等科研院校合作，推动产品的绿色无公害方向创新，引进立体种植、立体栽培技术，推进农业园区实用技术开发和推广的步伐。

⑤ 大悲盘古生态养殖高效农业示范基地。以望顺敏达牧业有限公司为龙头，建设 10 000 头种猪场和 4 万头育肥猪场，栽种果蔬 2 700 亩。龙头企业＋循环经济：以园区建设为载体，培育市场牵龙头，龙头带基地，基地连农户的种养加、产供销、贸工农为一体的运营模式，产业采用循环经济模式，养猪与种植有机结合，另可拓展观光与采摘的休闲功能。以望顺敏达牧业有限公司为龙头，利用富有村的沟峪，建设养猪基地，周边的沟峪利用地形整理，可种植桃、梨、苹果等果树，整体形成生物循环系统。

⑥ 蒲阳镇万源高效农业示范基地。规划面积 5 000 亩，包括东下叔、董家庄两个村庄，以万源家庭农场为龙头全部实现粮食生产规模化、机械化。

⑦ 台鱼望蕊鲜桃高效农业示范基地。规划面积 10 000 亩，核心区位于台鱼乡南台鱼村，辐射区包括东峪村、寨子村、小掌村、龙堂村、北康关村、南康关村、东柏山村。

⑧ 河口伊祁山鲜桃高效农业示范基地。园区面积 12 000 亩，包括康各庄、马各庄、北李各庄、石门庄、坛山、大李各庄、张各庄、齐各庄、侯各庄、源头、柏山 11 个村。游客可以进入生态采摘园内采摘新鲜果品，感受收获的乐趣。游客可以在生态观光园里观赏山林风光、桃李硕果。游客可以拿起工具，亲身进入田园林果间体验农家生产劳作，感受生活真谛。休闲度假区能为游客提供舒适、安静、农家风情十足的休闲度假接待服务。

⑨ 安阳果品高效农业示范基地。规划面积 10 000 亩，包括北湖、峰泉、雅子、史家沟、葛庄子、小水、宅仓、苏家庄、刘家庄、杨家庄、霍家庄。主要发展柿子以及三优红富士苹果。主要发展三优红富士苹果以及柿子。

⑩ 腰山镇葡萄高效农业示范基地。规划面积 6 000 亩，包括正童村、新增庄、唐行店、南伍侯、北伍侯、两分庄、邵家庄、海家庄。

⑪ 腰山万亩草莓高效农业示范基地。核心区 1 000 亩位于腰山镇韩新庄村，辐射区包括才良、西韩童、韩西庄、六四庄、北新兴、西新兴、东新兴、南新兴、魏家庄、李千户庄，总面积 10 460 亩。

⑫ 蒲阳镇草莓高效农业示范基地。核心区 1 200 亩位于蒲阳镇东委村、辐射区位于西委村、南委村、东五里岗、东下叔、西下叔、北下叔，总面积 10 000 亩。

⑬ 高于铺镇顺德高效农业示范基地。规划面积 10 000 亩，包含王各庄、苏辛庄、东闫庄、西闫庄四个村，以顺德农业公司、万豪粮食购销有限公司为龙头发展粮食规模化生产 8 500亩，以金国农业有限公司为龙头发展大棚樱桃及蔬菜 1 500 亩。

(2) 规划四个物流基地

① 隘门口区域物流组织型园区。利用保涞公路与腰隘线两条区域公路,服务神南镇、大悲乡、安阳乡的果品与农业产品的物流组织与管理。

② 河口区域物流组织型园区。利用顺神线公路便利条件,服务大悲乡、河口乡的果品与农业产品的物流组织与管理。

③ 城北商贸型物流园区。利用京昆高速出入口优势,为顺平县城的贸易活动创造集中交易和区域运输、城市配送服务。主要为本地生活商品集散地,大型专业物流交易平台,以及发展电商服务中心。

④ 高于铺运输枢纽型物流园区。利用区域上的国道 107 以及大广铁路交通条件,建设铁路货场,在未来形成实现区域上规模化运输,建设专门的运输枢纽型的物流园区,形成区域运输组织功能,主要服务周边县城的大宗物流。

(3) 规划五个养老小镇

① 白银坨养老小镇。利用白银坨风景区优美的自然环境,建设慢养社区、老年社区、老年活动中心、理疗中心、生态氧吧和旅游服务中心节点、民俗商业街等,形成山水之间的理疗养老社区。

② 大悲养老小镇。营造轻松快乐的整体氛围,使老人们在社区内感觉到“老有所养,老有所医,老有所学,老有所乐,老有所为”的服务内容。依托靠近大悲水库依山傍水的自然条件,给疗养和养老人群高质量的生活环境。

③ 佛光寺养老小镇。引入社会慈善基金,形成良性的运营机制,结合佛光寺举行的社会体验活动定期举行文化活动,使佛光寺静心养老社区成为高规格的养老目的地。

④ 白云养老小镇。以蔬菜果品种植、采收的农业体验为亮点,鼓励老年人在养老小镇参加社会活动,关爱老人身心健康。

⑤ 伊祁山养老小镇。实行互助式养老(鼓励刚退休或自理能力较强的老人在能力范围内照顾其他需要照顾的老人,采取积分方式,节省劳动力等同时,积分可用于自己养老的开销)。同时建立信息公开制度,设计科学的服务制度,形成设施配套成熟、医疗水平较高的养老小镇。

(4) 十个旅游服务接待中心

① 白银坨旅游服务基地。结合白银坨养老小镇,建设游客服务中心、农家乐、商店以及移动信号等主要服务设施,提升白银坨景区旅游接待能力,扩大顺平旅游影响力。

② 龙潭湖旅游服务基地。建设初期利用现有旅游资源开放部分重点旅游项目,采取多种融资方式解决资金短缺的问题。结合生态旅游大县和历史文化名县建设,树立景区发展融入文化元素的开发理念,深入挖掘旅游项目的文化内涵,增加观赏性与娱乐性,做到自然景观与人文景观融为一体,全面推进景区向纵深发展。

③ 唐河休闲接待基地。利用现有自然资源规划编制观光路线,串联各服务游乐设施,全面推进景区向纵向发展。发展水上活动中心延伸功能,建设配套的休闲度假村。

④ 大悲水库接待基地。发挥靠近水库的优势,大力发展同垂钓相关的特色餐饮和娱乐项目,将“鱼”和“渔”这两大主题充分延展,建设生态垂钓俱乐部、儿童戏水区、特色鱼主题餐厅、观赏鱼池、亲水住宿等服务设施,将大悲水库从一日游景点发展到两日多日游景点。

⑤ 佛光寺旅游接待基地。在旅游接待基地建设风情一条街,鼓励宾馆、民宿向接待基

地靠拢，形成佛光寺禅事活动和旅游活动的综合服务中心。

⑥ 盘古庄园接待基地。结合盘古小江南旅游度假村建设盘古庄园接待基地。建设会议中心、康体中心、山地酒吧等配套设施，满足长期度假和短时旅游两类客群多样化的需求。

⑦ 仰韶文化体验接待区。建设游客服务中心、仰韶文化体验中心、特色商品一条街等，大力宣传仰韶文化，借助仰韶文化遗址的建设和发展，成为进入遗址区的特色门户。

⑧ 伊祁山接待基地。建设旅游服务管理中心、桃木制品售卖展示区、特色餐饮、田园住宿、农家院出租、停车场。服务伊祁山桃花节观光游客和平日其他游客，建立节事期间游客大量增加的弹性接收机制。

⑨ 王家大院接待基地。依托全国重点文物保护单位腰山王氏庄园保存完整的明末清初民居建筑群，发展具有满族特色的庄园文化游，创建国家5A级景区，同时积极对接京津影视创作机构团体，将影视创意文化产业融入中国非物质文化的保护与利用、开发，打造中国北方非物质文化旅游体验地。催生新产业、新创意、新业态，促进文化产业发展繁荣。

⑩ 汇源食品体验接待基地。依托汇源食品饮料有限公司顺平分公司，开放部分厂区组织开展生产过程参观和体验活动，扩大品牌影响力，丰富顺平的旅游产品种类和旅游路线。

(5) 建立十个农业技术服务中心

① 神南农业服务技术中心。引进苹果种植新技术，积极进行新品种的引种实验、示范、推广、培训和宣传工作，打造神南"三优"富士苹果基地。

② 大悲农业服务技术中心。收集传递农业生产、科技、市场信息，积极推动以柿子、苹果、桃、李子为主的林果业的发展，积极发展以果品采摘为特色的生态观光农业。

③ 台鱼农业服务技术中心。主导新技术推广、品种改良、绿色无公害生产，推进以大久保桃、磨盘柿为代表的桃产业和柿产业发展。

④ 河口农业服务技术中心。指导农户选好生产项目，合理运用农业新技术，重点发展以鲜桃和红富士苹果为主的林果业，和以黄瓜、豆角为主的蔬菜种植业，搞好中低产田改造、配方施肥、提高地力。同时积极推进金针菇这一新型的种植项目的发展。

⑤ 安阳农业服务技术中心。推广密植以京红、美硕、北京晚密、天津露光仙等桃树新品种为代表的桃林。大力推广设施农业栽培，发展李子、双膜覆盖豆角等蔬果种植。

⑥ 白云农业服务技术中心。协助政府制定全乡农业发展规划和年度计划，协调以阳各庄为中心的红富士苹果基地、以常庄为中心的蘑菇种植基地和西片朝阳—陈侯—井尖蔬菜种植带的协同发展，形成林果为主、蔬菜为辅的种植业格局。

⑦ 蒲上农业服务技术中心。加强田间技术指导，做好产前、产中、产后服务，积极发展以红富士苹果和串红杏为主的林果业和草莓瓜菜种植业。

⑧ 腰山农业服务技术中心。收集传递农业生产、科技、市场信息，协助腰山镇发展高效农业，形成东部的葡萄、西瓜种植区；西部的大棚桃、大棚草莓种植区；南部的黄花菜种植区互相协作，共同发展的农业产业发展格局。

⑨ 蒲阳农业服务技术中心。构建"抓三边，带中间"的良好格局，着重发展大棚茄子、草莓、黄瓜、葡萄、伊丽莎白瓜、土豆、杏树等高效农业，建设大城北葡萄生产基地、东委村草莓生产基地、北下叔蔬菜生产基地等农业基地。

⑩ 高于铺农业服务技术中心。搞好主要农作物的栽培技术指导及各项增产技术措施的安排、督促落实，积极推进八角低产林改造和种桑养蚕项目，完成农民增收目标。

(6) 打造平原地区产业发展平台——三区七园

顺平经济开发区:以肠衣特色产业升级改造为龙头带动顺平传统农副产品加工园,依托立中铝合金、苏博汽车等产业基础打造汽车装配制造园。

腰山京津产业承接区:围绕恒天天鹅化纤发展相关产业链,打造形成化纤新材料产业园,利用交通区位优势对接京保高校科研院所,重点建设高新技术孵化园,承接京津保产业外溢,建设先进制造产业园。

高于铺专业经济园区:依托高于铺镇塑料产业基础,加大科技研发力度、促进现状产业转型,打造新材料产业园,统筹周边各区县资源,按照循环产业模式共同打造静脉产业园。

3) 实施路径

建立实施推进路径"1234"。

(1) 一张蓝图规划

一张蓝图干到底——把以人为本、尊重自然、传承历史、绿色低碳等理念融入全域规划全过程,增强规划的前瞻性、严肃性和连续性。立足"全域顺平"的规划视角,坚持"多规融合"的规划方法,突出"生态优先"和"以人为本"的指导思想,全面推进全域规划一张蓝图工作落实(图 10-45)。

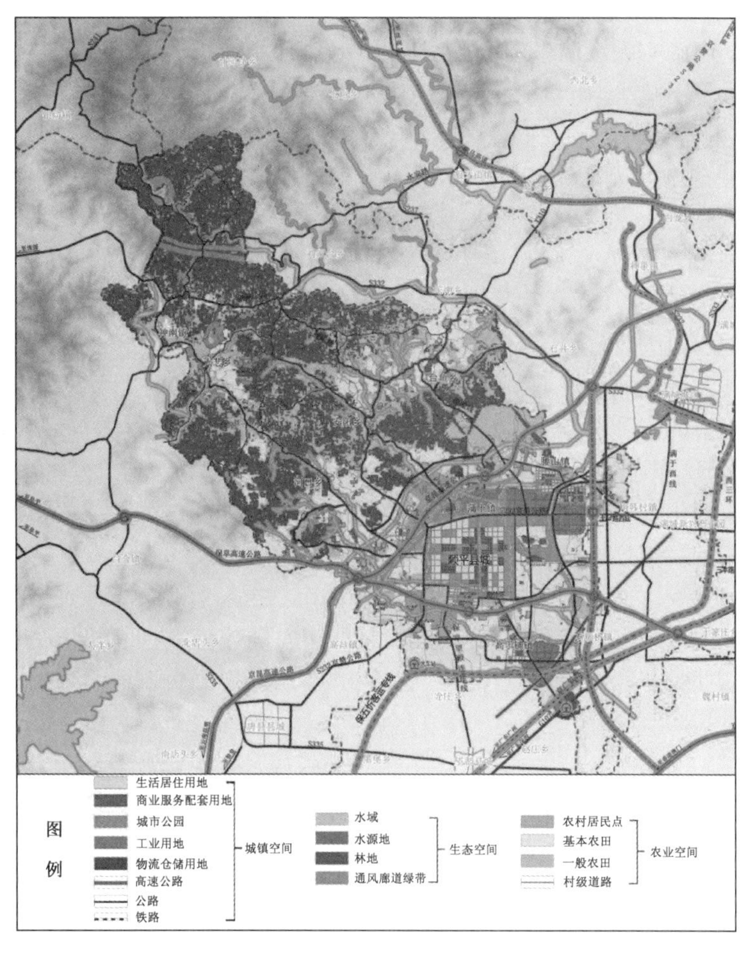

图 10-45 顺平县全域空间细化布局图

（2）二元协调发展

坚持新型城镇化与美丽乡村建设同时推进。全面贯彻中央城镇化工作会议、中央城市工作会议、中央扶贫开发工作会议、中央农村工作会议精神，牢固树立创新、协调、绿色、开放、共享的发展理念，坚持走中国特色新型城镇化道路，以人的城镇化为核心，以提高质量为关键，以体制机制改革为动力，紧紧围绕新型城镇化目标任务，加快推进户籍制度改革，提升城市综合承载能力，制定完善土地、财政、投融资等配套政策，充分释放新型城镇化蕴藏的巨大内需潜力，为经济持续健康发展提供持久强劲动力。

美丽乡村建设工作，是促进农村经济社会科学发展、提升农民生活品质、加快城乡一体化进程、建设幸福顺平的重大举措，是推进新农村建设和生态文明建设的主要抓手。在推进新型城镇化建设的同时，紧抓农村人居环境、生态环境、基础设施等改造工程，逐步缩小城乡差距，建设顺平县城乡和谐，城乡互促的新局面。

（3）三大空间管理

根据不同区域的多因子叠加分析，划分出生态保护、农业生产、城镇建设三大空间并进行空间管控。城镇建设空间主要是经济文化、社会公共服务的支撑区，建设的主导原则是引导建设用地优化布局，完善城市功能，集约利用土地等。农业空间主要提供的是生物生产功能，区内用地的主导原则是粮食的高效生产布局。优先整理零星农用地，复垦或调整为园地、耕地，规划期内确实无法调整的可保留现状用途，但不能扩大面积。严格保护基本农田，确保基本农田数量不减少，质量有提高，用途不改变。生态空间的功能是提供环境服务功能，区内用地的主导原则是保护生态红线不受侵犯。严格控制新增建设用地及规模性开发建设，允许必要的旅游基础设施，游览观赏设施、生态型农业设施等。

（4）四化同步建设

继续互联网＋，加强互联网与传统产业的融合，乘借“互联网 ”的东风，迈向产业专业化、信息化、网络化。随着“互联网＋”战略的落实与深入，互联网企业、信息通信业、传统企业、新兴企业的互容互通将逐步走向常态化。

多元化发展农业。加大农业科技投入，建立多元化的农业生产性服务供给模式，重点提供农业生产所必备的，不以盈利为目的的公共农业生产性服务，如面向区域农业主导产业的重大技术推广等，这样可以提升重点服务质量，提高服务效率。对于个性化、高端化的技术服务应该通过市场化，由专业的生产性服务企业或中介服务机构提供。同时加强农业与旅游业、农产品加工业、信息物流业的结合，构建高效、立体、多元的农业发展链条。

信息化管理城乡。加强智慧城市管理，改善城市状况、提升城市品质，使用先进技术实现城市发展。在面对城市转型和发展问题时，将城市空间作为一种有机生命体来对待，采取智慧交通、智慧电网、智慧能源、智慧医疗、智慧物流等，规划更为系统的智慧城市建设方案。

附录一 《城市用地分类与规划建设用地标准》(GB50137—2011)强制性内容

3.2.2 城乡用地分类和代码应符合表 3.2.2 的规定。

表 3.2.2 城乡用地分类和代码

类别代码			类别名称	范围
大类	中类	小类		
H			建设用地	包括城乡居民点建设用地、区域交通设施用地、区域公用设施用地、特殊用地、采矿用地等
	H1		城乡居民点建设用地	城市、镇、乡、村庄以及独立的建设用地
		H11	城市建设用地	城市和县人民政府所在地镇内的居住用地、公共管理与公共服务用地、商业服务业设施用地、工业用地、物流仓储用地、交通设施用地、公用设施用地、绿地
		H12	镇建设用地	非县人民政府所在地镇的建设用地
		H13	乡建设用地	乡人民政府驻地的建设用地
		H14	村庄建设用地	农村居民点的建设用地
		H15	独立建设用地	独立于中心城区、乡镇区、村庄以外的建设用地，包括居住、工业、物流仓储、商业服务业设施以及风景名胜区、森林公园等的管理及服务设施用地
	H2		区域交通设施用地	铁路、公路、港口、机场和管道运输等区域交通运输及其附属设施用地，不包括中心城区的铁路客货运站、公路长途客货运站以及港口客运码头
		H21	铁路用地	铁路编组站、线路等用地
		H22	公路用地	高速公路、国道、省道、县道和乡道用地及附属设施用地
		H23	港口用地	海港和河港的陆域部分，包括码头作业区、辅助生产区等用地
		H24	机场用地	民用及军民合用的机场用地，包括飞行区、航站区等用地
		H25	管道运输用地	运输煤炭、石油和天然气等地面管道运输用地
	H3		区域公用设施用地	为区域服务的公用设施用地，包括区域性能源设施、水工设施、通讯设施、殡葬设施、环卫设施、排水设施等用地
	H4		特殊用地	特殊性质的用地
		H41	军事用地	专门用于军事目的的设施用地，不包括部队家属生活区和军民共用设施等用地
		H42	安保用地	监狱、拘留所、劳改场所和安全保卫设施等用地，不包括公安局用地
	H5		采矿用地	采矿、采石、采沙、盐田、砖瓦窑等地面生产用地及尾矿堆放地
			非建设用地	水域、农林等非建设用地

续表 3.2.2

<table>
<tr><th colspan="3">类别代码</th><th rowspan="2">类别名称</th><th rowspan="2">范围</th></tr>
<tr><th>大类</th><th>中类</th><th>小类</th></tr>
<tr><td rowspan="8">E</td><td rowspan="4">E1</td><td></td><td>水域</td><td>河流、湖泊、水库、坑塘、沟渠、滩涂、冰川及永久积雪，不包括公园绿地及单位内的水域</td></tr>
<tr><td>E11</td><td>自然水域</td><td>河流、湖泊、滩涂、冰川及永久积雪</td></tr>
<tr><td>E12</td><td>水库</td><td>人工拦截汇集而成的总库容不小于 10 万 m^3 的水库正常蓄水位岸线所围成的水面</td></tr>
<tr><td>E13</td><td>坑塘沟渠</td><td>蓄水量小于 10 万 m^3 的坑塘水面和人工修建用于引、排、灌的渠道</td></tr>
<tr><td>E2</td><td></td><td>农林用地</td><td>耕地、园地、林地、牧草地、设施农用地、田坎、农村道路等用地</td></tr>
<tr><td rowspan="3">E3</td><td></td><td>其他非建设用地</td><td>空闲地、盐碱地、沼泽地、沙地、裸地、不用于畜牧业的草地等用地</td></tr>
<tr><td>E31</td><td>空闲地</td><td>城镇、村庄、独立用地内部尚未利用的土地</td></tr>
<tr><td>E32</td><td>其他未利用地</td><td>盐碱地、沼泽地、沙地、裸地、不用于畜牧业的草地等用地</td></tr>
</table>

城市建设用地共分为 8 大类、35 中类、42 小类。

3.3.2 城市建设用地分类和代码应符合表 3.3.2 的规定。

表 3.3.2 城市建设用地分类和代码

<table>
<tr><th colspan="3">类别代码</th><th rowspan="2">类别名称</th><th rowspan="2">范围</th></tr>
<tr><th>大类</th><th>中类</th><th>小类</th></tr>
<tr><td rowspan="12">R</td><td></td><td></td><td>居住用地</td><td>住宅和相应服务设施的用地</td></tr>
<tr><td rowspan="3">R1</td><td></td><td>一类居住用地</td><td>公用设施、交通设施和公共服务设施齐全、布局完整、环境良好的低层住区用地</td></tr>
<tr><td>R11</td><td>住宅用地</td><td>住宅建筑用地、住区内城市支路以下的道路、停车场及其社区附属绿地</td></tr>
<tr><td>R12</td><td>服务设施用地</td><td>住区主要公共设施和服务设施用地，包括幼托、文化体育设施、商业金融、社区卫生服务站、公用设施等用地，不包括中小学用地</td></tr>
<tr><td rowspan="4">R2</td><td></td><td>二类居住用地</td><td>公用设施、交通设施和公共服务设施较齐全、布局较完整、环境良好的多、中、高层住区用地</td></tr>
<tr><td>R20</td><td>保障性住宅用地</td><td rowspan="2">住宅建筑用地、住区内城市支路以下的道路、停车场及其社区附属绿地</td></tr>
<tr><td>R21</td><td>住宅用地</td></tr>
<tr><td>R22</td><td>服务设施用地</td><td>住区主要公共设施和服务设施用地，包括幼托、文化体育设施、商业金融、社区卫生服务站、公用设施等用地，不包括中小学用地</td></tr>
<tr><td rowspan="3">R3</td><td></td><td>三类居住用地</td><td>公用设施、交通设施不齐全，公共服务设施较欠缺，环境较差，需要加以改造的简陋住区用地，包括危房、棚户区、临时住宅等用地</td></tr>
<tr><td>R31</td><td>住宅用地</td><td>住宅建筑用地、住区内城市支路以下的道路、停车场及其社区附属绿地</td></tr>
<tr><td>R32</td><td>服务设施用地</td><td>住区主要公共设施和服务设施用地，包括幼托、文化体育设施、商业金融、社区卫生服务站、公用设施等用地，不包括中小学用地</td></tr>
</table>

续表 3.3.2

类别代码			类别名称	范围
大类	中类	小类		
A			公共管理与公共服务用地	行政、文化、教育、体育、卫生等机构和设施的用地，不包括居住用地中的服务设施用地
	A1		行政办公用地	党政机关、社会团体、事业单位等机构及其相关设施用地
	A2		文化设施用地	图书、展览等公共文化活动设施用地
		A21	图书展览设施用地	公共图书馆、博物馆、科技馆、纪念馆、美术馆和展览馆、会展中心等设施用地
		A22	文化活动设施用地	综合文化活动中心、文化馆、青少年宫、儿童活动中心、老年活动中心等设施用地
	A3		教育科研用地	高等院校、中等专业学校、中学、小学、科研事业单位等用地，包括为学校配建的独立地段的学生生活用地
		A31	高等院校用地	大学、学院、专科学校、研究生院、电视大学、党校、干部学校及其附属用地，包括军事院校用地
		A32	中等专业学校用地	中等专业学校、技工学校、职业学校等用地，不包括附属于普通中学内的职业高中用地
		A33	中小学用地	中学、小学用地
		A34	特殊教育用地	聋、哑、盲人学校及工读学校等用地
		A35	科研用地	科研事业单位用地
	A4		体育用地	体育场馆和体育训练基地等用地，不包括学校等机构专用的体育设施用地
		A41	体育场馆用地	室内外体育运动用地，包括体育场馆、游泳场馆、各类球场及其附属的业余体校等用地
		A42	体育训练用地	为各类体育运动专设的训练基地用地
	A5		医疗卫生用地	医疗、保健、卫生、防疫、康复和急救设施等用地
		A51	医院用地	综合医院、专科医院、社区卫生服务中心等用地
		A52	卫生防疫用地	卫生防疫站、专科防治所、检验中心和动物检疫站等用地
		A53	特殊医疗用地	对环境有特殊要求的传染病、精神病等专科医院用地
		A59	其他医疗卫生用地	急救中心、血库等用地
	A6		社会福利设施用地	为社会提供福利和慈善服务的设施及其附属设施用地，包括福利院、养老院、孤儿院等用地
	A7		文物古迹用地	具有历史、艺术、科学价值且没有其他使用功能的建筑物、构筑物、遗址、墓葬等用地
	A8		外事用地	外国驻华使馆、领事馆、国际机构及其生活设施等用地
	A9		宗教设施用地	宗教活动场所用地

续表 3.3.2

类别代码			类别名称	范围
大类	中类	小类		
B			商业服务业设施用地	各类商业、商务、娱乐康体等设施用地，不包括居住用地中的服务设施用地以及公共管理与公共服务用地内的事业单位用地
	B1		商业设施用地	各类商业经营活动及餐饮、旅馆等服务业用地
		B11	零售商业用地	商铺、商场、超市、服装及小商品市场等用地
		B12	农贸市场用地	以农产品批发、零售为主的市场用地
		B13	餐饮业用地	饭店、餐厅、酒吧等用地
		B14	旅馆用地	宾馆、旅馆、招待所、服务型公寓、度假村等用地
	B2		商务设施用地	金融、保险、证券、新闻出版、文艺团体等综合性办公用地
		B21	金融保险业用地	银行及分理处、信用社、信托投资公司、证券期货交易所、保险公司，以及各类公司总部及综合性商务办公楼宇等用地
		B22	艺术传媒产业用地	音乐、美术、影视、广告、网络媒体等的制作及管理设施用地
		B29	其他商务设施用地	邮政、电信、工程咨询、技术服务、会计和法律服务以及其他中介服务等的办公用地
	B3		娱乐康体用地	各类娱乐、康体等设施用地
		B31	娱乐用地	单独设置的剧院、音乐厅、电影院、歌舞厅、网吧以及绿地率小于65％的大型游乐等设施用地
		B32	康体用地	单独设置的高尔夫练习场、赛马场、溜冰场、跳伞场、摩托车场、射击场，以及水上运动的陆域部分等用地
	B4		公用设施营业网点用地	零售加油、加气、电信、邮政等公用设施营业网点用地
		B41	加油加气站用地	零售加油、加气以及液化石油气换瓶站用地
		B49	其他公用设施营业网点用地	电信、邮政、供水、燃气、供电、供热等其他公用设施营业网点用地
	B9		其他服务设施用地	业余学校、民营培训机构、私人诊所、宠物医院等其他服务设施用地
M			工业用地	工矿企业的生产车间、库房及其附属设施等用地，包括专用的铁路、码头和道路等用地，不包括露天矿用地
	M1		一类工业用地	对居住和公共环境基本无干扰、污染和安全隐患的工业用地
	M2		二类工业用地	对居住和公共环境有一定干扰、污染和安全隐患的工业用地
	M3		三类工业用地	对居住和公共环境有严重干扰、污染和安全隐患的工业用地
W			物流仓储用地	物资储备、中转、配送、批发、交易等的用地，包括大型批发市场以及货运公司车队的站场（不包括加工）等用地
	W1		一类物流仓储用地	对居住和公共环境基本无干扰、污染和安全隐患的物流仓储用地
	W2		二类物流仓储用地	对居住和公共环境有一定干扰、污染和安全隐患的物流仓储用地
	W3		三类物流仓储用地	存放易燃、易爆和剧毒等危险品的专用仓库用地

续表 3.3.2

类别代码			类别名称	范围
大类	中类	小类		
S			交通设施用地	城市道路、交通设施等用地
	S1		城市道路用地	快速路、主干路、次干路和支路用地,包括其交叉路口用地,不包括居住用地、工业用地等内部配建的道路用地
	S2		轨道交通线路用地	轨道交通地面以上部分的线路用地
	S3		综合交通枢纽用地	铁路客货运站、公路长途客货运站、港口客运码头、公交枢纽及其附属用地
	S4		交通场站用地	静态交通设施用地,不包括交通指挥中心、交通队用地
		S41	公共交通设施用地	公共汽车、出租汽车、轨道交通(地面部分)的车辆段、地面站、首末站、停车场(库)、保养场等用地,以及轮渡、缆车、索道等的地面部分及其附属设施用地
		S42	社会停车场用地	公共使用的停车场和停车库用地,不包括其他各类用地配建的停车场(库)用地
	S9		其他交通设施用地	除以上之外的交通设施用地,包括教练场等用地
U			公用设施用地	供应、环境、安全等设施用地
	U1		供应设施用地	供水、供电、供燃气和供热等设施用地
		U11	供水用地	城市取水设施、水厂、加压站及其附属的构筑物用地,包括泵房和高位水池等用地
		U12	供电用地	变电站、配电所、高压塔基等用地,包括各类发电设施用地
		U13	供燃气用地	分输站、门站、储气站、加气母站、液化石油气储配站、灌瓶站和地面输气管廊等用地
		U14	供热用地	集中供热锅炉房、热力站、换热站和地面输热管廊等用地
		U15	邮政设施用地	邮政中心局、邮政支局、邮件处理中心等用地
		U16	广播电视与通信设施用地	广播电视与通信系统的发射和接收设施等用地,包括发射塔、转播台、差转台、基站等用地

4.2.1 新建城市的规划人均城市建设用地指标应在 85.1—105.0 m^2/人内确定。

4.2.2 首都的规划人均城市建设用地指标应在 105.1—115.0 m^2/人内确定。

4.2.3 除首都以外的现有城市的规划人均城市建设用地指标,应根据现状人均城市建设用地规模、城市所在的气候分区以及规划人口规模,按表 4.2.3 的规定综合确定。所采用的规划人均城市建设用地指标应同时符合表中规划人均城市建设用地规模取值区间和允许调整幅度双因子的限制要求。

表 4.2.3　除首都以外的现有城市规划人均城市建设用地指标

气候区	现状人均城市建设用地规模	规划人均城市建设用地规模取值区间	允许调整幅度		
			规划人口规模≤20.0万人	规划人口规模20.1万—50.0万人	规划人口规模＞50.0万人
Ⅰ、Ⅱ、Ⅵ、Ⅶ	≤65.0	65.0—85.0	＞0.0	＞0.0	＞0.0
	65.1—75.0	65.0—95.0	+0.1—+20.0	+0.1—+20.0	+0.1—+20.0
	75.1—85.0	75.0—105.0	+0.1—+20.0	+0.1—+20.0	+0.1—+15.0
	85.1—95.0	80.0—110.0	+0.1—+20.0	−5.0—+20.0	−5.0—+15.0
	95.1—105.0	90.0—110.0	−5.0—+15.0	−10.0—+15.0	−10.0—+10.0
	105.1—115.0	95.0—115.0	−10.0—−0.1	−15.0—−0.1	−20.0—−0.1
	＞115.0	≤115.0	＜0.0	＜0.0	＜0.0
Ⅲ、Ⅳ、Ⅴ	≤65.0	65.0—85.0	＞0.0	＞0.0	＞0.0
	65.1—75.0	65.0—95.0	+0.1—+20.0	+0.1—20.0	+0.1—+20.0
	75.1—85.0	75.0—100.0	−5.0—+20.0	−5.0—+20.0	−5.0—+15.0
	85.1—95.0	80.0—105.0	−10.0—+15.0	−10.0—+15.0	−10.0—+10.0
	95.1—105.0	85.0—105.0	−15.0—+10.0	−15.0—+10.0	−15.0—+5.0
	105.1—115.0	90.0—110.0	−20.0—−0.1	−20.0—−0.1	−25.0—−5.0
	＞115.0	≤110.0	＜0.0	＜0.0	＜0.0

4.2.4　边远地区、少数民族地区以及部分山地城市、人口较少的工矿业城市、风景旅游城市等具有特殊情况的城市，应专门论证确定规划人均城市建设用地指标，且上限不得大于150.0 m^2/人。

4.2.5　编制和修订城市(镇)总体规划应以本标准作为城市建设用地的远期规划控制标准。

4.3.1　规划人均居住用地指标应符合表4.3.1的规定。

表 4.3.1　人均居住用地面积指标　　单位：m^2/人

建筑气候区划	I、II、VI、VII气候区	III、IV 、V气候区
人均居住用地面积	28.0—38.0	23.0—36.0

4.3.2　规划人均公共管理与公共服务用地面积不应小于5.5 m^2/人。

4.3.3　规划人均交通设施用地面积不应小于12.0 m^2/人。

4.3.4　规划人均绿地面积不应小于10.0 m^2/人，其中人均公园绿地面积不应小于8.0 m^2/人。

4.3.5　编制和修订城市(镇)总体规划应以本标准作为规划单项城市建设用地的远期规划控制标准。

附录二 《住房城乡建设部发布关于加强生态修复城市修补工作的指导意见(征求意见稿)》

各省、自治区住房城乡建设厅，直辖市城乡规划、住房城乡建设主管部门，新疆生产建设兵团建设局：

“生态修复、城市修补”是指用再生态的理念，修复城市中被破坏的自然环境和地形地貌，改善生态环境质量；用更新织补的理念，拆除违章建筑，修复城市设施、空间环境、景观风貌，提升城市特色和活力。开展生态修复、城市修补（以下简称“双修”）是治理“城市病”、保障改善民生的重大举措，是适应经济发展新常态，大力推动供给侧结构性改革的有效途径，是城市转型发展的重要标志。根据中共中央国务院《中共中央国务院关于推进生态文明建设的意见》《中共中央国务院关于进一步加强城市规划建设管理的若干意见》，经国务院同意，现对加强生态修复和城市修补工作，提出如下意见。

一、总体要求

1. 指导思想

全面贯彻党的十八大和十八届三中、四中、五中、六中全会及中央城镇化工作会议、中央城市工作会议精神，深入贯彻习近平总书记系列重要讲话精神，牢固树立政治意识、大局意识、核心意识、看齐意识，牢固树立创新、协调、绿色、开放、共享的发展理念，将“双修”作为城市发展建设的主要任务，抓紧治理城市病，抓紧补齐城市短板，抓紧推进生态建设，着力完善城市功能，着力改善环境质量，着力塑造风貌特色，努力打造和谐宜居、富有活力、各具特色的现代化城市。

2. 基本原则

政府统筹，共同推进。充分发挥政府的主导作用，统筹谋划，完善政策，整合相关规划、计划、资金，充分动员各方面力量共同推进工作。

因地制宜，有序推进。根据城市生态状况、环境质量、建设阶段、发展实际，有针对性地制定工作任务、目标和方案，近远期结合，逐步实施。

保护优先，科学推进。尊重自然和城市发展规律，加强对历史文化遗产和自然资源的保护，防止建设性破坏，避免“边修边破坏”。

以人为本，有效推进。坚持以人民为核心的发展理念，以增加人民福祉为目的，着重开展问题集中、社会关注、生态敏感地区和地段的修补修复。

3. 主要任务目标

2017 年，各城市全面启动城市建设和生态环境综合评价。力争完成重要区域、地段、街道的规划设计，开始制定生态修复城市修补实施计划，推进一批富有成效的示范项目。

2020 年，城市双修工作在全国各市、县全面推开。通过开展城市双修，使城市病得到有效缓解，城市生态空间得到有效保护与修复，城市功能和景观风貌明显改善。

2030 年，全国城市双修工作要取得显著成效，实现城市向内涵集约发展方式的转变，建成一批和谐宜居、富有活力、各具特色的现代化城市。

二、抓紧做好基础工作

（一）开展调查评估。全面调查评估城市自然环境质量，特别是中心城区及周边的山体、河道、湖泊、海滩、植被、绿地等自然环境被破坏情况，识别生态环境存在突出问题、亟须修复的区域。加强城市发展状况评价和规划实施评估，从人民群众最关切、与城市生活最密切的问题入手，梳理和提出设施条件、公共服务、历史文化保护，尤其是城市天际线、街道立面、城市色彩、夜景照明等景观风貌方面存在的问题和不足。

（二）加强规划引导。根据生态修复城市修补的需要，抓紧修改完善城市总体规划，编制老旧城区更新改造、生态保护和建设专章，确定总体空间格局和生态保护建设要求。编制生态修复专项规划，加强与城市地下管线、绿地系统、水系统、海绵城市等专项规划的统筹协调。推动开展以社区、街区为单元的控制性详细规划，做好用地调整和基础设施。加强城市修补重点地区的城市设计，组织公共空间，协调景观风貌。严格实施规划，加强规划实施监督，及时查处违法城乡规划的建设行为。

（三）制定实施计划。各地要根据评估和规划，统筹制定“城市双修”实施计划，明确工作任务和目标，将城市双修工作细化成具体的工程项目。建立项目库，明确项目的位置、类型、数量、规模、完成时间和阶段性目标，建设时序和资金安排，落实实施主体责任。要加强实施计划的论证和评估，增强实施计划的科学性、针对性和可操作性。重要的“双修”项目应纳入国民经济社会发展规划和近期建设规划。

三、大力改善生态环境

（四）加快山体修复。加强对城市山体自然风貌的保护，禁止在生态敏感区域进行开山采石、破山修路等破坏山体的建设活动。根据城市山体受损情况，采取修坡整形、矿坑回填等工程措施，消除受损山体的安全隐患，恢复山体自然形态。保护山体原有植被，种植乡土适生植物，重建山体植被群落。在保障安全和生态功能的基础上，探索多元的山体修复利用模式。

（五）开展水体治理和修复。加强对城市水体自然形态的保护，避免盲目截弯取直，禁止明河改暗渠、填湖造地、违法取砂等破坏行为。在全面实施城市黑臭水体整治的基础上，系统开展江河、湖泊、湿地等水体生态修复。全面实施控源截污，强化排水口、截污管和检查井的系统治理，开展水体清淤。构建良性循环的城市水系统。因地制宜改造渠化河道，重塑自然岸线和滩涂，恢复滨水植被群落。增加水生动植物、底栖生物等，增强水体自净能力。在保障水生态安全的同时，恢复和保持河湖水系的自然连通和流动性。

（六）修复利用废弃地。科学分析废弃地和污染土地的成因、受损程度、场地现状及其周边环境，综合运用生物、物理、化学等技术改良土壤，消除场地安全隐患。选择种植具有吸收降解功能、抗逆性强的植物，恢复植被群落，重建生态系统。场地修复后，严格地块规划管理，对环境质量达到相关标准要求、具有潜在利用价值的已修复土地和废弃设施进行规划设计，建设遗址公园、郊野公园等，实现废弃地再利用。

（七）完善绿地系统。推进生态廊道建设，努力修复被割断的绿地系统，加强城市绿地与外围山水林田湖的连接。按照居民出行“300米见绿、500米入园”的要求，均衡布局公园绿地，通过拆迁建绿、破硬复绿、见缝插绿、立体绿化等措施，拓展绿色空间，让绿网成荫。因地制宜建设湿地公园、雨水花园等海绵绿地，推广老旧公园改造，提升存量绿地品质和功能。推行生态绿化方式，提高乡土植物应用比例。

四、全力提升城市功能

（八）增加公共空间。加大违法建筑拆除力度，大力拓展城市公共空间，满足居民生活和公共活动的需要。控制老旧城区改造开发强度和建筑密度，根据人口规模和分布，加快城市广场、公园绿地建设，提高城市空间的开放性。加强对山边、水边的环境整治，保持滨水、临山地区空间的公共性。创新新建和改扩建建筑的场地设计，积极增加公共空间。加大对沿街、沿路和公园周边地区的建设管控，防止擅自占用公共空间。

（九）提高服务能力。加紧加固或拆除存在安全风险的管线、桥梁、隧道、房屋等，合理配置应急避难场所，减少城市风险。加快改造老旧管网，积极建设综合管廊，提高老旧城区承载能力。推进土地集约混合使用，增加商业商务、创新创意等城市功能，统筹建设医疗、教育、文化、体育等城市公共设施，大力完善社区菜市场、便利店、养老、物流配送等配套服务设施。

（十）改善出行条件。大力推行街区制，鼓励打开封闭社区，打通断头路，增加支路网密度。优化道路断面和交叉口，适当拓宽城市中心、交通枢纽地区的人行道宽度，完善过街通道、无障碍设施，加快绿道建设，建立城市步行和自行车系统。加强轨道交通站点与地面公交的衔接，方便城市居民公交出行。鼓励地下停车场、立体停车楼建设，适当增加老旧城区停车位供给。

（十一）改造老旧建筑。统筹利用节能改造、抗震加固、房屋维修、风貌提升等多方面资金，加快老旧小区、老旧住宅、老旧厂房的综合改造，争取节能、宜居、抗震、设施改善、风貌提升等多方面的效果。鼓励老旧建筑改造再利用，支持优先将老旧厂房用于公共文化、公共体育、养老和创意产业。积极推动既有住宅加装电梯，不断改进加装的方式方法，提升住宅使用功能和宜居水平。

五、积极塑造特色风貌

（十二）保护历史文化。加强历史文化街区、历史建筑的调查、整理和保护，及时划定保护范围。加强历史文化街区、历史建筑周边的新建建筑管控，增强建筑风貌的协调性。有序推进老旧城区更新改造，延续城市肌理。完善国有土地使用权出让方式，有效保护历史建筑、古树名木。加强城市历史文化挖掘整理，鼓励使用地方建筑材料，支持修缮传统建筑，传承建筑文化和特色。

（十三）彰显时代精神。分类型引导老旧城区的再开发，整体控制建筑高度，优化城市空间秩序，改进交通组织方式，提升现代城市特色。开展重要街道的空间整治，完善夜景照明、广告牌匾、城市家具和标识，加强城市雕塑建设，满足现代城市生活需要，提高城市品位。加强新建建筑单体设计，贯彻“适用、经济、绿色、美观”的建筑方针，鼓励多出精品佳作，促进现代建筑文化发展。

六、健全保障制度措施

（十四）强化组织领导。城市人民政府是“双修”工作的责任主体，城市主要领导要将城市双修工作作为主要职责，将排上重要议事议程，统筹谋划，亲自部署。建立政府主导、部门协同、上下联动的协调推进机制，形成工作合力，保障城市双修工作的顺利进行。要结合实际，完善城市规划建设管理机制，扎实推进工作，确保取得实效。

（十五）创新管理制度。要创新形成有利于城市双修的管理制度。研究城市公共空间激励机制，鼓励新开发小区，以及新建、改扩建建筑有效增加公共空间。抓紧研究制定建筑拆除管理制度，制止大拆大建，保护城市肌理和特色建筑。完善城市绿化管理制度，多种形式增加绿色空间。探索地下空间产权管理制度，鼓励开发利用地下空间，拓展老旧城区发展空间。

（十六）开展监督考核。要建立住建系统的监督考核制度，明确考核指标体系和监督管理工作要求，严格目标管理，严格工作考核，严格工作问责，至少每3年组织开展一次全国“双修”实施效果的评价。各城市要结合本市工作推进情况，每年开展一次自评，保证工作成效，并把双修工作开展情况纳入领导干部的考核工作体系。

（十七）加大资金投入。中央和省级财政要积极支持各地开展“双修”。各地要鼓励把城市双修的项目打包，整合使用各类转移支付资金，提高资金使用效益。力争在每年年度计划中安排一定比例的资金用于“双修”项目，发挥好政府资金的引导作用。鼓励政府与社会资本合作，大力推行 PPP 模式，发动社会力量，推进“双修”工作。

（十八）保障公众参与。制订宣传工作计划，充分利用电视、报纸、网络、期刊等新闻媒体，提高社会公众对城市双修工作的认识。采取切实有效的方式，认真细致做好群众工作，争取理解和支持，形成良好氛围。要创造条件，鼓励广大市民和社会各界积极参与，使“双修”体现群众意愿，满足群众需求。

参考文献

保北地区小城镇政府.保北地区小城镇的政府工作报告(2014年)[R].保北地区,2014.

本刊记者.朱厚泽谈中小城市何处去[J].上海城市管理,2002(1):1.

曹广忠,刘涛.中国城镇化地区贡献的内陆化演变与解释——基于1982—2008年省区数据的分析[J].地理学报,2011,66(12):1631-1643.

陈秉钊.从远景规划到概念规划[J].城市规划汇刊,2003(2):1-4.

陈洋,李郇,许学强.改革开放以来中国城市化的时空演变及其影响因素分析[J].地理科学,2007,27(2):142-148.

成都市环保局.成都市环境总体规划成果送审稿[Z].成都,2015.

程冀,陆华.城市策划与城市规划[J].城乡建设,2004,354(3):47-48.

楚天骄.东西部小城镇生长机制的制度因素比较[J].中州学刊,2002(1):42-46.

戴俭.基于城市文明的城市设计与环境创造——以北京为例浅谈规划设计的前期历史研究[J].规划师,2003(3):18-20.

邓新生.城市规划的困境与出路[J].城乡建设,2003(12):25-27.

丁成日.中国城市的人口密度高吗[J].城市规划,2004(8):43-48.

范云波.中央城市工作会议在北京举行[EB/OL].(2015-12-22)[2016-07-06].http://news.xinhua net.com/politics/2015-12/22/c_11/7545528.htm.

房庆方,蔡瀛,朱国鸣.联合规划和协调发展规划的实践——《珠江三角洲城镇群协调发展规划》简介及编制工作回顾[J].城市规划,2005,29(4):14-17.

傅崇兰,陈光庭,董黎明.中国城市发展问题报告[M].北京:中国社会科学出版社,2003.

耿虹,赵学彬.高速公路推动小城镇发展的作用探究[J].城市规划,2004,28(9):43-46,57.

耿毓修.城市规划管理与法规[M].南京:东南大学出版社,2004.

顾朝林."我国城市总体规划发展历程、问题与展望"讲义[EB/OL].(2008-09-30).http://www.docin.com/p-220930006.html.

顾文选.增加市民广场,发展广场文化[J].城市发展研究,2003(4):5-6.

国家发改委."十三五"时期京津冀国民经济和社会发展规划[Z].北京,2016.

国务院法制办.城市总体规划编制审批管理办法(征求意见稿)[EB/OL].(2016-11-02)[2016-12-28].http://yn./dzcbj.com/frontend/artc/index/id/1164.html.

何兴华.关于城市规划科学化的若干问题[J].城市规划,2003(6):25-29.

何兴华.空间秩序中的利益格局和权利结构[J].城市规划,2003(10):6-12.

环保部.全国生态保护"十三五"规划纲要[EB/OL].(2016-10-28)[2016-12-20].http://www.zhb.gov.cn/gkml/hbb/bwj/201611/w020161102409694045765.pdf.

井文豪.关于加快我国城市化进程的对策思考[J].西北人口,2002(3):34-36.

蓝运超,黄正东,谢榕.城市信息系统[M].武汉:武汉大学出版社,1999.

李德华.城市规划原理[M].北京:中国建筑工业出版社,2001.

李善同,侯永志,冯杰.规划体制:市场经济建设的重要环节——完善社会主义市场经济体制研究报告之十五[R].北京,2002.

李王鸣,李炜,祁巍华.城市建设用地增长特征分析——以浙江省为例[J].城乡建设,2004(11):62-63.
李卫华.推进城镇化　重塑社会结构[J].建设科技,2010(5):18-19.
李振福.城市化水平测度模型研究[J].规划师,2003(3):64-66.
刘春,刘大杰.GIS的应用及研究热点探讨[J].现代测绘,2003,26(3):7-10.
刘贵利,郭健,崔勇.城市环境总体规划推进实施建议[J].环境保护,2015(12):27-32.
刘贵利."多规合一"试点工作的多方案比较分析[J].建设科技,2015(16):42-44.
刘贵利.城市规划痼疾待解[J].中国投资,2015(1):94-96.
刘贵利.城市规划决策学[M].南京:东南大学出版社,2010.
刘贵利.房市政策的变迁与城市规划的回归[J].南方建筑,2013(4):74-77.
刘贵利.在京津冀协同发展视角下小城镇城镇化路径选择——以京南小城镇为例[J].小城镇建设,2014(9):32-35.
刘一心,余宏炳.广州成首个全域功能规划城市[EB/OL].(2012-11-14)[2015-08-09].http://news.hexun.com/2012-11-14/147940888.html.
柳意云,闫小培.转型时期城市总体规划的思考[J].城市规划,2004(11):35-41.
卢源.论社会结构变化对城市规划价值取向的影响[J].城市规划汇刊,2003(2):66-71.
宁晶.当"多规"开始合一[N].中国国土资源报,2014-02-27.
宁越敏.新城市化进程:90年代中国城市化动力机制和特点探讨[J].地理学报,1998,53(5):470-477.
潘岳.环境保护与公众参与[J].理论前沿,2004(13):12-13.
彭震伟.经济发达地区小城镇发展的区域协调——以浙江省杜桥镇为例[J].城市发展研究,2003(4):17-22.
仇保兴.我国城镇化的特征、动力与规划调控(续)[J].城市发展研究,2003(2):28-36.
仇保兴.我国城镇化的特征、动力与规划调控[J].城市发展研究,2003(1):28-36.
仇保兴.中国城镇化发展与数字城市建设[J].建设科技,2011(15):11-14.
任致远.城市空间发展哲学思辩[J].城市发展研究,2003(4):40-45.
单德启,赵之枫.从芜湖市三山镇规划引发的思考——中部地区小城镇规划探讨[J].城市规划,2002(10):41-43.
宋国君,徐莎.论环境规划实施的一般模式[J].环境污染与防治,2007,29(5):382-386.
宋彦,刘志丹,彭科.城市规划如何应对气候变化——以美国地方政府的应对策略为例[J].国际城市规划,2011(5):3-10.
唐鹏."全域成都"规划探讨[J].规划师,2009(8):31-34.
汪光焘.贯彻通知精神,加强城乡规划监督管理[J].城市规划,2002(10):7-11.
王静霞.新世纪中国城市规划的发展展望[J].城市规划,2002(2):19-22.
王明浩.中国城市发展问题透视[J].城市发展研究,2003(3):23-25.
王士兰,曲长虹.重视小城镇城市设计的几个问题——为中国城市规划学会2004年年会作[J].城市规划,2004(9):26-30.
威海市环保局.威海市环境总体规划成果送审稿[Z].威海,2015.
吴松涛,贾梦宇,郭磊,等.小城镇总体城市设计初探——迁西县中心城区总体城市设计体会[J].城市规划,2002(4):42-44.

习近平，李克强. 2016年中央城镇化工作会议公报[R]. 北京，2016.
厦门市环保局. 厦门市环境总体规划成果送审稿[Z]. 厦门，2015.
向俊波. 理论与实践分离的城市规划[J]. 城市规划汇刊，2004，150(2)：43-46.
谢文蕙，邓卫. 城市经济学[M]. 北京：清华大学出版社，1996.
邢秀华. "五个统筹"与城市规划[J]. 城乡建设，2003(12)：28-29.
许学强，李郇. 改革开放30年珠江三角洲城镇化的回顾与展望[J]. 经济地理，2009(1)：13-18.
杨国良. 城市居民休闲行为对娱乐业发展的影响研究——以成都为例[J]. 人文地理，2003，18(3)：18-22.
杨士弘，等. 城市生态环境学[M]. 北京：科学出版社，1996.
尹海林. 用科学的发展观指导城市规划的编制与管理[J]. 城市规划，2004(4)：19-21.
尹杰钦. 对小城镇建设规划编制的几点思考[J]. 小城镇建设，2000(5)：50-51.
尹茂林，杨国峰. 从前两轮总体规划谈城市规划编制体系的改革[J]. 规划师，2001(6)：106-108.
余剑锋，陈帆，詹存卫. 城市总体规划环评和城市环境总体规划关系辨析[J]. 环境保护，2014(12)：45-48.
詹敏，邵波，蒋立忠. 当前城市总体规划趋势与探索[J]. 城市规划汇刊，2004，149(1)：14-17.
詹庆明，肖映辉. 城市遥感技术[M]. 武汉：武汉大学出版社，1999.
张舰. 完善重庆二级中心城市对策[J]. 城乡建设，2004(11)：36-37.
张瑞菊，陶华学. GIS与空间数据挖掘技术集成问题的研究[EB/OL]. [2016-08-09]. http://www.gissky.net/paper/paperdetail.asp? ID=4.
张庭伟. 构筑规划师的工作平台——规划理论研究的一个中心问题[J]. 城市规划，2002(10)：18-23.
张志强. 区域PRED协调发展的理论方法研究[M]//毛汉英. 人地系统与区域持续发展研究. 北京：中国科学技术出版社，1995.
赵珂，赵钢. "非确定性"城市规划思想[J]. 城市规划汇刊，2004，150(2)：33-36.
赵燕菁. 当前我国城市发展的形势与判断[J]. 城市规划，2002(3)：8-17.
赵燕菁. 宏观调控与制度创新[J]. 城市规划，2004(9)：11-21.
郑毅. 城市规划设计手册[M]. 北京：中国建筑工业出版社，2000.
中共中央，国务院. 国家新型城镇化规划(2014—2020年)[EB/OL]. (2014-03-16)[2016-12-10]. http://www.gov.cn/Zhengce/2014-03/16/content_2640075.htm.
中共中央，国务院. 生态文明体制改革总体方案[Z]. 北京，2015.
中共中央，国务院. 中共中央　国务院关于进一步加强城市规划建设管理工作的若干意见[EB/OL]. [2016-02-21]. http://www.gov.cn/zhengce/2016-02/21/content_5044367.htm.
中共中央. 中共中央关于制定国民经济和社会发展第十三个五年规划的建议[EB/OL]. [2015-11-03]. http://www.law-lib.com/law/law_view.asp? id=508103.
中国城市发展研究院课题组. 关于北京市总体规划修改政协提议专题之一多规协调专题[Z]. 北京，2015.
中国城市规划设计研究院课题组. 城市建设用地使用问题研究[Z]. 北京，2010.
中国城市经济学会中小城市经济发展委员会. 中小城市绿皮书：中国中小城市发展报告(2010)[M]. 北京：社会科学文献出版社，2010.
中国城市经济学会中小城市经济发展委员会. 中小城市绿皮书：中国中小城市发展报告(2015)

[M]. 北京:社会科学文献出版社,2015.
中国社会科学院城市发展与环境研究中心. 中国房地产发展报告[M]. 北京:社会科学文献出版社,2004.
中央财经领导小组. 京津冀协同发展规划纲要[EB/OL]. (2015-11-25)[2016-11-23]. http://www.hebqhdsgt.gov.cn/gtzyj/front/6048.htm.
周江评,梁文. 从"畅通工程"看我国城市建设和交通管理等部门的合作协调机制[J]. 城市发展研究,2003(4):60-67.
住房城乡建设部关于开展县(市)城乡总体规划暨"三规合一"试点工作的通知(建规〔2014〕18号)[Z]. 北京,2014.
住建部,国家发改委,财政部. 关于开展特色小镇培育工作的通知[EB/OL]. (2016-07-01)[2016-11-20]. http://www.mohourd.gov.cn/wjfb/201607/t20160720_228237.html.
住建部. 住房城乡建设部关于印发海绵城市专项规划编制暂行规定的通知[EB/OL]. (2016-03-18)[2016-12-10]. http://finance.china.com.cn/roll/20160318/3635084.shtml.
住建部城乡规划司,中国城市规划设计研究院. 全国城镇体系规划纲要(2000—2020)总报告[R]. 北京,2000.
邹兵. 探索城市总体规划的实施机制——深圳市城市总体规划检讨与对策[J]. 城市规划汇刊,2003(2):21-27,95.
邹兵. 由"战略规划"到"近期建设规划"——对总体规划变革趋势的判断[J]. 城市规划,2003(5):6-12.

图片来源

图 1-1、图 1-2 源自:作者根据《国家新型城镇化报告 2015》绘制[底图源自国家测绘地理信息局网站,审图号为 GS(2016)1607 号].

图 1-3 源自:作者根据《国家新型城镇化报告 2015》绘制[底图源自国家测绘地理信息局网站,审图号为 GS(2016)1599 号].

图 1-4 源自:作者根据相关资料绘制.

图 1-5 源自:作者根据相关资料绘制[底图源自国家测绘地理信息局网站,审图号为 GS(2016)1599 号].

图 1-6 源自:作者根据相关资料绘制.

图 1-7、图 1-8 源自:作者根据相关资料绘制[底图源自国家测绘地理信息局网站,审图号为 GS(2016)1599 号].

图 1-9 至图 1-13 源自:作者根据相关资料绘制.

图 1-14 至图 1-17 源自:作者根据相关资料绘制[底图源自国家测绘地理信息局网站,审图号为 GS(2016)1599 号].

图 1-18 至图 1-21 源自:作者根据相关资料绘制.

图 1-22 源自:作者根据相关资料绘制[底图源自国家测绘地理信息局网站,审图号为 GS(2016)1599 号].

图 1-23 源自:作者根据相关资料绘制.

图 1-24 至图 1-26 源自:作者根据相关资料绘制[底图源自国家测绘地理信息局网站,审图号为 GS(2016)1599 号].

图 2-1 源自:《中华人民共和国城市规划法》.

图 2-2 源自:作者绘制.

图 2-3、图 2-4 源自:《中华人民共和国城乡规划法》.

图 3-1 源自:作者绘制.

图 3-2 源自:《内蒙古巴彦淖尔市城市总体规划(2005—2030 年)》.

图 3-3 源自:《宣城市城市总体规划(2005—2020 年)》.

图 3-4 至图 3-9 源自:《高碑市城市总体规划(2012—2030 年)》.

图 4-1 至图 4-3 源自:作者绘制.

图 5-1 源自:《内蒙古巴彦淖尔市城市总体规划(2005—2030 年)》.

图 5-2 源自:作者绘制.

图 6-1 源自:作者绘制.

图 6-2 至图 6-6 源自:《江都市城市总体规划(2005—2020 年)》.

图 7-1 至图 7-5 源自:《宣城市城市总体规划(2005—2020 年)》.

图 8-1 至图 8-15 源自:《内蒙古巴彦淖尔市城市总体规划(2005—2030 年)》.

图 9-1 至图 9-5 源自:作者绘制.

图 10-1 至图 10-45 源自:《顺平县全域规划(2015—2030 年)》.

表格来源

表 1-1 源自:作者根据《中国城市统计年鉴》(2003 年)整理绘制.

表 1-2、表 1-3 源自:作者根据“六五”到“十二五”七个五年计划整理列表.

表 1-4 源自:作者根据《全国城市体系纲要》(2005 年)整理列表.

表 1-5 源自:作者根据《中国城市统计年鉴》(1980 年、1991 年)、《中国统计年鉴》(1986 年、1999 年、2001 年)整理绘制.

表 2-1 源自:作者根据 2002—2010 年《中国城市建设年鉴》整理列表.

表 3-1 源自:作者根据规划方案整理绘制.

表 4-1 源自:国家人事部“政府绩效评估指标体系研究”课题.

表 4-2 源自:作者根据高碑市规划局提供的数据推算而成.

表 4-3 源自:作者根据高碑市规划局提供的数据整理而成.

表 5-1 源自:郑毅.城市规划设计手册[M].北京:中国建筑工业出版社,2000.

表 5-2 源自:《宣城县表》.

表 5-3 源自:《临河市城市建设表》.

表 5-4 源自:作者根据宣城历版总规整理绘制.

表 5-5 源自:作者根据宣城实地调研分析绘制.

表 5-6 源自:《江都市城市总体规划(2005—2020 年)》.

表 5-7 源自:《巴彦淖尔市城市总体规划(2005—2020 年)》.

表 5-8 源自:作者根据江都市建设局提供的基础资料整理而成.

表 6-1 至表 6-3 源自:作者根据江都市建设局提供的基础资料整理而成.

表 6-4 至表 6-6 源自:《江都市城市总体规划(2005—2020 年)》.

表 6-7 源自:2001 年《江苏省城镇发展报告》.

表 6-8、表 6-9 源自:《江都市城市总体规划(2005—2020 年)》.

表 8-1 至表 8-10 源自:《巴彦淖尔市城市总体规划(2005—2020 年)》.

表 10-1 至表 10-11 源自:《顺平县全城规划(2015—2030 年)》.

后记

上一版的撰写，集集体的贡献于一体，在第 1 章和第 2 章的撰写过程中，王玑琨和刘昭黎两位硕士研究生付出了很大的努力，分别参与了查阅文献、编辑内容的全过程。在第 4 章的撰写过程中，得益于刘学风的帮助，并借鉴了蓝运超、黄正东、谢榕编著的《城市信息系统》和詹庆明等编著的《城市遥感技术》两本书的部分内容。第 6—8 章的内容摘自实际规划案例，而每项规划成果都是众多同事的合作结晶，下面一一列出，谨表衷心谢意。

江都市总体规划项目参加人员名单：

项目负责人：刘贵利、张圣海

主要参加人员：靳志强、李宁、张维佳、黄继军等

宣城市总体规划项目参加人员名单：

项目负责人：刘贵利、李宁

主要参加人员：张圣海、靳志强、戴新方、徐骥、杨剑波等

巴彦淖尔市总体规划项目参加人员名单：

项目负责人：刘贵利、张圣海、靳志强

主要参加人员：李宁、晏群、王晓燕、倪学东、张连荣、王玑琨、李磊等。

第 2 版的撰写，主要包含三部分的修正：一是对当前规划面临的新情况，国家新政策、新形势的变化，规划行业遇到的新问题等进行重新梳理和总结，进一步分析中国城镇化发展规律对中小城市的影响；二是对“多规合一”的内容和方法进行了探索，对全域空间规划进行了实践研究，书中适当收纳了笔者近几年的相关学术观点；三是补充了部分规划案例，这些案例都是近几年的规划成果，离不开各位同事的辛勤劳动，下面逐一列出，深表谢意。

高碑店市城乡总体规划项目参加人员名单：

项目负责人：刘贵利、盛况

主要参加人员：李铭、李宁、朱海波、张永红、宋吉涛、赵晓松、王禹、郭健、朱成元等。

顺平县全域规划项目参加人员名单：

项目负责人：黄芳艳、李梦丹

项目组成员：赵晓松、王禹、孙颖南、王坚、王丽、冯科、马文峰、郄通锁等。

在章节设置上，根据内容需要，对第 1—3 章进行了大篇幅的修改、补充和完善，增加大量分析图表；对第 4—5 章进行了针对性的调整；第 6—8 章作为原始案例进行了局部微调；第 9—10 章内容为新增加内容。